LA
PROSTITUTION

AU POINT DE VUE

DE L'HYGIÈNE ET DE L'ADMINISTRATION

EN FRANCE ET A L'ÉTRANGER

PAR

LE DOCTEUR L. REUSS

PARIS

LIBRAIRIE J.-B. BAILLIÈRE ET FILS

19, rue Hautefeuille, près du boulevard Saint-Germain

1889

Tous droits réservés

LA PROSTITUTION

AU POINT DE VUE DE L'HYGIÈNE ET DE L'ADMINISTRATION

EN FRANCE ET A L'ÉTRANGER

LA
PROSTITUTION

AU POINT DE VUE

DE L'HYGIÈNE ET DE L'ADMINISTRATION

EN FRANCE ET A L'ÉTRANGER

PAR

LE DOCTEUR L. REUSS

PARIS

LIBRAIRIE J.-B. BAILLIÈRE ET FILS

19, rue Hautefeuille, près du boulevard Saint-Germain

1889

Tous droits réservés

AVANT-PROPOS

Depuis une série d'années, la question de la prostitution a acquis une importance exceptionnelle. Le relâchement graduel des mœurs, l'accroissement incessant de la prostitution clandestine, la diffusion des maladies vénériennes et de la syphilis surtout, l'éclosion journalière de livres et de gravures obscènes préoccupent à un haut point non seulement les hygiénistes et les administrateurs, mais tous les hommes éclairés, soucieux de l'avenir de la famille et de la patrie.

La lutte que des esprits, généreux sans doute, mais un peu imprévoyants peut-être, ont entreprise au nom de la liberté individuelle contre la réglementation de la prostitution a, elle aussi, passionné l'opinion. Violemment battue en brèche d'un côté, énergiquement défendue de l'autre, la réglementation de la prostitution a, chez nous du moins, résisté jusqu'ici à toutes les attaques. Mais est-on bien sûr que l'autorité de la police des mœurs n'en ait pas été amoindrie?

Du terrain administratif et philosophique, la question a été transportée sur le terrain de la science. En Belgique et en France, le gouvernement a voulu avoir l'avis d'hommes compétents que leur haute situation scientifique mettait à l'abri de tout soupçon de partialité. Les Académies de Médecine de Bruxelles et de Paris se sont prononcées toutes deux, après des débats prolongés et passionnés, pour la réglementation de la prostitution. Elles n'ont vu d'autre remède à l'extension des maladies véné-riennes, à la démoralisation croissante, à la provo-cation à la débauche qui s'affiche impudemment, qu'une surveillance incessante et sévère des prosti-tuées.

Sans prendre fait et cause pour les adversaires ou les partisans de la réglementation, il m'a paru inté-ressant d'étudier les modifications que la prostitu-tion a subies à Paris depuis une vingtaine d'années, et les moyens que possède le *bureau des mœurs* de la préfecture de police pour en surveiller la marche et en arrêter les écarts.

Le temps est, du reste, aux études sociales; celle que j'ai entreprise est singulièrement attachante : je l'ai faite simplement. Je me suis inspiré de l'exemple de Parent-Duchâtelet. Son livre paru en 1836, bien que rajeuni depuis par Trébuchet et Poirat-Duval, a vieilli sans aucun doute; mais on rendra toutefois hommage à l'esprit élevé dans lequel il a été conçu, ainsi qu'à la droiture et à la générosité des idées qui, d'un bout à l'autre de son œuvre, percent à chaque

page et ont fait à Parent-Duchâtelet une place unique
au monde.

Dans une *première partie* je donne le résultat de
mes travaux et de mes recherches sur l'état de la
prostitution à Paris ; j'ai tâché de démêler quelles
sont, dans notre société contemporaine, les causes
qui poussent tant de femmes à la débauche.

J'ai étudié ensuite la prostitution sous les deux
formes qu'elle revêt, c'est-à-dire la prostitution tolérée par l'administration et la prostitution clandestine ; l'organisation du service des mœurs et du
dispensaire de salubrité, c'est-à-dire le mécanisme
de l'inscription et de la surveillance sanitaire ; les dispositions instituées par l'administration pour réprimer la prostitution clandestine ; enfin, les mesures
prophylactiques que je crois utiles de prendre pour
s'opposer à l'extension des maladies vénériennes.

Je manquerais à un devoir impérieux si je ne
remerciais M. Naudin, chef de la première division à la préfecture de police, qui, avec l'assentiment de M. le préfet, a bien voulu faciliter mes
recherches dans les archives du service des mœurs,
MM. Hardelay et Bard, commissaires interrogateurs,
et M. le docteur Passant, médecin en chef du dispensaire de salubrité, dont les conseils m'ont été de
la plus haute utilité.

La *seconde partie* de ce volume est consacrée à une étude rapide de l'état actuel de la prostitution, au point de vue hygiénique et administratif dans les principales villes de la France et de l'Europe, et aux Etats-Unis.

Les documents que nécessitait ce travail m'ont été gracieusement envoyés par les médecins et les administrateurs que leur situation spéciale ou leur indiscutable compétence mettaient à même de me renseigner pour le mieux.

Je prie MM. Vénot (de Bordeaux), Duchâteau (de Brest), Bécour (de Lille), Augagneur (de Lyon), Faure (d'Alger), Baer (de Berlin), Moeck (de Hambourg), Wolff (de Strasbourg), Norton (de Londres), Lowndes (de Liverpool), B.-H. Mundy (de Portsmouth) Rozsaffy-Alajos (de Budapest), Nicolich (de Trieste), Mœller (de Bruxelles), Desguin (d'Anvers), Sanz Bambino (de Madrid), Cartenio Pini (de Florence), Patamia (de Naples), Van Haren Noman (d'Amsterdam), Rodriguez Fernandes (de Lisbonne), Bretzel (de Saint-Pétersbourg), Christener (de Berne), Vincent et Dunant (de Genève), William White (de Philadelphie), d'accepter ici mes remerciements pour l'empressement qu'ils ont mis à me répondre et pour les notes qu'ils ont bien voulu m'envoyer.

Dr L. REUSS.

Août 1888.

LA PROSTITUTION

CHAPITRE PREMIER

Définition de la prostitution et de la prostituée. — Différences entre la femme débauchée et la femme prostituée. — Devoirs de la police envers la femme débauchée et envers la femme prostituée. — Division des prostituées. — Nombre des prostituées inscrites et reconnues à Paris. — Origine, position sociale, instruction, état civil, âge, profession des prostituées inscrites. — Causes premières de la prostitution.

Définition de la prostitution et de la prostituée. — On a coutume de dire qu'une prostituée est une femme qu se livre habituellement à la débauche, avec le premier venu, sans choix et pour de l'argent. Cette définition, identique à celle que l'on trouve dans le Corpus Digest. *(Palam, sine delectu, pecuniâ acceptâ)* est assez exacte.

Une meilleure définition, cependant, me paraît être celle qu'en donne le message adressé par le Directoire exécutif au conseil des Cinq-Cents, le 17 nivôse de l'an IV (7 janvier 1796). Le Directoire reconnaissait dans ce message la nécessité de la prostitution, mais il demandait aussi des lois pour la surveiller et la contenir. Voici comment Rewbell, président, et Lagarde, secrétaire général du Directoire définissaient la prostitution :

« Récidive et concours de plusieurs faits particuliers légalement constatés, notoriété publique, arrestation flagrant délit prouvé légalement par des témoins au que le dénonciateur ou l'agent de police, voilà doute les circonstances qui vous paraîtront caractériser cette honteuse et criminelle profession. »

Ces paroles sont toujours aussi vraies, aussi actuelles qu'au jour déjà lointain où elles furent prononcées. Le même état de choses qui existait il y a cent ans dure toujours, et dans ce siècle qui a vu tant de tourmentes, tant de bouleversements, où tout s'est transformé, où tout a été changé, la prostitution, au moins dans ses grandes lignes, est seule restée immuable.

Pour qu'une femme puisse être classée parmi les prostituées, il faut donc des habitudes et une série de circonstances dont l'ensemble caractérise la prostitution : Une femme qui raccole habituellement les passants ou se laisse raccoler par eux, qui par ses propos ou ses gestes obscènes attire l'attention et trouble la paix de la rue, qui est surprise plusieurs fois au moment où elle essaye d'attirer des hommes chez elle, qui est connue dans sa maison ou dans son quartier pour son inconduite notoire, qui n'a d'autres ressources, enfin, que celles qu'elle tire du prix qu'elle met à ses faveurs, cette femme est une prostituée.

La récidive, le scandale, l'absence complète de moyens d'existence, tels sont les trois facteurs principaux qui permettent de ranger une femme dans la catégorie des prostituées.

Je crois donc qu'il est possible de donner une définition claire et précise et de dire que la prostitution est le commerce habituel qu'une femme fait de son corps et qu'une prostituée est une femme qui, se tenant à la disposition de tout homme qui la paye, se livre à la première réquisition.

Cette définition ne diffère pas sensiblement de celle donnée par M. Martineau dans son livre sur la prostitution clandestine.

Différence entre la femme prostituée et la femme débauchée. — Si la récidive, le scandale, l'absence des moyens d'existence permettent d'établir qu'une femme est une prostituée, on peut aussi, grâce à eux, différencier la prostituée de la femme simplement débauchée.

La femme débauchée, en effet, s'adonne au libertinage sans en faire un métier ou un gagne pain ; elle ne provoque pas de scandale public, et elle se renferme dans les habitudes ordinaires de la vie. Elle ne se donne pas, comme la prostituée, au premier venu pour de l'argent. Elle a un protecteur, un ami qui pourvoit à ses besoins et auquel elle est fidèle. Elle travaille souvent elle-même dans un atelier ou dans un magasin ; elle est artiste, actrice, figurante ou danseuse dans un théâtre grand ou petit ; elle est professeur de chant, de piano ou de dessin ; elle ne demande, en général, à son amant que l'argent dont elle a besoin pour vivre convenablement et que son travail seul ne peut lui procurer ; quelquefois, si elle est dans une situation de fortune convenable, elle considérerait comme une injure l'offre d'une somme quelconque.

La femme débauchée est souvent mariée ; dans ce cas, elle cherche en dehors du mariage des satisfactions et des jouissances que son mari ne peut lui donner. Lorsqu'on réfléchit aux conditions dans lesquelles se font bien des mariages, à la disproportion d'âge des deux époux, aux circonstances qui ont pu amener la conclusion de certaines unions, on est amené à excuser, jusqu'à un certain point, les écarts de conduite de la femme. Sacrifiée à des questions d'intérêt, délaissée par un mari qui ne l'aime pas, ne trouvant dans son intérieur aucune satisfaction, obligée quelquefois, en se mariant, de renoncer à une affection longtemps caressée, n'ayant pour son mari, au lieu d'amour, que du mépris, la femme, malheureuse sans sa faute, finit par s'attacher à l'homme qui lui témoignera de la sympathie, et par devenir sa maîtresse.

Elle est encore digne d'intérêt, et beaucoup plus que d'autres femmes mariées qui, entraînées par le goût du plaisir et du luxe, passent leur temps à courir les magasins, exagèrent leurs dépenses, ne savent plus comment solder les notes de leurs fournisseurs dont elles n'osent avouer le montant à leurs maris et, finalement, affolées, prennent un amant dont les subsides leur permettent de sortir d'embarras et de continuer leur train de vie.

Mais, quelle que soit sa situation ou sa position sociale, la femme débauchée a horreur du scandale et de la notoriété. Jamais elle ne commettra d'excentricités qui pourraient la faire remarquer et attirer sur elle les regards de la police. Elle ne demande qu'une chose: c'est d'être ignorée.

Il est clair, par conséquent, de juger de la différence qu'il y a entre une prostituée et une femme débauchée. Toutes les deux ont cessé d'être honnêtes, il est vrai ; mais l'une est au bas de l'échelle, tandis que l'autre fait tous ses efforts pour se maintenir en haut. Peu à peu, cependant, la distance s'efface. La femme débauchée, abandonnée par son amant, en prend un autre ; pressée d'argent elle vient se compromettre dans une maison de passe ; si elle n'est pas mariée, si elle n'a pas d'état, ou si celui qu'elle a ne lui rapporte pas de quoi vivre, si le déclin de sa beauté ne lui permet plus de garder longtemps le même amant, elle en arrivera fatalement à la prostitution clandestine, puis, arrêtée un beau jour en flagrant délit, elle ira grossir le nombre des filles soumises.

Les chutes sont quelquefois bien plus rapides. Les

mauvaises fréquentations, l'abandon, l'exemple d'une vie
réputée facile et agréable précipitent souvent dans la
prostitution et presque du premier coup, une femme
débauchée qui, autrement, n'y serait jamais tombée.

Devoirs de la Police envers la femme débauchée. — La
Police n'a pas de devoirs envers la femme débauchée.
Tant que celle-ci continue à vivre d'une existence régulière en apparence, tant qu'elle n'est pas un objet de
scandale pour la morale publique, tant qu'elle n'est pas
devenue non plus un danger pour la santé publique, la
police ignore qu'elle existe. Elle est une femme comme
une autre, elle fait partie intégrante de la société, et la
police n'a qu'à la protéger, le cas échéant, comme elle
fait pour tous les citoyens.

Devoirs de la Police envers la femme prostituée. — Tout
autre est le rôle de la Police vis-à-vis de la prostituée.
Celle-ci s'est mise volontairement hors la loi, elle doit
subir les conséquences qui découlent pour elle de la vie
qu'elle mène.

La police, en tant qu'institution administrative, a deux
missions à remplir : protéger la sécurité et la moralité de
la rue, protéger la santé publique.

Or la prostitution est précisément un danger pour la
sécurité et la moralité de la rue, elle est un péril pour
la santé publique. Il est donc du devoir de la police d'empêcher les filles de faire de la rue un marché où elles
débattraient le prix de leurs faveurs ; il est de son devoir de les empêcher de se livrer en public à des actes,
à des gestes obscènes, à des conversations qui peuvent
frapper d'une façon désagréable les yeux et les oreilles
des passants. Comme, d'un autre côté, la police a le devoir
de veiller sur la santé publique, qu'elle a le droit de

prendre et d'édicter toutes mesures qu'elle jugera convenables pour sauvegarder cette santé et combattre les maladies épidémiques ou contagieuses, il est évident qu'elle devait être armée contre la propagation de la syphilis. De toutes les maladies contagieuses, la syphilis est en effet l'une des plus terribles, par son début souvent insidieux, par sa marche lentement progressive, par sa durée, par ses conséquences. Se gagnant et se propageant avec une facilité sur laquelle je n'ai pas besoin d'insister, la syphilis est de toutes les affections transmissibles celle qui attaque le plus le cœur et les forces vives d'une nation.

La préfecture de police s'est inspirée de ces considérations quand elle a soumis l'exercice de la prostitution à une réglementation administrative ; c'est d'elles que découle tout le système de répression, de surveillance, de visites sanitaires que nous possédons actuellement et dont la plupart des peuples civilisés sont pourvus aujourd'hui.

La surveillance et la répression de la prostitution ne sont pas choses nouvelles. La prostitution a existé de tout temps ; elle est vieille comme le monde, et elle présentait dans l'antiquité, aussi bien en Grèce qu'à Rome, à peu près les mêmes caractères qu'aujourd'hui. Je ne veux m'occuper dans ce livre que de la prostitution dans ces dix-huit dernières années ; il est donc inutile d'entrer à ce sujet dans des détails historiques que mes lecteurs connaissent. Il me suffira de dire que des mesures d'ordre et de surveillance avaient été prises déjà à Rome, où les femmes qui voulaient s'adonner à la prostitution étaient obligées de s'inscrire chez les édiles. Pendant le moyen âge, de nombreux édits, dont quelques-uns fort barbares, furent rendus contre les prostituées. Dans les Temps modernes, le lieutenant de police avait dans ses attributions la surveillance de la prostitution ; sous la Révolution, il n'y eut plus aucune surveillance et le scandale finit par devenir si formidable que le Directoire s'en émut; mais son rapport au Conseil des Cinq-Cents n'eût même pas les honneurs de la discussion. Depuis, à maintes reprises, l'administration de la préfecture de police a essayé d'obtenir des Chambres une loi qui lui donnât un pouvoir de répression effectif et légal. Des rapports furent rédigés; mais ils ne furent jamais discutés.

C'est alors que, de guerre lasse, après bien des tatonnements, l'administration préfectorale a fini par agir de sa propre initiative ; convaincue qu'elle ne faisait que remplir un devoir impérieux, désespérant de jamais obtenir du Parlement une loi régissant la matière, elle a pris résolument une série d'arrêtés qui la font suffisamment armée non seulement pour surveiller et assainir la rue, mais encore pour résister aux attaques dont l'accomplissement de son devoir l'a souvent rendue le point de mire.

Division des prostituées en prostituées clandestines et en prostituées inscrites. — La prostitution est donc depuis longtemps l'objet d'une surveillance et d'une réglementation spéciales de la part de l'administration. Cette réglementation a été, suivant les époques, le courant de l'opinion publique et l'état des mœurs, plus ou moins libérale ou plus ou moins sévère. Quelles qu'aient été la douceur ou la rigueur de ces mesures de surveillance, peu importe; un fait seul en subsiste : c'est que depuis que cette surveillance existe, il y a eu des filles tolérées par l'administration, et des filles qui cherchent au contraire à échapper par tous les moyens en leur pouvoir à l'action de l'administration.

On peut donc diviser les prostituées en deux grandes classes : les prostituées *tolérées, inscrites* ou *soumises* et les prostituées *clandestines*.

Les prostituées inscrites sont celles qui sont surveillées par la police, qui ont l'obligation de venir régulièrement aux visites sanitaires, qui sont munies d'une carte qu'elles doivent présenter à la moindre réquisition. Elles ont été inscrites au préalable sur les registres du bureau des mœurs, à la préfecture de police, à la suite d'un concours de circonstances dont l'étude fera le sujet d'un chapitre spécial de ce livre, et sur lesquelles je n'ai pas à insister en ce moment.

Les prostituées clandestines, qu'il ne faut pas confondre avec les femmes simplement débauchées, ne sont pas inscrites ; elles échappent à la surveillance de la police, elles ne subissent aucune visite sanitaire réglementaire. Le nom de *clandestine*, affecté à ce genre de prostitution, suffit amplement à lui imprimer son caractère particulier. Au point de vue moral, la différence entre la fille clandestine et la fille soumise est nulle ; au point de vue administratif elle est énorme ; car si ces deux classes de femmes font également métier de leur corps, les filles soumises ne peuvent se livrer à la prostitution que si elles sont saines, tandis que les filles clandestines, n'étant sujettes à aucun contrôle, mettent journellement la santé publique en péril.

Le nombre des prostituées clandestines ou insoumises est de beaucoup supérieur à celui des filles soumises. Il est difficile à évaluer, car il est sujet à des fluctuations incessantes, et il n'existe aucune donnée sérieuse qui permette d'en calculer le chiffre, même approximativement.

Les prostituées soumises peuvent être divisées en deux grandes classes, suivant leur genre de vie.

La première classe comprend les *filles en maison*, c'est-à-dire celles que l'on trouve dans les maisons de tolérance. La seconde comprend les *filles isolées*, qui habitent dans leurs meubles ou en garni. Les filles isolées sont infiniment plus nombreuses que les filles en maison dont le nombre décroit d'année en année, au fur et à mesure que diminue le chiffre des maisons de tolérance.

Nombre des Prostituées inscrites et reconnues à Paris. — Le nombre des filles soumises paraît au premier abord devoir être assez invariable dans une grande ville comme Paris.

Si, en effet, on inscrit tous les ans un certain nombre de filles nouvelles, il semblerait que les radiations, les décès et les disparitions devraient à peu près égaliser les rapports.

Il n'en est rien cependant et on remarque d'année en année une différence notable dans le nombre des filles inscrites; on s'en convaincra aisément en jetant les yeux sur le tableau suivant:

Filles soumises inscrites au 1er janvier 1880	. . . .	3582
— — 1er janvier 1881	. . . .	3160
— — 1er janvier 1882	. . . .	2839
— — 1er janvier 1883	. . . .	2816
— — 1er janvier 1884	. . . .	2917
— — 1er janvier 1885	. . . .	3911
— — 1er janvier 1886	. . . .	4319
— — 1er janvier 1887	. . . .	4681
— — 1er mai 1887	. . . .	4585

Ainsi, d'après ce tableau, de 1880 à 1884 le nombre

des prostituées inscrites a constamment diminué ; il y avait au 1er Janvier 1883 près de 800 filles soumises de moins qu'au 1er Janvier 1880. Depuis lors les choses ont changé ; en effet, au 1er Janvier 1884 on compte 2,917 filles soumises, 100 de plus qu'en 1883 ; au 1er Janvier 1885, brusquement, il y en a un millier de plus (3,911) et au 1er Mai 1887 il en existe 4,585, c'est-à-dire 1,000 de plus qu'en 1880 et 1,769 de plus qu'en 1883.

Ces chiffres ont leur éloquence ; ils font toucher du doigt les fluctuations qu'a subies, dans ces dernières années, la prostitution tolérée. Mais à quoi faut-il attribuer ces fluctuations ? Peut-on invoquer la stagnation des affaires, la crise industrielle et commerciale que nous subissons depuis une série d'années et qui rend la vie plus difficile et plus dure aux femmes ? Y a-t-il eu, à un moment donné, un relâchement dans la surveillance exercée par l'administration, auquel aurait succédé un redoublement de vigueur ?

Quelquefois l'augmentation du nombre des inscriptions coïncide avec une affluence extraordinaire de visiteurs à Paris. Dans les années où une Exposition universelle attire par centaines de mille les provinciaux et les étrangers dans la capitale, il n'est pas extraordinaire en effet que le nombre des filles soumises s'accroisse dans de fortes proportions. Il serait même étonnant que les choses allassent autrement. Mais la période de 1885, 1886, 1887 n'a été marquée par aucun événement de ce genre ; il faut donc chercher ailleurs la cause de cette augmentation rapide du nombre des inscriptions.

Je ne pense pas non plus que l'on doive accuser la corruption générale d'être plus forte et plus intense. Aurait-elle fait des progrès, même sensibles, ils ne suffiraient pas pour légitimer un accroissement graduel aussi considérable.

La raison de ces fluctuations est bien plus simple. Sans nier que les périodes de crise, pendant lesquelles le travail est ralenti, exercent une certaine influence sur le nombre des prostituées et les causes de la prostitution, je crois qu'il faut la chercher surtout dans une plus grande fermeté de l'administration et dans la surveillance plus active dont la prostitution clandestine est l'objet de sa part.

Loin de gémir par conséquent, avec certains moralistes, sur le dévergondage et la corruption croissante du siècle, il vaut mieux se réjouir de l'augmentation du nombre des inscriptions, qui, quoi qu'on en dise, est une sauvegarde de plus pour la santé publique.

Le nombre des filles en circulation n'est jamais aussi considérable que celui des filles inscrites, et cela pour divers motifs. En effet, beaucoup de filles sont retenues, après avoir passé à la visite du dispensaire, parce qu'elles sont atteintes d'une affection vénérienne ou psorique ; quelques-unes, impliquées dans des affaires criminelles ou convaincues d'un délit, sont emprisonnées ; d'autres atteintes d'une maladie quelconque sont en traitement dans divers hôpitaux ; d'autres encore, qui se sont rendues coupables d'une infraction au règlement de police, sont détenues à Saint-Lazare ; un grand nombre, enfin, disparaissent, soit qu'elles aient quitté Paris, soit que (et c'est l'immense majorité) elles aient négligé de venir régulièrement à la visite du dispensaire, qu'elles aient peur d'une punition, et qu'alors elles cherchent par tous les moyens possibles à échapper aux investigations du service des mœurs.

L'écart entre les prostituées inscrites et les prostituées en circulation est assez considérable. Le tableau ci-dessous démontre que, grâce à la disparition, à l'hospitalisation ou à l'emprisonnement d'un certain nombre de filles, les différences notables constatées d'année en année sur le chiffre des inscriptions s'égalisent peu à peu.

	1880	1881	1882	1883	1884	1885	1886
Filles soumises inscrites au 1er Janvier	3582	3160	2839	2816	2917	3911	4319
Soit : Filles de Maisons . .	1107	1057	1116	1030	96 1	913	914
Filles isolées. . . .	2175	2103	1723	1786	1956	2998	340 5
Sur ce nombre étaient :							
Détenues à St-Lazare { pour crimes et délits.	18	17	11	15	20	12	41
en punition . . .	77	72	132	132	156	162	55
à l'infirmerie. . .	90	113	81	54	57	65	84
en hospitalité . .	21	33	15	23	11	35	33
Dans divers hôpitaux . . .	62	56	60	63	47	39	59
Disparues depuis moins de 3 mois.	610	536	294	303	337	656	739
En circulation et remplissant les obligations sanitaires .	2704	2333	2246	2226	2289	2942	3308
Moyenne mensuelle des filles en circulation.	2520	2295	2217	2235	2526	3135	3414

Pays d'origine des prostituées. — C'est la France qui fournit à Paris la grande majorité de ses prostituées. Presque toutes les filles publiques viennent de la province; il n'y a qu'un nombre assez restreint de parisiennes parmi les filles soumises de la capitale, quoique cependant, depuis quelques années on ait pu constater une augmentation notable sous ce rapport. La banlieue parisienne, où les mœurs ne sont pas plus pures que dans la ville, ne donne que peu de filles inscrites, moins que l'étranger;

c'est là, assurément, un fait digne d'intérêt, mais il peut s'expliquer, je crois, très simplement: Paris et sa banlieue fournissent moins de prostituées inscrites, parce que la prostitution clandestine y fait plus de recrues.

		1880	1881	1882	1883	1884	1885	1886
Inscriptions		354	527	494	615	1006	1299	1145
Sur ce nombre étaient :								
Nées	à Paris	72	160	103	167	333	356	275
	en banlieue	5	14	13	26	35	35	31
	en province.	248	348	357	382	591	859	772
	à l'étranger	29	5	21	40	47	49	67
		354	527	494	615	1006	1299	1145

Les chiffres ci-dessus démontrent que depuis sept ans le nombre des filles nées à Paris et dans la banlieue et figurant sur les registres du service des mœurs a été toujours en augmentant, sauf en 1886; mais la diminution constatée à ce moment peut être négligée, eu égard à l'énorme disproportion qui existe entre les 77 filles nées à Paris ou en banlieue et inscrites en 1880 et les 306 filles de même origne inscrites en 1886.

Dans les sept dernières années 5,440 femmes ont donc été immatriculées sur les registres de la préfecture ; ce total se décompose de la façon suivante :

Filles inscrites, nées en province . .	3,557 ou	65,386 %
Filles inscrites, nées à Paris . . .	1,466 ou	26,948 %
Filles inscrites, nées à l'étranger . .	258 ou	4,738 %
Filles inscrites, nées en banlieue de Paris.	159 ou	2,922 %
	5,440	99,994

Les pays étrangers qui fournissent le plus de prostituées nscrites sont évidemment les pays limitrophes. Il n'y a pas grand intérêt, ni au point de vue statistique, ni au point de vue moral, à relever d'une façon exacte et précise l'origine de ces femmes. Leur nombre est trop restreint pour que l'on puisse en tirer une déduction quelconque au point de vue de la moralité de telle ou telle nation.

La présence d'un petit nombre d'étrangères parmi les filles inscrites de Paris n'a du reste rien d'étonnant. Quelques-unes de ces filles ont pu venir directement de leur pays pour se livrer à la prostitution ; la majorité se compose d'anciennes domestiques, dames de compagnie ou institutrices, qui se trouvant sans place et sans ressources, n'ont eu que ce moyen d'échapper à la misère.

La Belgique, l'Alsace-Lorraine, la Suisse et plus particulièrement le canton de Genève, l'Italie et l'Espagne sont les pays les plus largement représentés. L'Angleterre vient ensuite; il y a quelques Allemandes et Autrichiennes. Enfin, l'on compte quelques Américaines et même des négresses.

Position sociale des familles des prostituées inscrites. — En général, les prostituées ne sont pas d'une origine relevée. Il faut se méfier, sous ce rapport, des récits qu'elles se plaisent à faire et laisser aux romanciers, qui du reste savent en tirer un excellent parti, ces histoires de jeunes filles du grand monde tombées dans la prostitution publique.

Les parents des filles soumises sont en général des paysans, des cultivateurs, des petits fermiers, quand elles sont nées à la campagne; des ouvriers, quand elles sont nées à Paris ou dans d'autres grandes villes.

Quelques-unes, pourtant, sortent de la classe moyenne; nées de petits boutiquiers, de petits commerçants qui se sont ruinés, elles ont eu au moins un commencement d'éducation ; mais elles forment l'infime minorité des prostituées inscrites.

Instruction des prostituées inscrites. — L'instruction des filles soumises est d'habitude fort sommaire. La plupart d'entre elles savent lire et écrire, et ont quelques notions d'arithmétique ; elles ont l'instruction que l'on donne dans les écoles de village ou de petite ville, et encore n'en ont-elles pas toujours gardé un souvenir bien précis.

Tous les ans, la préfecture de police procède à l'inscription d'un certain nombre de filles qui ne savent ni lire ni écrire : c'est ainsi que

En 1880 on a inscrit	84 filles illettrées	et	270 lettrées	sur	354
En 1881 —	140 —	— et	387	— sur	527
En 1882 —	109 —	— et	385	— sur	494
En 1883 —	127 —	— et	488	— sur	615
En 1884 —	194 —	— et	812	— sur	1006
En 1885 —	246 —	— et	1053	— sur	1299
En 1886 —	169 —	— et	976	— sur	1145
	1069		4371		5440

La proportion est, comme on le voit assez forte, puisque en la calculant pour l'espace de sept années 1880-1886 on trouve une moyenne de 19,65 illettrées pour cent contre 80,34 lettrées pour cent ; c'est-à-dire que sur cinq filles se présentant à l'inscription, quatre seulement savaient lire et écrire.

A côté des femmes absolument ignorantes, il faut mentionner celles qui ont reçu une bonne instruction, voire même une éducation soignée. Leur nombre est peu considérable, mais il faut en tenir compte. Ce sont d'anciennes institutrices, d'anciennes dames de compagnie, ou d'anciennes prostituées clandestines que des revers de fortune,

des arrestations multiples, ou l'abandon de leur protecteur ont amenées jusqu'à la prostitution tolérée.

Etat civil des prostituées inscrites. — On a longtemps
prétendu que la plupart des prostituées étaient des enfants
naturelles ou des enfants trouvées. Le peu de sollicitude
dont aurait été entourée leur jeunesse, les mauvais exemples
qu'elles auraient eus sous les yeux, l'influence que l'hérédité aurait pu exercer sur elles, semblaient aux yeux
de bien des gens, justifier cette manière de voir. C'est à
Parent-Duchâtelet que revient l'honneur d'avoir montré
combien une pareille opinion était erronnée. Il s'est livré
à de longues et minutieuses recherches à ce sujet et il a
pu établir que, pas plus à Paris qu'en province, la majorité
des prostituées n'était composée de filles naturelles. Au
moment où son livre fut publié, la proportion était de
1 fille naturelle contre 3,99 filles légitimes pour Paris, et
de 1 fille naturelle contre 7,78 filles légitimes pour la province.

Je ne pense pas que cette proportion ait beaucoup
varié depuis et l'on peut tenir pour certain que la grande
majorité des filles soumises inscrites à Paris est née d'u-
nions parfaitement légitimes.

La plupart des filles enregistrées sont célibataires;
quelques-unes sont veuves. Tous les ans, cependant, on
inscrit un certain nombre de femmes mariées ; soit
qu'elles viennent demander elles-mêmes leur inscription,
soit que, arrêtées plusieurs fois en flagrant délit de prostitution, elles soient inscrites d'office par l'administration.
Le mari, dans un cas comme dans l'autre, consent toujours à l'inscription. Quelquefois les femmes mariées ont
quitté le domicile conjugal pour se livrer à la débauche
et ne savent pas ce qu'est devenu leur mari, ou elles ont

été abandonnées par lui et ne se sont plus occupées de le retrouver. L'administration ne tient alors aucun compte du mari et inscrit ces femmes comme si elles étaient célibataires ou veuves.

Au point de vue de leur état civil, les prostituées inscrites depuis l'année 1880 se répartissent ainsi :

Ont été enregistrées en. . .	1880	1881	1882	1883	1884	1885	1886
Soit	351	527	494	615	1006	1299	1145
Femmes mariées.	11	27	41	31	66	123	121
Célibataires	313	500	453	581	940	1176	1024

La moyenne est donc, pour cette période de 7 années, de 5,88 femmes mariées pour cent, contre 94,11 célibataires pour cent.

Les filles font quelquefois des difficultés pour fournir leur état civil ; beaucoup de celles dont l'inscription doit avoir lieu d'office, c'est-à-dire après que des arrestations répétées ont prouvé à l'administration qu'elles n'ont d'autre moyen d'existence que la prostitution, donnent de faux noms, de fausses indications et cherchent à égarer les recherches. Elles ne veulent pas, c'est l'excuse qu'elles invoquent en général, qu'on puisse leur reprocher un jour de s'être livrées à la prostitution, si elles venaient à reprendre une vie plus honorable. Mais l'administration finit toujours par savoir la vérité.

Les filles qui se présentent volontairement à l'inscription ne cachent pas leur nom ; quelques-unes sont dans l'impossibilité de fournir les explications complémentaires. La préfecture s'adresse aux communes d'où les filles sont

originaires ; elle prend des informations, des renseignements à toutes les sources qui sont à sa disposition ; elle
fait appel aux souvenirs de la femme elle-même, et en fin
de cause, elle arrive toujours à avoir entre les mains, à
défaut d'acte de naissance, un acte de baptême, ou un
certificat de première communion, ou une pièce de notoriété quelconque, émanant de la mairie ou de l'église qui
lui donne l'état civil exact ou approximatif de la fille à
inscrire.

L'administration est souvent chargée par les familles de
rechercher une jeune fille disparue et soupçonnée de se
livrer à la prostitution. Ces recherches, conduites avec
une grande délicatesse, la mettent bien des fois à même
de découvrir l'état civil d'une fille sur laquelle on n'avait
que des renseignements incomplets.

Age des prostituées inscrites. — L'âge des prostituées
inscrites à Paris est excessivement variable. On n'inscrit
pas les filles qui ont moins de seize ans, mais d'un autre
côté il n'y a pas non plus de limite d'âge. La doyenne des
filles inscrites de Paris a aujourd'hui quatre-vingts ans
bien passés. Cette femme est née en 1806, elle a été inscrite en 1833 ; elle n'a cessé de venir régulièrement à ses
visites jusqu'à un âge très avancé ; aujourd'hui elle en est
dispensée et elle achève tranquillement à l'infirmerie de
Saint-Lazare une carrière qu'elle considère certainement
comme bien remplie.

L'inscription des filles de seize et de dix-sept ans est une
exception. Ce n'est qu'à la suite de scandales répétés, à la
suite de la ferme volonté manifestée par ces jeunes filles de
persévérer dans une conduite irrégulière, à la suite du
refus motivé des parents de se charger plus longtemps de la
surveillance de leurs enfants ou de demander une ordon-

nance qui permette leur placement dans une maison de correction, que la mise en carte est décidée.

Lorsque les filles à inscrire ont dix-huit ans et plus, leur inscription est plus facile ; mais il faut, en tout cas, que l'administration ait acquis la conviction que l'inscription est le seul moyen qui lui reste de réprimer des scandales devenus trop fréquents.

La grande majorité des filles inscrites est majeure.

	1880	1881	1882	1883	1884	1885	1886
Nombre de filles inscrites. .	354	527	494	615	1006	1299	1145
Majeures.	345	390	452	485	684	890	775
Mineures de 18 ans et au-dessus.	9	133	41	128	316	368	296
Mineures de 16 ans et au-dessus.	0	4	1	2	6	41	74

Pendant la période de 1880-1886 il a donc été inscrit :

73,91 filles majeures %.
23,73 filles mineures de 18 ans et au-dessus %.
2,35 filles mineures de 16 ans et au-dessus %.

Ces chiffres font absolument justice d'une légende trop longtemps accréditée et d'après laquelle, à Paris, la préfecture de police procédait régulièrement à l'inscription des filles mineures de 16 ans et au-dessus. Ce fait est au contraire l'exception et l'on peut s'étonner à bon droit du chiffre insignifiant de mineures inscrites quand on songe à l'énorme quantité des petites filles, nées et élevées dans les quartiers populeux, qui sont débauchées même avant seize ans dans les ateliers et les arrière-boutiques, et qui, mises en goût, encombrent les trottoirs et les promenades.

Elles n'y viennent pas uniquement pour respirer un air plus frais, vendre des bouquets ou admirer l'étalage des magasins. On verra, dans le chapitre consacré à la prostitution clandestine, que ces promenades ont un tout autre but.

Professions des prostituées inscrites. — A vrai dire, une fois qu'une fille est inscrite sur les registres du bureau des mœurs, elle n'a plus d'autre profession que celle d'être prostituée. Le métier qu'elle s'est donné est assez fatigant pour l'empêcher de se créer une autre occupation.

Quelques femmes, cependant, continuent, tout en cachant soigneusement leur inscription, à travailler dans des ateliers ou des usines. Elles vont régulièrement à leur besogne tous les matins, travaillent toute la journée et ne s'adonnent à la prostitution que le soir et la nuit. Ces faits sont peu fréquents, mais leur rareté même exige qu'on les signale ; il est d'autres femmes qu'on peut ranger dans la même catégorie : ce sont des domestiques, cuisinières ou femmes de chambre, qui souvent sont en instances pour obtenir leur radiation et dont on maintient l'inscription jusqu'à ce que l'on ait acquis la conviction que réellement elles ont cessé d'exercer la prostitution.

Parent-Duchâtelet a recherché soigneusement quelles étaient les professions exercées par les prostituées à l'époque de leur inscription ; il a compté avec la minutie et la patience dont son livre nous donne tant de preuves, combien il y avait de couturières, combien de blanchisseuses, combien de domestiques, combien de brocheuses, etc., parmi les filles inscrites. J'avoue, pour ma part, ne pas trouver l'enseignement qui découle de cette statistique.

Aucun métier, en effet, ne peut être taxé d'être plus

immoral qu'un autre, et ce n'est pas dans l'exercice de telle ou telle profession manuelle qu'il faut chercher la cause de la prostitution de la femme qui s'y livre. De plus, il n'est d'aucun intérêt de savoir que sur 100 prostituées inscrites, il y a, je suppose, 20 blanchisseuses, 6 lingères, 30 domestiques, 10 modistes, 14 brunisseuses, 10 piqueuses de bottines et 10 brocheuses. Ces statistiques ont au contraire un inconvénient ; elles peuvent faire croire à des esprits superficiels, qui ne se rendent pas compte que Parent-Duchâtelet a voulu faire son étude la plus complète possible, que les métiers exercés en général par les filles de la classe ouvrière les prédisposaient à la prostitution ; elles peuvent faire croire que certains de ces métiers ont le triste privilège de les y pousser davantage. Ce serait une erreur absolue que d'envisager la question ainsi. Ces professions fournissent à la prostitution presque tout son personnel, uniquement parce que les ouvrières se recrutent dans la classe des travailleurs où le manque de surveillance, d'éducation et de principes rend les chutes plus faciles et plus irrémédiables, et que la promiscuité des ateliers, malheureusement inévitable, exerce sur l'esprit de ces jeunes filles une action pernicieuse que l'insuffisance de l'éducation première est impuissante à corriger.

Ceci dit, on comprendra sans peine que la statistique et la nomenclature de Parent-Duchâtelet sont toujours vraies. Presque toutes les filles inscrites ont été ouvrières : lingères, modistes, polisseuses, brunisseuses, blanchisseuses ; presque toutes celles qui sont nées à la campagne ont été domestiques, cuisinières, femmes de chambre, bonnes d'enfant ou nourrices.

Je ne vois qu'une profession nouvelle à ajouter à celles

qu'a si longuement énumérées Parent-Duchâtelet: les filles de brasserie fournissent depuis quelques années un contingent assez respectable de filles inscrites, contingent qui ira certainement en augmentant tous les ans. Le métier de fille de brasserie n'existait pas il y a trente ans; il est de création très récente et il est évident, que par son essence même, il doit amener fatalement les femmes qui l'exercent à la prostitution publique. C'est peut-être le seul de tous les métiers qu'on puisse incriminer de ce chef, et encore convient-il de remarquer que les filles de brasserie se sont presque toutes livrées à la prostitution clandestine avant d'embrasser leur profession, et qu'elles ont dû abdiquer toute pudeur et toute retenue pour devenir les prêtresses de ces *cabarets à caractère* qui pullulent depuis dix ans à Paris et dans toutes les grandes villes.

Enfin, il faut mentionner parmi les filles enregistrées, un certain nombre de malheureuses que leur éducation, leur instruction et leur situation sociale auraient dû prémunir contre une fin pareille. Ce sont d'anciennes institutrices, d'anciennes maîtresses de piano ou de dessin, dont il est facile de refaire l'histoire et de comprendre la douloureuse Odyssée; ce sont d'anciennes actrices ou figurantes des théâtres de Paris ou des départements, que la perte de leur voix, la faillite d'un directeur, des habitudes de bien-être impossibles à satisfaire désormais ont jetées dans la prostitution tolérée.

Causes premières de la prostitution. — De ce que la prostitution ait existé de tous temps, il ne faut pas conclure qu'elle soit un mal nécessaire; il est plus juste et plus conforme à la vérité de dire qu'elle est un mal inhérent à l'état de la société, telle que l'homme l'a faite et telle qu'elle a toujours existé. Historiens, philosophes, moralistes et hygiénistes s'accordent sur ce point. Les civilisations se sont succédé, elles se sont modifiées dans le cours des siècles ; elles ont tantôt été raffinées au delà de toute expression, tantôt elles ont été empreintes d'un caractère de barbarie indéniable : toujours la prostitution y a tenu une large place et elle n'a subi d'autres variations que celles que la civilisation éprouvait elle-même, devenant plus grossière ou s'affinant avec elle.

Il ne faudrait pas, en se basant sur l'enseignement de l'histoire, déclarer que la prostitution est inévitable et dès lors, s'empêcher de réagir et assister, les bras croisés, à la marée montante de l'immoralité qui finirait par tout envahir et par tout emporter. Le but suprême de toute civilisation est d'assurer le progrès moral et le progrès physique de l'humanité ; elle doit donc faire tous ses efforts pour enrayer et diminuer la prostitution ; il appartient aux moralistes, aux économistes, aux administrateurs de chercher et de trouver les moyens de restreindre la prostitution dans des limites qu'elle ne devra pas franchir. C'est à eux de voir si le système d'institutions dont les peuples civilisés sont dotés aujourd'hui n'est pas perfectible ; c'est à eux de voir si, par des réformes sociales et économiques, il n'est pas possible de sauver de la prostitution des milliers de femmes qui y tomberont fatalement sans cela ; c'est à eux de trouver, enfin, le remède efficace, non pour guérir une plaie qui ne peut être fermée, mais pour l'empêcher de s'étendre, de gagner de proche en proche et de prendre un développement vis-à-vis duquel la société finirait par se trouver désarmée.

Tous, philosophes, moralistes, hommes politiques, administrateurs, hygiénistes doivent se prêter une assistance effective pour atteindre ce résultat. Tous ils y sont intéressés et ce n'est pas trop de leurs efforts réunis pour arriver à une réforme de la condition des femmes, dans la société actuelle. La tâche est ardue et rude, mais elle n'est pas impossible.

Il est certain que le meilleur moyen pour combattre l'accroissement de la prostitution, est d'en étudier résolûment les causes. Le Dr Jeannel, dans son remarquable ouvrage sur la prostitution dans les grandes villes au XIXe siècle, est du même avis et je suis heureux de me rencontrer, sous ce rapport, une fois de plus avec lui.

Les causes de la prostitution sont de deux espèces : elles sont, si je puis m'exprimer ainsi *intrinsèques* et *extrinsèques* ; les causes intrinsèques sont inhérentes à la nature de la femme, à son essence propre ; les causes extrinsèques dépendent du milieu dans lequel elle habite, de l'éducation qu'elle a reçue et du concours des circonstances dans lesquelles elle passe sa vie.

Causes intrinsèques. — Je viens de dire que ces causes étaient inhérentes à la nature de la femme. En effet, certaines jeunes filles, différant en cela de la grande majorité des femmes qui sont moins vivement sollicitées que les hommes par le désir des jouissances sexuelles, sont douées d'un tempérament ardent, lubrique même, qui met leur innocence en un péril grave. A peine arrivées à l'âge de la puberté, elles sentent s'éveiller de vagues désirs, des aspirations confuses dont elles ne se rendent pas compte tout d'abord ; ces désirs prennent corps peu à peu, dans les cas surtout où une surveillance active, une éducation bien dirigée ne viennent leur faire contrepoids dans l'esprit de ces jeunes filles. Il arrive un moment où elle se jetteront dans les bras du premier débauché venu qui voudra bien les prendre, à moins que leurs parents, éclairés enfin sur l'état moral de leur enfant, ne la marient promptement et lui permettent ainsi de trouver dans le mariage la satisfaction légitime des appétits et des désirs qui la tourmentaient.

Le mariage ne suffit pas quelquefois pour préserver les femmes douées d'un tempérament ardent de tout écart ; mais il empêche la plupart d'entre elles de tomber jusqu'au ruisseau.

L'instinct génésique, la perversion précoce et naturelle sont ici les premiers, les uniques agents de la prostitution.

L'indolence, la paresse doivent être rangées également parmi les causes intrinsèques. Elles forment souvent le fond du caractère de certaines femmes. Nées dans une situation inférieure ou modeste, beaucoup de jeunes filles ne peuvent se résoudre à apprendre un métier quelconque, à gagner leur vie du travail de leurs mains. Elles restent oisives, non pas qu'elles croient se déshonorer en travaillant, mais parce que toute profession les ennuie, parce que tout travail leur pèse et qu'elles aiment mieux demeurer inactives, se complaisant dans leur paresse ; elles sont alors à la charge de leurs familles qui s'impatientent, à la fin, d'être obligées de nourrir une jeune fille qui n'apporte aucun bien-être à la maison, et qui pouvant travailler, préfère vivre dans l'oisiveté. C'est à ce moment, en général, que ces jeunes filles quittent la maison paternelle, résolues à continuer leur vie de paresse et d'indolence et à demander à un métier honteux les moyens de satisfaire leurs goûts. Beaucoup de filles qui viennent se faire inscrire au bureau des mœurs à Paris, peuvent être classées dans la catégorie des paresseuses.

La commission d'inscription est tenue de s'éclairer sur les motifs qui poussent une fille à demander sa carte. Bien souvent elle n'obtient que cette réponse navrante : « Je ne veux pas travailler ». Les conseils, les remontrances, les admonestations n'y font rien ; toujours on se heurte à la même obstination, et Dieu sait, cependant, de quel dur labeur les prostituées payent le triste privilège de pouvoir ne faire œuvre de leurs mains, toute la sainte journée.

Causes extrinsèques. — Les causes extrinsèques sont naturellement plus nombreuses et plus importantes que les causes intrinsèques. Elles dépendent, ainsi que je l'ai dit plus haut, du milieu social dans lequel vivent les jeunes filles et des conditions d'existence même que leur fait l'organisation de la société actuelle. Je vais successive ment passer en revue et étudier les principales d'entre elles.

L'indécence et la promiscuité dans les familles indigentes. — Dans beaucoup de ménages, soit à Paris, soit dans les grandes villes la promiscuité est la règle. Les loyers sont chers, le travail du père et de la mère réuni suffit à peine à l'entretien de la famille ; il ne saurait donc être question de s'installer dans un logement suffisamment vaste pour qu'elle y tienne à l'aise. Les ouvriers, même ceux qui travaillent toute l'année et qui sont relativement bien payés, n'ont en général qu'une chambre, deux au maximum. Le père et la mère couchent dans l'une, les enfants dans l'autre. Si les enfants sont nombreux, l'un ou plusieurs d'entre eux partagent la chambre de leurs parents. Si ceux-ci sont des gens moraux et consciencieux, s'ils savent inculquer de bons principes à leurs enfants et leur donner une éducation honnête, l'inconvénient de cette promiscuité est réduit à sa plus simple expression : les enfants n'en souffriront pas ; mais dans le cas contraire, le résultat en est déplorable.

Garçons et filles couchent, en effet, dans la même chambre, quelquefois sur le même grabat. Ils assistent à la toilette de leur père et de leur mère ; peu à peu la pudeur, primitivement sauvegardée, s'émousse par l'habitude. L'indécence devient presque la règle. Le père rentre souvent ivre, la mère est saoûle quelquefois. Des propos obscènes, des injures s'engagent et s'échangent, qui frappent l'oreille des enfants. Ceux-ci voient souvent leurs parents pratiquer l'acte génital, et il arrive ainsi fréquemment qu'un frère abuse de sa sœur, ou que le père rentrant en état d'ivresse, viole sa propre fille en l'absence ou pendant le sommeil de la mère.

Même quand la jeune fille n'est pas en butte à ces attaques brutales, la promiscuité dans laquelle elle vit, les exemples qu'elle a sous les yeux, les conversations obscènes qu'elle est forcée d'entendre minent peu à peu le sentiment de la pudeur ; n'ayant, pour défendre sa vertu, ni moralité ni principes, elle se trouvera désarmée à la première tentative d'un débauché quelconque et elle s'abandonnera à lui sans honte et sans remords. De là à la prostitution, il n'y a pas loin et elle franchira ce dernier pas assez facilement.

La naissance illégitime. — Les enfants naturelles, comme on l'a vu plus haut, fournissent un certain nombre de prostituées à la masse totale des filles publiques, quoique ce nombre soit moins considérable qu'on ne l'a cru tout d'abord. Cette opinion, dont les statistiques démontrent l'erreur, s'appuyait au moins sur un motif plausible. Il est clair que les filles nées d'unions illégitimes sont, plus que d'autres, exposées au danger de tomber dans la prostitution, car à l'âge où les soins maternels intelligents, où une éducation sévère et bien dirigée leur seraient le plus nécessaires, elles sont abandonnées à elles-mêmes, sans conseil et sans surveillance. Souvent leur mère, quand elles ont atteint l'âge de 15 ou 16 ans, a déjà fait succéder à leur père toute une série d'autres amants, et l'enfant finit par trouver naturelle cette succession d'hommes dans la maison, qui parlent en maîtres, et qui à peine disparus, sont remplacés aussitôt. Occupée à conserver un amant, qu'elle sent peut-être lui échapper et devoir être le dernier, tâchant d'oublier dans l'abus des alcools, les déboires et les soucis d'une existence qui n'est rien moins qu'agréable, la mère ne peut consacrer à sa fille ni le temps nécessaire, ni les soins et l'attention que nécessite son âge. Quelquefois même elle la prend en grippe, elle la rudoie, parce qu'elle déplaît à son amant. Faut-il s'étonner dès lors, que cette fille démoralisée dès l'enfance, n'ayant sous les yeux que des exemples désastreux, finisse par faire comme sa mère et par fuir un milieu où elle récolte plus de gros mots que de bonnes paroles, plus de coups que de caresses ?

Quant la fille illégitime est née d'une fille publique qui souvent ne sait même pas quel père lui assigner, quand surtout la mère fait partager son logement à sa fille, la chute est plus rapide et plus irrémédiable encore.

Le second mariage du père ou de la mère. — Les filles de veufs ou de veuves remariés figurent sur les listes du registre d'inscription des prostituées pour une assez forte proportion.

Le veuf qui se remarie, surtout s'il a des enfants de son second mariage, perd souvent la notion de ses devoirs envers les enfants qui sont nés de sa première union. Il les aime moins, il les surveille moins que les enfants qu'il a de sa seconde femme. Celle-ci, la marâtre, déteste le plus souvent ces pauvres êtres qui lui paraissent voler une part de ce qui reviendra un jour à ses propres enfants, et que, dans le présent, il faut entretenir et nourrir avec des ressources qu'elle trouve à peine suffisantes pour les siens. Partiale, jalouse, elle ne manquera pas, par des insinuations continuelles et savantes, d'aigrir le père contre ses premiers enfants. La jeune fille qui est dans un intérieur pareil, en proie aux injustices les plus criantes et repoussée par son protecteur naturel lorsqu'elle veut s'en plaindre à lui, perd peu à peu le sentiment exact de la dignité et de la moralité; elle subit l'influence des circonstances qui l'entourent. Son caractère change; elle n'éprouve plus aucune affection pour un père qui ne sait ou ne veut pas la protéger, elle s'aigrit à son tour et aspire à quitter une maison où elle se sait détestée et humiliée. Elle est prête pour la séduction, et elle suivra avec joie l'homme qui lui proposera de la tirer de l'enfer où elle végète.

Lorsque c'est une veuve qui se remarie, les choses se passent de même.

L'homme n'aime pas les enfants qui ne sont pas de son sang et pour lesquels il est obligé de travailler; il les rudoie, il les bat; ils lui rappellent, qu'avant lui, leur mère a appartenu à un autre. Ce sont aussi ces souvenirs qui hantent l'esprit de la mère et qui l'empêchent de défendre les enfants de son premier lit comme elle le devrait; elle sent vaguement que la vraie famille, ce sont les enfants de son second lit; elle leur donne toute sa tendresse, tous ses soins, et quoiqu'elle se reproche peut-être sa lâcheté, elle espère prouver ainsi à son mari l'affection qu'elle ressent pour lui.

Dans les deux cas, le sort des filles est le même. Mais quand, au lieu de se remarier le père ou la mère vivent en concubinage, les conséquences de cette union illégitime, au point de vue du sort final des filles que l'un ou l'autre avait pu avoir d'un mariage régulier, sont encore plus graves. Il ne peut plus être question ici d'exemples de moralité que les enfants ont sous les yeux, même lorsqu'elles sont rudoyées, si leur père ou leur mère s'est remarié. Un beau-père et une belle-mère peuvent ne pas aimer leurs beaux-enfants, ils peuvent leur faire sentir leur aversion, les battre, être envers eux d'une injustice criante, sans pour cela les pousser directement au vice et leur donner le spectacle d'une immoralité révoltante.

Tout est changé, si la nouvelle union est illégitime. Ces enfants sont témoins, journellement, à tout instant, du désordre, de l'inconduite et de la débauche qui règnent dans le ménage. Il n'y a plus de famille. La jeune fille est en butte aux obsessions des amis de l'amant de sa mère, ou aux mauvais conseils des compagnes de la maîtresse de son père, quelquefois de cette maîtresse elle-même ; personne ne songe à la défendre et souvent l'amant de la mère finit par abuser d'elle, à l'insu de celle-ci ; quand ce n'est pas, hélas, de son aveu tacite, si elle ne voit plus que ce moyen de retenir auprès d'elle un homme prêt à l'abandonner. La plupart du temps la jeune fille succombe sans que sa mère s'en doute ; mais peu à peu l'assiduité de son amant auprès de sa fille, les attentions qu'il a pour elle et auxquelles elle se croyait seule le droit de prétendre, lui donnent l'éveil ; la jalousie la tourmente et elle finit par chasser son enfant hors de chez elle. La pauvre fille mise sur le pavé, dénuée de ressources, erre par les rues, sans asile ; elle mange comme elle peut, demande la charité, couche dans les chantiers de construction, sous les ponts, sur les bancs d'une promenade publique ; elle y est bientôt trouvée par les rôdeurs de nuit, voleurs, assassins ou souteneurs et sa perte est consommée.

La mauvaise éducation. — L'éducation, personne ne saurait le nier, a une influence énorme sur la moralité. L'éducation première, celle que l'enfant reçoit dans sa famille joue à ce point de vue un rôle prépondérant. Si les premiers principes inculqués à l'enfant, les premières idées gravées dans ce cerveau impressionnable sont mauvais, on aura beau vouloir redresser plus tard cet esprit déformé, on n'y parviendra pas complètement. On y a jeté un germe vicieux au début, il serait étonnant que tôt ou tard il ne portât point ses fruits.

Bien imprudents ou bien inintelligents sont les parents qui élèvent mal leurs filles, qui leur donnent des idées de luxe au dessus de leur situation, qui n'exercent pas sur elles une surveillance active et incessante, qui laissent traîner entre leurs mains des journaux ou des romans comme le temps actuel en a tant vu éclore : ils auront désarmé d'avance leurs filles, quand il s'agira de lutter, à l'heure de la tentation ; ils auront faussé en elle les ressort moral qui aurait pu les sauver, et si elles tombent, c'est à eux seuls qu'ils devront s'en prendre.

L'encombrement des carrières ouvertes aux femmes.— Les hommes ont accaparé presque toutes les professions qui s'ouvraient aux femmes et qui leur assuraient les moyens de gagner honorablement leur vie. Les carrières qu'elles peuvent encore choisir actuellement sont notoirement insuffisantes pour que toutes celles qui s'y destinent puissent espérer y entrer.

Les hommes ont pris successivement la place des femmes dans un grand nombre de métiers qui leur avaient appartenu longtemps sans partage ; je ne citerai que la fabrication des fleurs artificielles, des éventails, des cartonnages, la vente des objets de mercerie, des nouveautés, des tissus. L'importance acquise à Paris par ces immenses magasins, vrais bazars où l'on vend tout, où l'on peut tout acheter, et où les rayons sont presque tous desservis par des employés mâles, a lentement tué le commerce de détail. Impuissants à lutter contre ces grandes maisons, écrasés par des frais généraux, voyant la clientèle se retirer peu à peu, les petits magasins de nouveautés, de dentelles, de mercerie, de chapeaux, de chaussures, d'articles de Paris, etc., où un certain nombre de jeunes filles trouvaient une occupation honnête et suffisamment rémunératrice, disparaissent de plus en plus. Ils se ferment et, du même coup, leurs employées sont sur le pavé. Celles-ci ont beau frapper à d'autres portes ; on les éconduit poliment et les grands magasins eux-mêmes ne peuvent toutes les recevoir.

Le même encombrement existe pour d'autres professions où les femmes auraient pu trouver de l'occupation. C'est ainsi, qu'avant le développement des impressions chromolithographiques et chromotypographiques, il existait de nombreux ateliers de coloriage, employant une grande quantité de femmes et de jeunes filles. Ces ateliers sont fermés aujourd'hui. Préoccupés de la situation faite à la femme qui veut travailler, dans la société actuelle, un certain nombre d'imprimeurs typographes de Paris ont voulu occuper des femmes, comme compositrices. Ils ont été contraints d'y renoncer, non pas que ces femmes eussent fourni une mauvaise besogne, mais parce que leurs ouvriers, sachant fort bien que les femmes demandent un salaire moins élevé que les hommes, les auraient abandonnés.

L'Etat, cependant, met un certain nombre de places à la disposition de jeunes femmes ou de jeunes filles. Il les emploie dans le service des postes, dans celui des télégraphes ; mais il leur offre surtout des places d'institutrices dans ses écoles. L'appât de ces situations, qui outre une rétribution modeste, il est vrai, mais suffisante, procurent souvent à la titulaire le logement, l'éclairage et le chauffage, qui lui assurent en tous cas une pension de retraite, a été des plus puissants. Il l'a été au point de précipiter vers ces carrières une foule de jeunes filles qui n'y auraient jamais songé, si elles n'avaient reçu au préalable, grâce aux lois et aux réformes de l'enseignement, une éducation qui les rendait aptes à concourir pour une de ces places.

L'instruction est certainement une belle chose ; elle est un bienfait énorme de la civilisation, elle doit être répandue à profusion ; mais telle qu'elle est donnée actuellement elle a le tort, très grand à mes yeux, de remplir la tête des jeunes filles d'une foule de notions dont elles n'ont que faire. Une jeune fille, qui sort de l'école avec son certificat d'études ou son brevet de capacité, se sentira bien supérieure à ses parents, si elle est fille d'ouvriers ou de paysans. Elle voudra sortir le plus vite possible d'un milieu qui ne la comprend pas, qu'elle ne comprend plus, où elle n'est plus à son aise, et où son éducation même en a fait une non-valeur. Elle sollicitera une place d'institutrice ou de receveuse des postes ; elle se soumettra au concours. Mais, là comme ailleurs, il y a beaucoup d'appelées et peu d'élues ; les places sont rares, et on ne vit pas de promesses ; la jeune fille a réussi dans ses examens, mais avant qu'elle soit nommée au poste qu'elle ambitionne, trois ou quatre mille concurrentes devront être casées. Que fera-t-elle ? Elle est incapable de prendre, en attendant sa nomination, le chemin d'un atelier ou d'une usine. L'éducation qu'elle a reçue la met trop au-dessus des femmes qu'elle y rencontrerait ; elle est sortie de son milieu, elle ne peut plus y rentrer. Lasse d'attendre, écœurée de la vie de famille où tout froisse ses sentiments plus affinés et plus délicats, ne trouvant pas autour d'elle, dans les jeunes gens qui l'entourent, ouvriers ou paysans comme ses frères, quelqu'un qui fût capable de comprendre ses aspirations, elle ne voit que deux issues à la situation où elle vit acculée : Elle entre dans un couvent, ou elle finit par demander à la débauche la satisfaction de ses désirs de bien-être matériel qu'elle avait rêvé d'obtenir par son seul travail et sa seule intelligence. Dans les deux cas, elle est perdue pour la société.

La désertion des campagnes. — Les grandes villes exercent toujours une attraction puissante sur les campagnes. Peu à peu celles-ci se dépeuplent au bénéfice des grands centres industriels ou commerciaux. Le paysan délaisse la terre et se fait ouvrier, dans l'espoir de gagner plus en travaillant dans une usine qu'en labourant son champ. Le vieux dicton : « *L'agriculture manque de bras* », est une cruelle vérité. Le même attrait existe pour les filles de la campagne. Elles ont été quelquefois à la ville, elles ont pu apercevoir un peu du luxe et du bien-être dont on y jouit et elles l'ont comparé, en rentrant dans leur chaumière, à leur pauvreté et à leurs haillons. Elles s'exagèrent ce luxe, qu'elles n'ont vu qu'en passant, et elles ne savent pas de quels labeurs il est fait et quelles misères il recouvre souvent. Elles voient rentrer au village des filles autrefois parties en service à Paris, pauvres comme elles, et qui reviennent avec de belles robes, des bijoux et un pécule assez rond pour pouvoir, à leur tour, jouer le rôle de maîtresses.

La vision de Paris qu'elles se représentent comme un Eldorado, dont on s'entretient à la veillée, dont un frère, un parent, un ami revenu du service parle avec admiration et regret, que le père a peut-être entrevu un soir, dans l'apothéose finale d'un feu d'artifice de quinze Août ou de quatorze Juillet et dont il a gardé l'éblouissant souvenir, la vision de Paris, troublante et merveilleuse, hante l'imagination naïve de ces pauvres filles. Elles y accourent en foule, pour s'y placer comme servantes, espérant y faire une rapide fortune.

Hélas! les emplois ont manqué, les économies péniblement amassées pendant de longs mois, ont été mangées en quelques jours ; la misère est venue et l'heure sonne où la pauvre fille des champs, perdue dans cet immense Paris, n'osant ou ne voulant pas retourner dans son pays sans un sou, quand elle y comptait rapporter une fortune, prête l'oreille aux mauvais conseils et tombe dans la prostitution pour ne pas mourir de faim; c'est ainsi qu'elle réalise le rêve qu'elle caressait autrefois, en gardant ses moutons ou en filant sa quenouille.

Les chutes des filles de la campagne sont quelquefois plus immédiates. Si, dès leur arrivée à Paris, elles rencontrent un de ces drôles qui battent le pavé et rôdent surtout aux alentours des gares de chemins de fer à la recherche d'une aventure, elles sont le plus souvent poussées d'emblée dans la débauche. Emmenées dans quelque débit de vin ou dans un hôtel borgne où on les fait boire, elles deviennent d'abord les maîtresses de ces individus, qui les jettent ensuite sur le trottoir et vivent à leurs dépens.

Peu importe, du reste, que ces filles aient été ou non déflorées avant de venir à Paris. A la campagne une fille séduite, une fille mère, même, trouve généralement à se marier ; si son séducteur ne l'épouse pas, elle rencontre toujours un homme qui, oubliant la première chute, consent à lui offrir sa main. Pour la plupart d'entre elles, ce n'est donc pas le désir de cacher une faute qui les pousse vers Paris ; elles y sont allées avec la ferme volonté d'y vivre honnêtement, et du produit de leur travail.

L'insuffisance des salaires. — Les professions ouvertes aux femmes sont très rares ; de plus, leur travail est fort mal rétribué. Leur salaire est de beaucoup inférieur à celui des hommes. Cette infériorité tient à plusieurs raisons ; la première découle naturellement de la proportion de l'offre et de la demande. Plus il y a de femmes qui demanderont à travailler, moins on les payera ; on en trouve toujours qui se contentent de la plus maigre rétribution, et dès lors il n'y a pas de motif pour payer les autres plus cher. C'est là une loi inéluctable et fatale. Une deuxième raison réside dans la concurrence que font aux femmes travaillant chez elles ou en journée, les ateliers des prisons et les ouvroirs des communautés religieuses. Cette concurrence est désastreuse, car prisons et couvents peuvent fournir la main-d'œuvre à un prix bien autrement bas que celui que peut demander une femme qui travaille pour son compte. Les détenues ne peuvent, en général, fournir que des objets de fabrication plus ou moins grossière; mais dans les maisons religieuses, les ouvroirs sont organisés de telle façon qu'on y peut confectionner la lingerie la plus fine et la plus élégante. Enfin le développement croissant de l'industrie, l'invention des machines à tuyauter, à plisser, etc., pour ne parler que de celles-là, ont porté un coup mortel au travail des femmes, en abaissant du même coup les salaires dans une notable proportion.

Les femmes mariées, les jeunes filles qui habitent avec leurs parents sont dans une meilleure situation que les femmes isolées sous ce rapport. Le peu qu'elles gagnent vient s'ajouter au salaire rapporté par le mari ou le père, et suffit à parfaire les ressources du ménage et à payer les dépenses de la maison. Mais quand la femme est seule, ce qu'elle gagne lui suffit à peine pour vivre misérablement. Que dire aussi de ces jeunes filles, déchues d'une situation brillante ou seulement aisée, essayant de gagner leur vie en faisant du crochet, du tricot ou de la tapisserie pour les magasins? C'est à peine si un travail de dix-huit heures par jour les empêche de mourir de faim.

Dès lors, ces femmes sont presque inévitablement amenées à demander à la débauche les ressources complémentaires dont elles ont besoin. Mais par un contre coup fatal, en même temps que la débauche lui rapporte quelque argent, le salaire de la femme s'abaisse; sentant, en effet, qu'elle n'a plus exclusivement besoin de lui pour subvenir à son existence, elle accepte des rémunérations inférieures pour son travail; et ces rémunérations seront d'autant plus faibles, que sa prostitution lui rapportera davantage. Souvent c'est le patron, qui, s'apercevant de la vie déréglée de son ouvrière, en profite pour diminuer lui-même son salaire.

C'est ainsi que procèdent certains directeurs de théâtre qui engagent de jeunes et jolies femmes, les produisent sur la scène et leur assignent des émoluments dérisoires, tout en exigeant d'elles des toilettes élégantes et d'une certaine richesse. Suivant eux, en effet, les moyens de payer ces toilettes et de mener une vie confortable ne manqueront plus à leurs pensionnaires lorsqu'elles auront débuté.

Les ateliers et les magasins; les mauvaises fréquentations. — Une fille d'ouvriers, dès qu'elle a atteint l'âge auquel on peut lui faire apprendre un métier, est placée par ses parents dans un atelier ou dans un magasin. Les ateliers parisiens, qu'ils soient dans une usine, que ce soient des ateliers de modistes, de brunisseuses, de fleuristes, de brocheuses, de polisseuses, de piqueuses de bottines, etc., se ressemblent tous. Les apprenties et les ouvrières s'y rendent dès le matin et il est rare qu'elles rentrent chez elles pour le déjeûner de midi. Elles mangent soit à l'atelier, sur le coin d'une table, les maigres provisions apportées de la maison ou quelque charcuterie que le *trottin* est allé chercher dans la boutique voisine ; soit dans l'établissement d'un marchand de vins ou dans une crêmerie, où elles entendent les propos délurés des hommes, où elles soutiennent les œillades des ouvriers voisins, et où elles ébauchent souvent des liaisons qui ne se terminent pas toutes à la mairie.

Si elles déjeûnent à l'atelier la conversation n'est pas plus choisie. La patronne mange chez elle et ne surveille pas ses ouvrières. La lecture des petits journaux à un sou, avec leurs faits divers affriolants, leurs feuilletons si intéressants, accompagne le déjeuner. Les ouvrières plus âgées se racontent leurs aventures galantes, se confient mutuellement leurs plaisirs ou leurs chagrins d'amour. Ces confidences, ces récits se poursuivent à voix basse pendant les heures de travail ; les petites écoutent et en font leur profit. Elles ont l'imagination obsédée du souvenir du beau jeune homme qu'a dépeint le feuilleton du jour et rêvent tout éveillées aux aventures de l'héroïne romanesque qu'elles viennent de laisser en tête à tête avec son amoureux.

Elles sont donc admirablement préparées pour la séduction ; celle-ci sera-t-elle tentée par le patron lui-même, qui vend sa protection au prix de complaisances coupables ; par le placier qui offre « *un verre de quelque chose* » à la sortie du magasin ou un billet de théâtre pour le soir ; ou enfin par un individu quelconque qui aura rencontré le jeune fille par hasard, l'aura suivie et attendue à plusieurs reprises, à la sortie ; peu importe, la séduction est fatale.

Le danger est encore plus grand lorsque, au lieu de travailler dans un atelier où l'on n'emploie que des femmes, la jeune fille est entrée dans une de ces usines, grandes ou petites, où ouvriers et ouvrières sont continuellement en contact. La promiscuité avec ces ouvriers, gouailleurs et débauchés, finit par émousser la pudeur ; on s'attend à la sortie, on s'accompagne et le Dimanche on organise des parties de campagne dont on ne revient pas toujours comme on était partie. Dans ces ateliers d'usine, du reste, comme dans les autres, les patrons et les contre-maîtres abusant de leur autorité, exigent quelquefois d'ignobles compromissions pour prix d'un léger avantage.

Il est vrai que ces pauvres filles n'ont pas de sauvegarde ; elles n'ont pas reçu d'éducation, c'est à peine si on leur a donné un semblant d'instruction ; leur senti- ment de moralité est fort peu développé ; elles vivent dans un milieu où tout contribue à l'amoindrir et où la tâche de prédilection des hommes semble être de triompher glo- rieusement de la vertu des femmes ; elles sont sans dé- fense.

Et chez elles, dans la maison qu'elles habitent, quel mélange d'êtres plus ou moins perdus. Il faut avoir péné- tré dans ces grandes casernes parisiennes pour s'en rendre un compte exact : des maisons de cinq et six étages ; des pe- tits logements, en grand nombre sur le même palier ; des escaliers, des balcons, des cabinets d'aisance communs. On se lie facilement de logement à logement, de fenêtre à fenêtre ; des amitiés s'établissent, sans que l'on sache au juste ce qui les a fait naître, ou si elles sont bien placées. On se groupe entre jeunes filles et jeunes femmes ; on a de longues causeries le soir, dans les cours ou sur le pas des portes, après le travail de la journée ; on se promène en bandes, s'il fait beau, à la tombée de la nuit, sous les arbres des boulevards extérieurs ; on visite ensemble les fêtes foraines, on fréquente de concert les bals interlopes. Les plus hardies encouragent les plus timides ; on accepte des saladiers de vin chaud offerts discrètement ; on se risque à la valse et au quadrille ; puis on va dans des cabarets plus ou moins borgnes ; on a pris enfin l'habitude de se rencontrer, jusqu'à ce que, un beau jour le cavalier devienne plus entreprenant ; la jeune fille se dé- fend mollement et finit par céder et par faire comme les autres. La faute n'est condamnée que si elle est publi- que, et toutes espèrent bien que personne n'en saura jamais rien.

Le « *monsieur riche* » que la légende met à l'origine de la chute des filles du peuple n'existe pas ou du moins il n'existe pas souvent, comme le fait observer très justement M. Maxime Du Camp. La fille du peuple tombe par le peuple. Ce sont ses pareils, des ouvriers comme elle, qui ont l'étrenne de sa beauté et de sa virginité. L'homme du monde qui plus tard la couvrira d'or et de bijoux n'a que leurs restes.

La domesticité. — Les observations de Parent-Duchâtelet et de M. Jeannel, qui concordent avec les miennes, prouvent qu'une forte proportion des prostituées inscrites est fournie par d'anciennes domestiques. Quelles sont les raisons qui poussent ainsi les servantes dans la prostitution?

Il me semble, qu'avant tout, il faut faire justice de la croyance, accréditée par certains moralistes, que la séduction des servantes par leurs maîtres est une des grandes causes de la prostitution. Devenues mères, ces filles seraient impitoyablement chassées et n'auraient plus d'autres ressources que de se prostituer. Cette idée est d'autant plus fausse que la plupart des servantes ont été séduites avant d'entrer en condition. Il arrive évidemment, de temps à autre, qu'une domestique devienne la maîtresse de son maître ; mais ce fait ne saurait être généralisé, et s'il doit être mentionné dans une étude comme celle-ci, il est nécessaire aussi de le réduire à sa juste valeur.

Un grand nombre de filles, je le répète, ont été séduites avant de se placer ; pour quelques-unes d'entre elles, c'est leur mauvaise conduite qui les a obligées à quitter le pays natal et de chercher une place au dehors. Celles-là, une fois entrées en condition, continueront leur premier genre de vie, pour peu que la surveillance de leurs maîtres ne soit pas trop gênante.

Beaucoup de servantes sont issues de familles qui par suite de démoralisation et d'ivrognerie sont tombées dans la misère et n'ont pu donner à leurs enfants des exemples recommandables.

La plupart sont d'une intelligence très ordinaire, peu économes, sans esprit de suite ou de conduite. Leur moralité est douteuse. Elles vont d'une place à l'autre, sans regret ; quand elles n'en ont pas, elles se logent chez des placeuses, ou chez ces femmes qui, sous prétexte d'offrir un asile aux servantes momentanément inoccupées, les entassent dans de petites chambres moyennant une redevance assez élevée. Elles y sont mélées les unes aux autres et y reçoivent le plus souvent des conseils et des leçons où la morale n'est pour rien.

Pour celles qui sont en place, la disposition même des appartements parisiens est une cause de perte. Il est rare qu'à Paris où les loyers sont chers, où les familles sont à l'étroit dans des locaux insuffisants, les servantes couchent dans l'appartement des maîtres. Dans les familles où il y a des enfants en bas âge, chez les personnes âgées, on sacrifie quelquefois une pièce pour y loger une bonne, afin de l'avoir sous la main en cas d'alerte. Mais l'immense majorité des domestiques a ses chambres dans l'étage supérieur de la maison, au cinquième ou au sixième. Les maîtres ne montent jamais dans ces chambres ; on y arrive par l'escalier de service et la concierge, intéressée à fermer les yeux, tolère les allées et venues. Naturellement les relations ébauchées d'une cuisine à l'autre se continuent et se cimentent le soir dans le couloir commun ; on voisine ; une servante plus dégourdie emmène l'autre au bal, où bientôt elle fait une connaissance. Lorsque des domestiques mâles habitent le même étage, les choses vont plus vite encore, et les liaisons s'établissent facilement. Quoi qu'il en soit, la chose s'ébruite ; souvent il survient une grossesse, dont les maîtres s'aperçoivent enfin et qui provoque le renvoi de la domestique. Le certificat qu'elle obtient n'est pas toujours flatteur, les renseignements qu'on donne sur elle sont mauvais. Les bonnes places lui sont fermées ; les mauvaises même deviennent plus rares et ses ressources commencent à tarir. La pauvre femme n'ose pas retourner dans son village, où elle veut qu'on ignore sa faute, et elle vient finalement, après un certain nombre d'aventures, échouer au bureau des mœurs de la préfecture de police.

Il est à remarquer que les amants des domestiques sont en général des cochers ou des valets de chambre, des employés de bureau ou des commis de magasin, et surtout des militaires. L'uniforme exerce sur cette classe de femmes un prestige irrésistible ; on a souvent plaisanté sur le *pays* et la *payse* ; mais il y a dans le sentiment qui pousse l'un vers l'autre deux êtres issus du même village ou de la même contrée quelque chose de naïf et de touchant. C'est par les souvenirs réciproques que ces liaisons se nouent tout d'abord ; peu à peu, l'amour du clocher natal fait place à un attachement d'une autre nature et il n'y a rien d'étonnant à ce que la pauvre servante dépaysée dans la grande ville et le soldat, isolé au milieu du bruit de la caserne, finissent par se donner l'un à l'autre.

L'appât du plaisir, le goût du luxe. — Il suffit d'indiquer ces deux causes, sans qu'il soit nécessaire de s'étendre beaucoup sur elles. Elles exercent leur influence non seulement sur la classe moyenne, mais aussi sur la classe pauvre.

Elevée dans des goûts qui ne sont pas ceux de sa classe,

habituée à un luxe qu'il n'est pas possible de soutenir longtemps, incapable de faire œuvre de ses dix doigts, la jeune fille qui a été élevée ainsi, après avoir essayé peut-être de courir le cachet pendant quelques mois, souffrant dans ses appétits, dans son corps, dans ses habitudes, fait bon marché de la honte et s'adonne à la débauche.

Quant aux jeunes filles pauvres, il est certain que le goût du luxe a fait chez elles des progrès considérables depuis quelques années ; leur toilette n'est plus en rapport avec leur position ; elles ont des besoins, des habitudes qui étaient inconnus aux filles de leur classe, il y a quarante ans ; le désir de briller, d'éclipser leurs amies, d'exciter leur jalousie en portant un joli costume, un chapeau seyant ou un porte-bonheur, est pour beaucoup d'entre elles la cause première de la ruine définitive.

Les livres et les gravures obscènes. — Le débordement de livres et de gravures immorales, à la marée montante duquel nous assistons depuis un certain nombre d'années, est une des causes efficientes les plus sérieuses de la prostitution.

La littérature qui soit au théâtre, soit dans le roman, élève la courtisane sur un piédestal de marbre a une large part de responsabilité dans la perversion des mœurs publiques. Dans presque tous les romans modernes, et je ne parle pas ici des moins célèbres, la courtisane tient la première place. Sur la scène, aussi bien que dans le livre, on cherche à la réhabiliter, à lui faire la place toujours plus belle et plus grande ; on la montre sous les dehors les plus brillants, riche, adulée, aimée, menant une existence de plaisirs à côté de laquelle la vie d'une honnête femme paraît bien calme et bien morose. Les jeunes filles qui écoutent ces pièces de théâtre ou qui lisent ces romans, ne peuvent manquer de faire la comparaison et de se dire, qu'après tout, la prostitution n'est pas une chose si abominable puisqu'elle trouve tant de poètes et d'écrivains pour la célébrer.

Les journaux qui dans les échos mondains relatent les faits et gestes des « *grandes horizontales* », qui parlent de leurs hôtels, de leur mobilier, de leurs toilettes ; qui racontent les fêtes qu'elles donnent et citent le nombre de leurs amants, sont eux aussi des agents actifs de corruption. Ils mettent au cœur des filles qui les lisent une sourde envie ; ils les habituent à ne plus considérer la débauche comme une honte, mais presque comme une gloire ; ils émoussent leur sens moral. Les jeunes ouvrières, après avoir lu dans le journal le nom et les toilettes des demi-mondaines, veulent aller les voir. Elles assistent, jalouses, au défilé de leurs voitures aux Champs-Elysées ou au Bois de Boulogne ; en rentrant chez elles, elles se disent qu'elles aussi pourraient avoir des chevaux, des voitures et des valets, qu'elles aussi pourraient devenir célèbres, et elles ne songent pas que souvent la fin de leur rêve sera le réveil au lupanar.

Le mal causé par ces journaux est moins grand cependant que celui que font ces feuilles obscènes, qui sous divers noms, s'étalent aux devantures des marchands de journaux. Les publications de ce genre, agrémentées de gravures dont la légende croustillante indique suffisamment le sens, sont très bon marché ; tous les articles qu'elles contiennent ne sont que l'apologie de relations coupables et une invitation à la prostitution. Le parquet, il est vrai, les surveille et les interdit ; mais elles renaissent sans cesse. Cette littérature frelatée et pornographique fait malheureusement les délices de la population ouvrière, dans sa grande majorité. Une jeune fille qui a lu quelques numéros de l'*Egayement parisien* (pour ne parler que de celui-là) n'a plus d'une vierge que le nom. La débauche n'a plus guère de secrets pour elle; sa virginité morale s'est envolée et la virginité physique ne tardera pas à la suivre.

Mais, dira-t-on peut-être, la littérature ne reflète en général que l'état de la société. Si donc la littérature d'aujourd'hui est immorale et quelquefois obscène, c'est que la société elle même est immorale ; loin d'être une des causes de la prostitution, la littérature actuelle n'en serait donc que la conséquence.

Présentée sous cet aspect, cette assertion est fausse ; car il faudrait convenir alors que depuis une vingtaine d'années la société française se serait profondément pervertie et démoralisée et que, à l'expiration du siècle, elle finirait dans l'obscénité, pour justifier le nombre toujours croissant des œuvres pornographiques. La morale s'est relâchée chez nous, le fait est incontestable, peut-être un peu plus qu'ailleurs. Mais nous ne sommes pas aussi profondément gangrénés qu'une certaine littérature se plaît à nous dépeindre, et je n'en veux comme témoin que le succès merveilleux d'un livre tel que « l'abbé Constantin » qui, honnêtement pensé et délicatement écrit, a fait pousser un soupir de satisfaction à tous ceux que les romans à filles et à scandale avaient écœurés depuis longtemps. Ce succès même a prouvé qu'ils sont infiniment plus nombreux qu'on ne serait tenté de le croire.

Une première séduction. — Presque toutes les prostituées, quand on les interroge sur les motifs qui les ont poussées à la débauche, répondent qu'elles ont été séduites, puis abandonnées par leurs séducteurs. Pour les filles venues des départements, c'est presque la règle. Beaucoup d'entre elles ont ajouté foi aux promesses de leur amant. Que le séducteur soit un militaire, un étudiant ou un commis-voyageur, les choses se passent de la même façon. La jeune fille séduite, comptant sur une promesse mensongère de mariage, aimant du reste son amant, suit celui-ci lorsque ses affaires, un changement de garnison ou la nécessité de terminer ses études l'amènent à Paris. Mais elle y est bientôt abandonnée, soit qu'elle ait fini par devenir enceinte, soit qu'elle ait cessé d'être aimée et que le tourbillon d'une grande ville ait entraîné son amant vers d'autres amours ; souvent lorsque celui-ci est un étudiant, il retourne en province après l'obtention de ses diplômes, dans sa ville natale où il ne veut ni ne peut emmener sa maîtresse. Elle reste donc seule, dans un garni, quelquefois dans la rue ; elle ne sait où aller, n'a que peu d'argent et ne veut, à aucun prix, revenir au pays où sa conduite est connue, où son départ a fait scandale. Ne sachant que devenir, elle prête l'oreille aux conseils perfides de quelque proxénète ou tombe entre les mains d'un souteneur qui la poussera sur le trottoir.

Toutes les filles de province ne sont pas amenées ainsi à Paris : Un grand nombre y viennent spontanément pour y relancer un séducteur qui les a abandonnées, ou pour y cacher leur honte, après une première faute ; celles-ci espèrent trouver dans la capitale un moyen de dérober leur déshonneur aux yeux de leur famille et de leurs voisins et une ressource contre la misère qui les menace.

Les jeunes filles de Paris qui s'adonnent à la prostitution ont, en général, été les victimes, elles aussi, d'une première séduction. Ici, comme je l'ai dit plus haut, le coupable est quelquefois leur père, leur beau-père, leur frère ou l'amant de leur mère. Le plus habituellement c'est un gavroche précoce de seize ou dix-sept ans, qui déflore sa petite camarade. Il ne peut être question, dans ce cas d'abandon ultérieur. Cet abandon n'a lieu que lorsque la jeune fille, ayant 18 ou 20 ans, a pris un amant plus âgé. Le service militaire auquel sont astreints tous les jeunes gens est devenu une cause fréquente d'abandon. Quel qu'en soit du reste le motif, le résultat est le même.

Enfin, certaines jeunes filles mieux élevées, plus instruites sont quelquefois victimes de séductions qui finissent par les mener à la prostitution. Ce sont des gouvernantes, des institutrices, des demoiselles de compagnie qui sont devenues les maîtresses de leur maître ou d'un de ses fils. Ces liaisons, qui n'ont d'autre durée que le caprice de l'amant, finissent par faire renvoyer celle qui s'y prête, à moins que son séducteur ne l'installe dans un appartement qu'il meuble et paye pour elle et n'en fasse officiellement sa maîtresse. Lorsqu'il la quittera, il la cèdera à un de ses amis et elle arrive ainsi tout naturellement à la prostitution.

Un dernier genre de séduction observé dans les familles, c'est la séduction des jeunes filles par les domestiques. Le fait est assez rare, mais il existe. En général l'éducation préserve les jeunes filles de ce chef, mais quelques-unes n'y échappent point, soit qu'elles aient été mal surveillées, soit qu'elles aient en elles un ferment de lubricité qui ne demande que l'occasion pour grandir et se développer. Il est rare, du moins, que les jeunes filles ainsi séduites deviennent des prostituées. La famille étouffe le scandale et les marie au plus tôt.

L'amour maternel. — Il me reste à signaler une dernière cause de prostitution qui, si elle n'est pas très fréquente, témoigne du moins de la singulière aberration d'esprit dans laquelle peuvent tomber certaines malheureuses. Il existe des femmes qui, ne pouvant suffire, avec le produit d'un travail honnête, aux besoins de leurs enfants, demandent à la prostitution les ressources nécessaires pour les nourrir et les élever. C'est là, évidemment une absence de sens moral qu'il était intéressant de constater.

Telles sont les principales causes de la prostitution dans la société actuelle. Quant aux moyens de combattre et de diminuer ces causes, je ne veux pas y insister. Il suffit de les avoir étudiées, pour se convaincre que l'état actuel de notre civilisation aurait besoin d'être changé de fond en comble pour les enrayer. Entre les causes de la prostitution et la question sociale, il y a une connexité intime que les lignes qui précèdent ont suffisamment démontrée.

Le mal existe, il est là, il découle de l'état social contemporain qui l'a rendu nécessaire. Ajouterai-je que la prostitution trouve aujourd'hui le meilleur terrain pour se développer? Les révolutions politiques qui ont profondément remué les masses de la population ; les à-coups financiers qui ont enrichi en un instant des gens sans fortune et souvent sans moralité ; l'abaissement du niveau moral ; la disparition graduelle et incessante des principes religieux qui pendant longtemps ont fait la classe ouvrière forte et honnête ; le matérialisme, le désir des jouissances grossières et sexuelles qui font des progrès si rapides, ont à tel point bouleversé la société qu'ils ont rendu possible cette extraordinaire floraison de la prostitution à laquelle nous assistons aujourd'hui. Jamais, à moins de remonter au temps de la décadence romaine, elle n'a eu autant le droit de cité, que de nos jours.

CHAPITRE DEUXIÈME

Mœurs, Habitudes et Physionomie des Prostituées. — Leur manière de vivre
Leurs sentiments moraux. — Les souteneurs.

J'ai dit dans le chapitre précédent que les prostituées
pouvaient être divisées en deux grandes classes, suivant
qu'elles étaient ou non inscrites sur les registres de la
préfecture ; c'est-à-dire en prostituées soumises et en prostituées clandestines. La physionomie, les habitudes, le
genre de vie de ces deux espèces de prostituées diffèrent
assez notablement pour que l'on doive les décrire séparément. Je ne parlerai donc dans ce chapitre que des filles
soumises, me réservant de décrire, dans la partie de cet
ouvrage consacrée à la prostitution clandestine, tout ce
qui a rapport à l'existence et à la manière de vivre des
filles insoumises.

Mais les prostituées inscrites se divisent elles-mêmes en
deux catégories bien distinctes : les *filles isolées* et les *filles
en maison*. Il me paraît plus logique d'étudier, dans le
chapitre consacré aux maisons de tolérance, les mœurs et
les habitudes des filles qui s'y trouvent ; je pourrai donner
ainsi aux lupanars la physionomie la plus exacte possible.

Je ne vais donc m'occuper, dans ce chapitre, que des
prostituées isolées inscrites à la préfecture de police et
soumises aux visites.

Noms donnés aux prostituées. — Il faut avouer que la langue française est singulièrement riche pour désigner les prostituées. Sans parler du style officiel et administratif qui leur imprime les noms de *fille soumise*, de *fille publique*, de *fille en carte*, de *fille inscrite*, de *fille encartée*, on les appelle dans un langage plus relevé des *courtisanes*, des *filles de joie*, des *filles perdues*, des *filles de marbre*, des *gourgandines*, des *cataux*, des *gueuses*. Quand on en arrive au langage familier, au langage ordurier, à l'argot enfin, on n'a que l'embarras du choix. Les mots de *Putain* et de *Catin* que nos grand'mères ne rougissaient pas de prononcer, ne sont plus employés aujourd'hui que dans le style très familier ; il en est de même du mot *Garce*, dont la signification première, très décente, a changé et qu'on ne prononce plus dans une société choisie.

Les noms de *Traînée*, de *Salope*, de *Gouine*, de *Toupie*, sont encore moins relevés ; les femmes s'adonnant à la prostitution la plus basse sont appelées des *Rouleuses*, des *Marcheuses*, des *Herbières*, des *Pierreuses*, des *Filles à soldat*.

La langue verte leur a donné les noms bizarres et signicatifs de *Belles de nuit*, de *Couillères*, de *Calèches*, de *Dabes*, de *Doffières*, de *Gibernes*, de *Goualeuses*, de *Génippes*, d'*Omnibus*, de *Panturnes*, de *Panuches*, de *Marmites*, de *Gonzesses*, de *Ponantes*, de *Ponesses*, de *Rouscailleuses*, de *Tortues*, de *Vessies*, de *Vezons*, de *Volailles*.

La plupart de ces noms sont empruntés à l'argot des voleurs et des rôdeurs de barrière, avec lesquels, malheureusement, les prostituées ont plus d'un point de contact. Quelques-uns ont une saveur particulière, avec une pointe d'esprit, comme ces noms d'omnibus, de calèche, ou de marmite, ou celui de panuche qui sert à désigner les filles empanachées.

Habitation des prostituées inscrites isolées. — Le règlement de police auquel les filles sont obligées de se soumettre au moment de leur inscription, leur prescrit d'habiter dans un appartement ou une chambre qu'elles garnissent de meubles leur appartenant. Cette disposition est pour l'administration qui les surveille une garantie à la fois matérielle et morale. Lorsqu'une fille disparaît, qu'elle ne vient plus à ses visites, qu'elle échappe aux investigations des inspecteurs chargés de la retrouver, on peut compter que l'intérêt la ramènera tôt ou tard chez elle. Elle a, en effet, des meubles; elle y tient d'autant plus qu'elle sait ce qu'il lui a fallu de peine et d'économie pour se les procurer. On finit donc presque toujours par remettre la main sur elle.

Les maisons dans lesquelles les filles publiques trouvent à se loger ne sont pas évidemment des maisons de premier ordre. Elles sont la plupart du temps situées dans des rues peu passantes, écartées, quoique proches de grandes voies fréquentées, elles sont vieilles, sombres, et leur état de vétusté même fait deviner la raison pour laquelle leur propriétaire a bien voulu consentir à ces locations. Malgré cela, il arrive fréquemment que ces filles reçoivent congé, à cause des scandales auxquels leur présence donne lieu dans la maison, et beaucoup de propriétaires se refusent absolument à les recevoir.

Il est interdit aux filles de loger dans des garnis, à moins d'avoir obtenu une autorisation spéciale, qui n'est accordée qu'exceptionnellement. On comprend, en effet, que la surveillance s'exerce plus difficilement dans ces conditions. Lorsque l'administration permet à une fille de loger dans un garni, elle ne lui en désigne aucun plus particulièrement.

La cherté des loyers a fait émigrer un certain nombre de filles vers les quartiers excentriques ; elles viennent alors raccoler dans le centre de Paris ; elles ne ramènent presque jamais leur client chez elles. Ce serait perdre un temps précieux ; le plus souvent elles le conduisent dans une maison garnie qu'elles connaissent à proximité de leur centre de raccrochage. Bien des hôtels ne vivent que par ce moyen.

Journée d'une prostituée inscrite isolée. — Les filles se lèvent tard et se couchent tard. Obligées, de par le métier, à passer debout une partie de la nuit, à se promener de long en large sur un trottoir en attendant le client qui se fait rare quelquefois, elles font de la nuit le jour, et vice-versâ. Elles restent en général au lit jusqu'à midi ou une heure ; puis elles déjeunent. Elles vont manger soit dans une crêmerie, soit chez le débitant de vin *(mastroquet)* du coin, qui le soir favorise leur débauche, ou elles prennent leur repas chez elles, soit qu'elles se fassent apporter leur nourriture du dehors, soit qu'elles la confectionnent elles-mêmes. Cette nourriture est généralement bonne, excitante. Les filles aiment les mets épicés, piquants, les sucreries, le vin, le café, les liqueurs.

L'après-midi elles se réunissent à trois ou à quatre chez l'une d'entre elles ; tout en causant, elles préparent le café qu'elles sirotent ensuite longuement ; elles se tirent réciproquement les cartes, ce qui est un de leur passe-temps favori ; elles s'entretiennent de leurs petites affaires, de l'amant de la veille, des malheurs arrivés à une camarade, des incidents de la dernière visite, ou des nouvelles du quartier ; quelquefois elles font la lecture du journal ou d'un roman croustillant. En résumé, pendant le jour, les prostituées ne sortent guère ; leurs petites commissions faites, elles se contentent de raccrocher par la fenêtre, les volets à moitié fermés ou derrière un rideau transparent.

Quelques-unes, qui ont reçu une éducation plus soignée, possèdent un piano dont elles s'amusent à jouer dans la journée. Presque toutes ont des chiens, des oiseaux ou des chats, qu'elles aiment beaucoup, qu'elles soignent bien et dont la perte leur cause un chagrin profond.

Toutes les filles inscrites ne mènent pas une existence aussi oisive. Quelques-unes travaillent dans un atelier ou dans un magasin. La police est moins exigeante pour elles; leur tenant compte des bonnes dispositions qu'elles manifestent, elle n'exige d'elles qu'une visite par mois. Il est à remarquer que les filles publiques qui travaillent, s'acquittent très exactement de leur besogne, quoiqu'elles se contentent pour la plupart d'un salaire très modeste.

Par exemple, quand elles rentrent le soir, elles prennent pour revenir chez elles le chemin des écoliers; elles s'arrêtent aux devantures des boutiques, regardent les étalages, font de l'œil aux passants, se laissent suivre et aborder, se font offrir un verre quelquefois, et finissent par emmener leur client dans des hôtels, à elle connus, où elles font *une passe*, avant de regagner leur domicile.

Les filles soumises qui travaillent sont une exception, je le répète, et pour plusieurs raisons. Lorsqu'on a fait métier de son corps une partie de la nuit, on est mal disposée à travailler le lendemain; comment se lever assez tôt pour être à l'ouvrage à l'heure fixée? Puis, la prostitution engendre fatalement la paresse. Enfin, l'excessive mobilité de caractère et d'esprit qui caractérise les filles publiques empêche leur assiduité au travail, assiduité qui est la condition première de toute profession; elles ne peuvent tenir en place, elles déménagent à tout propos, et seraient difficilement capables de s'appliquer longtemps à un même ouvrage.

Faux noms que prennent les filles publiques. — Autrefois les prostituées se faisaient fréquemment inscrire sous un nom supposé. Fallait-il voir là un reste de pudeur qui les empêchait de prostituer le nom de leur famille, honorable peut-être jusqu'à elles ? Etait-ce pour se ménager un moyen de réhabilitation plus tard ? Inscrites sous un faux nom, espéraient-elles se faire rayer à un moment donné et rentrer dans la société sous leur véritable nom ? Etait-ce enfin pour jouer un tour à l'administration et la forcer à des recherches plus longues et plus minutieuses. Toutes ces raisons sont plausibles.

Aujourd'hui il n'en est plus ainsi. L'administration a un intérêt majeur à connaître le véritable nom des filles qu'elle inscrit : toutes n'ont pas un passé irréprochable au point de vue judiciaire, et la préfecture a le devoir de connaître leurs antécédents. Aussi finit-elle toujours par savoir le nom véritable des filles à inscrire, et celles-ci ont renoncé à vouloir l'induire en erreur.

Les prostituées ne prennent guère de faux-noms qu'au moment de leur arrestation. Depuis le 16 août 1881 il s'en est rencontré ainsi 671 qui ont donné des noms supposés; dans ce chiffre sont comprises les filles inscrites et les insoumises ; les filles disparues prennent également des faux noms. Elles espèrent ainsi dépister les recherches des agents de la sûreté chargés de les rechercher; mais leur supercherie est bientôt découverte; elles sont trop connues pour que leur stratagème puisse réussir long-temps.

Sentiments moraux et religieux des prostituées inscrites isolées. — Les filles publiques, malgré l'état de dégradation dans lequel elles vivent, ont conservé au fond d'elles-mêmes, des sentiments moraux qui ordinairement assoupis, s'éveillent parfois avec une énergie singulière. Elles ont gardé, du milieu d'où elles sont sorties, ce besoin de solidarité, de commisération et de pitié qui frappe tant l'esprit d'un observateur consciencieux, lorsqu'il étudie, notamment à Paris, la situation des classes pauvres.

Dans les ménages ouvriers l'asssistance mutuelle est la règle, et non pas seulement l'assistance envers des parents ou des amis, mais encore vis-à-vis de gens à peu près inconnus, de voisins. Les médecins, que leurs occupations professionnelles mettent journellement en contact avec la classe ouvrière, ceux des bureaux de bienfaisance surtout, connaissent bien cette particularité touchante des classes pauvres parisiennes et savent le parti qu'ils en peuvent tirer.

Un voisin tombe malade; il n'a personne pour le soigner; il est seul, ou sa femme est obligée d'aller travailler pour subvenir aux besoins de la famille d'autant plus impérieux que son chef est impuissant à les satisfaire. On est là pour l'aider. Si on ne peut lui avancer quelque argent, car les bourses sont maigres, on lui apporte un bouillon, on entretient son feu, on lui fait de la tisane, on le distrait pendant les longues heures où la femme est absente du logis, on le veille la nuit, on cherche à lui rendre service de toutes les manières. La voisine la plus pauvre, qui n'a rien elle-même et ne peut rien donner, se charge de débarbouiller les petits. Tout cela est fait simplement, sans phrases, comme une chose toute naturelle et sans qu'il vienne à l'idée d'un de ces philanthropes improvisés qu'il accomplit une œuvre méritoire ou qu'on pourrait un jour lui rendre les mêmes services.

Ce sentiment de solidarité, si profondément ancré dans le cœur et l'esprit des classes laborieuses, la prostituée l'avait en elle quand elle était encore dans la mansarde de ses parents. Elle en a vu les effets consolateurs et reconfortants, elle en a peut-être elle-même ressenti les bienfaits; quoiqu'elle ait fait depuis, elle l'a conservé intact.

Qu'une de ses amies tombe malade, elle l'aide de toutes les façons possibles, elle la soigne, elle passe auprès d'elle ses journées et quelquefois ses nuits, enfin, elle met à sa disposition le peu d'argent qu'elle a.

Les amitiés entre filles publiques ne sont pas rares, même lorsqu'elles travaillent dans le même quartier; elles sont souvent très vives ; à part les soins qu'elles peuvent se donner mutuellement en cas de maladie, elles s'assistent quand l'une est en défaut, qu'elle a manqué ses visites et qu'il s'agit de la soustraire aux recherches du service des mœurs. Ces amitiés sont le résultat du besoin d'affection qui est inné chez elles comme chez tout être humain, qui a été longtemps comprimé dans l'intérieur de famille où elles ont vécu et qui ne saurait être satisfait par leurs amants de rencontre ; c'est lui qui les attache à un point extraordinaire à leurs animaux familiers, et qui les pousse dans les bras des souteneurs.

Si le cœur des prostituées est capable d'éprouver un sentiment d'amitié, il est en revanche aussi capable de ressentir des sentiments de haine très vifs. Certaines filles publiques inscrites se détestent cordialement ; est-ce par jalousie de métier? est-ce parce que l'une a enlevé à l'autre un amant généreux ? peu importe la cause, les haines existent et elles sont vivaces. Mais elles se manifestent surtout à l'égard des prostituées clandestines. Ce sentiment est curieux, mais on peut lui donner une explication toute naturelle. Les prostituées inscrites sont jalouses des prostituées clandestines parce qu'elles craignent leur concurrence. Elles se disent *patentées* ; elles vont régulièrement à leurs visites ; elles se soumettent aux obligations multiples et gênantes que leur impose l'inscription. Elles se considèrent dès lors, et avec raison, comme les seules représentantes officielles de la prostitution et elles qualifient de déloyale la concurrence que leur font les prostituées clandestines. Elles ne peuvent admettre qu'une femme, faisant le métier de débauche, jouisse de ses avantages sans se soumettre à ses inconvénients. Aussi sont-elles heureuses de signaler les prostituées clandestines, de les faire arrêter et souvent elles les poursuivent dans la rue de leurs quolibets et de leurs injures.

Le sentiment de la pudeur n'est pas tout à fait éteint chez les filles publiques. Quel que soit l'état de dégradation où la prostitution ait fait descendre une femme, il lui reste toujours, à moins qu'elle ne soit complètement et absolument pervertie, quelque chose de ces qualités natives qui font l'ornement et le charme de son sexe. Ces femmes qui se donnent au premier venu, qui ont un langage et des gestes d'une obscénité rare, qui dans l'exercice de leur métier sont d'un cynisme souvent révoltant, ont conservé un reste de pudeur qu'on ne chercherait point chez elles.

Une femme arrêtée en état d'ivresse sur la voie publique, se défend contre les agents qui veulent l'emmener ; elle déchire ou perd dans la lutte qu'elle soutient avec eux une partie de ses vêtements ; on l'emmène enfin au poste. Le lendemain elle refusera de paraître devant le commissaire de police, si on ne lui donne pas un vêtement quelconque pour se couvrir, fût-ce la capote d'un gardien de la paix.

Les filles publiques ont plus de retenue devant les femmes, devant les mères de famille surtout, que devant les hommes ; beaucoup d'entre elles rougissent quand elles doivent se découvrir devant plusieurs personnes. Obligées de venir au dispensaire pour leurs visites, elles y adoptent un des médecins ; elles ne viennent que lorsqu'elles sont sûres de le trouver, et ne se cachent pas pour témoigner de leur ennui quand ce médecin habituel n'est pas là ou qu'il a amené avec lui une personne étrangère.

Comment expliquer ces sentiments, assurément extraordinaires chez une fille soumise, si ce n'est par un reste de pudeur?

Quelques prostituées ont conservé des sentiments religieux exaltés ; chez la plupart d'entre elles ces sentiments sont assez émoussés, assez obscurs pour ne pas se manifester au dehors, en temps habituel du moins. Mais qu'il survienne à ces femmes une maladie, un malheur, un ennui quelconque, l'idée de Dieu et de la religion reparaîtra. Beaucoup, si elles sont malades, demandent à se confesser, à faire leur paix avec le ciel et l'on cite à ce propos, des fins fort édifiantes. Il n'est pas rare de trouver un rameau de buis bénit dans la chambre d'une prostituée et il est bien peu de filles publiques qui ne fassent le signe de la croix, au passage d'un convoi. Du reste, on a de tous temps observé, à la maison de correction de Saint-Lazare, que les filles suivaient les offices avec un recueillement et une contrition qu'on chercherait vainement dans mainte église élégante.

Elles témoignent une grande déférence pour les prêtres que le hasard place sur leur route et pour les religieuses, les sœurs de charité surtout, dont elles ont pu apprécier le dévouement dans les hopitaux où elles ont presque toutes séjourné.

Lorsqu'une fille meurt, ses amies se cotisent pour lui payer un service convenable ; elles vont y assister à l'église où leur tenue est irréprochable, elles accompagnent le corps au cimetière ; elles font dire des messes pour le repos de l'âme de leur amie et ne négligent pas d'aller de temps en temps déposer des fleurs sur sa tombe.

Il n'est pas rare que des filles fassent brûler des cierges devant tel ou tel autel pour obtenir une grâce particulière ; en tous cas, elles ne donnent pas volontiers de rendez-vous à l'église, ayant ainsi une idée plus haute des lieux saints que certaines débauchées du grand monde qui font souvent du sanctuaire l'antichambre de l'adultère.

Ces sentiments religieux sont surtout vivaces chez les filles de la campagne. Les prostituées nées dans les grandes villes, dans un milieu où les idées religieuses décroissent de jour en jour, où les prêtres et la religion sont plutôt tournés en dérision, ne peuvent pas les éprouver au même degré ; elles en sont quelquefois tout à fait dépourvues ; elles n'ont pas eu, en effet, d'instruction religieuse, n'ont pas fait leur première communion, et n'ont entendu traiter les pratiques du culte que de superstitions et de momeries. Malgré cette absence de religiosité, chez elles, la musique, les orgues, les chants et la pompe de l'église catholique exercent sur leurs sens une fascination indiscutable.

Je ne saurais passer sous silence, en parlant des sentiments moraux des prostituées, l'amour qu'elles témoignent en général à leurs enfants dès qu'ils sont nés. La grossesse les laisse assez indifférentes ; mais dès que le petit être qu'elles ont porté dans leurs flancs a vu le jour, la scène change. Elles se désolent s'il n'est pas viable, elles le couvrent de caresses, le nourrissent avec amour lorsqu'il vit.

L'amour maternel est pour elles une sorte de relèvement moral, et c'est un fait d'observation courante que les filles inscrites sont meilleures mères, qu'elles abandonnent moins volontiers leur enfant que les filles-mères. Beaucoup le gardent avec elles ; leurs amies, qui les ont soutenues pendant leur grossesse, leur rendent encore maint service une fois que l'enfant est né ; elles lavent ses couches, le dorlotent, lui achètent des brassières ou des bonnets, lui font mille caresses. Lorsque la fille est obligée de se séparer de son enfant, de le confier à une mercenaire, elle le surveille, elle va le voir et elle paye exactement ses mois de nourrice ; lorsqu'elle peut le garder avec elle, elle s'impose devant lui plus de retenue et s'en sépare, à regret, le jour seulement où il pourrait s'apercevoir du métier qu'elle fait.

Propreté des prostituées inscrites isolées.— Parent-Duchâtelet a consacré un long paragraphe à la malpropreté des filles soumises. Les termes de la proposition sont renversés aujourd'hui, et il n'est que justice d'avouer que l'immense majorité des prostituées inscrites se tient bien sous ce rapport. Les choses ont donc changé depuis une trentaine d'années, et il faut s'en féliciter hautement.

Les filles inscrites vont au bain, le plus souvent qu'elles peuvent, elles se livrent chez elles à des ablutions fréquentes qui sont, jusqu'à un certain point, une sauvegarde pour leur santé. Elles tiennent à avoir du linge blanc, elles en sont coquettes et il leur arrive quelquefois de manquer leur visite parce que la blanchisseuse n'est pas venue leur apporter le linge dont elles ont besoin.

Elles se distinguent sous ce rapport des insoumises, dont beaucoup sont loin d'être propres ; elles n'ont parfois pas de chemise.

Les femmes les plus dégoûtantes, sous le rapport de la

saleté, sont les filles qui appartiennent à la dernière classe des prostituées. Les *pierreuses*, les *herbières* qui raccollent aux barrières, sur les fortifications, dans les bois de Boulogne ou de Saint-Cloud, dans les bois de Vincennes ou de Saint-Mandé sont d'une saleté qui n'a pas de nom. Elles n'ont la plupart du temps pas de domicile ; elles couchent en plein air et se livrent à la débauche, dans les fourrés, pour des sommes dérisoires, quelquefois pour un morceau de pain. Leur corps, leurs jupons, leur robe, leur chemise, si elles en ont, sont couverts de boue et de crasse. Il est rare que ces femmes soient des filles soumises.

Des Tatouages des prostituées inscrites.— Il y a une quarantaine d'années encore, il était assez fréquent de rencontrer des filles qui portaient des tatouages sur leur corps. Quelques-unes étaient devenues célèbres de ce chef, et avaient un véritable grimoire imprimé sur leurs bras, leurs jambes, leur ventre et leur dos.

Dessins d'une allégorie transparente, dates, inscriptions amoureuses, noms de tous genres, se gravaient, paraît-il, d'une façon courante sur le corps des filles. Les endroits de prédilection pour ces sortes d'inscriptions étaient les cuisses, le ventre et les bras. Aujourd'hui ces tatouages sont passés de mode, au moins pour les prostituées de Paris (1). Loin de les rechercher, les filles publiques les craignent. Car un tatouage est une marque indélébile et ineffaçable, qui pourra toujours les faire reconnaître. Le nombre de filles ainsi marquées a été sans cesse en diminuant à partir de l'époque où Parent-Duchâtelet écrivait son livre ; ce qui était presque la règle à ce moment est

______

(1) Voir *Lacassagne, Les tatouages, étude anthropologique et médico-légale,* Paris, 1881, avec figures.

devenu de nos jours une exception, à tel point que la plupart des auteurs qui, depuis, ont étudié la prostitution n'en parlent même pas.

Surnoms des prostituées inscrites. — La plupart des filles se donnent mutuellement ou reçoivent de leurs amants des sobriquets ou des surnoms par lesquels elles se désignent entre elles. Elles-mêmes les adoptent volontiers, surtout si le surnom est flatteur pour leur vanité. Quelques-unes, dénuées d'intelligence et dépourvues d'instruction, finissent même par prendre tellement l'habitude de leur sobriquet et par s'identifier avec lui, qu'elles en arrivent à oublier leur nom véritable.

Beaucoup de ces surnoms s'appliquent au pays d'origine de la fille, d'autres ont rapport à une qualité ou à un défaut physiques ou moraux, à un trait dominant dans le caractère. En voici quelques-uns des plus fréquents :

La Provençale.	La Bancale.	Grosse Tête.
La Bretonne.	La Banban.	Poil frisé.
La Picarde.	La Roussotte.	Poil long.
La Normande.	La Blonde.	Poil ras.
La Bordelaise.	La Perche.	Belle cuisse.
Brèche-dents.	Noiraude.	Belle jambe.
Folle-jambe.	L'Amoureuse.	Casse-noisette.
Faux-cul.	Baquet.	Boulotte.
La Parfumeuse.	Minette.	Louchon.
Peloton.	Bouche d'or.	La Folle.

Ces surnoms s'expliquent d'eux-mêmes et les filles se montrent en général très fières de ceux-là surtout qui révèlent leurs charmes ou leurs talents secrets.

Il arrive couramment que certaines prostituées trouvent trop simples ou trop vulgaires les noms dont leurs parrains les ont gratifiées à leur baptême. Elles s'en donnent d'autres qu'elles trouvent plus sonores, plus distingués. Il y a une cinquantaine d'années les noms des héroïnes de romans célèbres, les noms en A étaient les plus recherchés. Les filles de cette époque s'appelaient *Camélia, Zulma, Cœlina, Malvina, Lodoïska, Clara, Flora, Paméla, Angelina, Lucrèce, Fanny, Palmire, Balzamine, Anaïs*, etc. Aujourd'hui elles s'appellent *Amanda, Sylvia, Nana, Olympe, Anita, Esther, Sarah, Simonne, Claude, Aimée, Gabrielle, Sapho*, etc. Ces surnoms, véritables noms de guerre, sont empruntés eux aussi au livre, à la pièce de théâtre à succès ou à la chanson de café-concert en vogue.

Esprit d'ordre et d'économie des prostituées inscrites. — L'esprit d'inconduite et d'imprévoyance qui a amené la plupart des filles inscrites à la prostitution, les empêche aussi de faire des économies. Elles vivent en général au jour le jour, dépensant sans compter, le lendemain, les sommes qu'elles ont pu gagner la veille. Le dicton : « à chaque jour suffit sa peine » semble avoir été fait spécialement à leur usage. Elles espèrent toujours rencontrer le soir quelqu'un dont l'argent les fera vivre le jour suivant. Ne faisant pas d'économies, souvent volées, elles sont prises au dépourvu quand la maladie les cloue dans leur lit, ou que les *affaires ne vont pas*. C'est l'éternelle histoire de la Cigale et de la Fourmi.

Les prostituées clandestines ont en général plus d'ordre que les filles soumises. Quelques-unes parmi celles-ci, cependant, savent épargner et font preuve d'une certaine économie, d'une entente des affaires, qui mieux employées, les auraient empêchées de tomber où elles sont. Elles tiennent leurs comptes très exactement, inscrivent leurs dépenses et notent les recettes. Elles appellent cela tenir *le compte des hommes pendant l'année*. MM. Lecour et Jeannel ont eu la bonne fortune d'avoir entre les mains des carnets de ce genre lorsqu'ils ont écrit leurs ouvrages.

Je transcris ici l'extrait d'un de ces comptes, que l'on trouve dans le livre de M. Lecour

10 Janvier. . .	un Russe.	40 francs.
11 Janvier. . .	un Anglais	100 francs.
12 Janvier. . .	Sleep alone *(dormi seule)*	
13 Janvier. . .	Charles	
14 Janvier. . .	l'ami de Charles	

et cet autre, que cite le docteur Jeannel :

NOVEMBRE 1869

1. Vendredi. . .	23 fr.	»	*Report*	257 fr.	50
2. Samedi . . .	20	»	16. Samedi . . .	20	»
3. Dimanche . .	7	»	17. Dimanche . .	20	»
4. Lundi. . . .	20	»	18. Lundi. . . .	20	»
5. Mardi	20	»	19. Mardi	»	»
6. Mercredi . . .	25	»	20. Mercredi . . .	»	»
7. Jeudi	19	»	21. Jeudi	35	»
8. Vendredi. . .	20	»	22. Vendredi. . .	10	»
9. Samedi . . .	19	»	23. Samedi . . .	10	»
10. Dimanche . .	13	»	24. Dimanche . .	20	»
11. Lundi. . . .	27	»	25. Lundi. . . .	20	»
12. Mardi	24	50	26. Mardi	21	»
13. Mercredi . . .	20	»	27. Mercredi . . .	10	»
14. Jeudi	»	»	28. Jeudi	17	»
15. Vendredi. . .	»	»	29. Vendredi. . .	35	»
			30. Samedi . . .	24	»
A reporter . . .	257 fr. 50		Total de Novembre 1869	499 fr. 50	

La récapitulation de l'année se trouve à la fin du livre de comptes et elle donne des résultats assez brillants :

Janvier	231 fr.		Juillet	508 fr.	»
Février	285		Août	517	»
Mars	395		Septembre . . .	479	»
Avril	375		Octobre	644	50
Mai.	492		Novembre . . .	499	50
Juin	486		Décembre . . .	500	»
	2364 fr.			3148 fr.	»

Récapitulation pour l'année 1869. . . . { 2364 fr. / 3148

Total : 5512 fr.

Ce total de 5,512 fr. est certainement des plus respectables. Toutes les filles publiques n'arrivent pas à ce chiffre de recettes, tant s'en faut; le carnet dont M. Jeannel a tiré ses extraits appartenait certainement à une *panuche*. Toutes les filles pourtant se font payer le plus cher qu'elles peuvent.

Défauts et vices des prostituées inscrites isolées. — Je me suis étendu assez longuement sur les sentiments religieux et moraux qui restent aux prostituées, sur l'affection qu'elles ressentent pour leurs enfants ou pour leurs amies; ces qualités sont contrebalancées par de terribles défauts, dont les principaux sont la paresse, la gourmandise et l'ivrognerie.

La paresse a été pour beaucoup de filles la cause première de leur perte; comment s'étonner, dès lors, qu'elles continuent à mener une vie oisive, une fois qu'elles sont tombées.

Les filles mangent énormément, presque toute la journée. Elles contractent cette habitude avec les galants qui les emmènent dans les gargotes ou dans les restaurants. Comme elles ont un intérêt majeur à se faire bien venir du patron de l'établissement, elle commandent les plats les plus chers et les plus raffinés qu'elles trouvent indiqués sur la carte. Elles aiment en général les sucreries, les gâteaux; j'ai déjà parlé de leur passion pour le café; il faut y ajouter le goût des alcools. La bière, le vin, le cognac, le rhum, l'absinthe, le vermouth, la menthe, la chartreuse, le byrrh, etc., ont en elles de fidèles et de ferventes adeptes; les filles de marque ont une préférence pour le champagne. Les unes ont contracté l'habitude des liqueurs fortes dans les établissements où elles servaient comme verseuses, inviteuses ou filles de salle. Les autres avaient le goût des alcools avant de se livrer à la prostitution et c'est justement leur intempérance qui les a poussées à la débauche. Quelques-unes, enfin, qui ne sont devenues des prostituées que malgré elles, ou qui déplorent l'état de dégradation dans lequel elles sont tombées et dont elles n'ont pas le courage ou les moyens de sortir, boivent pour s'étourdir ; elles finissent par ne plus pouvoir faire autrement.

Les ouvriers, les militaires, les gens sans éducation, en un mot, appartenant aux classes inférieures de la société, s'imaginent que l'usage des alcools exaspère les accidents syphilitiques ; ils admettent volontiers, lorsqu'ils ont affaire à une femme sobre, qu'elle ne boit pas parce qu'elle est malade. Les filles sont parfaitement au courant de cette croyance populaire ; elles veulent à tout prix échapper au moindre soupçon, et celles-là surtout qui appartiennent à une catégorie inférieure boivent beaucoup pour prouver à leurs amants qu'elles sont en parfait état de santé.

Les filles publiques n'ont pour la vérité qu'un respect relatif : elles ont élevé, au contraire, le mensonge à la hauteur d'une institution. Elles ont tellement contracté l'habitude de s'écarter de la vérité, qu'elles mentent naturellement et pour les choses les plus insignifiantes. Obligées de cacher un passé parfois gênant, voulant par tous les moyens en leur pouvoir se soustraire aux recherches de leur famille ou de l'administration, désireuses de paraître en une meilleure situation qu'elles ne sont en réalité, jalouses d'éclipser ou de surpasser leurs camarades, elles ont contracté cette habitude du mensonge et de la dissimulation qui devient, pour beaucoup, comme une seconde nature.

C'est ainsi qu'elles cherchent souvent à apitoyer sur leur sort les clients qu'elles racolent. Elles leur débitent, avec le plus grand sang-froid et avec un ton de vérité tellement bien joué qu'il en paraît naturel, d'épouvantables histoires de famille ; elles racontent les malheurs inouïs dont elles ont été les innocentes victimes, l'insurmontable fatalité qui les a poursuivies et fait tomber au point où elles en sont arrivées.

Beaucoup savent à peine lire et écrire ; elle ne manquent pas, cependant, malgré la grossièreté de leurs manières et l'incorrection de leur langage, de se dire filles d'anciens officiers, morts avant l'âge, élevées dans les maisons de Saint-Denis ou d'Ecouen. Elles l'ont tant de fois répété, qu'elles ont fini par le croire elles-mêmes.

La colère est, elle aussi, un défaut habituel des femmes publiques. Elle se manifeste rarement vis-à-vis de l'homme qui les paye. Le plus souvent c'est la jalousie, un reproche de laideur, la perte d'un client régulier, d'un amant enlevés par une autre femme, qui en déterminent l'explosion ; cette colère peut aller jusqu'à la fureur, et la femme est incapable de la maîtriser.

La scène commence par un flux de paroles qui se croisent et se choquent avec une volubilité remarquable. Les mots orduriers y coulent de source, et malgré son obscénité, ce langage a une saveur particulière, un tour d'esprit singulier que n'a pas l'éloquence d'une marchande de la halle ou d'une ménagère se querellant avec sa voisine.

Des mots, on en vient aux coups. Les filles ne se servent guère dans leurs rixes d'instruments tranchants ou contondants. Elles ne jouent ni du couteau, ni des ciseaux; elles ne se jettent pas des verres à la tête, comme des

hommes de leur classe ne manqueraient pas de le faire.
Elles se battent à coups de poings, à coups de pieds, elles
s'égratignent. Elles se *crèpent le chignon ;* elle se *flanquent
une peignée,* à la suite de laquelle les deux adversaires
sont parfois en très mauvais état ; ces luttes ont très souvent lieu dans les débits de vins, en présence d'autres
filles qui n'interviennent pas du reste et trouvent que
chacun a bien le droit de vider ses affaires comme il
l'entend, ou d'hommes, souteneurs et rôdeurs, qui forment galerie, excitent les combattantes et marquent les
coups.

Du Tribadisme. — L'étude du caractère, des habitudes,
des défauts et des vices des prostituées ne serait pas complète si je ne disais quelques mots de la perversion du
sens génésique dont un certain nombre d'entre elles sont
atteintes. Cette perversion, qu'on appelle *tribadisme* ou
saphisme, leur fait préférer les caresses de la femme à celles
de l'homme.

Ce vice est surtout répandu dans les maisons de tolérance où les habitudes de paresse et d'oisiveté, une
lascivité toujours en éveil, et souvent aussi l'amusement
des débauchés qui les fréquentent, lui donnent naissance
et le propagent. Mais les patronnes des maisons se débarrassent rapidement des filles qu'elles savent adonnées à
ces pratiques. Elles ne les tolèrent pas chez elles, et
l'administration défend absolument aux maîtresses de
maison de faire coucher deux femmes dans un même lit.

Ces filles, ainsi renvoyées du lupanar, vont grossir le
bataillon des filles isolées. Obligées, pour subvenir à leurs
besoins et à leur entretien, de rechercher des hommes,
elles subissent leurs caresses avec dégoût et réservent
leurs transports pour l'amie qu'elles ont trouvée ou

qu'elles ne tarderont pas à rencontrer. S'il est impossible à ces femmes, que le langage vulgaire appelle des *gougniottes*, de se recevoir l'une chez l'autre, elles se donnent rendez-vous dans des maisons de passe. Elles y sont quelquefois surprises, lorsque l'administration y fait opérer une descente de police ; mais elles sont bientôt relachées, car le service des mœurs n'a pas à s'occuper du tribadisme qu'il n'a pas mission de surveiller ni de réprimer.

Cette passion contre-nature est une source fréquente de jalousie et de querelles entre filles ; les femmes n'en conviennent jamais ; elles gardent sur les relations qu'elles peuvent avoir entre amies le silence le plus absolu ; elles sont en général méprisées par les autres filles, qui les évitent et les fuient.

Ce sont, habituellement, des filles d'un certain âge qui sont les propagatrices actives de ce vice. Elle corrompent des filles plus jeunes, et se les attachent par mille services rendus, mille attentions délicates. Chose curieuse, une fois que l'intimité est établie, ce sont précisément ces filles plus jeunes qui témoignent à leurs séductrices le plus d'amour et le plus d'affection. Elles ne peuvent plus vivre séparées et, si par hasard l'une d'elles est obligée d'entrer à l'hôpital, on a vu fréquemment l'autre se faire des plaies aux organes génitaux pour être admise dans la même salle que son amie.

Elles s'habillent de toilettes pareilles, ce qui leur a fait donner aussi le nom de « *petites sœurs* ».

Cette question des tribades est encore fort obscure et les avis sont bien partagés sur ce point. Les uns considèrent la chose comme exceptionnelle, tout en l'admettant ; les autres la nient, et ne voient là que le produit d'une imagination malsaine et dévergondée ; d'autres encore assurent que ce vice est très fréquent, très répandu aussi bien parmi les filles que dans le monde, et sont presque enclins à l'excuser.

La vérité est entre toutes ces affirmations. Le tribadisme existe, malheureusement, comme la pédérastie. Il n'est pas né d'hier ; son origine remonte aux âges antiques, où on lui a élevé des temples, où on l'a célébré dans des strophes enflammées. Aujourd'hui, il se cache ; mais il serait puéril de nier son existence, quand tant de témoignages autorisés, quand la rumeur publique même en font foi et que des scandales retentissants viennent l'affirmer de temps à autre, jusque dans l'enceinte des tribunaux.

Des différentes classes de prostituées inscrites isolées. — Les filles soumises isolées se divisent naturellement en plusieurs catégories. C'est leur genre de vie et de prostitution qui les différencie ; il y a des filles inscrites *huppées*, et d'autres qui ne le sont pas.

En général, et à Paris surtout, le haut du trottoir appartient aux prostituées clandestines ; grandes et petites *horizontales, belles-petites, cocottes, femmes du demi-monde,* n'appartiennent pas à la prostitution inscrite. Elles ont pu avoir leur carte, mais elles ne l'ont plus. Quel que soit le prix qu'une fille inscrite mette à ses faveurs, il n'est jamais assez élevé, il y a trop de hasards et d'à-coups dans sa vie aventureuse pour qu'elle puisse arriver à une situation brillante. Les filles soumises n'ont ni voiture, ni livrée.

Les filles inscrites que l'on peut ranger dans la première catégorie, se font payer le plus cher qu'elles peuvent. Leur tarif n'est pas fixe, il est vrai, mais il est éminemment élastique. En général elles se contentent d'un louis ; elles ne se font pas faute d'exiger davantage quand elles ont à faire à un galant ou naïf ou généreux, mais elles acceptent parfaitement dix francs quand elles s'aperçoivent qu'elles se sont trompées sur la capacité financière du *monsieur*. Ce sont ces filles élégantes qui, mêlées aux prostituées clandestines, racolent dans les cafés des boulevards, où elles sont de connivence avec les garçons ou les patrons, dans les petits théâtres, aux Folies-Bergère, à l'Eden-Théâtre, au Cirque, à l'Hippodrome, etc. Ce sont elles qui fréquentent les restaurants de nuit, quêtant un souper qui se fait parfois attendre ; ce sont elles, encore, qui pourchassant de préférence les étrangers que le bruit, les lumières, le mouvement incessant retiennent sur les boulevards, se font leurs cicerones dans le monde des plaisirs.

C'est parmi les filles de cette catégorie que s'est répandue peu à peu l'idée originale de ces associations singulières où ne sont admis que des hommes mariés et qu'elles considèrent comme un moyen infaillible d'échapper à la syphilis. Elles se forment ainsi une clientèle spéciale de huit à dix hommes au plus, qui suffit à leurs besoins. Cette clientèle, cette société en commandite, pourrait-on dire plus exactement, se renouvelle de temps à autre, soit que l'un des associés ait perdu sa fortune, ou qu'il soit devenu veuf. En effet, du moment qu'il a perdu sa femme, qu'il est redevenu célibataire, il ne présente plus de garanties au point de vue de la syphilis. Les hommes, qu'une fille réunit ainsi, acceptent ces conditions et y trouvent eux-mêmes des avantages qui les font passer sur la bizarrerie du traité.

Les filles de la seconde catégorie ont un tarif moins élevé ; elles habitent dans des logements moins chers ;

elles sont moins bien meublées, elles ont moins de toilettes et de bijoux ; elles fréquentent des établissements moins *chics*. On les rencontre cependant, dans les petits théâtres, aux Folies-Bergère, au Cirque ; mais en général elles préfèrent les bals de second ordre, où elles raccrochent des étudiants ou des commis de nouveauté, les cafés concerts, les exhibitions foraines ; elles circulent aussi sur les boulevards, où elles ont adopté certains cafés : leur prix varie de 5 à 10 francs.

Les filles de la troisième catégorie sont encore plus modestes dans leurs prétentions ; elles se contentent de cinq francs en moyenne. On les trouve un peu partout, le soir, poursuivant le passant de leurs appels répétés. C'est dans leurs rangs, aussi bien que dans ceux de la classe au-dessous que se recrutent les femmes que leur spécialité, poussée jusqu'au raffinement, a fait appeler des *suçeuses*. Il est inutile d'insister sur le mot et sur la chose. Ce sont ces filles qui stationnent aux angles des rues, qui encombrent à certaines heures du soir et de la nuit les trottoirs obscurs, et qui vont faire dans les hôtels borgnes du voisinage, où on les reçoit pour la somme minime de un à trois francs, des *passes* répétées.

Au-dessous de ces trois catégories vient la tourbe des pierreuses, des filles à soldats, des filles de barrière. Ces malheureuses, tombées dans la dernière misère, rôdent dans les endroits inhabités, à l'entour des chantiers, près des barrières, dans les allées des bois de Boulogne ou de Vincennes. Elles raccrochent le premier venu, le militaire qui passe en flânant, l'ouvrier qui revient de son travail ; elles l'entraînent derrière une palissade, dans un fourré, sur un banc. Leur prix varie de un à deux francs ; souvent elles se contentent d'un morceau de pain. La prostitution inscrite ne fournit, il est vrai, que peu de femmes à cette classe. La majeure partie des pierreuses appartient à la prostitution clandestine.

Il est à remarquer que les prostituées professent le plus large mépris pour les filles de la classe au-dessous de celle à laquelle elles appartiennent elles-mêmes. Les délimitations sont difficiles, cependant, et la démarcation n'est pas toujours nettement tranchée. Du reste l'âge venant, la beauté, la fraîcheur s'en allant, les filles passent d'elles-mêmes d'une catégorie dans l'autre ; et s'il est fréquent de voir une prostituée s'élever de la deuxième classe à la première, par exemple, il n'est pas rare non plus de voir des filles de la première, descendre à la troisième, voir même jusqu'à la dernière.

Des souteneurs. — Les sentiments affectifs, assez développés chez les prostituées, les amènent à vouer une amitié sincère à quelques amies ou à dépenser des trésors de tendresse pour leurs animaux domestiques. Quelle que soit la vivacité de ces affections, toutes platoniques et certainement dignes d'intérêt puisqu'elles révèlent un côté curieux de leur caractère, les filles publiques ne sauraient y trouver une satisfaction complète et durable, de ce besoin d'aimer qui est inhérent chez elles comme chez toutes les femmes.

Elles ne peuvent s'attacher à l'amant de rencontre que le hasard jette dans leurs bras ; elles restent froides et indifférentes sous les caresses des hommes qu'elles ont *levés*, et que l'appât du gain ou les affres de la faim seuls leur font rendre: leur cœur n'y est pour rien. Toujours inassouvi, ce besoin d'aimer quelqu'un et de se l'attacher en même temps, reste vivant en elles, et il ne faut pas s'étonner dès lors de l'amour qu'elles ressentent pour un homme qui assumera la mission de les protéger et de les défendre, dût-il leur faire payer chèrement ses services.

Telle est la raison pour laquelle les prostituées ont toutes ou presque toutes un amant particulier qui ne les paye pas et qui la plupart du temps est payé par elles. Les filles de maison, lorsqu'elles entrent dans un bordel, stipulent pour leurs amants des faveurs particulières.

L'amant de la fille, le *souteneur*, pour lui donner son vrai nom, est le parasite le plus dangereux de la prostitution ; il est aussi le châtiment vivant de la prostituée. Toutes les filles, soumises ou insoumises, ont leur souteneur. Le même individu protège quelquefois plusieurs femmes en même temps et de la même façon.

De même qu'il y a plusieurs classes de filles, il y a plusieurs espèces de souteneurs.

Il y a d'abord les *souteneurs du grand monde*. Je ne devrais peut-être pas en parler dans un chapitre exclusivement consacré aux prostituées inscrites ; mais, pour éviter des redites inutiles, j'aime mieux en finir d'un coup avec les souteneurs.

Les souteneurs du grand monde ont volé leur nom, car ils ne soutiennent personne, ils sont au contraire soutenus. Souvent ils touchent jusqu'à six cents et huit cents francs par mois de leurs maîtresses. Ils sont un instrument de plaisir pour la femme débauchée qui a recours à eux ; elle veut les avoir à sa dévotion. Ils ne sont pas toujours de son monde, à proprement parler ; ils sont quelquefois sans ressources, n'ayant que leur jolie figure et leur virilité à mettre dans la balance. Il est donc essentiel que les femmes, dont ils sont les amants, leur fournissent les moyens de faire figure, de pénétrer dans leur société. Comment donc se ménagerait-on des rendez-vous, comment donc pourrait-on avoir quelque sécurité, si le monde ne leur ouvrait pas ses portes? En réalité la femme débauchée soutient son amant, elle n'est pas soutenue par lui; elle lui donne de l'argent, sans qu'il lui rende d'autres services que de se prêter à l'assouvissement de ses besoins et de ses désirs sensuels.

Les souteneurs du grand monde sont jeunes; c'est une qualité presque essentielle; ils sont en général d'une belle prestance; ils exercent les professions les plus diverses; le plus souvent ils sont commerçants, journalistes, littérateurs, avocats ou médecins; ils ne sont pas connus et ne se font pas connaître. Leur discrétion est absolue sous ce rapport, car ils sont les premiers intéressés à ce que tout le monde ignore la source de leurs revenus. Ils diffèrent des souteneurs ordinaires autant au moral qu'au physique. Le souteneur du grand-monde est, en effet, un être perverti, sans conscience, sans sens moral; mais il n'est pas criminel. Il a fait litière de ses convictions et de son honneur, mais il n'est pas corrompu au point de vouloir se passer de l'estime d'autrui. Il sait bien que le métier qu'il fait est taxé d'infamie, aussi ne voudra-t-il jamais avouer l'origine de son bien-être ou de sa situation, et encore moins s'en glorifier. Il lui reste, en dépit de sa dégradation apparente et réelle, un certain sentiment de moralité, que je ne saurais cependant qualifier d'honneur, qui le retiendra toujours sur la pente où il pourrait glisser; s'il accepte de se faire entretenir, il ne consentira jamais à se rendre coupable ou complice d'un vol, à plus forte raison d'un mauvais coup.

Tout autre est le souteneur de profession, l'amant des filles soumises ou insoumises. Je vais étudier sa physionomie avec quelques détails, car il joue un rôle considérable dans la prostitution contemporaine dont il a quelque peu modifié les conditions.

Le souteneur n'est pas un produit de notre civilisation raffinée actuelle. Il a existé de tout temps ; on le retrouve aux origines de la prostitution. Avant la Révolution, c'était un *homme de quantité*. Depuis on lui a donné les noms de *Greluchon*, de *Barbillon*, de *Mangeur de blanc*, de *Rufian*, de *Poisson*, plus récemment encore ceux de *Marlou*, de *Miché*, de *Maquereau*, de *Dos-vert*, d'*Alphonse*. C'est sous cette dernière dénomination qu'Alexandre Dumas fils a stigmatisé, dans une pièce demeurée célèbre, les souteneurs du monde. Elle était d'un usage courant avant que l'œuvre de Dumas n'eût été représentée et je ne sais à quelle circonstance particulière il faut rapporter son origine. A Berlin, les souteneurs sont désignés sous le nom de *Louis*, et il me paraît intéressant de signaler la coïncidence de ces deux noms propres, appliqués à des gredins qui se livrent à une industrie aussi indigne que coupable. Dans le langage administratif, on les appelle simplement des souteneurs.

Avec le temps, ce ne sont pas les noms seuls qui ont changé. La physionomie générale du souteneur s'est profondément modifiée depuis une série d'années. Autrefois, répondant du reste admirablement à l'idée qu'évoquait son métier, l'amant de la prostituée était un gaillard solide et bien campé, robuste et vigoureux, une sorte d'Hercule forain, capable d'assommer un bœuf d'un coup de poing, toujours prêt à se battre ; aujourd'hui, le souteneur est un jeune homme efféminé, souvent imberbe, espèce de petit-crevé en blouse, aux allures félines, chez lequel l'adresse, la ruse et la férocité, ont remplacé la force et la vigueur. Il n'en est que plus à craindre peut-être.

La condition sociale des souteneurs varie nécessairement avec la classe à laquelle appartiennent leurs maitresses, leurs *marmites* ou leurs *gonzesses*, puisqu'ils les désignent ainsi. Les filles de première catégorie choisissent en général leurs amants parmi les jeunes gens sans fortune, que l'amour du luxe, le désir de briller, des habitudes de paresse et d'oisiveté rendent capables de toutes les compromissions. Ceux-là se recrutent parmi les commis de magasins, les étudiants, les artistes. Leur rôle de souteneur est à peu près platonique; les femmes qui les entretiennent sont, en effet, rarement exposées aux avanies. Ils sont soutenus, et n'ont guère d'autres fonctions que celles d'*amant de cœur*. Entre eux et les souteneurs du grand monde il n'y a d'autre différence que celle qui sépare la femme débauchée de la femme prostituée.

Mais au fur et à mesure qu'on descend l'échelle des filles publiques, on rencontre des souteneurs de conditions morales et sociales plus basses. Aussi bien n'est-ce que de ceux-là que je veux m'occuper maintenant, les autres n'étant guère intéressants.

Avant le vote de la loi sur les récidivistes, les souteneurs n'avaient en général aucun état. Leur marmite travaillait, c'était suffisant. Depuis, afin d'échapper à l'action de cette loi, ils feignent d'avoir une profession quelconque capable de leur fournir des moyens d'existence. Les métiers, que les souteneurs ont embrassés ainsi depuis quelque temps sont peu variés, et ils sont presque toujours interlopes. La plupart se font marchands de contremarques, crieurs de journaux, *bookmakers*, bonneteurs, figurants dans les petits théâtres, marchands forains, camelots. Ces professions faciles à exercer et qui ne demandent qu'une mise de fonds insignifiante, leur laissent une grande liberté. Quelques-uns, se souvenant de leur état d'autrefois, se disent ouvriers et travaillent de temps en temps, juste assez pour qu'ils puissent arguer d'un gagne-pain, en cas d'arrestation. Enfin, ils demandent volontiers à la sodomie, au vol et même à l'assassinat les ressources que leur marmite est impuissante à leur fournir.

En général, le souteneur ne travaille pas dans la journée ; on verra tout à l'heure à quel genre de travail il occupe une partie de ses nuits. Il passe de longues heures dans les débits de vin ou les cafés borgnes ; il y rencontre ses camarades. D'interminables parties de cartes ou de billard s'engagent entre eux, et ils y perdent galamment l'argent que leurs femmes leur ont remis la veille ou le jour même. Ces parties dégénèrent quelquefois en disputes et en querelles, que l'on finit par vider à coups de poings ou à coups de couteau. C'est dans ces débits de boissons que se complotent et se trament certaines expéditions nocturnes, dont le vol est le mobile et le but ; c'est là que les malfaiteurs de profession sont toujours certains de rencontrer un homme dans la débine, aux yeux duquel ils feront miroiter l'appât d'un bon coup à faire et qui leur prêtera son concours et celui de sa *largue*, si besoin est.

Les souteneurs couchent d'habitude dans des garnis ; quelquefois ils louent une chambre dans la maison qu'habite leur marmite, ou un cabinet à côté de son logement même. Quand elle n'a personne à coucher, l'amant vient passer la nuit avec elle. L'installation est parfois plus primitive encore : Le souteneur n'a aucun domicile ; il couche sous le lit de sa femme, si elle a quelqu'un, avec elle, si elle n'a pas de galant.

Les filles isolées n'ont pas le monopole des souteneurs. Les filles en maison en ont également. Autrefois, ces individus étaient la plaie des lupanars et la terreur des patronnes : car la fille, en se mettant en maison, exigeait, l'admission de son amant à certains jours et à certaines heures : il fallait bien qu'elle pût le voir et régler ses comptes avec lui. Ces visites donnaient lieu à de fréquents scandales, à des scènes bruyantes, dont la bonne tenue de la maison souffrait nécessairement. Aujourd'hui les souteneurs n'ont plus accès dans les bordels ; les femmes ont un jour de sortie, où il leur est loisible de voir qui leur plaît, et elles ne peuvent communiquer avec eux, dans l'intervalle, qu'à l'aide d'un commissionnaire, que leur amant leur envoie et auquel elles remettent l'argent qu'il leur demande.

Le souteneur d'une fille isolée la surveille, la suit dans ses courses, et contrôle ses recettes ; il s'en fait remettre la plus forte partie et si la femme résiste, il a des arguments invincibles pour l'amener à composition. Le souteneur appelle cela *toucher son prêt ;* il taxe, en effet, la femme dont il est l'amant, qu'il fait *turbiner* et qu'il exploite, à un certain prix qu'elle doit lui remettre chaque soir sous peine d'être battue et maltraitée. Les comptes se règlent, en général, dans les débits de vin que fréquentent les souteneurs et les filles ; quelquefois, ils se règlent dans la rue. Il n'est pas rare, lorsqu'on passe à une heure tardive dans certains quartiers de Paris, ou même sur les boulevards veufs de leurs promeneurs les plus noctambules, de croiser un groupe d'hommes et de femmes, aux allures louches, arrêté sous un bec de gaz ou au milieu de la chaussée. Ces individus discutent, s'injurient parfois, mais ne font guère attention aux rares passants qui se hâtent du reste et doublent leur pas. Ce sont des souteneurs qui touchent leur prêt.

Certaines femmes ont quelquefois plusieurs souteneurs ; un procès récent a dévoilé le cas particulier de cette prostituée qui en avait deux : elle sortait avec l'un quand elle était en fonds et bien habillée, car il était lui-même élégant, avec l'autre plus pauvrement vêtu, quand elle était elle-même *dans la dèche*.

Les souteneurs maltraitent souvent leurs marmites, avec une brutalité inouïe ; ils sont quelquefois féroces, lorsqu'ils ont bu. L'un d'eux n'a-t-il pas, l'année dernière, jeté sa gonzesse à la Seine, pour s'amuser et pour gagner le pari d'un verre de café !

Malgré cette exploitation inouïe, malgré les mauvais traitements dont elles sont les victimes, les femmes adorent leurs michés. Elles s'attachent à eux, elles refusent de les quitter, quelle que soit leur brutalité. N'y a-t-il pas là un sentiment curieux dont les moralistes peuvent certainement faire leur profit ? Que répondre à ces femmes tombées, qui n'ont plus ni moralité, ni pudeur, qui cherchent à racheter leurs fautes et une existence passée tout entière dans le vice, par l'amour qu'elles témoignent à un être encore plus dégradé qu'elles et qui en est absolument indigne, lorsqu'elles vous disent : « *Si je n'aime rien, je ne suis plus rien* ».

L'amour ne va pas sans la jalousie : aussi la plupart des prostituées sont-elles jalouses de leurs souteneurs ; de là, des querelles fréquentes, des rixes, des haines acharnées entre filles, lorsque l'une d'elles a été assez adroite pour voler à l'autre son amant. J'ai rencontré cependant des filles qui étaient fières des bonnes fortunes que l'homme de leur choix obtenait au prix de l'argent qu'elles avaient gagné pour lui en *turbinant* péniblement. Il est vrai qu'il ne s'agissait plus dans ce cas de femmes de leur condition ou de leur milieu. C'était quelque prostituée de marque, quelque fille clandestine que leur amant avait voulu se payer, et je ne serais pas étonné qu'au fond de cette fierté il y eût comme un sentiment de revanche sociale et morale à la fois.

La prostituée a pour son souteneur mille attentions délicates : elle lui fait des cadeaux, lui brode des pantoufles ; lorsqu'ils vont boire ensemble, c'est elle qui paye les consommations, ouvertement, ou en lui passant son porte-monnaie sous la table ; elle met ses bijoux au mont-de-piété pour lui venir en aide, elle l'aime au point de se faire receleuse et voleuse avec lui, et de tremper même dans un assassinat.

Elles sont cependant rudement malmenées par leurs amants, ces pauvres filles ! Grâce à eux, leur existence n'est qu'un long tissu de misères et d'infamies, et le sort des forçats et des nègres, sous le fouet de leurs gardiens, était plus enviable que celui des prostituées, sous la poigne de fer de leurs souteneurs.

Le souteneur est quelquefois le mari légitime de sa marmite. Dans ce cas la paresse, l'ivrognerie, les mauvaises fréquentations l'ont peu à peu conduit à délaisser son atelier ou son chantier et à pousser sa femme, à force de brutalités et de menaces, jusque sur le trottoir. D'autres fois il spécule sur la prostitution clandestine ; il débauche des filles mineures, il les corrompt sciemment et lentement, les style, et quand il croit leur éducation suffisamment achevée, il les force à se prostituer à son profit. En tous cas, il est passé maître dans l'art de faire chanter. Chaque fois qu'il le peut, il cherche dispute au client que sa mar-

mite a entraîné dans un endroit écarté, dans l'arrière boutique d'un débit de boissons mal famé ou dans un garni ;
il se fait donner de l'argent, menace d'un scandale le
malheureux qui est tombé entre ses mains, s'il ne veut pas
s'éxécuter, et si celui-ci refuse de se laisser ainsi dévaliser,
il l'assomme pour le voler après.

Ce sont les souteneurs qui sont les auteurs de la plupart
des vols et des crimes commis la nuit, dans Paris. Leurs
femmes, complices parfaitement conscientes, s'efforcent
d'attirer les passants attardés, dans quelque coin sombre
et retiré ; à un moment donné, qu'elles aient ou non réussi,
les souteneurs qui les suivent de loin, se précipitent sur
leur victime, dont les femmes paralysent les mouvements.
En un clin d'œil le malheureux est roué de coups et dévalisé,
et il ne lui reste d'autres ressources que d'aller porter
plainte au poste voisin, contre des malfaiteurs qui ont disparu aussitôt leur coup fait et dont il serait incapable, la
plupart du temps, de donner le signalement. Si l'individu
attaqué se défend, s'il n'a devant lui qu'un souteneur et que
celui-ci ne se sente pas de force à lutter, il bat aussitôt en
retraite, car s'il n'a aucun scrupule pour donner des coups,
il n'aime nullement en recevoir. Il n'est pas rare, enfin, de
voir le sang couler dans un guet-apens pareil, car les
souteneurs jouent volontiers du couteau.

Les souteneurs se prêtent mutuellement aide et assistance, non seulement pour dévaliser les passants, mais
encore dans leurs démêlés avec les agents. Il y a sous ce
rapport comme une espèce de franc-maçonnerie entre eux.
Ils surveillent de près leurs femmes, ils connaissent de vue
tous les agents de la sûreté ; à la moindre alerte il sont là ;
ils font le coup de poing avec les inspecteurs et les agents,
et pendant qu'ils occupent ainsi leur attention et leurs

forces, ils permettent aux femmes poursuivies de s'échapper. Malgré cette solidarité, les querelles entre souteneurs sont fréquentes ; elles éclatent à propos d'un motif très futile parfois, et dégénèrent rapidement en rixes sanglantes.

Le service de la sureté poursuit activement les souteneurs : en 1886 on en a arrêté 605 ; beaucoup étaient des repris de justice.

Quand ils sont arrêtés et détenus, leurs femmes s'ingénient à leur faire parvenir de l'argent ; elles savent, du reste, que si elles les abandonnaient, elles s'exposeraient à une terrible vengeance, le jour où leur amant sortira de prison. Il n'est que juste d'ajouter que le souteneur fait remettre également à sa marmite, enfermée à Saint-Lazare, des petites sommes d'argent par l'intermédiaire d'autres femmes arrêtées plus tard, ou même par un commissionnaire. Mais, tout compte fait, le souteneur ne donne jamais autant d'argent à sa femme qu'il en reçoit.

Lorsqu'une fille s'est ainsi donné un maître, il faut qu'elle le subisse. Elle est rivée à lui, elle ne peut le quitter pour prendre un nouvel amant, à moins que celui-ci ne soit plus fort, plus vigoureux que l'ancien et ne puisse le tenir en respect ; mais alors elle aura encore plus à souffrir et plus à se plaindre du second que du premier. En revanche, le souteneur est pour la femme, comme le dit M. Lecour, un recours possible soit de suite, soit dans l'avenir, une menace de représailles quant aux actes de violence, un protecteur enfin qui interviendra s'il le faut, et cette considération suffit le plus souvent pour empêcher les actes de brutalité dont cette femme pourrait être victime autrement.

Les souteneurs ne portent plus tous le costume que le crayon des caricaturistes a rendu célèbre et pour ainsi dire classique. On rencontre encore la casquette à ponts en soie noire, la grande blouse ouverte sur le devant, le pantalon clair à carreaux ; mais la plupart des souteneurs s'habillent comme tout le monde, qu'ils adoptent le costume de velours et la cotte de l'ouvrier ou le complet à bon marché des magasins de confection. Cependant ils ont en général conservé la coiffure en accroche-cœurs, les cols évasés et les cravates claires ; ils portent des bijoux qu'ils doivent presque toujours à l'affection de leurs marmites.

Ils se désignent entre eux par des sobriquets dont les comptes rendus judiciaires ont depuis longtemps révélé l'étrangeté : Quelques-uns de ces surnoms, le *Pacha de Montrouge, la Terreur de Grenelle, le Tombeur, le Taureau* portent en eux-mêmes leur signification. D'autres se rapportent à des qualités ou à des défauts physiques ; il en est qui pourraient aussi bien s'appliquer à des femmes ; ils appartiennent en général à des souteneurs pédérastes.

Les débits de vins qui servent de lieu de rendez-vous aux souteneurs et aux filles ne sont pas tous connus de la police ; mais elle fait surveiller efficacement ceux qu'on lui a signalés comme étant leur refuge. Ces débits de vins ne se distinguent en rien des établissements ordinaires du même genre. Les souteneurs se tiennent d'habitude dans une salle située au fond, au premier étage ou dans le sous-sol du débit ; ils y sont en permanence, le soir, et ne sortent que pour s'assurer, de temps en temps, si leur marmite est à son poste. Celle-ci vient, du reste, leur apporter *de la braise* (de l'argent) quand elle a fait quelques passes fructueuses.

Le tableau ci-joint donne la répartition de ces hôtels et

Arrondissements	Quartiers	Arrondissements	Quartiers	Arrondissements	Quartiers	Arrondissements	Quartiers
I Louvre	1. St-Germ. l'Aux.	VI Luxembourg	21. Monnaie.	XI Popincourt	41. Folie Méricourt	XVI Passy	61. Auteuil.
	2. Halles Centr.		22. Odéon.		42. St-Ambroise.		62. La Muette.
	3. Palais-Royal.		23. N.-D.-des-Champs		43. La Roquette.		63. Porte Dauphine.
	4. Pl. Vendôme.		24. St-Germ.-des-Prés.		44. Ste-Marguerite.		64. Les Bassins.
II Bourse	5. Gaillon.	VII Palais-Bourbon	25. St-Thomas d'Aquin.	XII Reuilly	45. Bel Air.	XVII Batignolles Monceaux	65. Ternes.
	6. Vivienne.		26. Invalides.		46. Picpus.		66. Plaine Monceaux.
	7. Le Mail.		27. Ecole militaire.		47. Bercy.		67. Batignolles.
	8. Bonne Nouvelle		28. Gros Caillou.		48. Quinze-Vingts.		68. Les Epinettes.
III Temple	9. Arts-et-Métiers.	VIII Élysée	29. Champs-Elysées	XIII Gobelins	49. Salpêtrière.	XVIII Montmartre	69. Grandes Carrières.
	10. Enfants Rouges.		30. Fg du Roule.		50. Gare.		70. Clignancourt.
	11. Archives.		31. Madeleine.		51. Maison Blanche.		71. Goutte d'Or.
	12. Saint-Avoye.		32. Europe.		52. Croulebarbe.		72. La Chapelle.
IV Hôtel de Ville	13. Saint-Merri.	IX Opéra	33. Saint-Georges.	XIV Observatoire	53. Montparnasse.	XIX Buttes Chaumont	73. La Villette.
	14. Saint-Gervais.		34. Chaussée d'Antin.		54. Santé.		74. Pont de Flandre.
	15. Arsenal.		35. Fg Montmartre.		55. Pt-Montrouge.		75. Amérique.
	16. Notre-Dame.		36. Rochechouart.		56. Plaisance.		76. Combat.
V Panthéon	17. Saint-Victor.	X Enclos St-Laurent	37. St-Vincent-de-Paul.	XV Vaugirard	57. Saint-Lambert.	XX Ménilmontant	77. Belleville.
	18. Jard. des Plantes.		38. Porte St-Denis.		58. Necker.		78. St-Fargeau.
	19. Val-de-Grâce.		39. Porte St-Martin.		59. Grenelle.		79. Père Lachaise.
	20. Sorbonne.		40. Hôpital Saint-Louis.		60. Javel.		80. Charonne.

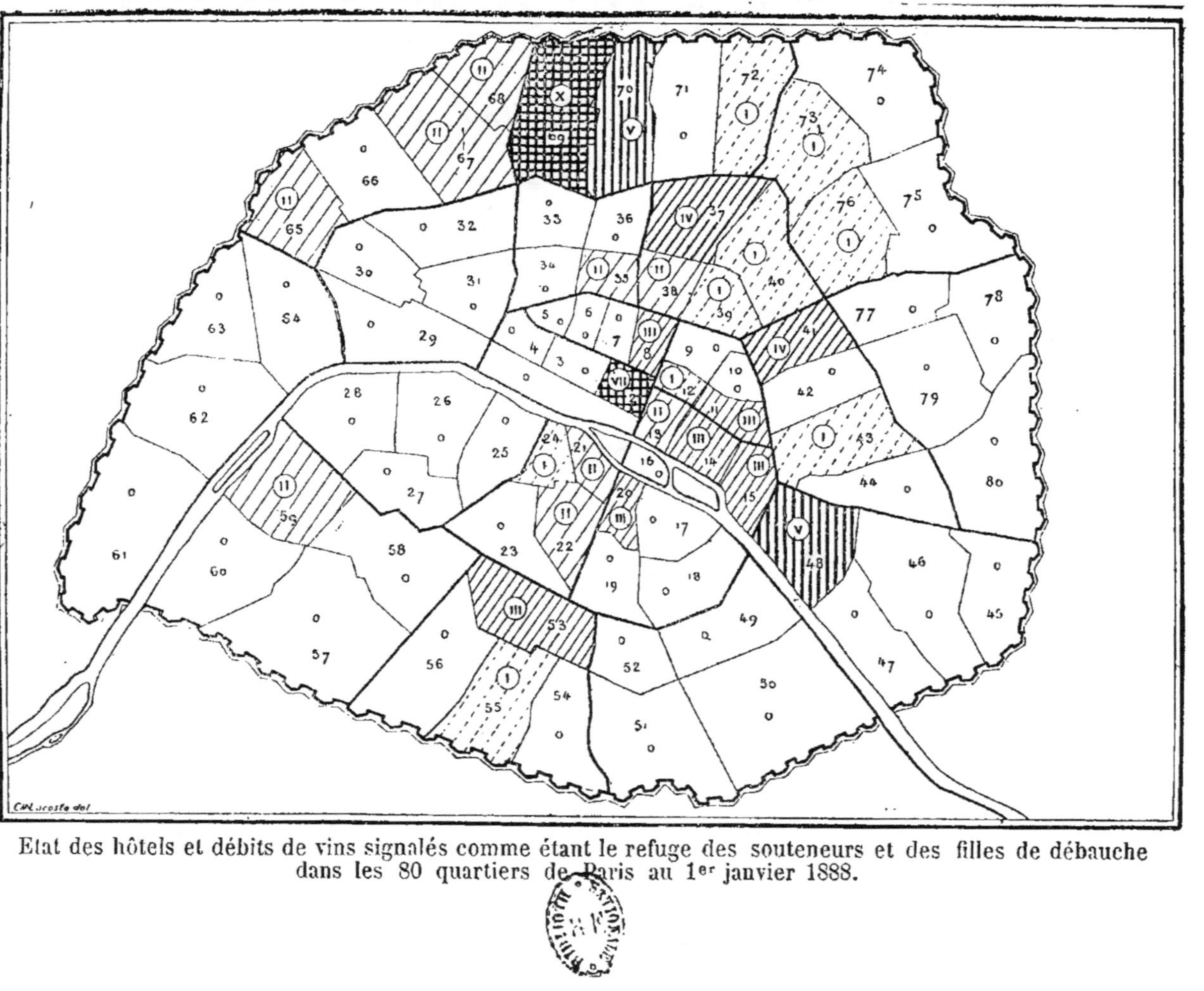

État des hôtels et débits de vins signalés comme étant le refuge des souteneurs et des filles de débauche dans les 80 quartiers de Paris au 1er janvier 1888.

débits de vins dans les 80 quartiers de Paris, au 1er janvier 1888 ; ce sont les quartiers populeux qui en renferment le plus ; un fait digne de remarque d'ailleurs et que l'on peut aisément vérifier, en comparant ce tableau avec ceux qui donnent la répartition des maisons de tolérance à Paris, c'est que, c'est précisément dans les parties de la ville qui contiennent le moins de maisons publiques que ces débits de boisson et ces hôtels garnis sont en plus grand nombre. Les souteneurs auraient donc renoncé a faire turbiner leurs femmes dans les environs des maisons de tolérance.

Comment un souteneur arrive-t-il à trouver une femme qui veuille bien travailler pour lui ?

Le souteneur ou l'individu qui aspire à le devenir, commence par rendre quelques services à la fille sur laquelle il a jeté son dévolu. Il va attendre à la sortie de Lourcine, par exemple, une femme qui quitte l'hôpital ; celle-ci n'est pas rassurée sur son avenir et elle a peur des recherches de la police ; elle est heureuse de trouver quelqu'un qui lui indique les moyens d'y échapper, qui lui désigne un endroit où elle pourrait, sans crainte d'être arrêtée, raccrocher les passants ; lui-même la conduira à cet endroit et l'avertira de l'approche des inspecteurs ; il joue donc là simplement le rôle de *placier* ; mais il ne tardera pas à enseigner à la fille qu'il protège ainsi, mille finesses pour dépister les agents ; il lui indiquera les garnis ou les débits de vins où elle pourra amener ses pratiques. La reconnaissance sera la première cause de l'attachement que la femme éprouvera pour lui ; elle trouvera tout naturel, quand il jugera son éducation achevée, qu'il en profite et qu'il prélève en retour des services rendus, une forte dîme sur sa recette ou pour me servir du terme consacré, sur sa *galette*.

D'autres fois ce sont des filles simples et naïves que les souteneurs dressent à leur usage. Qu'ils les aient rencontrées aux abords d'une gare de chemin de fer ou dans la rue, peu importe ; ils les séduisent d'abord, puis les démoralisent et les pervertissent de parti pris ; quand ils ont éteint dans l'âme de ces malheureuses tout sentiment de pudeur et de moralité, ils les poussent sur le trottoir.

Les vieux souteneurs forment les jeunes : il ne manque pas, malheureusement, de gamins vicieux et précoces à Paris pour combler les vides et remplacer ceux que la justice condamne à la prison ou à la rélégation. C'est dans les débits qui servent de refuge aux gens sans aveu, autour des tables couvertes de taches de vin, entre deux parties de manille ou de billard que se fait l'initiation de ces drôles.

Parfois aussi, ce sont les filles elles-mêmes qui forment leur souteneur. Eprises d'un beau garçon paresseux et indolent, mais dont la virilité les a enthousiasmées, elles l'encouragent dans sa paresse, elles lui font perdre le goût du travail, et l'amènent peu à peu à accepter des services dont il n'aurait peut-être pas voulu d'abord, et qu'il finira par réclamer comme son dû.

Il est clair, que la question des souteneurs, nécessite de la part de l'administration une action spéciale. Elle est dans bien des cas obligée de fermer les yeux, de tolérer ce qui est mauvais afin d'empêcher le pire, et de conformer la répression à la nature des faits. Les règlements de police interdisent aux maîtresses de maison de recevoir les souteneurs chez elles, aux filles isolées de cohabiter avec eux ; mais ils ne sauraient empêcher complètement les rapports des filles et des souteneurs ; ils permettent de constater et de réprimer, judiciairement, les sévices et les voies de fait dont les filles ont pu être victimes de la part de leurs amants ; mais il est nécessaire pour cela que les filles se plaignent. La peur leur ferme la bouche, dans l'immense majorité des cas. Enfin, l'administration, peut, en vertu de la loi du 9 Juillet 1852, interdire le séjour de Paris et du département de la Seine aux souteneurs qui n'en sont pas originaires ; l'infraction à cette mesure est punie de la prison ; lorsqu'il y a récidive, le souteneur est condamné à la surveillance légale. Cette loi, applicable aux individus dangereux pour l'ordre public ou pour la sécurité des personnes, est une menace toujours suspendue sur la tête des souteneurs.

Mais l'arme la plus efficace que la société possède à leur égard, c'est la loi de relégation. Il est très rare qu'un souteneur n'ait pas de dossier judiciaire, il est encore plus rare que ce dossier ne soit assez chargé ; à la première condamnation nouvelle qu'il encourt, la justice peut et doit l'expédier aux colonies. Pour échapper à cette relégation qu'ils craignent plus que la prison, pour tourner la loi, en un mot, les souteneurs ont, dans les premiers temps qui ont suivi la promulgation de la loi, épousé leur marmite. Mais ils se sont aperçus bien vite que le mariage ne les protégeait pas contre la relégation ; et depuis, le nombre des unions entre prostituées et souteneurs, a notablement diminué. On ne peut que s'en réjouir, car elles étaient basées sur l'immoralité et n'avaient d'autre but que d'éluder les conséquences d'une loi qui perdant ainsi une partie de ses effets et de son action, n'était plus une sauvegarde suffisante pour la société.

Des métiers que prennent les prostituées inscrites après leur radiation. Leur sort définitif. — Une fille inscrite

peut être rayée des contrôles du service des mœurs, lorsque l'administration a acquis la conviction qu'elle est revenue à une vie régulière et que, rompant avec ses habitudes de débauche, elle arrive à gagner honnêtement et
honorablement sa vie. J'exposerai plus tard à quelles conditions les filles obtiennent ainsi leur radiation.

Quelles que soient les formalités à remplir, un certain
nombre de filles est rayé tous les ans : Comment vivent-
elles alors? Quelques-unes, les moins nombreuses, deviennent patronnes de maisons de tolérance ; elles s'établissent
soit à Paris, soit en province ; d'autres prennent des fonds
de commerce, qu'elles achètent à beaux deniers comp-
tants si elles ont des économies ou qu'elles payent par
annuités, si elles ne peuvent faire autrement. Ce sont, en
général des fonds de mercerie, de fruiterie, de crèmerie,
des débits de boisson sur lesquels elles jettent leur dévolu ;
métiers faciles à exercer qui ne demandent ni grande
instruction, ni grandes connaissances commerciales, et
qui leur assurent un gagne pain tranquille. Il en est
d'autres qui, se souvenant de leur état passé, deviennent
blanchisseuses, couturières ou modistes. Un certain nombre d'hôtels garnis sont tenus par d'anciennes filles soumises, et ces femmes y font régner l'ordre et la décence ;
elles savent fort bien que si elles en faisaient des lieux de
rendez-vous et des maisons de passe, l'administration qui
continue à les surveiller de loin, leur retirerait leur autorisation.

Beaucoup de filles se marient. En effet, pour un certain nombre d'entre elles, la prostitution publique n'est
qu'une étape, plus ou moins longue, dans leur vie. Si
elles sont économes et sobres, elles peuvent mettre de
côté une somme assez ronde pour tenter un épouseur

sans scrupules. Lorsqu'elles restent à Paris, elles se marient avec des garçons d'hôtel, des garçons marchands de vin, des ouvriers, quelquefois des domestiques; j'ai déjà dit que les unions entre filles et souteneurs, assez fréquentes immédiatement après la promulgation de la loi de relégation, diminuaient de plus en plus de fréquence. Quand les filles, après leur radiation rentrent dans leur pays, les économies qu'elles rapportent les mettent à même de choisir un mari qui ait quelque aisance; elles épousent des cultivateurs, des petits fermiers, des commerçants de village; il est à remarquer que les hommes de la campagne qui s'unissent à d'anciennes prostituées, sont en général d'une moralité très supérieure à celle des individus qui les épousent à Paris. Du reste, la plupart des anciennes filles font ainsi d'excellentes mères de famille, et il est très rare, qu'après leur mariage, leur conduite soit le moins du monde repréhensible.

Le proxénétisme est une des ressources favorites de la prostituée vieillie et usée; un grand nombre de filles rayées se livrent à cette industrie, qui cache son immoralité sous les dehors les plus séduisants et les plus honnêtes en apparence. Elles ouvrent des magasins de gants, de parfumerie, de vins de champagne, de journaux, de fleurs, d'objets de curiosité, d'objets en Ruolz. Elles tiennent des maisons garnies, des tables d'hôtes. Mais bientôt, par la force des choses, ces boutiques, ces hôtels se transforment en maisons de passe, ou en tapis verts. Dans l'un et dans l'autre cas, comme la surveillance administrative est très active, ces femmes finissent par échouer sur les bancs de la police correctionnelle.

Les filles qui n'ont pu se faire rayer, ou celles qui, après avoir obtenu leur radiation, ont été inscrites à nouveau parce qu'elles continuaient à se prostituer, mènent une existence de plus en plus dégradante. La jeunesse et la beauté s'en vont ensemble, les galants se font de plus en plus rares, et le sort final de bien des prostituées, c'est la mort dans un lit d'hôpital ou l'internement dans un dépôt de mendicité. Que d'anciennes filles, et de celles qui ont connu de beaux jours, ne rencontrerait-on pas parmi les balayeuses des rues, les chiffonnières et les mendiantes, si on voulait les interroger sur leur passé !

A côté de ces malheureuses qui finissent ainsi misérablement, il en est d'autres qui ont une vieillesse un peu moins morose ; celles-ci deviennent ouvreuses ou habilleuses dans un théâtre, concierges, femmes de ménage, marchandes des quatre saisons ; les moins bien loties sous ce rapport, sont les filles qui entrent comme sous-maîtresses dans une maison de tolérance.

L'administration peut aussi envoyer, sur leur demande, des prostituées aux colonies ; elle n'a aucun pouvoir pour les y expédier contre leur gré, mais il en est toujours quelques-unes que l'esprit d'aventure pousse à solliciter leur expatriation.

Quelques filles, plus adroites et plus vicieuses, ont su au temps de leur splendeur, s'emparer de secrets de famille, ou garder des lettres compromettantes pour leurs amants ; elles demandent alors au chantage des ressources que leur âge ne leur permet plus de se procurer par la prostitution et qu'elles ne veulent pas devoir à un travail honnête.

Les filles les plus heureuses sont celles qui se retirent à la campagne, loin de leur pays d'origine, pour y vivre du fruit de leurs économies laborieusement acquises et encore plus laborieusement conservées. Elles s'installent sous leur vrai nom ou sous un nom supposé, édifient le monde par leur piété, s'intéressent aux bonnes œuvres, font l'aumône, quêtent aux sermons de charité et patronnent les œuvres de bienfaisance. Elles se disent veuves d'un officier de la marine ou de l'armée et quelquefois se marient sur le tard à un homme honorable, dupe de leurs dehors trompeurs, ou adoptent quelque orpheline à laquelle elles donneront une éducation soignée et qui ignorera toujours la source impure de leur fortune.

CHAPITRE TROISIÈME

Des Maisons de tolérance. — Des dames de Maison. — De leur personnel.

La police ne saurait empêcher l'existence des maisons de débauche ; si elle fermait aujourd'hui celles qui existent, demain il s'en ouvrirait d'autres à côté, et celles-là auraient l'énorme inconvénient d'être des maisons clandestines. Ne pouvant donc les supprimer, mais ne pouvant pas non plus les autoriser, elle a pris le parti de les *tolérer*, en les soumettant à une surveillance active et sérieuse. Telle est la raison du nom de *Maisons de Tolérance*, affecté à ces sortes d'établissement.

En prenant la décision de tolérer les maisons de débauche, l'administration a donc été guidée par la prudence la plus élémentaire ; elle a fait en même temps tous ses efforts pour diminuer les inconvénients de cette tolérance et pour en atténuer les dangers. Elle a voulu s'entourer de toutes les garanties dont elle pouvait disposer et je ne crains pas de m'associer à la pensée de Parent-Duchâtelet, qui affirme que par ses soins et sa surveillance, l'administration mérite la reconnaissance de la population.

Malheureusement pour la morale, pour la santé et pour la sécurité publiques, les maisons de tolérance déclinent de plus en plus. Leur nombre diminue progressivement et, chaque année, l'on constate la disparition de l'une ou de l'autre d'entre elles. Il faut déplorer ce fait, et se garder de s'en réjouir. Des observateurs superficiels, certains moralistes ne manqueront pas de se féliciter de la fermeture graduelle, mais incessante des lupanars ; ils ne se rendent pas compte que c'est la prostitution clandestine qui tue les maisons publiques ; que c'est elle qui grandit et se développe au fur et à mesure que ces maisons disparaissent, et que le nombre des filles inscrites isolées s'élève en même temps. Il est bien plus difficile de surveiller efficacement les filles isolées que les filles en maison ; cette difficulté est augmentée encore quand il s'agit de filles clandestines, et les dangers que court la santé publique s'en accroissent d'autant.

Loin de prêcher, par conséquent, une croisade contre les maisons de tolérance il faudrait s'ingénier à les multiplier, car elles sont une garantie de sécurité, non seulement pour la santé et la morale, mais encore pour la sûreté générale. On n'ignore pas, en effet, que c'est dans ces maisons que les voleurs et les assassins vont de préférence s'étourdir, après leurs crimes. C'est là qu'ils cherchent, dans l'ivresse brutale des sens, à étouffer leurs remords. Ils y dépensent follement le produit du vol ou du meurtre qu'ils ont commis, ils s'y livrent à des dépenses exagérées, ils y font des cadeaux aux filles. Quoique aucun règlement de police n'oblige les patronnes de maison et leur personnel de prostituées à des déclarations de ce genre, il arrive fréquemment que celles-ci mettent la justice sur la piste d'un assassin, ou puissent l'aider dans ses recherches. Le signalement d'un criminel poursuivi peut les frapper ; elles se rappelleront que cet individu est venu chez elles, qu'il y a dépensé des sommes considérables qui ne paraissaient guère en rapport avec sa tenue, son costume, son langage ; qu'il a donné à l'une ou l'autre des filles un bijou qui répond à la description d'un des objets volés, ou qu'il le lui a vendu pour un prix dérisoire ; elles pourront donc fournir des renseignements précieux, et que l'on aurait tort de négliger. La récente affaire Pranzini en est un exemple frappant. Bon nombre de criminels auraient peut-être toujours échappé à la juste punition de leurs forfaits, s'ils n'étaient venus, à un moment donné, se trahir ainsi dans une maison de tolérance.

Les maisons de prostitution ont existé de tous temps ; leur organisation intérieure, la surveillance dont elles étaient l'objet, leur installation ont pu varier, suivant les époques, les pays, les climats et les mœurs, mais il y en a toujours eu. Dans l'ancienne Rome on les appelait des *lupanars* ; en France, au moyen âge, on les désignait sous le nom de *clapiers* et de *bordeaux*. Aujourd'hui leur nom administratif et officiel est celui de *Maisons de tolérance* ; dans le langage courant, on les appelle *maisons publiques, lupanars, maisons à gros numéros,* et dans le langage vulgaire et ordurier, *bordels, boucans* et *boxons.*

En 1842 il y avait à Paris 193 maisons de tolérance ; en 1854, il n'y en avait plus que 144 ; 49 maisons avaient donc disparu dans l'espace de douze ans. Ce mouvement de décroissance semble avoir été un peu ralenti et même arrêté pendant les années du second empire et celles qui ont suivi la guerre de 1870-71. En effet de 1854 à 1880, c'est-à-dire pendant vingt-six ans, le nombre des maisons fermées n'a été que de onze.

Depuis 1880 au contraire le mouvement de décroissance a repris son cours, mais bien plus rapide cette fois.

Il y avait à Paris et dans la banlieue :

Au 1er janvier 1880.	133 maisons.
Au 1er janvier 1881.	125 maisons.
Au 1er janvier 1882.	117 maisons.
Au 1er janvier 1883.	104 maisons.
Au 1er janvier 1884.	101 maisons.
Au 1er janvier 1885.	91 maisons.
Au 1er janvier 1886.	84 maisons.
Au 1er janvier 1887.	83 maisons.
Au 1er janvier 1888.	67 maisons.

Dans l'espace de neuf années, par conséquent, 66 maisons ont disparu. C'est là une proportion énorme, si on compare ce nombre à celui des maisons fermées pendant la période de 1854 à 1880.

Il est évident que les patronnes de ces maisons n'ont pas toutes renoncé volontairement à leur métier. L'immense majorité, au contraire a dû céder à la nécessité. C'est parce qu'elles ne faisaient plus d'affaires et qu'elles se ruinaient, qu'elles ont fermé leurs établissements. A quelles causes faut-il donc attribuer la disparition des lupanars, si frappante depuis quelques années ?

La prostitution clandestine, grandissant et se développant sans cesse, a porté un coup mortel aux maisons publiques : Pourquoi les débauchés iraient-ils chercher le plaisir dans des lieux mal famés, puisqu'il s'offre librement à eux, à tous les coins de rue, sur tous les trottoirs, dans bon nombre d'alcôves et d'arrière-boutiques ?

La création des brasseries de femmes, qui est d'origine toute récente, et leur multiplication incessante, doivent également entrer ici en ligne de compte. Ces brasseries sont de véritables lupanars vis-à-vis desquels la police est à peu près impuissante. Elles ont absorbé, à leur profit, la clientèle habituelle des maisons publiques, à laquelle elles offrent les mêmes plaisirs, sous une apparence plus honnête.

Enfin, le personnel des maisons se recrute plus difficilement qu'autrefois. Cela tient-il à un esprit d'indépendance plus grand, aujourd'hui, chez les femmes, à l'instruction plus complète qu'elles ont reçue et qui, si elle ne les empêche pas de verser dans la débauche, leur fait préférer du moins l'existence de la fille en carte et isolée, à celle de fille de maison ? La fille isolée conserve au moins, dans son ignominie, l'apparence de la liberté et du choix, tandis que la fille en maison est obligée de se tenir à la disposition du premier venu.

Quelle que soit la valeur relative de ces causes, il n'en faut pas moins déplorer la diminution incessante des maisons de tolérance.

Répartition des maisons de tolérance. — Dans les villes de province, les maisons de prostitution sont presque toujours confinées dans des quartiers spéciaux ; on les trouve près des remparts et des casernes, ou dans des rues étroites et tortueuses, en tous cas, loin des promenades et des voies élégantes, hors du centre de la ville. Les bâtisses qu'elles occupent sont vieilles, obscures et leur vétusté est à peine masquée par le badigeon qui les recouvre.

A Paris on ne saurait assigner aux maisons de tolérance un emplacement particulier ; nécessairement elles n'étalent pas leurs volets fermés et leurs gros numéros sur nos grands boulevards ; elles sont disséminées un peu partout dans la ville, et elles y affectent, suivant la classe à laquelle elles appartiennent, des physionomies bien différentes. Ceux de ces établissements qui existent dans le centre de Paris cherchent plutôt à attirer des hommes sérieux, jouissant d'une certaine situation dans le monde ou dans les affaires. Il est clair, que ces personnes ont intérêt à ne pas être vues et reconnues au moment où elles en franchissent le seuil. Aussi ces maisons sont-elles situées à proximité des grandes artères dans des rues tranquilles, peu passantes, dont elles ne cherchent pas à défigurer le caractère honnête et presque provincial.

Les maisons publiques des boulevards extérieurs, des quartiers excentriques ont un autre aspect. Elles n'ont pas la même raison que celles du centre pour se cacher sous des dehors modestes. Elles s'adressent à une clientèle spéciale d'ouvriers, de militaires et de rôdeurs dont elles cherchent à forcer l'attention. Aussi indépendamment de leur lanterne et de leur gros numéro, se reconnaissent-elles à leurs façades bariolées, peintes en couleurs tendres, en rose, en vert ou en bleu pâles et à leur architecture souvent contournée.

Assez nombreux sur les boulevards extérieurs, autour de l'Ecole militaire et des Invalides, les bordels se font plus rares dans l'intérieur de Paris et il n'en existe pas dans les quartiers riches et aristocratiques. Un fait digne de remarque, c'est leur multiplicité dans le 2e arrondissement, très populeux, très commerçant, et dont les rues étroites ont de tous temps été un des quartiers-généraux favoris de la prostitution.

Le tableau ci-joint donne la répartition des maisons de tolérance par arrondissements et par quartiers :

PARIS, 1er JANVIER 1888

ARRONDIS-SEMENTS.	QUARTIERS.	MAISONS DE TOLÉRANCE.	RUES OÙ SE TROUVENT CES MAISONS.
1.	St-Germ. l'Auxerroi.	0	
	Halles.	1	rue Jean-Jacques Rousseau, 9.
	Palais-Royal.	4	rue des Moulins, 6, rue Thérèze, 11, rue Sainte-Anne, 37 *bis*, rue Sainte-Anne, 39.
	Place Vendôme.	0	

ARRONDIS-SEMENTS.	QUARTIERS	MAISONS DE TOLÉRANCE	RUES OÙ SE TROUVENT CES MAISONS
2.	Gaillon.	0	rue de Chabanais, 12 ; rue Colbert, 8 ; rue Feydeau, 12 ; rue d'Amboise, 8 ; rue d'Amboise, 10.
	Vivienne.	5	
	Mail.	0	rue de la Lune, 43 ; rue d'Aboukir, 116, rue d'Aboukir, 131 ; rue Sainte-Apolline, 25 ; rue Sainte-Foy, 21, 24 ; rue Greneta, 26 ; rue Blondel, 32.
	Bonne-Nouvelle.	8	
3.	Arts-et-Métiers.	1	rue Blondel, 4.
	Enfants rouges.	0	
	Archives.	0	
	Sainte-Avoye.	0	
4.	Saint-Méry.	1	rue Maubuée, 29,
	Saint-Gervais.	2	rue de Fourcy, 10 ; rue de l'Hôtel-de-Ville, 19.
	Arsenal.	1	rue Jean-Beausire, 15.
	Notre-Dame.	0	
5.	Saint-Victor.	0	
	Jardin des Plantes.	0	
	Sorbonne.	2	rue de la Bûcherie, 15 ; rue Maître-Albert, 23.
	Val-de-Grâce.	0	
6.	Monnaie.	1	rue Mazarine, 49.
	St-Germ.-des-Prés.	1	rue des Ciseaux, 7.
	Odéon.	1	rue des Quatre-Vents, 5.
	N.-D.-des-Champs.	0	
7.	St-Thomas d'Aquin.	0	
	Invalides.	0	
	Gros-Caillou.	0	
	Ecole Militaire.	0	
8.	Champs-Elysées.	0	
	Faubourg du Roule.	0	
	Madeleine.	0	
	Europe.	0	
9.	Saint-Georges.	2	rue Joubert, 4 ; rue Taibout, 56.
	Chaussée d'Antin.	1	rue de Provence. 92.
	Fg Montmartre.	1	rue Montyon, 14.
	Rochechouart	0	
10.	St-Vincent-de-Paul.	0	
	Porte St-Denis.	0	
	Porte St-Martin.	0	
	Hôpital St-Louis.	0	

ARRONDIS-SEMENTS.	QUARTIERS	MAISONS DE TOLÉRANCE	RUES OÙ SE TROUVENT CES MAISONS.
11.	Folie-Méricourt.	0	
	St-Ambroise.	0	
	Sainte-Marguerite.	2	rue Sainte-Marguerite, 30 ; rue de Montreuil, 112.
	La Roquette.	0	
12.	Bel-Air.	0	
	Picpus.	0	
	Bercy.	1	Boulevard de Picpus, 94.
	Quinze-Vingts.	1	rue Traversière, 19.
13.	Salpêtrière.	0	
	Gare.	2	rue Harvey, 7 ; rue Harvey, 9.
	Maison blanche.	0	
	Croulebarbe.	2	Boulevard d'Italie, 9 ; Boulevard d'Italie, 11.
14.	Mont-Parnasse.	3	rue Jolivet, 17 ; Boulevard Edgard-Quinet, 63 , Boulevard Edgard-Quinet, 67.
	Santé.	0	
	Petit-Montrouge.	0	
	Plaisance.	0	
15.	Saint-Lambert.	0	
	Necker.	2	Boulevard Garibaldi 22 ; Boulevard Garibaldi, 10.
	Grenelle.	6	Boulevard de Grenelle, 148, 150, 160, 162 ; Avenue de Lowendal 22 ; Avenue de Suffren, 106.
	Javel.	0	
16.	Auteuil.	0	
	Muette.	0	
	Porte-Dauphine.	0	
	Bassins.	0	
17.	Plaine Monceaux.	0	
	Ternes.	0	
	Batignolles.	2	rue de Tocqueville, 42 ; passage Cardinet, 3.
	Epinettes.	1	rue Fragonard, 15.
18.	Grandes Carrières.	0	
	Clignancourt.	1	rue de Steinkerke, 2.
	Goutte d'Or.	0	
	La Chapelle.	3	Boulevard de la Chapelle, 75 ; Boulevard de la Chapelle, 106 ; rue de la Chapelle, 157.

ARRONDIS-SEMENTS.	QUARTIERS	MAISONS DE TOLÉRANCE	RUES OÙ SE TROUVENT CES MAISONS.
19.	La Villette.	3	Boulevard de la Villette, 236 ; Boulevard de la Villette, 226 ; Boulevard de la Villette, 214.
	Pont-de-Flandre.	0	
	Amérique.	0	
	Combat.	2	Boulevard de la Villette, 164 ; Boulevard de la Villette, 22.
20.	Belleville.	1	Boulevard de Belleville, 70.
	Saint-Fargeau.	0	
	Père-la-Chaise.	1	Boulevard de Ménilmontant, 88.
	Charonne.	2	Boulevard de Charonne, 18 : Boulevard de Charonne, 152,

On voit par ce tableau que les 7ᵉ, 8ᵉ, 10ᵉ et 16ᵉ arrondissements n'ont pas de maisons de tolérance sur leur territoire ; le plus chargé, sous ce rapport, est le 2ᵉ. Du reste, en groupant les arrondissements selon le nombre de maisons publiques qu'ils renferment on obtient les résultats suivants :

1° Le 2ᵉ arrondissement avec 13 maisons.

2° Le 15ᵉ arrondissement avec 8 maisons.

3° Le 1ᵉʳ et le 19ᵉ arrondissement avec 5 maisons chacun.

4° Le 4ᵉ, le 9ᵉ, le 13ᵉ, le 14ᵉ, le 18ᵉ, et le 20ᵉ arrondissement avec quatre maisons chacun.

5° Le 6ᵉ, et le 17ᵉ, avec trois maisons chacun.

6° Le 5ᵉ, le 11ᵉ et le 12ᵉ, arrondissement avec deux maisons chacun.

7° Le 3ᵉ arrondissement avec une maison.

8° Le 7ᵉ, le 8ᵉ, le 10ᵉ, et le 16ᵉ, qui n'ont pas de maison.

Les plans de Paris, teintés de différentes nuances selon les quartiers et le nombre des maisons qui s'y trouvent, feront comprendre d'une façon plus saisissante encore leur distribution dans les divers arrondissements et leur diminution depuis une trentaine d'années.

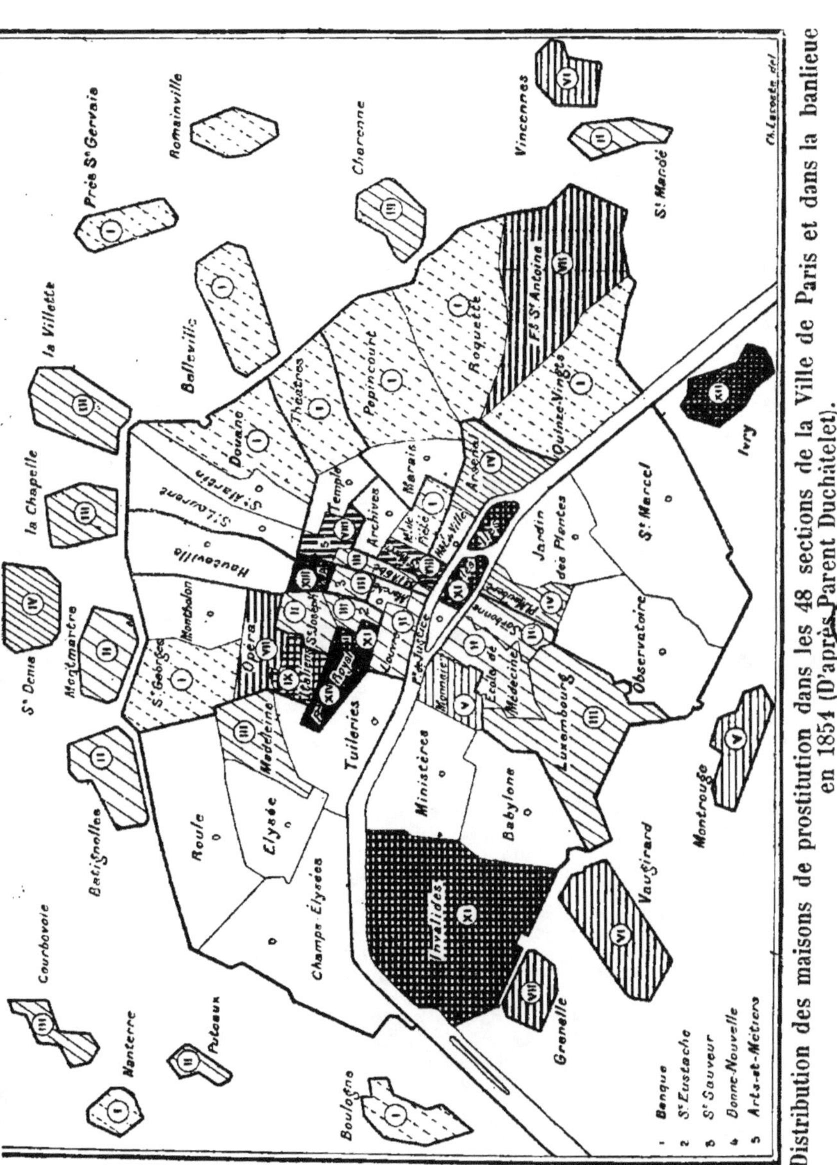

Distribution des maisons de prostitution dans les 48 sections de la Ville de Paris et dans la banlieue en 1854 (D'après Parent Duchâtelet).

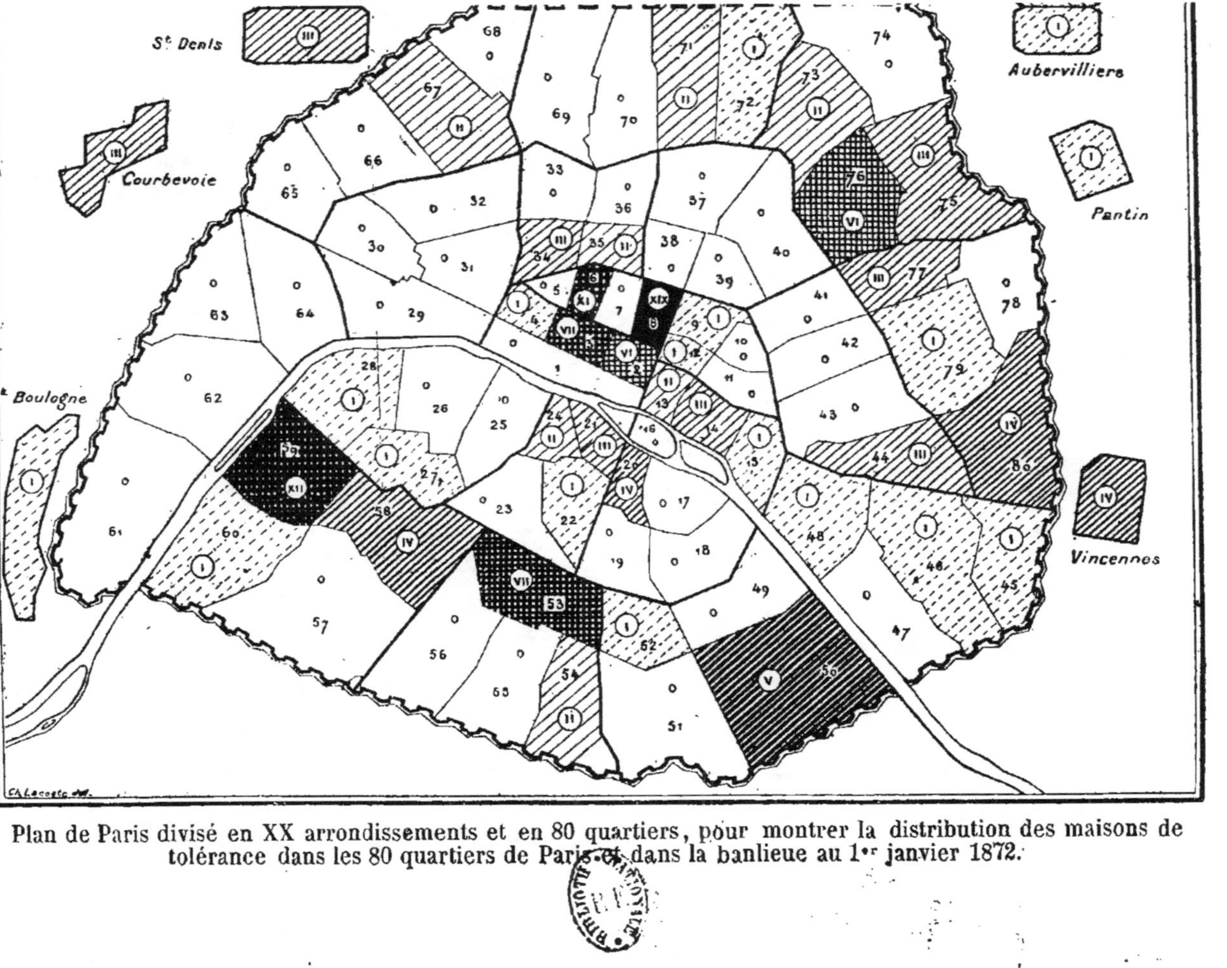

Plan de Paris divisé en XX arrondissements et en 80 quartiers, pour montrer la distribution des maisons de tolérance dans les 80 quartiers de Paris et dans la banlieue au 1er janvier 1872.

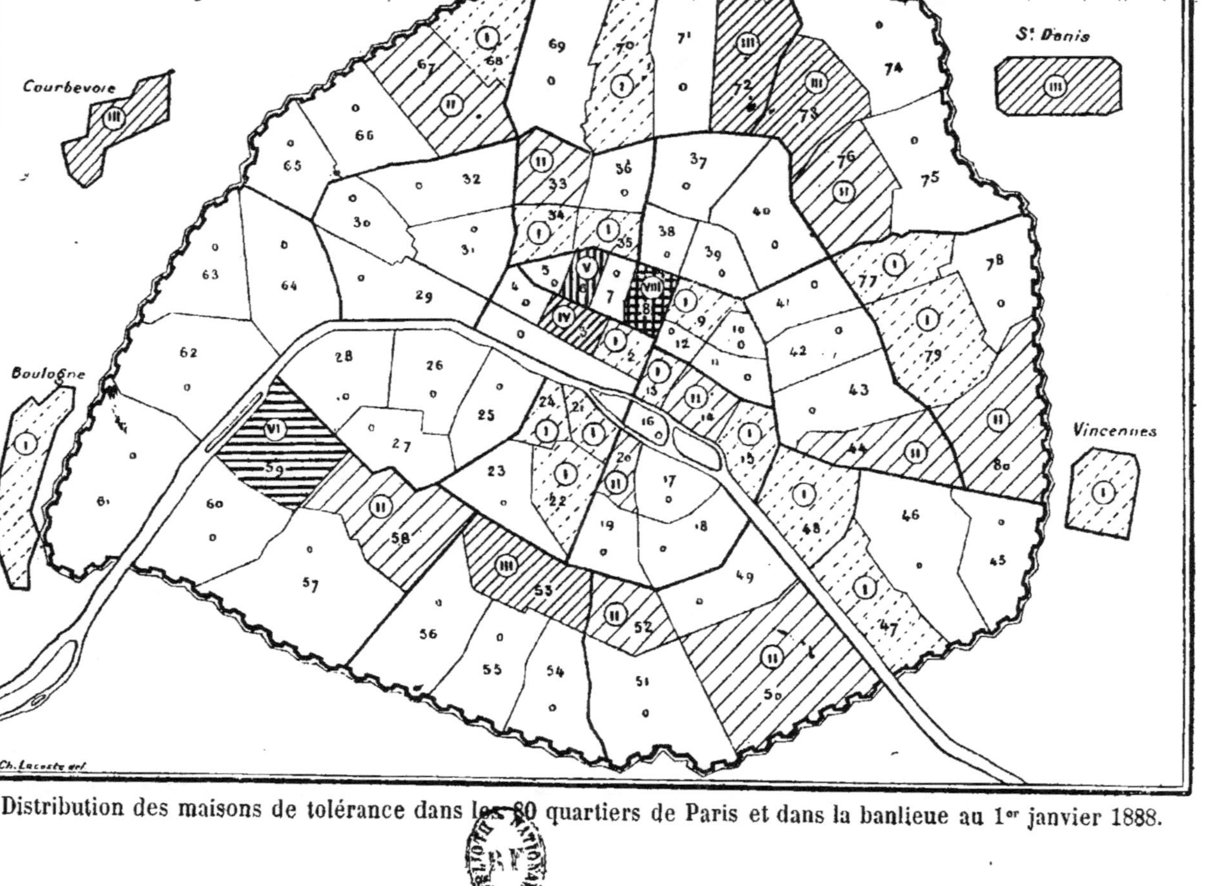

Distribution des maisons de tolérance dans les 80 quartiers de Paris et dans la banlieue au 1er janvier 1888.

Les maisons de la banlieue ont subi le même sort que celles de Paris ; il y en avait quatorze en 1880, il n'y en a plus que huit au 1er janvier 1887 ; Vincennes en a une ; Saint-Denis, trois ; Boulogne-sur-Seine, une, et Courbevoie, trois.

Division des maisons au point de vue administratif. — Sans se préoccuper de la clientèle qu'elles reçoivent et de la plus ou moins grande somptuosité qui préside à leur installation, l'administration a divisé les maisons de tolérance, en *maisons à estaminet* et en *maisons sans estaminet*. Les maisons sans estaminet sont les plus huppées ; on y verse cependant à boire, mais on n'y sert que des consommations de choix, parmi lesquelles le champagne tient la première place.

Les maisons à estaminet existaient, pour la plupart, dans l'ancienne banlieue annexée ; les autres se trouvent près des casernes. Elles étaient à l'origine des cabarets plus ou moins borgnes, qui servaient de refuge à la prostitution clandestine ; peu à peu ces cabarets se sont transformés en maisons de tolérance.

La police se basant sur les habitudes des filles de classe inférieure et sur les clients qui alimentent ces maisons, a autorisé les patronnes à annexer à leur établissement un débit de boissons ; rien, cependant, n'en doit trahir l'existence au dehors ; il est sévèrement défendu de mettre une enseigne quelconque, de laisser des verres ou des bouteilles en évidence, qui pourraient frapper le regard d'un passant ; de plus, il était interdit d'introduire dans ces maisons des domestiques mâles ; le service devait être assuré par des femmes. L'administration a été obligée de revenir sur cette décision.

Les patronnes de ces maisons sont autorisées aujourd'hui à prendre à leur service des domestiques mâles ;

leur présence doit garantir les femmes des brutalités d'un ivrogne, empêcher les querelles, permettre l'expulsion d'un tapageur. Malheureusement ces domestiques deviennent rapidement des souteneurs, et loin de mettre fin au tapage, ils aident parfois les filles à dévaliser leurs clients.

La proportion des maisons avec ou sans estaminet est la suivante pour Paris :

Au 1ᵉʳ janvier 1880 il y avait 70 maisons à estaminet et 49 maisons sans estaminet					
—	1881	67	—	45	—
—	1882	63	—	41	—
—	1883	58	--	36	—
—	1884	57	—	34	—
—	1885	52	—	29	—
—	1886	47	—	28	—
—	1887	47	—	26	—

Les maisons à estaminet sont donc plus nombreuses que les autres ; c'est dans les quartiers excentriques et sur les boulevards extérieurs qu'on les trouve presque exclusivement.

Les maisons de la banlieue n'ont pas d'estaminet.

Conditions dans lesquelles peut être toléré l'établissement d'une maison publique. — A Paris, l'administration ne permet pas à un homme de tenir une maison de prostitution ; il ne peut devenir *tenant*, suivant le terme consacré ; même si la patronne est mariée, son mari ne compte pas aux yeux du service des mœurs. C'est la femme seule qui est responsable vis-à-vis de lui, c'est à elle seule qu'on veut avoir à faire, à elle seule que la tolérance a été accordée.

La femme qui veut ouvrir une maison de tolérance est tenue de demander une autorisation à la préfecture de police ; celle-ci peut-elle la refuser, uniquement parce que la demanderesse veut installer son établissement dans telle ou telle rue ? Aucunement ; cependant, si elle voulait établir sa maison sur les grands boulevards, à côté de la demeure du chef de l'Etat, à côté d'une église, d'un temple ou d'une synagogue, à proximité d'un lycée ou d'une école, il est certain que cette autorisation serait refusée.

La préfecture de police commence par prendre des renseignements détaillés sur la personne qui a déposé une demande en autorisation de tolérance ; s'ils sont suffisants, elle fait savoir à l'intéressée les conditions requises pour qu'elle puisse tolérer son installation.

Au point de vue de l'emplacement, il règne une certaine liberté, ainsi que je viens de le dire ; il n'existe pas des rues honnêtes et des rues infâmes ; on ne saurait donc interdire la création d'une maison de tolérance dans tel ou tel quartier, dans telle ou telle rue. L'administration ne fait d'exception que pour les cas prévus plus haut.

Avant d'accorder la tolérance, la préfecture de police exige le consentement par écrit du propriétaire et du principal locataire, qu'il y ait un bail ou non ; elle procède ainsi depuis l'arrêté pris le 22 août 1816, par M. Anglès, préfet de police. Une maison de tolérance fait, en effet, perdre à un immeuble de sa valeur ; tant qu'elle existe, la patronne en paye un gros loyer, il est vrai ; mais qu'elle vienne à disparaître, soit par faillite, soit par cessation d'affaires, soit par fermeture administrative, le propriétaire ne trouve plus que difficilement une occasion de relouer son immeuble d'une façon convenable. Le lupanar a disparu, mais la tache qu'il a imprimée à la maison est restée. Le propriétaire se verra dans l'impossibilité de louer à des familles ou à des industriels honnêtes. Il ne pourra guère espérer avoir d'autres locataires que des femmes adonnées à la prostitution clandestine et que le mauvais renom attaché à l'immeuble, y attire de tous côtés.

La plupart des propriétaires et des principaux locataires qui donnent ainsi leur consentement sont des gens ignorants ou sans éducation. On est étonné cependant de rencontrer parmi eux des personnes du monde et même des hommes d'un rang élevé, chez lesquels on était loin de supposer une absence aussi complète de scrupules et de sens moral.

Les maisons doivent être établies à une certaine distance les unes des autres. Cette distance varie suivant les rues, les quartiers et la nature de la maison. En général, dans les rues étroites, les lupanars d'ordre inférieur ne doivent pas être contigus l'un à l'autre, ni se faire vis-à-vis. On a voulu éviter, par cette prescription éminemment prudente, que le scandale envahisse la rue, et du fond de la maison où il doit rester confiné, vienne déborder sur le trottoir. Dans les petites rues, dans les quartiers excentriques, les souteneurs, les filles et les clients, s'il en était autrement, finiraient par se battre sur la voie publique.

C'est à la même pensée qu'obéit l'administration, lorsqu'elle interdit la présence simultanée de deux maisons, à des étages différents, dans le même immeuble. Elle a voulu éviter ainsi les erreurs des habitués, les querelles, les récriminations sans fin qui ne manqueraient pas de se produire, avec une fréquence déplorable.

Une maison de première catégorie peut très bien être tolérée dans une rue populeuse et bruyante : elle y passe inaperçue.

Quelquefois la maison de tolérance occupe un immeuble entier ; souvent elle n'en prend qu'un ou deux étages. Dans tous les cas, le local doit être proportionné au nombre des pensionnaires. L'administration, qui procède à l'inspection de ce local, n'admet pas que les chambres soient trop exiguës ; elle défend absolument que deux femmes partagent la même chambre ou le même lit. Elle ne tolère pas davantage une communication avec les maisons voisines, une porte de sortie sur le derrière de la maison. L'entrée principale ne doit pas être commune à un autre immeuble ou à deux corps de bâtiment appartenant à des propriétaires différents.

Il est, en outre, interdit aux patronnes de ménager à côté des chambres des cabinets noirs, des recoins secrets, des placards qui seraient assez grands pour permettre d'y cacher quelqu'un. Il existe, en effet, toute une catégorie d'individus dont je reparlerai à l'occasion des maisons de passe et de la prostitution clandestine, qu'on appelle des *Voyeurs* et qui ne sont stimulés que par le spectacle des plaisirs d'autrui. Ce sont ces voyeurs que l'on pourrait cacher dans des cabinets ou des réduits qui communiquent par un judas, dissimulé par un rideau ou un tableau, avec la chambre occupée.

Autrefois les maisons de tolérance avaient des boutiques, exploitées par les patronnes. Ces boutiques n'existent plus de nos jours ; l'administration en a retiré l'autorisation ; elle ne se montre un peu conciliante qu'au point de vue du débit des boissons ; elle tolère l'existence d'un estaminet dans certaines maisons, et encore est-il sévèrement interdit de la laisser deviner par aucun signe extérieur ; il ne faut pas qu'un passant puisse être induit en erreur par la vue de bouteilles et de verres, derrière une devanture, et que, croyant se rafraîchir, il entre dans un lupanar.

Les propriétaires, les locataires, les commerçants d'une rue adressent quelquefois des requêtes à l'administration, lorsqu'ils apprennent que l'ouverture d'une maison de

prostitution, va être tolérée dans cette rue. Ils se basent
en général, pour motiver leurs doléances, sur la dépréciation qu'un pareil voisinage ferait courir à leurs immeu-
bles, sur les pertes qui en résulteraient pour leur commerce ou leur industrie, sur le scandale et sur le tapage
nocturnes qui se produiraient infailliblement si la tolérance était accordée. L'administration procède, dans ces
cas, à une enquête minutieuse. En général, cette enquête
ne donne pas raison aux plaignants qui, tout en faisant
sonner bien haut les mots de morale et de décence publiques, n'ont obéi, la plupart du temps, qu'à leur intérêt
personnel. Les mêmes plaintes se manifestent, du reste,
pour des maisons existant d'ancienne date ; elles visent
surtout le bruit, les querelles, le tapage que peuvent
occasionner ces maisons. Ici encore, la préfecture de
police s'enquiert si les plaintes sont fondées ; elle avertit
la maîtresse de maison de se tenir sur ses gardes et d'éviter tout scandale ; elle lui enjoint de veiller à ce que nul
tapage ne se produise chez elle ; mais elle répond aussi
aux signataires de la plainte que si la maison incriminée
était supprimée, il faudrait nécessairement en tolérer une
nouvelle ailleurs et que, dès lors, on se heurterait aux
mêmes récriminations. D'ailleurs, la maison de prostitution existant depuis longtemps dans le même immeuble,
les nouveaux locataires ou les nouveaux propriétaires de
la rue n'avaient qu'à prendre leurs informations avant de
s'y établir.

La conduite de l'administration est un peu différente
lorsque l'on fonde, par exemple, une école dans une rue
où existait déjà un bordel. On ne peut pas à cause de
cette école, fermer la maison et retirer la tolérance, tant
que le bail consenti à la patronne n'est pas expiré ; mais

on n'en permettra pas le renouvellement, et cette décision équivaut à la fermeture. On procède de même, quand il s'agit d'un autre établissement public dont le caractère est incompatible avec le voisinage d'une maison de tolérance.

Les maisons de prostitution doivent avoir leurs croisées fermées, à Paris comme partout en France; les vitres doivent être dépolies ou garnies de volets ou de persiennes dormantes; à l'intérieur les fenêtres doivent être cadenassées, et celles du rez-de-chaussée grillées. Il ne s'agit là, bien entendu que de celles qui donnent sur la rue. La fermeture des fenêtres a deux buts; le premier, c'est d'empêcher les passants de voir ce qui se passe à l'intérieur de la maison; le second, de mettre les filles dans l'impossibilité d'exhiber au dehors des torses et des poitrines nus, et d'attirer par des paroles ou des gestes les gens qui passent dans la rue.

La porte des maisons doit être ouverte; mais l'allée est coupée dans son milieu par une seconde porte, rembourrée d'habitude et munie d'un judas par lequel la patronne ou la sous-maîtresse peut parlementer avec le visiteur et le reconnaître avant de lui ouvrir. Au-dessus de la porte d'entrée s'étale, à Paris et dans la plupart de nos grandes villes, un numéro peint en chiffres très gros de 60 centimètres de haut. C'est le numéro de la maison, dans la notation générale de la rue. L'habitude de le peindre en chiffres énormes au-dessus des portes des maisons de tolérance, leur a fait donner le nom de maisons à gros numéro. Le soir, la porte est éclairée par une lanterne dont les couleurs vives attirent l'attention.

Telles sont les conditions qui sont exigées par l'administration pour accorder une tolérance; encore faut-il que

la femme qui la sollicite présente les garanties nécessaires.

Installation intérieure des maisons. — On peut diviser,
sans trop se tromper, les maisons de Paris en maisons
huppées ou élégantes, en maisons de seconde catégorie, et
enfin en maisons inférieures ou de dernière classe.

Dans les maisons élégantes, l'installation est luxueuse;
elle doit répondre aux habitudes des hommes qui les fréquentent. Il ne faut pas qu'un client, qui jouit chez lui de
toutes les satisfactions que le luxe peut donner, puisse en
regretter une en entrant dans ces maisons. Aussi les
salons sont-ils nombreux, garnis de glaces et de lustres ;
le mobilier est riche et somptueux ; les plafonds sont
peints, les parquets couverts de tapis; il y a des fleurs,
des plantes vertes dans les jardinières, et il n'est pas rare
de voir dans ces établissements des œuvres d'art d'un certain mérite et des étoffes d'un grand prix. Les maisons de
première catégorie ont toutes plusieurs salons; le client
est introduit dans l'un d'eux et l'on fait défiler devant lui
l'escadron disponible des beautés du lieu, afin qu'il puisse
faire son choix.

Les maisons de seconde catégorie sont moins luxueuse-
ment installées; il y a moins de salons de réception ; il y a
encore des glaces, mais les lustres sont remplacés par des
suspensions au gaz et le mobilier est plus ordinaire; les
étoffes qui le recouvrent sont plus résistantes, les tapis
sont moins moelleux. La recherche du confortable y est
moins apparente et les plantes rares ou délicates sont
remplacées dans les jardinières par des arbustes aux
feuilles artificielles.

Les maisons de dernière catégorie sont tenues, en raison du public même qu'elles reçoivent, à plus de simpli-

cité. Ici, le moins de glaces possible, car on les brise souvent ; un mobilier simple mais solide ; des becs de gaz au mur, ou descendant du plafond ; pas de bibelots traînant sur les tables ou les étagères ; quelques fleurs communes s'étiolant dans des pots de porcelaine ou de faïence peintes. L'aspect général est pauvre malgré le faux clinquant, presque repoussant, en dépit des boules de verre accrochées de ci de là, des crépines d'or, des tentures et des tableaux aux couleurs criardes, qui donnent à ces salles de fausses allures de baraque foraine.

Toutes les maisons possèdent au moins un piano.

L'aspect des chambres des filles varie suivant la catégorie des maisons. Confortables dans les établissements de premier ordre, elles sont convenables dans ceux de seconde classe, à peine suffisantes dans ceux de dernière catégorie.

Dans les maisons élégantes le prix d'une passe est d'un louis, le prix du coucher peut aller jusqu'à cinq louis. Dans les maisons moyennes le prix de la passe est de cinq à dix francs ; celui du coucher, de dix à vingt francs. Dans les maisons inférieures, et dans certaines maisons de la banlieue le prix de la passe varie de cinquante centimes à deux ou trois francs.

Des filles de maison. — Les filles de maison sont d'anciennes prostituées inscrites, ou bien elles sont d'emblée entrées dans un lupanar.

Lorsqu'une fille veut entrer dans une maison de tolérance, le premier devoir de la patronne de cette maison est de lui demander ses papiers, si elle en a, et de la conduire à la préfecture de police, où elle est soumise à la visite sanitaire, inscrite sur les contrôles, ou rétablie si elle en avait été rayée.

Une fois la fille inscrite et reconnue saine, la patronne la ramène chez elle; dès lors elle fait partie du personnel de la maison.

Le public s'imagine à tort que les filles de maison vivent dans une espèce d'esclavage et de servitude; à Paris, elles sont absolument libres de quitter la maison, quand elles le veulent. La patronne n'a pas le droit de les retenir; elle ne peut pas davantage garder quoi que ce soit de leurs effets. Si elle leur a prêté de l'argent et qu'elle n'ait pu encore se faire rembourser, tant pis pour elle. De ce chef aussi, elle n'a aucun droit sur ses pensionnaires. Les filles ignorent souvent à quel point le règlement, très libéral, a sauvegardé leur indépendance; beaucoup ne savent pas jusqu'à quel point elles l'ont aliénée quand elles se sont mises en maison, et qu'il leur est loisible de quitter le lupanar aussi volontairement qu'elles y sont entrées.

En province, la même réglementation n'existe pas partout; dans bien des villes, elle est beaucoup plus sévère, et là, les filles de maison sont réellement des prisonnières à la merci des patronnes qui les poussent à faire des dépenses, les tiennent par l'argent qu'elles leur ont prêté et se les passent les unes aux autres, comme une marchandise.

Les filles ne doivent rien à la patronne pour le logement qu'elle leur donne, pour le chauffage et l'éclairage qu'elle leur fournit; elles ne reçoivent pas non plus de gages. Elles abandonnent la moitié de leur gain à la maîtresse de maison, pour subvenir à leur nourriture et à leur entretien.

Elles sont en général incapables de se conduire elles-mêmes; ineptes et imprévoyantes, elles ne savent pas régler leur dépense. La patronne gouverne et assure leur vie matérielle ; il est permis de douter qu'elle le fasse d'une manière parfaitement honnête et scrupuleuse. Les filles sont, en effet, perpétuellement endettées vis-à-vis des patronnes, quels que soient leurs profits journaliers.

Les maîtresses de maison fournissent à leurs pensionnaires les vêtements ou le costume qu'elles doivent porter dans l'intérieur de l'établissement, et les toilettes qu'elles mettent, lorsqu'elles ont leur jour de sortie; elles fournissent également les bijoux.

La tenue des livres est du reste en ordre. La patronne tient un compte exact pour chacune de ses filles; elle inscrit d'un côté, sous le nom de sa pensionnaire, tout ce qu'elle lui fournit :

1° La nourriture, qui varie selon les maisons de trois à dix francs par jour ;

2° Les dépenses de vêtements, de linge, de parfumerie, de bijoux ;

3° Les dépenses pour les bains, les honoraires médicaux, les médicaments, les voitures ;

4° Les sommes données en argent comptant, et qui sont en général des avances que les filles font à leurs amants.

En regard, sont inscrites les sommes versées par la fille, aux mains de la patronne. Ces sommes proviennent uniquement des libéralités des clients. Ceux-ci ne sont pas obligés, du reste, de donner quoi que ce soit à la fille avec laquelle ils montent; mais il est très rare que celle-ci n'en tire *pour ses gants,* un cadeau quelconque variant suivant les maisons de cinq à dix francs ou de cinquante centimes à quarante sous. Les bénéfices qu'une fille peut réaliser de cette façon vont jusqu'à quatre ou cinq mille francs par an. Malgré tous les profits qu'elle peut faire, la fille de maison se trouve, en définitive, toujours endettée vis-à-vis de la patronne. Il n'y a là rien qui doive surpendre quand on songe aux pourcentages énormes que celle-ci s'adjuge, de son autorité privée, sur toutes les fournitures qu'elle fait à ses pensionnaires.

En province, et même à Paris, ces dettes suivent les filles d'une maison à l'autre. La patronne qui prend une fille sortant d'une maison, paye la dette contractée dans cette maison par sa nouvelle pensionnaire et la reporte fidèlement au compte qu'elle ouvre pour elle. Tout aussi peu que les matrones aiment à engager des filles dont la dette est très élevée elles ne se soucient pas d'en prendre dont la dette est minime. Dans le premier cas, leur découvert est trop considérable ; dans le second, les filles sachant qu'elles ne doivent presque rien, sont plus indisciplinées et plus enclines à quitter la maison, sous le moindre prétexte. A Paris, quel que soit le chiffre de sa dette, il ne peut jamais être invoqué par une matrone pour retenir chez elle une fille qui veut la quitter.

Les filles de maison de première catégorie mènent une existence relativement oisive. Elles se lèvent entre dix et onze heures du matin, et procèdent à leur toilette avec un soin extrême. Elles sont d'une propreté méticuleuse ; elles prennent beaucoup de bains, presque toujours à domicile. Le déjeuner a lieu à onze heures ; les femmes y prennent part en peignoir ; il est présidé par la patronne. Dans certaines maisons, celle-ci exige que les pensionnaires l'attendent pour commencer leur repas et se lèvent à son entrée dans la salle à manger. Le déjeuner et le dîner se font, en général, en silence ; en tous cas, la patronne ne tolère ni conversation bruyante, ni propos obscènes.

Le déjeuner fini, les filles sont libres de s'occuper comme elles l'entendent. Les unes préparent leurs toilettes pour le soir ; les autres jouent aux cartes ou au loto, en fumant des cigarettes ; quelquefois elles se groupent autour de l'une d'entre elles, passée maîtresse dans l'art de tirer les cartes, pendant qu'une autre, quelque peu musicienne, se met au piano et égrène le chapelet des refrains à la mode.

L'après-midi est quelquefois consacré à des promenades, sous l'égide de la patronne ou de la sous-maîtresse. Les filles affichent alors des costumes luxueux qui accrochent et forcent les regards ; mais elles évitent avec soin tout ce qui pourrait avoir l'air d'une provocation ou donner lieu à un scandale, et leur attirer par conséquent les justes sévérités de la police. C'est surtout dans les villes de province que *Madame* promène ainsi ses pensionnaires ; à Paris, l'usage de ces excursions en commun se perd de plus en plus.

Entre cinq et six heures du soir toutes les filles se réunissent de nouveau pour le dîner. Ce repas est copieux, souvent recherché ; il est présidé par la patronne, comme le déjeûner. Dans les maisons d'un rang élevé, la nourriture est à la fois substantielle et choisie et les vins sont bons. Les matrones intelligentes savent bien que les prostituées sont en général très gourmandes, et que le métier fatigant qu'elles exercent exige impérieusement qu'elles soient bien nourries. L'abondance et la recherche des mets retient quelquefois dans une maison des filles qui s'en iraient volontiers si elles étaient assurées de retrouver les mêmes conditions ailleurs.

Après le dîner, les filles rentrent dans leurs chambres, pour se livrer à leur toilette du soir. Cette toilette est, dans les maisons de Paris, très sommaire. Elle consiste à revêtir des bas de soie blancs, roses ou noirs, brodés et ajourés, des souliers très découverts et à talons très élevés, et un peignoir ou une chemise de dentelles ou de gaze noires ou blanches, très transparents ; elle est complétée par des bracelets, des bagues, des colliers, souvent en or et en pierres précieuses, souvent aussi en imitation. Dès lors, les filles sont prêtes à répondre à l'appel de la sous-maîtresse ; elles sont sous les armes et peuvent paraître au salon, au premier signal.

Dans la journée, du reste, le coiffeur est venu échafauder leurs cheveux en torsades harmonieuses. Toutes les femmes ont un abonnement au mois avec un coiffeur du voisinage et elles ont souvent recours à ses bons offices pour se faire teindre les cheveux, quand elles veulent rehausser le piquant de leurs charmes. Elles ont également un abonnement avec un pédicure qui soigne à la fois leurs pieds et leurs mains. Elles font un large usage des cosmétiques, des fards, des parfums de toute nature ; elles se peignent et se fardent à plaisir. Quand il ne s'agit que de faire leur figure un peu plus blanche ou un peu plus rose, ou de simuler par des veines bleues artistement dessinées la transparence et la finesse de la peau, c'est affaire à elles. Mais le maquillage est souvent plus savant et il a alors des conséquences dont la gravité n'échappera à personne. C'est quand il s'agit, au moment de la visite, de dissimuler une érosion, une petite ulcération, voire même un chancre : une couche de carmin, un petit morceau de baudruche habilement placé et coloré suffisent quelquefois pour masquer leur présence et tromper le médecin. Ces pratiques sont généralement faites par des sage-femmes et se payent de trois à cinq francs ; il est

triste de constater que parfois elles sont l'œuvre de médecins. La visite médicale est du reste la préoccupation
constante des filles de maison ; elles en parlent sans cesse.

Les maisons de tolérance ferment leurs portes vers
deux heures du matin. C'est de onze heures du soir à une
heure du matin qu'elles reçoivent le plus de visiteurs ;
avant de se coucher, les femmes soupent.

Dans les maisons de seconde et de troisième catégorie
le genre de vie est le même ; il ne diffère que par le plus
ou moins de richesse du cadre ; dans toutes les maisons,
les filles ont un langage ordurier et grossier, des attitudes
et des gestes qui contrastent étrangement avec leurs toilettes, et avec le milieu luxueux dans lequel elles se meu-
vent ; dans toutes aussi, les filles sont à la dévotion des
clients. Une fois qu'un homme est monté avec une femme,
elle devient sa chose, et elle ne peut se refuser à ses désirs.
Faut-il parler de ces scènes de saphisme que des débauchés
font exécuter fréquemment devant eux par deux ou trois
femmes, afin de stimuler ou de réveiller leurs sens affai-
blis ? Les femmes sont obligées de s'y prêter et ces exercices
deviennent souvent la cause première d'habitudes qu'il
sera bien difficile de déraciner plus tard. Faut-il parler
des pratiques ignobles de ces hommes, fous ou pervertis,
dont le nom de *stercoraires*, que leur a appliqué la science,
laisse suffisamment deviner les jouissances monstrueuses.

Quand la maison possède un estaminet, les filles sont
tenues d'engager les clients à boire avec eux ; la *consommation* est la règle ; la patronne en augmente d'autant ses
bénéfices, et plus une fille la fait gagner de ce chef,
mieux elle en est vue ; aussi, dans les maisons de bas
étage, les filles sont presque toujours entre deux vins.
Dans les établissements plus relevés, mais dépourvus

d'estaminet, les filles doivent également pousser le client à prendre quelque chose. La patronne peut fournir des liqueurs, du champagne et de la bière. Mais ces consommations, au lieu d'être servies au salon sont montées dans la chambre de la fille, par une servante. Un homme qui a bu et qui a une légère pointe de vin est plus généreux d'ordinaire et se laisse plus facilement aller à dénouer les cordons de sa bourse. Les filles le savent bien, et si dans les maisons élégantes elles se bornent à demander et à obtenir une gratification un peu ronde, dans les maisons de dernière catégorie elles ne se gênent pas, après avoir enivré leur client, pour lui soutirer tout ce qu'il a sur lui.

Malgré leur abjection, malgré leur dégradation les filles de maison ont gardé comme les prostituées isolées, quelques sentiments moraux. Elles ont conservé un fond de religion qui, à certaines occasions, éclate au grand jour. Il est très rare que l'une d'elles, malade et se sentant mourir, ne demande à se confesser et à recevoir l'absolution de ses péchés. Je me rappellerai toujours, à ce propos, l'étrange scène, d'un réalisme inouï, à laquelle j'ai pu assister un soir. J'avais été appelé auprès du mari de la patronne d'une des maisons de tolérance de Paris. Cet homme, arrivé au dernier terme d'une tuberculose pulmonaire et laryngée, râlait sur un canapé dans un des salons de l'établissement, dont les becs de gaz flambaient reflétés par les glaces. Sa femme et les pensionnaires de la maison, en peignoirs de gaze et de dentelles, s'empressaient autour du mourant. La science n'avait plus rien à faire là et les assistantes s'aperçurent à mon attitude qu'elle était impuissante. Toutes s'abattirent à deux genoux, et en se signant, murmurèrent les prières des agonisants. De temps en temps le tintement de la sonnette ou l'appel de

la sous-maîtresse faisait se lever l'une d'entre elles ; elle
sortait, sans que son départ troublât la ferveur des autres,
qui cependant en connaissaient le motif et quand le malade
eut rendu le dernier soupir, l'une de ces femmes revint,
portant gravement un rameau de buis bénit et un crucifix
qu'elle alla poser sur le corps sans songer, qu'avec le costume dont elle était revêtue, elle commettait presque un
sacrilège.

Comme les prostituées isolées, les filles en maison ont
un besoin instinctif et irrésistible de s'attacher à quelqu'un.
Elles restent, dans l'exercice de leur métier, étrangères
à toute sensation voluptueuse, à tout sentiment affectif ;
mais elles ne sont pas incapables de les éprouver ; bien au
contraire, ce besoin d'affection qu'elles portent en elles
les pousse à aimer follement un homme, quel qu'il soit,
et à arriver par lui à la volupté. Aussi ont-elles toutes un
amant, l'*amant de cœur*, dont elles stipulent, lorsqu'elles
entrent dans la maison, l'entrée gratuite à certains jours
ou à certaines heures. C'est à lui qu'elles se donnent,
ardemment, tout entières ; c'est lui qu'elles admirent ; c'est
lui qu'elles choyent et qu'elles caressent ; c'est lui qui
profite de leurs aubaines.

L'amant de cœur d'une fille de maison est le plus souvent un souteneur qu'elle a connu avant son entrée dans
le lupanar ; elle continue à le voir, et à lui donner son
prêt. Quelquefois c'est un garçon de famille, étudiant ou
commis, qui a su inspirer une vive affection à une fille en
maison ; dans le monde des jeunes gens cela s'appelle
« *avoir un béguin dans un bordel* ». Dans ce cas, il a ses
entrées libres, il promène sa maîtresse aux jours de sortie
mais elle ne le paye pas. Dans les établissements de bas
étage les amants de cœur sont des soldats dégourdis ou

des ouvriers délurés ; ils sortent également avec leur maîtresse, mais celle-ci a soin de garnir leur porte-monnaie le plus qu'elle peut.

Les filles ont des jours de sortie, de temps en temps. D'ordinaire elles sortent avec la patronne ou la sous-maîtresse ; celles-ci les mènent quelquefois dans les fêtes publiques, ou au spectacle ; à Paris, aucune ordonnance de police ne défend aux filles inscrites de se montrer au théâtre ; il n'en est pas de même en province et à l'étranger où dans bien des villes l'accès de certaines salles de spectacle leur est sévèrement interdit. Lorsque la fille a son jour de congé, elle peut sortir seule ou avec son amant, si madame a confiance en lui. Quand cet amant est un étudiant ou un employé elle est enchantée de passer une journée avec lui dans sa chambre ; elle s'occupe alors du ménage, reprise son linge, et se sent heureuse de déposer pour quelques heures le fardeau de son existence habituelle ; mais qu'elle passe son jour de liberté dans un modeste garni ou qu'elle le consacre à une partie de campagne, sa tenue est en général excellente, et il est souvent difficile de deviner la pensionnaire d'un lupanar sous ses dehors modestes de grisette. Lorsque les filles ont leur jour de sortie, les patronnes exigent toujours qu'elles rentrent avant la fermeture de la maison.

Quelquefois les absences sont plus longues, cependant. En province et à Paris, il arrive fréquemment que des individus, voyageurs de commerce ou autres, qui ne doivent passer qu'une nuit dans la ville descendent dans une maison de tolérance en guise d'hôtel. Il arrive de même que d'autres individus demandent une ou plusieurs femmes pour passer la nuit au dehors avec eux. Lorsque la patronne du lupanar les connaît pour des habitués ou lorsqu'ils lui sont recommandés par des clients, elle accorde aux femmes qu'ils demandent l'autorisation de découcher. D'autres fois, c'est pour une partie de campagne de deux ou trois jours qu'on demande des femmes. Le prix de ces locations, car on ne saurait désigner ces sortes de transactions autrement, varie de un à cinq louis par jour et par femme suivant la toilette, les bijoux, la beauté et l'esprit de la fille. Les patronnes n'aiment pas que ces sorties exceptionnelles se répètent fréquemment ; quelques-unes les refusent même absolument ; il faut en effet qu'elles aient leur personnel complet sous la main, au moment de la visite médicale : elles savent trop bien qu'elles seules ont à subir les conséquences d'une infraction au règlement.

Dans les maisons de bonne catégorie, les filles sont jeunes et jolies ; elles n'ont aucune infirmité apparente ; dans les maisons d'ordre inférieur, on est moins difficile sous le rapport de l'âge et de la beauté. Les pensionnaires des lupanars élégants passent fréquemment de l'un à l'autre ; quand elles commencent à vieillir, quand leur fraîcheur et leurs charmes déclinent avec leur jeunesse, elles sont réduites à entrer dans les maisons de second ordre ; et c'est ainsi que, peu à peu, elles descendent l'échelle jusqu'à la dernière catégorie.

Des mutations dans le personnel. — Une fille ne reste pas toujours longtemps dans la même maison. En province, où les maisons ont une clientèle fixe d'habitués, les changements sont fréquents. Les habitués, en effet, se fatiguent vite des mêmes femmes ; ils demandent des figures nouvelles ; comme ils passent une grande partie de leurs soirées au bordel, et que les clients de passage sont peu nombreux, la patronne est obligée de se conformer à leurs désirs et à renouveler son personnel au moyen d'échanges avec d'autres maisons ou d'engagements nouveaux.

A Paris, la clientèle est moins fixe et moins sûre. Les visiteurs de passage y sont l'énorme majorité, et ce sont eux surtout qui font les plus grosses dépenses ; aussi, lorsque les filles sont jolies, bien faites, avenantes, elles peuvent se maintenir longtemps dans la même maison ; elles y passent en moyenne plusieurs mois. Les motifs pour lesquels elles quittent l'établissement sont d'ordres divers :

1° *Les maladies vénériennes ou autres*, enlèvent à tout moment une fille à la maison. Si, lors de la visite médicale, une femme est reconnue atteinte d'une maladie vénérienne ou syphilitique, elle est immédiatement dirigée sur le dispensaire et de là sur l'infirmerie de Saint-Lazare. Si elle est prise d'une maladie aigüe, il est rare que la patronne la fasse soigner chez elle pour peu que cette maladie doive être un peu longue. Elle envoie au contraire volontiers sa pensionnaire à l'hôpital.

2° *Le besoin de changement, la légèreté de caractère et d'esprit*, que toute prostituée porte en elle, poussent les filles à quitter une maison pour entrer dans une autre, sans réfléchir aux conséquences que cette fugue peut avoir pour elles. Elles cèdent quelquefois au premier moment d'humeur ou d'ennui ; souvent elles espèrent gagner davantage ailleurs, ou elles sont entraînées par une amie.

3° *Le passage de la situation de fille en maison à celle de fille isolée* est assez fréquent, au moins à Paris. La vie dans une maison de tolérance, malgré l'oisiveté et le bien-être relatifs dont elles y jouissent finit par peser à bien des femmes qui s'y étaient complu d'abord, autant qu'à celles qui s'y étaient résignées par nécessité. Dès lors elles n'ont plus qu'un désir : faire des économies, payer ce qu'elles doivent à la patronne et reconquérir leur liberté. Si elles sont intelligentes, si elles savent mettre quelques sommes de côté, elles finissent toujours par acquitter leurs dettes. Elles quittent la maison, deviennent des isolées, et si elles n'abandonnent pas la prostitution, il leur semble du moins qu'elles sont moins dégradées.

4° *Le caprice d'un client.* — Parfois le client habituel d'une fille de maison s'éprend de passion pour elle ; il s'impatiente de la partager avec le premier venu, il veut la posséder tout seul et quand cela lui plaît ; il paye ses dettes, la prend avec lui ou l'installe dans ses meubles ; en un mot il en fait sa maîtresse ; ce changement dans la situation de la fille entraîne souvent sa radiation.

5° *Le mariage.* — Quelques filles de maison se marient. Le fait est extraordinaire et peut surprendre au premier abord, mais il est authentique. Tous les ans le mariage enlève aux lupanars quelques-unes de leurs pensionnaires. Les hommes qui les épousent n'appartiennent pas toujours aux dernières classes de la société ; s'il se trouve des drôles parmi eux, on y compte aussi des ouvriers, et quelquefois des individus appartenant au monde des arts, des lettres, du commerce ou de la finance.

6° *Le retour à une vie régulière.* — J'ai déjà dit que pour bien des femmes, la prostitution n'était qu'une étape dans la vie. Qu'elles soient isolées ou qu'elles soient en maison, il arrive un moment où le métier qu'elles font les écœure et les dégoûte ; elles ont hâte de le quitter, elles se reprennent à travailler et une fois que la police a reconnu qu'elles ne demandaient plus à la prostitution leurs moyens d'existence, elle les raye définitivement.

Les mutations sont donc fréquentes dans le personnel d'une maison : comment les patronnes se procurent-elles les filles dont elles ont besoin, comment arrivent-elles à recruter toujours de nouvelles pensionnaires ?

Un certain nombre de filles viennent d'elles-mêmes solliciter leur entrée dans une maison. Celles-là, pour la plupart d'anciennes isolées, sont fatiguées de la vie qu'elles mènent ; ne gagnant pas assez, insuffisamment nourries, mal vêtues, elles arrivent au lupanar comme à un port de salut ; d'autres y viennent, parce qu'elles y ont des amies dont elles ne veulent pas être séparées ; d'autres encore, en petit nombre il est vrai, entrent en maison parce qu'elles ne veulent pas travailler, ou parce qu'elles espèrent y trouver la satisfaction d'appétits d'une précoce perversité.

Si pour combler les vides incessamment creusés dans leurs maisons par les maladies et les départs, les patronnes n'avaient que les filles qui se présentent d'elles-mêmes, elles risqueraient fort de voir décroître le nombre de leurs pensionnaires d'une façon très sensible. Aussi ne comptent-elles guère sur des recrues de ce genre là. Elles ont d'autres ressources. Il existe, en effet, non-seulement à Paris, mais dans toute la France, mais dans le monde entier, des agences qui vivent des maisons de tolérance et qui les alimentent à leur tour.

Ces agences, ces bureaux de placement sont bien connus des patronnes et des filles de maison ; c'est à eux que les unes s'adressent quand elles ont besoin de filles, les autres quand elles veulent changer d'établissement. Ils ont entre eux des relations constantes, ils font des échanges, et leurs ramifications s'étendent partout. C'est par leur entremise que se fait, en province, ce roulement perpétuel des filles qui les envoie de Marseille à Toulouse, de Toulouse à Bordeaux, de Bordeaux à Lyon, de Lyon à Genève, etc. En écrivant à l'une de ces agences, la patronne d'une maison est toujours sûre de trouver les filles dont elle a besoin, si elle souscrit aux conditions posées.

A côté de ces agences, fonctionnant régulièrement quoique clandestinement, il faut citer les entremetteuses, courtières et proxénètes qui agissent isolément. Ces femmes, après avoir vieilli dans la prostitution, spéculent sur les bénéfices que leur expérience et leur duplicité peuvent leur procurer. Elles se mettent en rapport avec des filles que la misère a réduites aux abois, des servantes sans places, des ouvrières sans travail ; elles font miroiter aux yeux de ces malheureuses, quelquefois honnêtes encore, tout un Eden de délices et de paresse ; elles leur promettent monts et merveilles, les démoralisent peu à peu en les dégoûtant du travail, en les corrompant savamment jusqu'à ce qu'enfin elles puissent les amener à quelque patronne de lupanar qui leur remet en échange de leurs bons offices une commission assez grasse.

Ce genre de commerce n'est pas exclusivement aux mains des femmes. Il a aussi ses commis-voyageurs. Souvent c'est le mari ou l'amant de la patronne qui se charge ainsi de parcourir la province et l'étranger et d'embaucher des filles. Mais il existe, en outre, toute une catégorie d'individus dont c'est la triste spécialité de recruter des femmes pour les maisons de tolérance ; bien payés, car ils peuvent gagner de quatre à cinq cents francs par mois, bien découplés et beaux parleurs, ils racolent aussi bien dans les villes que dans les campagnes ; ils ne s'adressent pas toujours à des prostituées de profession : de récents scandales, en Belgique et en Angleterre, ont démontré que de malheureuses filles, trompées par les apparences, avaient cru accepter une place de servante ou d'institutrice et qu'elles avaient apposé leur signature ou leur croix au bas d'un papier qui, au lieu de leur assurer l'engagement honnête qu'elles espéraient, les livrait, pieds et poings liés, à la prostitution la plus crapuleuse.

En province, les matrones retiennent leurs pensionnaires en leur faisant faire des dettes; une fois que la somme due a atteint un certain chiffre, la fille est dans l'impossibilité matérielle de se libérer et par conséquent de quitter la maison; à Paris, de tels artifices sont impossibles : l'administration ne reconnaît pas aux matrones le droit de garder chez elles, une fille qui veut les quitter, même si elle se trouve être leur débitrice. Aussi les maîtresses de maison de Paris s'appliquent-elles à rendre le séjour de leur établissement le plus agréable possible; confort, nourriture, toilettes, elles s'ingénient à tout perfectionner sans nuire à leurs propres intérêts, bien entendu; elles savent bien que c'est le seul moyen de retenir les filles à la maison et de les y attacher.

Des sous-maîtresses. — Dans toutes les maisons un peu relevées, les filles et même les clients ne communiquent pas directement et en toute occasion avec la patronne. Celle-ci a une intermédiaire à laquelle elle délègue une partie de son autorité : c'est la sous-maîtresse.

Les sous-maîtresses sont quelquefois jeunes; d'ordinaire ce sont d'anciennes filles qui ont su gagner la confiance de la patronne, ou d'anciennes prostituées qui terminent ainsi leur carrière accidentée.

La sous-maîtresse est chargée de maintenir l'ordre parmi les pensionnaires et de suppléer la patronne en toute occasion. C'est elle qui se présente à la porte lorsqu'un visiteur vient y frapper, qui regarde à travers le judas grillé, et juge des apparences du client; si celui-ci paraît ivre ou si le nombre des individus qui veulent entrer dans la maison lui paraît trop considérable, elle n'ouvre pas. Dans les cas douteux elle parlemente, et envoie chercher Madame qui décide de l'admission ou du renvoi. La sous-maîtresse a besoin d'avoir beaucoup de tact et de prudence ; car souvent, en province et dans les quartiers excentriques de Paris, les bordels sont envahis et pris d'assaut par des bandes de jeunes gens ou d'hommes avinés qui n'ont d'autre idée que de *faire du boucan*, de tout briser et de maltraiter les femmes ; ils veulent s'amuser, ou croient devoir se venger d'une expulsion, d'une maladie qu'ils y ont contractée, de l'abandon d'une femme, etc. Il faut donc que la sous-maîtresse veille à ce qu'une troupe d'ivrognes ne vienne pas brusquement forcer le passage et déjouer sa surveillance.

Elle reçoit du *Monsieur* le prix de sa passe ou de son coucher, et elle en remet le montant à la patronne. Celle-ci lui donne en moyenne de vingt à trente francs par mois, et elle la loge, la nourrit et l'habille; les appointements ne sont donc pas très élevés, moins forts que ceux d'une cuisinière ou d'une femme de chambre très ordinaire. Mais la sous-maîtresse a certains profits, dont elle ne doit compte à personne et qui font le plus clair de ses bénéfices : ce sont les pourboires et les étrennes qu'elle reçoit des clients. Elle leur vend des cigares, des oranges, des cigarettes, des préservatifs; le prix de ces articles, sauf le dernier qui est plus cher, est de cinquante centimes en moyenne; les filles les leur rendent, quand ils n'ont pas servi, et pour se faire bien venir de la sous-maîtresse, elles font naturellement, prendre à leurs clients le plus possible de ces objets. Les pourboires et les bénéfices que la sous-maîtresse d'une bonne maison peut réaliser ainsi, permettent d'évaluer son revenu de mille à treize cents francs par an.

On a prétendu et je trouve cette assertion reproduite par plusieurs auteurs qui se sont occupés de la prostitution, que les sous-maîtresses qui étaient encore jeunes et jolies *montaient* quand un client les demandait, et qu'elles augmentaient d'autant leurs profits. Je ne crois pas le fait exact ; s'il se produit, ce ne peut être que très rarement et à titre exceptionnel. La sous-maîtresse perdrait, en effet, de son autorité sur les filles, si elle s'abandonnait comme elles ; l'administration en serait prévenue par l'une ou l'autre des pensionnaires que la jalousie pousserait à la délation et elle exigerait le renvoi de la sous-maîtresse.

Dans certaines maisons la sous-maîtresse est chargée de procéder à la visite et à l'examen des hommes qui veulent monter avec une femme. Il lui faut nécessairement pour cela une certaine habileté et une grande habitude ; si elle constate chez lui l'existence d'une affection vénérienne, elle expulse l'individu. Ailleurs, c'est la fille elle-même qui procède à l'examen de l'homme avant de se livrer à lui ; lorsqu'elle a cru reconnaître chez lui une blennhorhagie ou un chancre, elle appelle la sous-maîtresse pour que celle-ci constate définitivement la lésion existante et renvoie le client.

Il est bon d'ajouter, pour en finir avec les sous-maîtresses, que quelques-unes d'entre elles n'ont jamais été en carte ; ce sont parfois des parentes de la patronne et elles font ainsi l'apprentissage du métier de maîtresse de maison.

Des domestiques de maison. — Il y a toujours plusieurs

domestiques dans les maisons de tolérance. Autrefois, l'administration ne tolérait que des domestiques femmes ; elle a dû autoriser les patronnes à avoir chez elles des domestiques mâles, surtout dans les maisons à estaminet ; la présence d'un homme en impose effectivement aux ivrognes qui voudraient faire du bruit, et pour éviter le retour de scènes de tapage et de tumulte, l'administration a pris le parti de revenir sur sa première décision.

Les domestiques femmes sont d'habitude de vieilles prostituées auxquelles l'âge ne permet plus de continuer leur métier ; il y en a cependant de jeunes. Elles s'occupent du service de la patronne et des filles ; elles font les lits et les chambres ; l'une d'elles est spécialement chargée de la cuisine ; elles sortent pour faire les commissions. Comme les pensionnaires, elles ont une passion pour les cartes, pour le loto ; elles aiment les liqueurs fortes, dont elles abusent souvent. La préfecture de police exige qu'elles aient vingt et un ans accomplis au moment de leur entrée en service ; quand elles ne sont pas hors d'âge et qu'elles ont une figure agréable, elles sont le plus souvent prostituées, surtout dans les moments de presse. En tous cas, qu'elles se livrent ou non à la prostitution, l'administration exige leur inscription et elles sont soumises à la visite au même titre que les filles.

Outre leur personnel de servantes, les maisons relevées et les maisons à estaminet ont un ou plusieurs domestiques mâles. Ceux-ci frottent les parquets, battent les tapis, et font tous les gros ouvrages. Généralement jeunes et robustes, ils servent surtout à tenir en respect des clients trop turbulents ; malheureusement ils finissent presque tous par devenir de véritables souteneurs.

Des dames de maison. — Le vieux nom de *maquerelle,*

sous lequel le langage ordurier désigne encore aujour-
d'hui les maîtresses de maison de tolérance, est à peu
près le premier qu'on leur ait appliqué en France ; il a
été longtemps le seul ; plus tard, au xvii° siècle, on leur
donna celui de *baillive*, de *supérieure*, d'*abbesse*, de *maman*.

C'est en 1796 qu'on a commencé à les appeler *dame* ou
maîtresse de maison, et plus tard *matrone* et *patronne*. Les
filles qu'elles ont chez elles les appellent *Madame*.

Les maîtresses de maison, au point de vue de leurs origines se divisent en cinq catégories :

1° Les femmes qui ont couru le monde, qui ont été
entretenues et que leurs amants généreux ont gratifiées,
lorsqu'ils les ont quittées, d'une certaine somme d'argent
qui leur a permis de s'établir, ou qui ont su économiser
cette somme durant leur carrière aventureuse. Ces femmes
ne créent ou ne reprennent en général que des maisons de
premier ordre, dont les relations qu'elles ont su se ména-
er et se conserver dans le monde des viveurs assurent
l'achalandage ;

2° Les vieilles filles inscrites qui ont réalisé quelques
économies ;

3° Les anciennes sous-maîtresses ou les anciennes servantes de maison ; celles-ci ne créent pas de maisons
ouvelles ; elles succèdent à leur patronne, et lui achètent
son fonds ;

4° Les femmes qui se livrent à ce métier par esprit de
lucre et de gain, et qui espèrent amasser de cette façon
une petite fortune, plus rapidement qu'en prenant un
commerce de lingerie ou de mercerie ; il faut ranger dans
cette catégorie les propriétaires d'un garni, d'un estaminet ou d'un cabaret dont la clientèle s'éloigne et qui sont
sous le coup d'une ruine imminente ; elles transforment

leur établissement, et obtiennent une tolérance au moyen de laquelle elles comptent bien relever leurs affaires;

5° Les filles d'anciennes patronnes, qui n'ont jamais exercé la prostitution, au moins ouvertement.

La première de ces catégories est celle dans laquelle on trouve le plus de femmes de tête et d'intrigue; mais l'administration préfère les maîtresses de maison qui appartiennent à la troisième ou à la cinquième classe : elles sont, en effet, et depuis longtemps, au courant des exigences et des ficelles du métier.

Quelques familles, à Paris, n'ont pas eu depuis deux ou trois générations d'autre métier que celui de diriger des maisons publiques. Tantôt c'est la fille qui succède à sa mère ou la nièce qui prend les affaires de sa tante; tantôtel les exercent simultanément leur industrie dans des quartiers différents. On conçoit sans peine qu'elle n'en marche que mieux, les mutations du personnel, souvent onéreuses pour les patronnes, se faisant ainsi en famille et le plus facilement du monde.

Une femme, qui demande à l'administration l'autorisation de diriger une maison de tolérance doit posséder certaines qualités indispensables pour la bonne tenue de la maison. Il ne faut pas qu'elle soit trop jeune; il est absolument exceptionnel que la préfecture de police accorde la tolérance à une femme âgée de moins de vingt-cinq ans ; elle n'aurait pas, en effet, l'ascendant nécessaire qu'elle doit exercer sur les filles et que, seul, l'âge peut lui donner vis-à-vis des clients, elle manquerait de l'autorité indispensable pour faire cesser des disputes ou tenir tête à des individus tapageurs. L'administration aime mieux aussi qu'elle ait été prostituée; elle n'a plus d'apprentissage à faire en ce cas ; elle connaît les particularités et les roueries de la prostitution.

Elle doit être forte, vigoureuse, énergique ; il faut qu'elle sache commander et se faire obéir, qu'elle ait dans son extérieur, dans sa démarche un je ne sais quoi de mâle et d'imposant qui empêche les familiarités, d'où qu'elles viennent.

Telles sont les qualités physiques qu'on est en droit d'exiger d'une patronne. Quant au moral, il faut qu'elle n'ait pas subi de condamnation, qu'elle ait de bons antécédents, qu'elle ne soit pas entachée de proxénétisme, qu'elle ne soit pas sujette à l'ivrognerie, qu'elle sache lire, écrire et compter, et qu'elle ne se soit pas signalée, pendant qu'elle se livrait à la prostitution, par une tendance déplorable à enfreindre les règlements.

L'administration tient compte également de la situation de fortune de la femme qui sollicite une tolérance ; elle exige sous ce rapport des renseignements circonstanciés et authentiques ; il arrive que certaines patronnes contractent des engagements qui ne sont pas proportionnés à leurs ressources et lui créent de ce chef des embarras ; la nécessité d'être exactement renseignée s'impose donc à la préfecture de police. Celle-ci exige que la postulante soit propriétaire du mobilier de sa maison, et qu'elle le prouve en représentant la quittance de l'achat ; qu'elle soit en mesure de payer son loyer, et qu'elle ait un certain fonds de réserve.

Les frais d'établissement d'une maison publique ne sont pas les mêmes pour toutes les catégories : il est évident qu'il faut des ressources bien autrement sérieuses pour monter une maison de première ou de seconde classe, qu'une maison de rang inférieur. Aussi l'administration agit-elle fort sagement, lorsqu'elle refuse à une femme qui désire obtenir un livret de dame de maison, la tolérance d'une maison de premier ou de second ordre et ne lui accorde que celle d'une maison inférieure, si les ressources dont elle dispose ne lui paraissent pas répondre aux exigences de la situation.

La question de propriété du mobilier a une grande importance au point de vue administratif. Une femme, qui n'est dans ce cas qu'un prête-nom, peut s'entendre avec un propriétaire, un locataire, un tapissier pour meubler un appartement d'une façon luxueuse ou seulement convenable ; elle demande un livret de maîtresse de maison ; si on le lui accorde, il est évident que cette femme avant d'obéir aux injonctions de la préfecture, obéira à son patron ou à son commanditaire. Intéressée à leur plaire, c'est d'eux qu'elle prendra le mot d'ordre et l'administration sera trompée.

Lorsque la postulante réunit les qualités nécessaires, lorsqu'elle remplit les conditions requises, la tolérance est accordée. Si elle était inscrite sur les registres des filles publiques, on procède à sa radiation. Mais, dans tous les cas, l'autorisation n'est donnée que lorsqu'une enquête, conduite minutieusement et simultanément par le serviee des mœurs et par le commissaire du quartier où elle habite, a démontré la parfaite exactitude de ses assertions.

Il n'est plus permis aujourd'hui à une maîtresse de maison de tenir plusieurs établissements à la fois ; il n'en était pas de même jadis ; une seule patronne avait souvent deux, trois, quatre et jusqu'à huit lupanars. Elle en gérait un ostensiblement ; elle mettait à la tête des autres des prête-noms, dont elle exigeait une redevance journalière de dix, quinze ou vingt francs ; cet état de choses amenant des mutations perpétuelles non-seulement dans le personnel des patronnes, mais encore dans celui des filles et compliquant les écritures, finit par attirer l'attention de l'administration. Elle y mit bon ordre et aujourd'hui il est sévèrement défendu à une patronne de tenir simultanément deux maisons.

La demande en autorisation de tolérance doit être faite par écrit et adressée au préfet de police ; celui-ci la transmet au bureau compétent ; aussitôt le commissaire de police du quartier est chargé de faire une enquête, autant sur la personne qui a signé la demande que sur la convenance du local choisi par elle ; les mêmes renseignements sont demandés aux employés du service des mœurs ; on recherche à la sûreté si la postulante n'a pas subi une condamnation ; on consulte son dossier, si elle a été prostituée, afin de s'assurer quelle a été sa conduite antérieure. Dans ce cas aussi on la soumet à une visite sanitaire, car une fois qu'elles sont devenues dames de maison, les prostituées sont dispensées de la visite.

Lorsque la tolérance est accordée, la signataire de la demande est priée de passer au bureau des mœurs où on lui remet son livret en lui faisant connaître les obligations et les devoirs qu'elle aura à remplir.

Autrefois ce livret était divisé en deux parties : la première était consacrée aux filles de la maison, la seconde aux pensionnaires libres que les patronnes étaient autorisées à recevoir. Elles pouvaient, en effet, donner l'hospitalité à des prostituées auxquelles elles fournissaient le logement, la table et les vêtements, moyennant une rétribution journalière stipulée d'avance. Ces femmes étaient libres d'aller et de venir et n'étaient en somme que des prostituées isolées ; il était loisible, en un mot, aux maîtresses de maison d'annexer un garni à la tolérance. Il leur est défendu depuis longtemps d'avoir des *externes* chez elles et leur

livret ne contient plus, par conséquent, d'indications ou
de prescriptions à ce sujet.

En tête du livret se trouvent formulées les obligations
que contracte la maîtresse de maison, en obtenant une
tolérance. Les feuillets suivants sont divisés en trois colonnes ; la première contient les noms et l'âge de la fille ; la
seconde, la date de son entrée ; dans la troisième, s'inscrira la date de sa sortie de la maison ; les dernières pages
divisées en deux colonnes seulement sont réservées aux
visites sanitaires, dont la date doit y être régulièrement
inscrite par le médecin, avec le nombre de femmes pré-
sentes à sa visite.

Voici du reste le modèle de ces livrets :

« *Obligations générales*. — Les maîtresses de maison sont tenues de faire enregistrer, dans les vingt-quatre heures, au Bureau administratif du Dispensaire de Salubrité, les filles qui se présentent chez elles, pour y demeurer.

« Lorsqu'une fille inscrite sur le livre d'une maîtresse de maison vient à sortir de chez elle, celle-ci doit également, dans les vingt-quatre heures, en faire la déclaration au même bureau.

« Lorsque l'entrée ou la sortie d'une fille a lieu la veille d'un jour férié après midi, la maîtresse de maison doit en faire la déclaration le lendemain du dit jour, avant midi.

« Les maîtresses de maison doivent tenir leurs croisées constamment closes, en faire dépolir les vitres, ou les garnir de persiennes fermées par des cadenas.

« Celles qui ont la faculté de faire circuler une fille et de placer une domestique sur leur porte, ne pourront les laisser sortir qu'une demi-heure après l'heure fixée pour le commencement de l'allumage des reverbères, et, en aucune saison, avant sept heures du soir ; et elles devront les faire rentrer à onze heures.

« Elles doivent veiller à ce que la mise des femmes soit décente, et les empêcher de provoquer à la débauche par gestes ou propos indécents ; de fréquenter les cabarets et de s'enivrer ; de stationner sur la voie publique, d'y former des groupes et d'y circuler en réunion.

« Lorsque, dans l'intervalle d'une visite médicale à l'autre, elles découvriront qu'une fille est atteinte d'une maladie contagieuse, elles devront la conduire immédiatement au Bureau médical.

« Il leur est expressément enjoint d'informer sans retard, indépendamment de l'avis à donner au Commissaire de Police, le Chef du service actif du Dispensaire de toute espèce d'événements qui auraient lieu dans l'intérieur de leur maison ou au dehors, par le fait des femmes qui demeurent chez elles.

« Il leur est défendu de recevoir des mineurs et des élèves des collèges et des écoles nationales civiles et militaires en uniforme.

« Comme il est interdit aux maîtresses de maison de la banlieue et des quartiers excentriques, de faire circuler les filles sur la voie publique, elles devront veiller à ce que celles-ci ne s'absentent jamais sans motif plausible.

« Les portes d'entrée devront rester constamment fermées. — Il est interdit de placer en évidence des verres, bouteilles, flacons et autres objets indiquant qu'on donne à boire.

« Cette interdiction est applicable aux maisons de tolérance de Paris qui ont des estaminets.

NOMS

DES FILLES A DEMEURE

chez la N^{lle}

NOMS ET AGE	DATES DES ENTRÉES	DATES DES SORTIES
Agée de ans.		
Agée de ans.		

« Les Maîtresses de maison qui contreviendront aux dispositions qui précèdent seront punies par la suspension ou le retrait définitif de la tolérance.

« Le nombre des filles qui peuvent demeurer dans les maisons de tolérance, est subordonné à la localité. »

Les maîtresses de maison sont encore tenues d'observer certains règlements qui ne figurent pas dans ces obligations générales. C'est ainsi qu'elles ne peuvent louer l'immeuble ou le local qu'elles occupent qu'en vertu d'un bail ; la durée de ce bail est limitée par l'administration à neuf ans, en périodes de trois années chacune, à leur volonté ou à celle du propriétaire. A l'expiration de chaque période, elles sont tenues de demander une autorisation de la préfecture pour renouveler leur bail.

Il leur est défendu de faire coucher deux femmes dans le même lit et elles sont tenues de donner à chacune de leurs pensionnaires une chambre saine et suffisamment spacieuse.

Enfin il leur est interdit de garder avec elles leurs enfants, si ceux-ci ont plus de quatre ans. L'administration ne fait, de ce chef, aucune distinction entre une dame de maison et une prostituée ordinaire, et elle a mille fois raison. Elle exige également, si la femme qui sollicite une tolérance est mariée, l'autorisation écrite de son mari avant de la lui accorder.

La tolérance n'est jamais donnée à la femme sous le nom de son mari, mais toujours sous son nom de fille ou sous un nom d'emprunt.

Telles sont les obligations auxquelles toute patronne de maison est obligée de se soumettre ; le règlement qui les prescrit est basé sur l'intérêt de la santé et de la moralité publiques. Il sauvegarde, autant que faire se peut, la décence et les convenances et il permet à l'administration de surveiller sans cesse et de très près tout ce qui se passe dans les maisons de prostitution.

Les infractions à ce réglement sont punies d'une fermeture temporaire de la maison ou du retrait du livret ; cette dernière mesure équivaut à la fermeture définitive. Lorsqu'une patronne est condamnée pour vol, recel ou quelque autre délit grave, dans l'exercice de sa tolérance, l'administration lui retire immédiatement son livret.

Les dames de maison sont souvent lettrées ; le plus grand nombre cependant n'a qu'une instruction sommaire ; mais lorsqu'on parcourt les pétitions qu'elles adressent au préfet de police, les lettres qu'elles échangent avec leurs courtières ou leurs amies on est quelquefois frappé de l'élégance de style et de la correction de quelques-unes d'entre elles.

Des Maris des Patronnes. — Le mari d'une patronne n'est rien dans la maison : il ne compte pas ; il est, pour me servir d'une expression triviale mais énergique, comme la cinquième roue d'une voiture. L'administration ne le connaît pas et n'a pas à faire à lui ; il est vrai qu'on exige son consentement, pour la tolérance que demande sa femme, mais une fois qu'il l'a donné, son rôle est fini.

Il passe son temps à fumer et à boire, le plus souvent au dehors de la maison ; il mange à la table commune qu'il préside avec sa femme ; quand il n'y a pas de domestique mâle dans la maison, le mari de Madame fait les gros ouvrages. En général ces individus sont paresseux, ivrognes et voleurs ; ils entretiennent fréquemment des femmes en ville. Quand le mari d'une dame de maison fait du scandale dans la tolérance, qu'il y maltraite les filles ou s'y chamaille avec les clients, sa femme est avertie qu'elle ait à le renvoyer sous peine de fermeture. Cette injonction ne manque jamais son effet, et une séparation judiciaire en est souvent la conséquence.

Les maris des maîtresses de maison s'occupent assez fréquemment de recruter les femmes ; ils vont en province, voire à l'étranger, pour racoler des pensionnaires. Ils appellent cela « *aller en voyage* ». C'est le seul rôle actif qu'il leur est permis d'ambitionner à Paris. La tolérance n'est même pas accordée à la femme sous le nom de son mari. Dans beaucoup de villes de province, on accorde la tolérance à des hommes.

Des enfants des maîtresses de maisons. — Le règlement appliqué aux dames de maison ne leur permet pas de garder leurs enfants dans la tolérance, lorsqu'ils ont plus de quatre ans. En thèse générale, on peut dire qu'ils n'y mettent jamais les pieds. Les patronnes, sauf de rares exceptions, élèvent très bien leurs enfants. Elles se rendent compte de l'infamie de leur industrie, de la honte qui en rejaillirait sur leurs enfants, du mépris que ces enfants mêmes auraient pour elles, s'ils apprenaient jamais à quelle source ils doivent leur aisance. Aussi leur cachent-elles avec le plus grand soin quel état elles exercent. Elles leur font donner une éducation en général bien supérieure à leur situation.

Tant que ces enfants sont petits, ils sont placés en nourrice, à la campagne ; leur mère va les voir de temps en temps et la nourrice ignore, bien entendu, qui elle est ; plus tard les fils entrent comme internes dans un lycée, les filles au couvent ou dans un pensionnat. C'est alors que les dames de maison sont obligées de recourir à mille ruses pour cacher leur situation, faire croire à leurs enfants qu'ils sont d'une famille honnête, et leur expliquer comment il se fait qu'elles ne peuvent les voir que dans des maisons étrangères.

L'éducation soignée que reçoivent ces enfants leur permet quelquefois, si le secret a été bien gardé, d'entrer dans des administrations, dans les ministères, dans l'armée. Les filles se marient, et ne se doutent pas de quel argent impur leur dot est constituée. Mais d'habitude, les patronnes se contentent d'acheter à leur enfants des fonds de commerce plus ou moins importants ; ils y font souche d'honnêtes gens.

A défaut d'enfants à elles, les maîtresses de maison

reportent parfois leur affection et leur sollicitude sur des neveux ou des nièces, des filleuls, ou même sur un enfant illégitime de leur mari, qu'elles adoptent et dont elles assurent l'existence.

Quand la fille d'une patronne se livre à la prostitution, l'administration ne tolère pas son entrée dans la maison de sa mère ; elle fait de même, lorsqu'il s'agit d'une fille qui lui serait parente à un degré quelconque.

Des amants des maîtresses de maison. — Il est interdit, à Paris, aux maîtresses de maison d'entretenir un amant chez elles ; en province les règlements n'ont pas partout la même sévérité.

Il leur est interdit également de recevoir un homme, la nuit ; la police ignore et peut ignorer si elles ont des rapports dans la journée ; ce qu'elle ne veut pas tolérer, c'est que la patronne introduise chez elle un individu, qui par cela même qu'il serait son amant, aurait de l'ascendant sur elle et troublerait la bonne administration et la bonne tenue de la maison. Sous se rapport, du reste, l'administration est indirectement secondée par les pensionnaires, qui seraient bien vite au courant de la situation et qui, par jalousie, par rancune ou pour tout autre motif, ne manqueraient pas de l'en informer.

Examen des filles par les patronnes. — Les dames de maison ont toutes une certaine expérience ; avant d'accepter chez elles une pensionnaire nouvelle, elles la soumettent à une visite corporelle minutieuse ; elles s'assurent si elle n'a pas de vices de conformation, de défauts cachés par un artifice de toilette, et si elle n'est pas malade. La plupart des patronnes savent très bien manier le speculum. *Elles passent leurs femmes à la visite* plusieurs fois par semaine, afin de constater leur état de santé, et surtout avant la visite médicale. Parfois même, elles se font les complices des artifices qu'emploient certaines d'entre elles, pour masquer un écoulement ou une ulcération.

La visite corporelle est précédée de l'examen des papiers de la fille ; la matrone y ajoute une grande importance, et à bon droit ; elle ne saurait recevoir une fille de moins de vingt et un ans, sans enfreindre l'article 334 du code pénal, bien que cette fille ait déjà pu être inscrite sur le registre du service des mœurs.

Si les papiers sont en règle, si la fille est majeure, si elle n'est pas trop laide, ni trop usée, ni trop vieille, si elle n'est ni malade ni contrefaite, la maîtresse de maison la reçoit et la mène à la préfecture de police, pour faire procéder à son enregistrement.

Des moyens qu'emploient les dames de Maison pour faire connaître leur maison. — Une maison de tolérance bien tenue, pourvue de filles jeunes et jolies et meublée confortablement est bien vite connue du public. Elle n'a pas besoin de réclame et sa clientèle se fait toute seule. Nombre de dames de maison, cependant, pressées de gagner de l'argent et de faire des affaires ne veulent pas attendre du temps seul et de la renommée, lentement établie, de leur établissement la réalisation des bénéfices qu'elles se croient en droit d'espérer immédiatement. Aussi usent-elles de toutes espèces d'artifices pour achalander leur maison.

Les volets fermés, la devanture obstinément close, le gros numéro ou la lanterne au dessus de la porte d'entrée renseignent suffisamment les passants sur la destination du local ; mais les étrangers ignorent son existence, et combien de Parisiens pourraient-ils indiquer exactement la rue où se trouve un bordel ?

Les patronnes se sont donc mises en relation avec des

garçons d'hôtel, de restaurant ou de café ; elles leur confient les cartes de la maison et les chargent de les distribuer aux étrangers et aux consommateurs, moyennant une légère rétribution. Ces intermédiaires amènent quelquefois eux-mêmes le client à la maison de tolérance, et reçoivent alors directement un pourboire de la patronne. Les commissionnaires, les cochers de fiacre se prêtent aux mêmes bons offices. Il n'est pas rare de rencontrer, aux environs des gares de chemins de fer, des individus aux allures un peu louches qui accostent les voyageurs avec un air de mystère et leur glissent, en même temps que la carte d'une maîtresse de maison, l'invitation de lui rendre visite et de s'assurer par eux-mêmes de la beauté et des charmes de ses dames.

Les cartes des patronnes sont quelquefois discrètes ; elles ne contiennent, dans ce cas, qu'un nom et une adresse.

Voici quelques échantillons de ces cartes (1) :

<table>
<tr><td>

MAISON   NOUVELLE

MANOULY

Rue   *n°*

</td><td>

A LA REINE DE NAVARRE

MAISON DE SOCIÉTÉ

TENUE PAR Mme MARGUERITE

Rue   *n°*

</td></tr>
<tr><td>

MADAME VICORI

(MAISON) rue   *n°*

</td><td>

MAISON DE TOLÉRANCE

Tenue par Mme FOLLIAN

Rue   *n°*

</td></tr>
</table>

(1) *Ces spécimens sont empruntés au livre du Dr Jeannel : De la Prostitution dans les grandes villes au* XIXe *siècle.* Paris, 1874, J.-B. Baillière et fils.

D'autres fois elles étalent sur le plus pur vélin le nom de *Tolérance*, écrit en lettres d'or ; tantôt elles sont roses, vertes ou bleues, tantôt elles sont enjolivées de dessins allégoriques finement gravés, ou de photographies obscènes ; elles cachent souvent sous l'euphémisme de *maison de société*, la spécialité de la maison.

L'administration défend sévèrement la distribution de ces cartes, d'autant plus que les courtières qui se chargent de procurer des clients à la maison, vont souvent les glisser furtivement dans la main des jeunes gens, à leur sortie du spectacle ou d'un cours public. Mais la surveillance est difficile, et l'administration se heurte, ici comme dans bien d'autres circonstances, à des impossibilités matérielles. Elle assimile la distribution de ces cartes à l'excitation à la débauche, mais elle ne peut sévir qu'en cas de flagrant délit, et celui-ci n'est pas facile à constater.

Il faut citer encore, parmi les moyens de réclame employés par les tenant-maisons, l'*Annuaire Reirum*. Cet annuaire se publie depuis quelques années, et est évidemment commandité par les tenant-maisons de Paris et de la province, qui ont seuls intérêt à sa publication et à sa vente. Il est édité par Th. Murier, dont le nom retourné sert d'enseigne à l'annuaire. Cette petite brochure est assez curieuse, elle a sa place marquée dans une étude sur la prostitution. Voici la reproduction du titre de ce singulier opuscule :

ANNUAIRE REIRUM

INDICATEUR DES ADRESSES

DES MAISONS DE SOCIÉTÉ OU DE TOLÉRANCE

De France, d'Algérie, de Belgique

ET DES PRINCIPALES VILLES

DE HOLLANDE, SUISSE, ITALIE ET ESPAGNE

1888

PRIX : 3 FRANCS

EDITEUR PROPRIÉTAIRE
TH. MURIER, Rue de la Tour-d'Auvergne, 18
PARIS

Au verso du titre se trouve l'Avis suivant, que je copie textuellement.

AVIS

SIGNES DISTINCTIFS

PRÉFECTURES, avec la lettre . . . . P.
SOUS-PRÉFECTURES, avec les lettres . . . . S.-P.
VILLES PRINCIPALES autres que les Sous-Préfectures,
   avec les lettres . . . . V. P.
Villes n'ayant pas d'établissement, NÉANT, avec . N.
Villes susceptibles de pouvoir en fonder :
   NÉANT, AVEC TROUPES, avec . . . . N., A. T.
   NÉANT, SANS TROUPES, avec . . . . N., S. T.

Nous engageons les personnes dont les noms ne figurent pas sur cet Annuaire, ou dont les noms ou adresses ne sont pas rigoureusement exactes, à bien vouloir envoyer toutes rectifications à :

PARIS, rue de la Tour d'Auvergne, 18

Prix de l'Annuaire : 3 Francs

Adresser MANDAT-POSTE pour recevoir franco (1)

(1) Ne pas envoyer le montant en timbres-poste, trop souvent égarés.

Cet avis ne manque pas d'une certaine originalité : l'indication des villes, avec ou sans garnison, qui n'ont pas de maison de tolérance et où l'on pourrait en établir, montre du reste que cet annuaire n'a pas exclusivement pour but de faciliter les allées et venues du public et de lui éviter des recherches ou des questions ennuyeuses, mais qu'il a aussi la prétention de servir les intérêts des tenant-maisons et de leur donner des indications sûres.

Dans les soixante-seize pages de ce factum, on trouve l'énumération par ordre alphabétique de toutes les villes un peu importantes de France, le département de la Seine formant une division à part. Le nom des villes est précédé du chiffre de leur population et suivi des abréviations indiquées dans l'Avis, copié plus haut.

Je transcris une page au hasard, afin de mieux en faire comprendre l'arrangement.

C.

6,101 *habitants*. — CLERMONT (Oise). S.-P. — N.

14,087 *habitants*. — COGNAC (Charente). S.-P.
Hétier Léon, rue Bricart, 1.

3,622 *habitants*. — COLLIOURE (Pyrénées-Orientales). V. P. — N. A. T.

25,949 *habitants*. — COLMAR (Haut-Rhin). P. — N.

7,873 *habitants*. — CONDOM (Gers). S.-P. — N. S. T.

5,262 *habitants*. — COMMERCY (Meuse). S.-P.
Benoit, rue Aptauté, 34.

14,008 *habitants*. — COMPIÈGNE (Oise). S.-P.
Bazile Joseph, rue des Sablons, 4.

2,827 *habitants*. — CONFOLENS (Charente). S. P. — N.

6,719 *habitants*. — CORBEIL (Seine-et-Oise). S.-P. N. S. T.

5,136 *habitants*. — CORTÉ (Corse). S.-P. — N.

7,445 *habitants*. — COSNE (Nièvre). S.-P.
Frappat Eugène, rue des Rivières-Saint-Agnan, 17.

5,520 *habitants*. — COULOMMIERS (Seine-et-Marne) S.-P.
Guérin, rue de l'Aré, 3.

8,008 *habitants*. — COUTANCES (Manche). S.-P.
Léon.

Après la liste des villes de province, viennent le département de la Seine, avec Paris, les trois départements d'Alger, d'Oran et de Constantine et la Tunisie. Quant aux indications pour les pays voisins, elles sont le plus complètes pour la Belgique et la Hollande ; dans la nomenclature des villes de l'Italie, on remarque l'absence de Rome, de Naples, de Venise, de Bologne, de Palerme, de Gênes, etc ; pour l'Espagne, on ne parle que de Saint-Sébastien et de Barcelone.

Les dernières pages, enfin, sont consacrées aux annonces et aux adresses des *Principaux Fabricants et négociants fournissant spécialement les Maisons de Société et Estaminets.* J'y relève les réclames d'un certain nombre de fabriques de lingeries et de confections pour dames, de chaussures, de costumes pour dames, de parfumerie de luxe, toujours accompagnées de la mention : « *Spécialité pour Maisons de Société et Estaminets* », d'un marchand d'eau-de-vie et d'un marchand de vins.

L'*Annuaire Reirum* se trouve certainement entre les mains de la plupart des commis-voyageurs français ; ce sont les clients de passage les plus habituels des maisons de tolérance en province ; dans certaines villes commerçantes, c'est à eux que les patronnes doivent le plus clair de leurs bénéfices. Mais il est aussi d'une incontestable utilité à la police ; personne n'ignore que c'est dans les lupanars, que les malfaiteurs vont d'habitude dissiper une partie du produit de leur crime. Il faut agir vite et sûrement quand on veut retrouver ou suivre une piste souvent à peine indiquée ; les adresses contenues dans l'Annuaire faciliteront la tâche des agents de la sûreté chargés d'une enquête, et leur éviteront bien des retards.

Rapports des filles avec les maîtresses de maisons. — La

patronne exige que les filles la respectent et elle y arrive d'ordinaire ; elle se fait appeler *Madame*. Si elle est juste et impartiale, elle parvient sans difficulté à maintenir entre elle et ses pensionnaires une distance que celles-ci ne franchiront pas. Il est nécessaire, pour cela, qu'elle coupe court et du premier coup aux familiarités qui viendraient à se produire. Si elle est bonne, si elle veille avec quelque sollicitude au bien-être physique de ses femmes, le respect qu'elle leur inspire sera mêlé d'affection, et d'autant plus sérieux. Si elle sait, en cas de maladie ou d'indisposition, donner à la malade des soins discrets et maternels, si elle ne se montre pas trop cupide et si elle ne pousse pas trop les filles à la dépense, si elle ne leur témoigne pas, à tout propos, un trop large mépris, elle se les attachera facilement.

Rapports des dames de maison entre elles. — Lorsque deux ou plusieurs maîtresses de maison de la même ville sont parentes ou amies, elles peuvent s'entendre entre elles pour les mutations de leur personnel ; mais il est rare que leur amitié soit bien franche ; elle est toujours mêlée d'une pointe de jalousie.

Cette jalousie est naturellement plus forte encore quand les liens de l'amitié ou du sang ne sont pas là pour la contenir. Elle dégénère alors rapidement en rancune, en haine et en fureur. Une dame de maison ne pardonnera pas à une voisine de gagner plus d'argent qu'elle ; elle ne saura que faire pour se venger, si l'une de ses collègues parvient à lui enlever une fille qui faisait le succès et la prospérité de sa maison. Elle n'aura pas de mots assez orduriers pour l'injurier, elle lui fera mille avanies ; elle enverra chez sa rivale des souteneurs, les amants de ses filles pour y *faire du boucan*, casser les vitres et les glaces, briser les meubles, battre les filles et celle-là surtout qui l'aura quittée ; elle payera des individus pour faire du bruit devant la maison, ameuter les passants et amener ainsi un scandale qui pourrait être suivi de la fermeture momentanée ou temporaire de l'établissement.

En règle générale les dames de maison ont entre elles le moins de rapports possibles, et elles se jalousent réciproquement.

Rapports des femmes de maison entre elles. — A l'encontre des dames de maison, les filles ne sont pas jalouses l'une de l'autre. Comme elles ne retirent de leur métier aucune jouissance physique, elles ne s'envient pas leurs clients. La jalousie n'éclate que lorsqu'une femme réussit à s'emparer de l'amant de cœur d'une de ses compagnes, à le lui *souffler* ; mais elle éclate alors furieuse, implacable et sauvage. Ce sont des bordées d'injures qui volent de l'une à l'autre, horribles et sanglantes. Bientôt on en vient aux coups et l'existence de ces deux femmes, forcées de vivre côte à côte, devient rapidement à ce point insupportable que l'une ou l'autre change de maison.

Il en est de même lorsqu'une fille a enlevé son amie à une autre. Mais la fureur de la femme délaissée, au lieu de se porter sur sa rivale, s'adresse dans ce cas surtout à l'infidèle. C'est elle que frapperont les injures, c'est elle qui sera battue. Ces liaisons entre femmes sont assez fréquentes dans les maisons de tolérance, où les clients en sont le plus souvent les complices s'ils n'en sont pas les auteurs ; il est bon de répéter que la maîtresse de maison, dès qu'elle s'aperçoit d'une amitié pareille, s'empresse de congédier les coupables.

Vols commis dans les maisons par les filles. — Les vols commis par les filles dans une maison de tolérance, sont

excessivement rares ; il serait peut-être plus juste de
dire qu'on en signale fort peu. Lorsque la somme d'argent
ou le bijou volés sont de peu d'importance ou de peu de
prix, l'homme auquel on les a dérobés préfère ne pas
porter plainte. Les ennuis qui en résulteraient pour lui ne
seraient pas en rapport avec la valeur de ce qu'on lui a
pris. Il se contente de marquer d'une croix noire la maison
où il s'est aventuré, de n'y plus revenir et d'en détourner
ses amis.

Les filles volent quelquefois la patronne en se sauvant
avec des vêtements ou des bijoux qu'elles ne lui ont pas
payés ; il ne faut voir là, en général, que le résultat d'un
coup de tête, d'un moment d'humeur ou d'égarement ;
elles ne peuvent ignorer que la patronne portera plainte
immédiatement, qu'elles auront les inspecteurs à leurs
trousses, qu'elles seront bien vite rattrapées et qu'elles
expieront durement leur inconséquence.

Des scandales qui peuvent se passer dans les maisons. —
La plupart du temps, quand il se produit du tapage dans
une maison de tolérance, ce sont des ivrognes qui l'ont
provoqué. Ils ont pénétré dans l'établissement, soit qu'ils
aient trompé la prudence de la sous-maîtresse, soit qu'ils
aient fait violemment irruption. Ils demandent à boire,
veulent faire un mauvais parti aux filles, les battent et
souvent finissent par se colleter entre eux. La patronne,
si elle ne parvient pas à ramener le calme et l'ordre dans
sa tolérance, fait alors appel aux gardiens de la paix, qui
emmènent les tapageurs au poste.

Quelquefois, ce sont des jeunes gens qui croient devoir
se venger de la patronne qui les a fait expulser de chez
elle ou d'une femme qui les aurait contaminés, qui viennent, accompagnés d'amis, envahir la maison ; ceux-là ne

demandent pas à boire, mais ils brisent les meubles, déchiquetent les tentures, battent les femmes, jusqu'à ce qu'enfin ils puissent être mis à la porte, avec ou sans l'aide des gardiens de la paix.

Enfin, les filles elles-mêmes causent parfois du scandale, soit qu'elles s'ameutent contre un client, soit qu'elles en veuillent à l'une d'entre elles.

Chances de ruine ou de prospérité d'une maison. — Depuis un certain nombre d'années les chances de prospérité des maisons de tolérance ont singulièrement baissé. La prostitution clandestine de jour en jour plus envahissante et plus audacieuse fait à ces maisons une concurrence formidable et leur enlève la meilleure partie de leur clientèle. Les brasseries de femmes qui sont de véritables bordels et qui ont tant pullulé depuis dix ans, étalant dans toutes les rues leurs vitraux et leurs lanternes gothiques, sont des rivales désastreuses pour les maisons de prostitution. La ruine est devenue beaucoup plus fréquente qu'autrefois.

Et puis, il suffit du percement d'une rue, de l'établissement d'une autre tolérance dans le quartier, du départ de quelques belles filles difficiles à remplacer, pour déplacer la clientèle et pour ruiner une entreprise dans laquelle de fortes sommes étaient engagées.

Quelle meilleure preuve à donner des pertes subies par les maîtresses de maison, si ce n'est de signaler, une fois de plus, la diminution graduelle des maisons de tolérance à Paris et dans la banlieue. Si les affaires prospéraient, si les patronnes voyaient, comme autrefois, leurs coffre-forts se remplir, elles n'abandonneraient pas la partie, comme elles le font.

Ce que deviennent les maîtresses de maison. — Les lignes

qui précèdent répondent implicitement à la question. Il fut un temps où les patronnes se retiraient après fortune faite. Ce temps n'est plus, et celles qui peuvent quitter leur métier pour vivre de leurs rentes deviennent de plus en plus rares.

Quelques patronnes meurent à la tâche ; d'autres se retirent ; beaucoup font faillite ; quelques-unes, reconnaissant l'impossibilité de continuer leur exploitation, ferment leur maison et rendent leur livret à la préfecture.

Celles qui ont été assez heureuses pour amasser une petite fortune cèdent leur établissement, moyennant un prix débattu d'avance et basé sur les recettes des années précédentes, soit à une sous-maîtresse, soit à une parente, soit à une ancienne prostituée ; elles se retirent souvent à la campagne, quelquefois dans une maison des champs qu'elles possédaient déjà et où elles menaient leurs pensionnaires en promenade. Elles mènent une vie régulière, vont à la messe et à vêpres, patronnent des œuvres de bienfaisance et font une fin très édifiante.

CHAPITRE QUATRIÈME

De la Prostitution clandestine. — Des Grandes Horizontales. — Des Marchandes à la Toilette. — Des Proxénètes. — Des Maisons de Passe et des Maisons à Parties. — Des Brasseries de femmes. — Des Garnis. — Dangers de la Prostitution clandestine.

Qu'est-ce qu'une prostituée clandestine ? — Le terme de prostituée clandestine s'explique de lui-même : en langage courant, une femme qui s'adonne à la prostitution et qui n'est pas en carte, est une prostitutée clandestine ; en langage administratif, une prostituée clandestine est une fille insoumise.

Il ne peut être question de prostitution clandestine que dans les pays et les villes où la prostitution est réglée et surveillée par la police ou par l'administration municipale. Là où il n'existe pas de réglementation, il ne saurait y avoir de prostituées clandestines pas plus qu'il n'y a de prostituées soumises : il n'y a que des filles faisant plus ou moins de scandale. Dans les pays, au contraire, où la réglementation existe, la différence est nettement tranchée. Toute femme qui tire de sa débauche habituelle ses moyens d'existence est une prostituée clandestine, si elle n'est pas inscrite sur le registre du bureau administratif du Dispensaire de salubrité. On peut affirmer, sans se tromper beaucoup, que les filles clandestines ou insoumises font toutes l'apprentissage de la prostitution inscrite et tolérée.

Parent-Duchâtelet, à l'étude magistrale duquel je suis souvent obligé de revenir, définit la prostitution clandestine, comme une prostitution s'exerçant dans l'ombre, fuyant l'éclat et la publicité, se cachant sous les formes les plus variées, et ne se soutenant que par la ruse, la fourberie et le mensonge.

Cette définition était peut-être encore vraie au moment où il la donnait ; mais depuis, la société a subi de tels changements, les mœurs se sont modifiées à ce point qu'il n'est plus possible de la tenir pour exacte. Le mot de *clandestine*, affecté à cette forme de la prostitution est en effet devenu un euphémisme qui fait sourire : il n'est pas heureux. Si certaines filles insoumises, si certaines proxénètes se cachent encore et n'opèrent que dans l'ombre et le mystère, il n'en est pas moins vrai que des deux prostitutions, c'est la clandestine qui s'étale le plus au grand jour. Elle est bien plus effrontée, bien plus arrogante, bien plus audacieuse que la prostitution tolérée ; elle a envahi les rues, les boulevards, les théâtres ; elle a acquis et elle veut garder sa place au soleil.

La prostitution clandestine est bien plus dangereuse que la prostitution tolérée ; elle est bien autrement grave sous le rapport des mœurs et de son influence pernicieuse ; elle paralyse et brave les règlements administratifs, corrompt et démoralise la jeunesse, propage les maladies vénériennes, et par cela même qu'elle revêt les formes les plus diverses, est d'autant plus insaisissable.

La prostitution clandestine s'exerce au moyen de filles mineures ou au moyen de filles majeures. Dans le premier de ces cas, elle est favorisée par des proxénètes, qui en retirent surtout avantage et dont je parlerai plus loin.

Dans le second cas, elle s'exerce directement, et presque jamais par l'entremise des proxénètes.

Des Prostituées clandestines majeures. — Les causes de la prostitution clandestine sont les mêmes que celles de la prostitution en général : il est inutile d'y revenir. Cependant, il est bon d'ajouter que la rigueur des règlements déplaît à certaines femmes d'un caractère plus indépendant, ou à celles que leur éducation et leurs origines auraient dû préserver de la prostitution. Elles veulent bien faire le métier de filles publiques, mais elles ne veulent pas être flétries par l'inscription ; elles ne veulent pas entendre parler des obligations que la préfecture impose aux filles en carte ; elles aiment mieux garder leur liberté, tout en se rendant compte des dangers qu'elle leur fait courir, que de l'aliéner pour se soumettre aux règlements administratifs.

L'amour maternel qui est, pour certaines femmes, la cause de leur prostitution, les empêche quelquefois de demander leur inscription. Elles ne considèrent pas le métier qu'elles font comme un métier honteux ; elles ne pensent pas que leurs enfants pourraient un jour leur reprocher la source impure de leur fortune ; mais elles attachent à l'obligation d'être en carte un caractère d'infamie qui ne saurait être effacé, et dont elles ne veulent pas léguer à leurs enfants le triste héritage.

En général, toutes les femmes débauchées sont des prostituées clandestines : une grande dame qui a des amants est, sous ce rapport, sur le même niveau qu'une fille insoumise qui racole sur le boulevard. Il est certain que cette grande dame se croirait mortellement offensée de la comparaison, qui pourtant, au point de vue de la morale, est absolument exacte. Les milieux, l'éducation, les moyens mis en usage sont différents, il est vrai ; mais le résultat est identique.

Le monde, sous des apparences honnêtes et parfaitement correctes, offre de nombreux exemples, des variétés infinies de la prostituée clandestine. De quel nom, si ce n'est de celui-là, faudrait-il donc appeler la femme du monde qui se livre, sans amour, aux supérieurs hiérarchiques de son mari, afin d'obtenir pour lui un avancement immérité qui la mettra d'autant plus en relief? et cette autre qui, harcelée par ses créanciers, n'osant pas avouer à son mari les dettes qu'elle a contractées pour satisfaire sa vanité ou éclipser des amies, et craignant un éclat, s'abandonne à un amant avec la ferme intention d'exiger en retour le payement de ses factures? et cette autre, réputée honnête, qui après s'être amusée pendant des mois à coqueter avec les hommes, à les enflammer, à exaspérer leurs désirs, finit par se prendre à ses propres filets et par succomber sous l'attaque imprévue de celui-là même dont elle se défiait le moins? et cette autre qui, en voyage, en chemin de fer, aux eaux, se laisse aller au premier venu, par désœuvrement, par ennui, par caprice? peut-être? et celle-ci, enfin, dont personne ne suspecte le caractère, que son mari adore, et qui va se donner à des inconnus, dans une maison de passe, poussée par les monstrueux désirs d'une imagination surexcitée? Toutes ces femmes sont des prostituées clandestines et, quoique je ne veuille pas m'en occuper plus longtemps, je devais en dire quelques mots.

Si, du monde, j'en arrive à ce qu'on est convenu d'appeler le demi-monde et aux couches encore moins relevées de la société, la clandestinité éclate à chaque pas. Ce sont des prostituées clandestines que ces *grandes horizontales* dont le luxe éclabousse les honnêtes femmes, bien que rien ne soit moins clandestin que leur métier; ces *étudiantes*, qui pendant les vacances et quand leurs amants ont dit adieu pour quelques semaines à l'Ecole de Médecine ou à l'Ecole de Droit, traversent les ponts et vont raccrocher sur les boulevards, dans les concerts ou aux Champs-Elysées; ces *filles de brasserie* qui vendent plus de baisers que de bocks; ces *blanchisseuses* qui vont chercher et rapporter le linge à domicile; ces *figurantes*, ces *danseuses* qui portent des diamants que trois ou quatre années de leurs appointements suffiraient à peine à payer; ces *marchandes à la toilette*, ces *marchandes de curiosités* dont le commerce n'est qu'un prétexte, et dont les arrière-boutiques sont capitonnées comme des alcôves.

La prostitution clandestine ne se cache plus aujourd'hui, je le répète; elle s'affiche. Grâce aux journaux mondains qui s'occupent des toilettes, des attelages, des amants, des raoûts et de l'installation des filles, aux pièces de théâtre et aux romans dont beaucoup ont soutenu, avec un incontestable talent, la réhabilitation de la courtisane, il s'est fait dans les mœurs une évolution singulière; à la curiosité évidemment malsaine, qui poussait les honnêtes femmes, au début de cette évolution, vers les courtisanes, mais qui ne les empêchait pas de garder leur distance, a succédé peu à peu un autre sentiment. Jalonses des filles qui leur enlevaient, de haute lutte, leurs maris, leurs frères ou leurs fiancés, elles se sont mises à les imiter, à les copier. Les salons se sont transformés; la *cocodette* y a fait son apparition, aux applaudissements des jeunes gens blasés et des vieillards ramollis qui retrouvaient en elle le sans gène, le langage, et jusqu'au parfum de la *cocotte* à la mode.

Ce sont ces cocodettes excentriques, tapageuses et bonnes filles, qui ont le plus contribué à assurer aux prostituées clandestines la situation qu'elles occupent aujourd'hui ; elles leur ont, en effet, fait une place à leurs côtés, au théâtre, aux courses, aux expositions, autour du lac du bois de Boulogne ; un 'pas de plus, et la fusion serait complète. Ce changement dans les mœurs a été favorisé par l'affluence, à Paris, d'étrangères de toute origine, auxquelles leur beauté ou leur fortune ont servi de lettres de naturalisation. Rastaquouères du sexe féminin, elles forment le trait d'union entre le monde dans lequel elles ont pu se faufiler d'abord et le demi-monde qui les a bientôt ressaisies.

Faut-il s'étonner, dès lors, de l'arrogance avec laquelle la prostitution clandestine s'affiche en cette fin de siècle, qui tire sa force de l'état même de nos mœurs et qu'on ne retrouve, en fouillant le passé, qu'aux époques les plus tristes de l'histoire.

Des femmes du demi-monde. — Une étude de la prostitution clandestine, telle qu'elle existe aujourd'hui, ne saurait donc être complète, si l'on n'y faisait une place importante à la description des mœurs, des habitudes, du genre de vie de toutes ces filles d'origine variée et de tempéraments divers que l'on est convenu d'englober sous la dénomination générale de *femmes du demi-monde.*

Le mot est relativement récent ; mais la catégorie des femmes qu'il désigne a existé de tout temps. L'on retrouve, en effet, à travers les siècles, la chaîne non interrompue de ces prostituées privilégiées. L'histoire ne nous a conservé que les noms des plus célèbres : Aspasie, Phryné, Laïs, Cynthia, Théodora sont les dignes ancêtres de Marion Delorme, de Ninon de Lenclos, de la Duthé, de la

Camargo, etc. Est-ce faire trop d'honneur à certaines des demi-mondaines d'aujourd'hui que de les comparer et de les rattacher à leurs illustres devancières ?

Les noms sous lesquels on a successivement désigné ces femmes sont nombreux et variés. Je ne rappellerai que pour mémoire ceux de *Lionne* et de *Lorette*. Ils paraissent évoquer déjà le souvenir d'une époque depuis longtemps disparue et qui cependant est encore si près de nous. Sous le second empire, les demi-mondaines devinrent des *Cocottes*, et bien des gens les appellent encore ainsi, quoique le mot ait singulièrement vieilli. Plus tard, on a inventé pour elles le nom de *Belles-Petites*, qui ne dura qu'un hiver. Celui d'*Horizontales*, qu'on leur donna après, a fait fortune ; il n'a pas été remplacé jusqu'à présent et les termes de *Momentanées* ou de *Verticales* qu'on a essayé de lui substituer, n'ont pas eu le même succès.

Ce n'est jamais que dans la conversation familière ou dans le style un peu lâché de certains journalistes et de certains romanciers, qu'on se sert de ces appellations. Elles ne sauraient entrer dans un langage châtié et correct, qu'il soit écrit ou parlé. La langue française a, en effet, pour les remplacer avec avantage, un terme d'une finesse et d'une convenance parfaite : Ces mots de *Demi-monde* et de *Demi-mondaine* ne disent-ils pas implicitement tout ce qu'il est nécessaire qu'ils expriment ?

De même que les courtisanes et les hétaïres de l'Antiquité, les demi-mondaines d'aujourd'hui ont leurs poètes, leurs romanciers et leurs peintres : Un grand nombre de nos littérateurs, et des plus considérables, ont porté à la scène leurs mœurs et leur physionomie. Personne n'a oublié avec quelle finesse et quel esprit le crayon des

Gavarni, des Daumier et des Granville a illustré les lorettes et les lionnes ; et nos horizontales n'ont-elles pas la rare bonne fortune d'inspirer à des artistes tels que Mars, Stop et Grévin leurs plus amusantes fantaisies ?

Les femmes du demi-monde échappent à l'action de la police. Lorsque l'on étudie leurs mœurs et leurs origines, on s'explique jusqu'à un certain point cette immunité.

Comment se recrutent les demi-mondaines. — Toutes les classes de la société, depuis la plus humble jusqu'aux plus élevées, sont représentées dans cette catégorie de prostituées.

La plupart des demi-mondaines sont des filles qui ont été débauchées de bonne heure, mais dont l'éducation avait été soignée. Il ne faudrait pas pour cela s'imaginer qu'elles sortent de ce qu'on est convenu d'appeler la bourgeoisie. Nombre de jeunes filles appartenant aux classes laborieuses, reçoivent aujourd'hui une instruction assez étendue. Leur parents, ouvriers, petits commerçants ou concierges les destinent à des professions libérales, ou rêvent pour elles l'entrée au Conservatoire, dont il faudrait élargir démesurément l'enceinte s'il devait donner asile à toutes les jeunes personnes qui en prennent le chemin. Beaucoup, malheureusement, se perdent en route. Lorsque j'ai étudié les causes de la prostitution, j'ai démontré avec quelle facilité succombait la vertu des jeunes filles mal surveillées et mal conseillées.

Lorsqu'elles sont peu intelligentes, qu'elles n'ont pas d'esprit de suite, une première faute les fait glisser rapidement jusqu'à la prostitution inscrite et tolérée ; elles y sont alors irrémédiablement condamnées. Mais quand elles sont intelligentes et ambitieuses, qnand surtout elles ont été séduites par un homme qui se charge de pourvoir à leurs besoins et de satisfaire les exigences de leur coquetterie, elles évitent une chute aussi profonde. Leur situation est modeste au début : elles l'agrandissent peu à peu ; économes, calculant exactement leurs dépenses, ne se livrant à aucune excentricité qui puisse attirer sur elles l'attention de la police, elles s'élèvent lentement, mais sûrement. Viennent alors une occasion qu'elles attendent impatiemment, le caprice d'un viveur à la mode qui les tire de leur obscurité, elles sont lancées. Leur rêve est accompli : elles font partie du demi-monde.

Il faut, en effet, plus que de la beauté pour arriver à une situation dans le demi-monde : une femme belle, mais sotte, ne la garderait pas longtemps.

Un certain nombre de ces filles sont d'anciennes cabotines, figurantes ou danseuses, que leur beauté et non pas leur talent, a poussées sur les planches mais n'a pu y maintenir. Leurs toilettes tapageuses ou leurs déshabillés galants les ont fait remarquer ; le jour où elles ont rencontré quelqu'un qui ait bien voulu les entretenir sérieusement, elles ont renoncé à l'art pour se consacrer à *la grande vie.*

Quelques anciennes filles soumises se rencontrent aussi parmi les horizontales. Celles-là, grâce à leur esprit et à leur beauté, ont su s'attacher un homme riche et généreux et comme elles ont cessé de faire de la prostitution publique, elles ont obtenu leur radiation.

A côté de ces femmes, il en est d'autres que leur naissance, leur famille et leur éducation auraient dû, à tout jamais, empêcher de verser dans la débauche. Ce sont des déclassées. Veuves, femmes séparées ou divorcées, elles ont pris un amant, qu'elles ont bientôt remplacé par un autre ; elles se sont laissé aller au courant qui les entraînait. Un beau jour, à la suite d'un scandale trop retentissant, les portes de leurs amies se sont fermées devant elles. Elles en ont pris galamment leur parti, et sans vergogne, elles se sont enrôlées dans la troupe des demi-mondaines où leur situation première, leur élégance, leur esprit et l'éclat de leurs aventures leur assuraient une des places les plus en vue.

Le demi-monde, comme le vrai, a sa colonie étrangère : on y compte des princesses russes, des baronnes allemandes, des senôras espagnoles et mexicaines, des marquises italiennes, de nobles anglaises, de riches américaines. Elles ont été parfois amenées à Paris par quelque amant sérieux ; beaucoup y sont venues d'elles-mêmes, sachant que pour une aventurière intelligente et belle la vie est facile à Paris.

La nomenclature des différentes catégories de demi-mondaines ne serait pas complète, si je ne mentionnais enfin les artistes de beaucoup de théâtres parisiens, que la modicité de leurs appointements, nullement en harmonie avec leur talent et leurs besoins, force à demander des ressources complémentaires et indispensables à la prostitution clandestine.

Au dessous de la vraie demi-mondaine, de la grande horizontale pour parler le langage du jour, qui en est l'élite, se trouve la foule des prostituées clandestines, qui de même que les prostituées soumises, se divisent en plusieurs classes et dont je parlerai bientôt.

Mœurs et habitudes des Horizontales. — Un hôtel somptueux, des équipages bien tenus, des domestiques, des diamants, tel est le rêve de toute demi-mondaine. Quelques-unes parviennent à le réaliser ; beaucoup ont une situation moins brillante, quoique bien supérieure matériellement à celle que leur aurait donnée une conduite exemplaire. Celles-ci habitent en général un appartement confortable et élégant, dans une maison neuve ; elles ont une voiture au mois, des toilettes charmantes, de beaux bijoux ; mais elles n'ont pas pignon sur rue. Les quartiers de Paris qu'elles affectionnent plus spécialement sont ceux qui avoisinent la Madeleine, la place Saint-Georges, la place de l'Europe, le boulevard Malesherbes, les Champs-Elysées. Autrefois c'était le quartier de la rue Notre-Dame-de-Lorette et de la rue Bréda qu'elles habitaient plus volontiers.

C'est dans l'avenue de Villiers, dans les quartiers neufs de la rue Prony, aux Champs-Elysées, à Passy, aux alentours du Trocadéro que s'élèvent les hôtels des horizontales de marque.

La vie de ces femmes, tant que leur jeunesse d'esprit et de corps retient les adorateurs auprès d'elles, se passe d'une manière fort agréable. Elles se lèvent tard et passent une partie de leur journée à combiner des toilettes dont les journaux parleront avec enthousiasme, à lire les élucubrations de cette littérature étrange, qui sous le couvert d'un roman, glorifie et adule la débauche, et à *potiner* avec leurs femmes de chambre ; elles vont ensuite au bois, vers quatre ou cinq heures, se montrer autour du lac et *faire leur persil*. Elles dînent chez elles ou au restaurant, et finissent la soirée au théâtre ou chez une amie. Elles se montrent rarement en public avec leur amant, sauf les jours de courses ou les soirs d'une première représentation.

Elles sont en outre très assidues aux expositions, quelle que soit leur nature ou leur objet. Ne faut-il pas qu'elles soient au courant de tout, pour pouvoir parler de tout et empêcher l'ennui de gagner leur amant lorsqu'il est près d'elles. Presque toujours intelligentes, elles sont également spirituelles. Leur esprit n'est pas toujours très raffiné, mais alors le contraste le rend d'autant plus piquant.

Lorsqu'elles ont un amant dont la générosité suffit à leurs besoins, elles lui sont en général fidèles : elles sont trop fines pour risquer leur situation sur un coup de tête. Mais quand elles s'aperçoivent que la source de leurs revenus commence à tarir, que leur amant fait grise mine aux demandes d'argent, que son amour lassé serre les cordons de sa bourse, ou qu'elles savent pertinemment que leurs exigences ont consommé sa ruine, elles ne se font aucun scrupule de lui défendre leur porte. Elles sont habituées au luxe dont il les a entourées, tant pis pour lui s'il ne peut plus le leur donner ; elles en ont besoin, et elles sont bien obligées de le demander à un autre. Cet autre se fait rarement attendre longtemps. Il est à remarquer, en effet, qu'une horizontale, une fois lancée, ne manque pas d'amants, même quand elle est sur son déclin. Elle a été la maîtresse d'un Tel ou d'un Tel ; nombre de sots fortunés ne demandent pas mieux que de faire comme eux. Des commerçants retirés des affaires, de bons bourgeois, des fournisseurs enrichis, piqués par je ne sais quelle sotte vanité, sont ravis d'enlever à Monsieur de X ou à Monsieur Z, des clubmens dont parle Tout-Paris, leur maîtresse vieillie et fanée. C'est un service qu'ils leur rendent, et ils en sont fiers.

On pourrait croire, après cela, que les horizontales peuvent voir approcher l'âge de la retraite sans grande appréhension. Quelques-unes ont évidemment fait preuve d'un esprit d'ordre et d'économie remarquables. Elles n'ont rien abandonné au hasard, elles ont mis de côté un

capital suffisant pour leur permettre de vivre honorablement, une fois la vieillesse venue. Souvent elles sont
aidées dans cette tâche par une parente qui remplissait
chez elles les fonctions de femme de charge, surveillait
la dépense, contrôlait les domestiques, et ajoutait aux
économies réalisées jusqu'aux pourboires qu'elle devait
à la générosité de *Monsieur*. Mais la plupart semblent
avoir perdu, une fois qu'elles sont lancées, l'esprit de
suite qui leur a permis de s'élever à la situation qu'elles
occupent. Celles-là connaissent les revers de la fortune,
même avant de vieillir. Imprévoyantes, dépensant sans
compter, volées par leurs femmes de chambre, leurs domestiques et leurs fournisseurs, elles se trouvent le jour où
leur amant les abandonne, sans un sou vaillant. Elles
font des dettes, et si elles ne parviennent pas à remplacer
promptement l'amant qu'elles ont perdu, elles en sont
réduites à vendre leur mobilier, leurs bijoux et jusqu'à
leur garde-robe. L'hôtel Drouot a vu maintes fois les
ventes se succéder ainsi pour une seule et même personne. Ces ventes, lancées adroitement par d'anciens
amis, excitent la curiosité du public, grâce à l'en-
goûement dont se prennent nombre de gens pour les
objets ayant appartenu à une personne en vue, quel que
fût d'ailleurs le genre de sa célébrité ; elles produisent
parfois des sommes assez rondes et rendent à la fille un
regain de popularité qui lui fait retrouver un nouvel amant.

Bien des filles, à qui l'âge ou la maladie ne permet
plus d'exercer leur métier, vendent également leur mobilier en rentrant dans l'obscurité. Elles n'en ont que faire,
et l'argent qu'elles en retirent, ajouté aux économies
qu'elles ont pu réaliser, leur permettra de se donner un
peu plus de confort.

Mais quand la demi-mondaine vieillie n'a pas su se ménager d'économies au temps de sa splendeur, que le produit de sa vente a été absorbé par ses dettes, c'est la misère noire qui l'attend. Encore, si elle a eu la bonne fortune d'appartenir de près ou de loin à l'art dramatique, ses anciens camarades, avec cette générosité qui est comme une de leurs qualités naturelles, organisent à son profit une représentation dont le bénéfice lui permettra de vivoter ou de payer son entrée dans un hospice.

Car c'est bien souvent à l'hospice et même à l'hôpital que finissent ces filles qui ont, en quelques années, gaspillé des fortunes. De quels amers regrets ne doivent-elles pas alors être assaillies !

D'autres se font courtières ou entremetteuses, proxénètes, maîtresses de maison.

En général la demi-mondaine pratique n'a qu'un amant sérieux à la fois ; ce terme d'*amant sérieux*, s'applique à l'amant qui paye ; il y a cependant toute une catégorie d'horizontales, et non des moins huppées, qui sont entretenues par plusieurs hommes à la fois ; c'est une *commandite*. Chaque commanditaire a son jour et sa nuit.

Parfois quand les ressources fournies par l'entreteneur ne suffisent pas, l'horizontale demande aux maisons de passe les revenus complémentaires qui lui font défaut.

Les demi-mondaines ont certains des défauts que j'ai signalés chez les prostituées soumises. Elles aiment nécessairement le luxe, la toilette, les spectacles ; elles sont superstitieuses, elles croient aux tables tournantes, aux cartes ; elles ont une passion pour les jeux de hasard ; elles sont assoiffées d'émotions violentes et se rencontrent plus d'une fois avec les filles soumises et les souteneurs à la Morgue ou autour de l'échafaud des condamnés à mort.

La plupart d'entre elles, comme les prostituées inscrites, n'aiment pas l'amant en titre, l'homme qui les entretient; elles ne le ménagent, elles ne le supportent que parce qu'il paye le luxe dont elles ne peuvent plus se passer; mais elles réservent leurs plus chaudes caresses à leur *amant de cœur*. Elles ont donc aussi leur souteneur : elles le soutiennent, elles ne sont pas soutenues par lui. Ce souteneur n'a du reste qu'une lointaine ressemblance avec celui d'une prostituée inscrite ou clandestine d'ordre inférieur ; il a plutôt quelque analogie avec l'individu que j'ai décrit sous le nom de souteneur du grand monde. C'est quelque beau mâle, artiste, étudiant ou commis que la demi-mondaine a aperçu un jour et pour lequel elle s'est prise d'une belle passion. On le fait monter par l'escalier de service; on le cache dans une armoire, si *Monsieur* arrive sans être attendu ; c'est quelquefois un lycéen, que ses dix-huit ans ont doué d'une virilité exceptionnelle ; c'est parfois un cocher, un domestique dans les caresses faubouriennes duquel la grande horizontale retrouve une jouissance qu'elle croyait émoussée et des souvenirs qu'elle croyait perdus ; enfin, bien des prostituées de marque prennent leurs amants de cœur parmi les sous-officiers et les soldats, qu'elles volent souvent à leur femme de chambre ou à leur cuisinière.

Ces femmes ont souvent des enfants ; elles les élèvent aussi bien que possible ; elles ne peuvent certainement pas leur cacher entièrement la vie qu'elles mènent ; mais il n'est que juste de constater qu'elles ne corrompent pas sciemment leurs filles et qu'elles tâchent au contraire de les maintenir dans le droit chemin.

Mœurs et habitudes des Prostituées clandestines d'ordre inférieur. — Le genre de vie des horizontales de marque n'a qu'une lointaine ressemblance avec celui des prostituées clandestines qui n'ont ni leur fortune ni leur notoriété. Elles ne travaillent pas plus les unes que les autres, il est vrai ; mais c'est là où s'arrête la similitude.

La prostituée dont j'ai à m'occuper maintenant, n'a pas une existence toute tissée d'or et de soie ; elle n'est même pas à l'abri du besoin ; elle ne vit que du produit du trottoir où elle est descendue, et où rien ne la distingue des filles inscrites. Ce sont ces filles insoumises qui forment, à Paris, l'immense majorité du personnel de la prostitution. Ce sont elles que l'on rencontre partout, le soir surtout, dans les cafés concerts, les promenades, les théâtres, les bals, sur le boulevard et derrière les glaces des cafés ; elles stationnent dans les gares des chemins de fer, elles montent en wagon. Elles portent des costumes voyants, s'arrêtent aux devantures, jouent de l'éventail et de la prunelle, mais elles n'accostent jamais : elles se font accoster, car elles savent bien que si un inspecteur les prenait en flagrant délit de raccrochage, elles seraient immédiatement arrêtées.

Au théâtre, elles arrivent tard, parlent haut, lorgnent impudemment, et se font des signes entre elles ; elles sortent à chaque entr'acte et font tout ce qui est en leur pouvoir pour attirer l'attention.

En hiver, comme en été, elles s'installent à la terrasse d'un café, au boulevard ; elles vont d'une table à l'autre et marivaudent avec les consommateurs voisins ; elles se servent, pour entrer en relation avec eux, de l'intermédiaire d'une bouquetière ou du garçon qui est de connivence avec elles ; car souvent, c'est du succès d'un *levage* que dépend le payement d'un bouquet pris la veille ou des consommations déjà servies. Parfois elles sont en voiture et longent lentement le trottoir, faisant de l'œil aux pas-

sants et les invitant à prendre la place vide à côté d'elles.
Elles sont souriantes, en grande toilette et n'ont souvent
pas dîné ; heureuses, si elles ont encore assez d'argent
pour payer leur chambre, le lendemain.

Si ce manège savant, si tous ces artifices n'ont pas
abouti, la prostituée clandestine se rejette sur les cafés
concerts, les brasseries et les bals. Les bals sont nombreux
et de tous les genres. Les hommes qui les fréquentent y
vont rarement pour s'adonner à la chorégraphie ; elles
peuvent donc espérer y rencontrer quelqu'un et se créer
une intimité d'une ou de plusieurs nuits.

Mais il arrive aussi que la fille ait du *guignon*, que rien
ne lui réussisse. Dans ce cas elle descend dans la rue, où
la faim la pousse alors à prendre n'importe qui, même
pour une somme minime ; et telle qui, à neuf heures du
soir, n'aurait pas fait une passe à moins d'un louis, est
heureuse d'avoir à une heure du matin un coucher de
cent sous.

Les prostituées clandestines de cette catégorie sont presque toutes jeunes et jolies : quelques-unes sont réellement
belles ; leurs toilettes sont choisies, quelquefois tapageuses.
Comme elles s'adressent de préférence aux élégants du
boulevard, aux étrangers, il faut qu'elles aient une mise
plus riche que les filles qui opèrent dans un monde moins
relevé : elles n'inspireraient aucune confiance, si elles
étaient pauvrement vêtues, et cependant sous leurs robes
de soie et de velours elles ont souvent du linge dans un
état déplorable.

Quelques-unes de ces femmes habitent dans leurs meubles et payent des impôts. La plupart vivent dans des
hôtels meublés ou dans des garnis disséminés un peu
partout. Elles payent leur chambre au mois, à la semaine

ou à la journée ; elles mangent dans des crêmeries, des brasseries ou dans de petits restaurants. Lorsqu'elles ont réussi à faire un levage, elles acceptent volontiers un petit souper, qu'elles tâchent de rendre aussi copieux que possible. Il est, en effet, assez fréquent qu'elles n'aient déjeuné ou dîné que d'une minime portion.

En descendant encore plus bas, les toilettes changent comme les visages. Dans les catégories inférieures de la prostitution clandestine, les femmes sont vieillies, fanées; quelques-unes sont franchement repoussantes ; elles sont vêtues de laine ou de coton; il y en a qui sont en haillons. La plus sale, la plus immonde des prostituées clandestines, est la *fille à soldats*; elle vit dans les terrains vagues, dans les carrières, dans les bois de Boulogne ou de Vincennes. Elle couche sur les bancs des promenades, dans les chantiers de démolition. Elle rôde autour des casernes, des ports et des barrières ; les soldats qui ont recours à ses faveurs la payent d'un salaire dérisoire de quatre à dix sous ou d'un morceau de pain de munition.

Beaucoup de prostituées clandestines sont mineures, c'est-à-dire qu'elles n'ont pas plus de dix-sept à dix-huit ans. Habituées des bals mal famés, ayant reçu dès l'enfance de mauvais exemples et de mauvais conseils, elles sont fatalement tombées. Pour éviter les reproches de leurs parents, pour mener une vie de paresse et d'oisiveté, elles se sont enfuies du domicile paternel et cherchent, dans les hasards d'une vie errante le moyen de subvenir à leurs besoins. Celles-là sont sourdes à toutes les remontrances. Si elles sont arrêtées, et elles le sont forcément un jour, on les rend à leur famille : elles se sauveront encore. Malgré les larmes de leur mère, les exhortations, les menaces, les coups et quelquefois la malédiction de leur père, elles continueront leur vie de débauche. Elles consentent bien à suivre leurs parents, que l'administration a convoqués pour leur remettre leur fille : elles sont effrayées de la perspective de l'inscription d'office, qui serait immédiatement ordonnée à la suite d'un refus ; mais, à la première occasion, parfois au premier détour de la rue, elles s'échappent de nouveau.

Ces filles n'auront plus d'autres moyens d'existence que la prostitution clandestine ; et quand elles se trouveront en face de la commission d'inscription, après une nouvelle arrestation, quand on essayera une dernière fois de faire entendre à ces malheureuses la voix de la raison et du devoir, elles ne trouveront que cette désolante réponse : « Je ne veux pas travailler ; je ne veux pas être domestique », ou « je ne veux pas retourner dans ma famille ».

Beaucoup de ces prostituées clandestines échappent pendant quelque temps à l'activité de l'administration. Elles deviennent rapidement les compagnes des pires rôdeurs ; bien plus que les filles soumises, elles sont à la merci des souteneurs ; elles donnent aux voleurs de précieuses indications, font le guet pendant que ceux-ci dévalisent une maison ou une boutique et se rendent souvent complices d'assassinats.

S'il est vrai que les prostituées clandestines sont souvent en relations avec les escarpes, il faut ajouter qu'elles en deviennent parfois les victimes. Je ne pense pas ici à ces drames de la jalousie, excusables après tout, qui ne sont guère intéressants : un amant, un souteneur donne un coup de couteau à la femme qui l'a abandonné, c'est là un accident qui a été de tous temps très fréquent dans le monde des prostituées. Elles-mêmes n'y ajoutent pas grande importance, elles en sont fières parfois.

Il s'agit d'un autre ordre de crimes qui, depuis quelques années, tend à devenir de moins en moins rare : c'est de l'assassinat suivi de vol, que je veux parler. Ce sont en général des prostituées clandestines, des demi-mondaines qui sont ainsi égorgées. Recevant chez elles, à une heure tardive et sans défiance, qui veut bien les accompagner, elles sont désarmées devant un individu qui sous le couvert de l'amour, ne rêve que l'assassinat et le vol. La liste de ces malheureuses s'allonge tous les ans, et il ne faut s'étonner que d'une chose, c'est qu'elle ne soit pas plus longue encore.

Des marchandes à la toilette. — Pour qu'une prostituée clandestine puisse exercer son métier avec une certaine chance de réussite, il lui faut une certaine mise de fonds. Beaucoup de ces filles cependant, n'ont pas le moindre argent au début de leur carrière. Comment pourront-elles soutenir la comparaison avec leurs rivales plus heureuses, comment pourront-elles espérer faire un levage sérieux, si elles non pas un chapeau à la mode, une robe convenable à se mettre, si elles ne possèdent pas quelque menu bijou qui brille et attire le regard ?

C'est là que la marchande à la toillette entre en scène. Elle loue ou vend aux filles les objets ou les vêtements qui leur sont nécessaires. Le prix de la location ou de la vente est toujours exorbitant. La marchande à la toilette tient boutique ; l'étalage de sa vitrine est garni de dentelles, de chapeaux, de gants, de fourrures, de bijoux vrais ou faux ; à l'intérieur les robes, les manteaux, les jupons sont accrochés dans un pittoresque pèle mèle ; en un clin d'œil une fille en haillons est transformée par la marchande en une femme élégante.

Ces industrieuses commerçantes n'ont dans leur magasin

que des articles d'occasion. Elles en achètent une grande partie aux ventes après décès ou par autorité de justice; le reste provient de la mise bas de femmes du monde ou d'horizontales que leur revendent les femmes de chambre; enfin, comme elles sont en relations constantes avec les demi-mondaines, elles profitent de la gêne momentanée de l'une d'elles pour lui acheter à vil prix toutes sortes d'objets.

Lorsqu'une fille a recours aux bons offices d'une marchande à la toilette, elle s'engage, si elle ne peut la solder immédiatement, à payer une certaine somme par jour pour la location des effets prêtés; gare à elle, si elle n'acquitte pas fidèlement sa dette! Sa créancière ne lui épargnera ni les menaces, ni les injures et finira par lui reprendre de force les habits qu'elle n'a pu payer. Mais, en général, les choses se passent d'une façon plus civile. Qui dit marchande à la toilette, dit quelque peu proxénète : La débitrice insolvable n'aura qu'à prêter l'oreille aux conseils de sa créancière, qui saura lui ménager l'occasion de se libérer envers elle, en lui procurant des clients, soit chez elle, soit dans une maison de passe.

Du Proxénétisme. — Je ne me suis occupé jusqu'ici que des filles insoumises majeures : mais la prostitution clandestine s'exerce également avec des mineures de moins de dix-huit ans; elle se fait alors au moyen d'intermédiaires. On appelle *proxénètes, entremetteuses, courtières*, les femmes qui se livrent à cette odieuse pratique.

Les proxénètes sont en général d'anciennes filles flétries, rompues aux roueries du métier et qui savent admirablement déjouer les recherches de la police. Nouveaux Protées, elles changent de profession et de visage à chaque instant. Elles ont mille ruses, elles emploient mille moyens pour attirer et corrompre les jeunes filles.

Tantôt elles vont attendre de jeunes ouvrières à la sortie de leur atelier; elles lient conversation avec elles, sous un prétexte quelconque, et leur font un bout de conduite; au bout de quelques jours, elles commencent à leur parler de l'existence monotone et misérable qui les attend; elles font miroiter à leurs yeux une vie luxueuse et facile; elles jettent le trouble dans leur esprit, les entortillent et bien souvent finissent par les convaincre.

Tantôt elles se glissent savamment dans l'intimité des familles, en adoptant des dehors honnêtes et tranquilles, une allure discrète; elles prennent part à ses joies et à ses chagrins; elles arrivent à inspirer une confiance absolue. La mère est occupée, le père est à son travail; elles s'offrent pour tenir compagnie aux enfants; elles proposent aux parents de mener leurs filles au théâtre; on les leur donne sans défiance, et elles les prostituent.

Tantôt encore, elles vont, comme les souteneurs, rôder aux abords des gares de chemin de fer ; elles accostent les jeunes filles qui arrivent de la province pour se placer à Paris; elles leur proposent la table et le coucher en attendant qu'elles aient trouvé une place ; les malheureuses acceptent naïvement, et souvent le soir même, elles sont livrées à quelque débauché sans scrupule.

Quelques-unes se font passer pour des dames de charité; mises simplement, avec une certaine sévérité même, tenant une ou deux petites filles par la main, elles se présentent dans des hôtels où elles sont connues et où elles sont sûres d'être grassement payées : le prétexte qu'elles allèguent est bien simple ; elles vont demander des secours pour de pauvres orphelines auxquelles elles s'intéressent.

D'autres ouvrent un soi-disant bureau de placement :

leurs clients trouvent toujours chez elles de jeunes et jolies domestiques, qui n'ont jamais de places.

Certaines proxénètes ont pris le titre de sages-femmes : la profession qu'elles se sont ainsi donnée justifie les allées et les venues ; elles fournissent à leur clientèle des victimes, souvent à peine nubiles.

On en a vu, qui ouvraient des ateliers de peinture : là encore l'enseigne adoptée autorisait l'entrée et la sortie d'un grand nombre de jeunes filles.

Enfin elles louent quelquefois deux appartements dans la même maison : l'un sous leur vrai nom ; l'autre sous un nom supposé. Celui-ci est ordinairement au quatrième ou au cinquième ; elles y tiennent en permanence des enfants qui sont sensés ne descendre chez elles que pour jouer. Ces jeunes filles ainsi soustraites à leurs parents sont difficiles à retrouver, la proxénète pouvant toujours dire qu'elles ne sont pas chez elle et pouvant au besoin faire voir tout son logement.

Ces exemples suffisent pour montrer à quelles ruses, à quelles fourberies ces femmes ont recours pour exercer ur métier ; ils prouvent aussi qu'elles se rendent compte des dangers qu'il leur fait courir. Elles se font du reste grassement payer. La clientèle à laquelle elles s'adressent est riche et ne lésine pas. Il ne s'agit plus ici de deux ou trois louis, mais de centaines de francs.

La grande majorité des proxénètes paye patente, cependant : Celles qui ont un certain capital devant elles ouvrent des magasins de gants, de parfumerie, de vins de Champagne, de curiosités, d'objets en ruolz, de modes, etc ; les autres se font, en apparence du moins, blanchisseuses, lingères, couturières, fleuristes, marchandes de journaux. La police surveille tous ces magasins interlopes.

Elle a beau les fermer, ils renaissent ailleurs ; tous sont munis d'une arrière boutique qui sert de lieu de rendez-vous.

Mais quoiqu'elles aient une boutique, toutes les proxénètes ne font pas de la prostitution chez elles : elles savent trop à quoi elles s'exposent ; la moindre plainte, la moindre imprudence peut les mener devant la justice. Elles aiment mieux s'entendre avec leurs clients habituels pour leur envoyer les filles à domicile : N'est-il pas facile, quand un acheteur a fait une emplette, de lui faire porter son achat chez lui ? qui donc y trouverait quelque chose à redire ? de même, n'est-on pas habitué à Paris, de voir une blanchisseuse prendre le linge sale de son client et lui rapporter son linge blanchi ? Les petites filles chargées de ces commissions sont admirablement stylées ; elles savent à merveille ce qu'il faut faire pour tromper les inspecteurs et déjouer leur surveillance.

D'autres proxénètes font vendre des petits bouquets par des enfants, sur les boulevards, aux Champs-Élysées, autour des cafés. Ces enfants ont appris à faire des œillades et des gestes douteux ; elles se font suivre et elles savent mener adroitement l'homme qui les suit, où il faut.

Le plus abominable proxénétisme est celui qu'exerce une mère avec ses propres enfants : les exemples n'en sont malheureusement pas rares.

Ces mêmes femmes qui tiennent boutiques ont, outre leur personnel de mineures, également à leur disposition des filles majeures ; avec celles-là, elles ne courent aucun risque, et n'ont pas à craindre d'être accusées et convaincues d'excitation de mineures à la débauche. Aussi les précautions sont-elles moins rigoureuses, et les choses se passent-elles carrément dans l'arrière-boutique. Les magasins de gants ou de parfumerie du passage de l'Opéra, aujourd'hui fermés, jouissaient autrefois d'une célébrité européenne sous ce rapport. La demoiselle de comptoir qui vendait une paire de gants demandait à l'acheteur, qui lui remettait un louis, si elle devait lui en rendre la monnaie. Si la réponse était négative, elle faisait entrer le client, sous prétexte de lui essayer ses gants, dans une arrière-boutique dont la lourde portière retombait derrière eux.

Quand les proxénètes ne tiennent pas ouvertement boutique, elles s'entendent avec une maison de passe et lui envoient leur personnel.

Un autre genre de proxénétisme est celui qui se pratique dans certains restaurants. Il ne s'exerce qu'avec des filles majeures et de leur plein gré. Le patron du restaurant ou ses garçons procurent aux clients qui en font la demande ou qui acceptent leur offre, un cabinet particulier muni de divans, d'une toilette, et des femmes dont le salaire, tarifé comme un plat, se paye avec l'addition du dîner. Dans les cabinets particuliers de ces grands restaurants, une cloison mobile dissimule un lit très bien tenu ; la toilette, avec tout son attirail de cuvettes, se cache dans les profondeurs d'un buffet, dont l'aspect n'a rien de subversif.

Dans d'autres maisons, le restaurateur paye grassement les femmes qui lui amènent des clients riches et généreux ; les pourboires qu'il leur donne varient de dix à vingt francs ; il est à peine besoin de dire que ces maisons sont toujours très bien achalandées.

Cet exemple est imité par un grand nombre de petits restaurateurs et de marchands de vins, surtout s'ils sont en même temps propriétaires d'un garni.

Malgré leur habileté les proxénètes se font souvent arrêter : on procède à leur arrestation sur la plainte des familles ou des filles elles-mêmes ; quelquefois, à la suite de dénonciations anonymes, reconnues vraies après enquête. Elles sont parfois prises en flagrant délit : l'accusation vise toujours le chef d'excitation de mineures à la débauche.

Voici le relevé des arrestations pour proxénétisme opérées depuis 1855 :

En 1855 il a été fait 84 arrestations			En 1872 il a été fait 60 arrestations		
1856	—	73 —	1873	—	72 —
1857	—	64 —	1874	—	67 —
1858	—	37 —	1875	—	62 —
1859	—	62 —	1876	—	53 —
1860	—	60 —	1877	—	36 —
1861	—	168 —	1878	—	37 —
1862	—	65 —	1879	—	33 —
1863	—	81 —	1880	—	20 —
1864	—	74 —	1881	—	38 —
1865	—	64 —	1882	—	32 —
1866	—	47 —	1883	—	33 —
1867	—	58 —	1884	—	33 —
1868	—	44 —	1885	—	31 —
1869	—	34 —	1886	—	41 —
1870	—	0 —	1887	—	43 —
1871	—	20			

La différence annuelle accusée par ce tableau n'est due qu'à l'insuffisance des informations et au défaut d'action régulière de la part de l'administration, dont le personnel change et dont l'esprit varie suivant les époques.

Des circonstances qui font découvrir les prostituées clandestines. — Ce sont presque toujours des dénonciations qui mettent le service des mœurs sur la piste de la prostitution clandestine. Ces dénonciations émanent souvent de filles soumises qui, poussées par la jalousie, dénoncent des insoumises ; de voisins, ennuyés d'un scandale perpétuel à côté d'eux ; de parents qui espèrent ainsi recouvrer leurs enfants ; d'un souteneur parfois, qui furieux de se voir abandonné par sa marmite, la signale pour la faire mettre en carte. Il arrive aussi que ce soit quelque malheureux, qu'une prostituée clandestine a contaminé, qui la dénonce à l'administration.

Les filles mineures, arrêtées sur la voie publique pour excitation à la débauche, habilement interrogées, encouragées à dire la vérité, finissent souvent par donner des indications précises qui permettent de procéder à l'arrestation de la proxénète qui les employait.

Les perquisitions faites dans les garnis, inopinément, fournissent toujours une ample moisson de prostituées clandestines. Dans ces perquisitions, toute femme qui ne peut justifier de ses moyens d'existence ou qui est trouvée avec un homme est impitoyablement arrêtée et emmenée, à moins que cet homme ne déclare au commissaire de police chargé de la perquisition qu'il connaît cette femme, qu'il l'entretient et qu'il répond d'elle.

Les recherches auxquelles l'administration se livre dans l'intérêt et sur la demande des familles, la mettent souvent sur la piste de la prostitution clandestine : une jeune fille a disparu ; ses parents ne savent ce qu'elle est devenue ; ils s'adressent à la préfecture de police, en lui demandant de leur rendre leur enfant. Les inspecteurs se mettent en campagne et ils finissent presque toujours par trouver la fugitive : dans l'immense majorité des cas celle-ci se livrait à la prostitution clandestine.

Action de la police sur les demi-mondaines. — L'administration n'a aucune espèce d'action sur les horizontales. Personne n'ignore qu'elles ne vivent que du produit de leur prostitution, plus ou moins affichée ; elles sont la terreur des épouses et des mères, et bien des fois déterminent la ruine de toute une famille. Que de procès, de séparations, de scandales, de spéculations véreuses, de déshonneurs dont elles sont la cause ! Que de maladies, que de suicides dont on peut les accuser !

La police assiste impuissante à ce spectacle : ces femmes ne tombent pas sous le coup de la loi. Tant qu'elles ne font pas de scandale, tant qu'elles ne se livrent pas au raccrochage sur la voie publique, l'autorité n'a pas à intervenir. Si elles sont étrangères, on peut leur interdire le séjour du territoire français, lorsque leur conduite a donné lieu à des plaintes ou provoqué quelque éclat public. On les reconduit à la frontière ; la police a pris plusieurs fois des mesures pareilles, notamment à l'égard de Cora Pearl qui était américaine ou anglaise et de Mademoiselle de Sombreuil, née à Constantinople. Ces mesures sont bien illusoires, car les filles expulsées finissent toujours par revenir.

Des maisons de passe et des maisons à parties. — Les *maisons de passe*, dont j'ai déjà eu l'occasion de parler souvent dans le cours de cette étude, sont des maisons tolérées et surveillées par l'administration dans lesquelles il n'y a point de pensionnaires. Les filles qui en forment le personnel, viennent y passer quelques heures dans la journée ou dans la soirée.

L'administration appelle ces maisons des *maisons de tolérance de deuxième catégorie.* A ce titre j'aurais dû m'en occuper dans le chapitre précédent ; mais j'ai mieux aimé en parler en même temps que de la prostitution clandestine. C'est, en effet, de la prostitution clandestine qu'on y fait et l'administration ne les connaît pas toutes; elle en ignore même le plus grand nombre. Ces maisons se trouvent un peu partout, dans tous les quartiers, dans les rues les plus belles, comme dans les plus pauvres. Leur aspect et leur clientèle varient suivant la partie de la ville où elles sont situées.

Les patronnes des maisons de deuxième catégorie n'ont pas de livret de dame de maison ; elles n'ont pas non plus de livret de logeur ; elles exercent en général une petite industrie qui leur permet de cacher leur véritable métier. Elles sont néanmoins en rapports fréquents avec le bureau des mœurs, auquel elles signalent les filles soumises qui viennent chez elles pour se dérober à la visite, et les prostituées clandestines qui fréquentent leur établissement.

L'immense majorité de ces maisons échappe pourtant à la surveillance de la police, et c'est quelquefois une circonstance toute fortuite qui lui révèle l'existence de l'une ou de l'autre d'entre elles.

Ce sont, en général, d'anciennes prostituées qui ouvrent ces maisons. Elles louent un appartement de belle apparence, dans une rue tranquille, mais à proximité du quartier des plaisirs ou des affaires ; elles le meublent avec une certaine élégance, et fortes de leurs anciennes relations, arrivent à y attirer une clientèle. Les hommes qui viennent sonner à leur porte trouvent là un certain nombre de femmes, dont le recrutement est assez facile : ce sont des prostituées clandestines, qui espèrent rencontrer dans la maison de passe un entreteneur sérieux ; ce sont des femmes du demi-monde, momentanément gênées, qui ont besoin d'une somme d'argent quelconque pour payer un fournisseur à bout de patience ; ce sont des artistes dramatiques d'un ordre inférieur qui viennent de temps en temps y passer une soirée ; enfin, les proxénètes y adressent des mineures.

Dans beaucoup de ces maisons, il n'y a pas de femmes à demeure ; la patronne possède un ou plusieurs albums de photographies qu'elle met à la disposition du client ; celui-ci arrête son choix sur une ou plusieurs femmes (car l'une ou l'autre pourrait être empêchée) que la patronne s'engage à lui fournir moyennant un prix convenu ; on prend rendez-vous pour le soir même ou pour le lendemain. A l'heure dite, la fille choisie se rend à l'appel de la patronne.

Le prix, débattu entre la patronne et le client, dépend nécessairement et du rang qu'occupe la maison, et de la beauté de la fille ; il est souvent fort élevé. La patronne en remet la moitié à la femme et se réserve l'autre, en guise de *commission*.

Les maisons de passe servent également de lieu de débauche à la femme soi-disant honnête que son imagination dévergondée pousse à la luxure, et qui, voulant sauvegarder les apparences, ne veut point prendre d'amant, ou que ses goûts de dépense ont criblée de dettes et forcée de demander à la prostitution l'argent nécessaire pour payer ses créanciers. Des femmes du monde y sont amenées par leurs amants, lorsqu'elles sont dans l'impossibilité de les rencontrer ailleurs ; malheureusement une fois qu'elles ont appris le chemin des maisons de passe, elles ne l'oublient plus.

Il faut un mandat du préfet de police (*Article* 10 *du Code d'instruction criminelle*) pour pénétrer dans une maison de ce genre. Malgré les scandales qui pourraient s'y produire, il y en a auxquelles la police n'ose pas toucher à cause de la qualité des personnages qui les fréquentent et qu'on ne pourrait faire défiler devant le commissaire ou devant le tribunal. Le remède serait ici pire que le mal et si la police a incontestablement le devoir de réprimer les scandales et de veiller à la moralité publique, elle a aussi le droit d'empêcher que le mépris public ne vienne frapper à cause des faiblesses de leurs représentants, l'une ou l'autre de nos institutions.

Les principales maisons de passe se trouvent :

Rue Duphot ;

Rue Lavoisier ;

Rue du Château-d'Eau.

Jusque dans ces derniers temps il en existait une quatrième, rue Dalayrac ; elle a été supprimée en 1887 ; les scandales y devenaient à la fois trop fréquents et trop éclatants. Dans cette maison, les cloisons des chambres étaient percées de jours, de vasisdas dissimulés derrière un tableau ou un rideau. Des *Voyeurs*, invisibles pour les personnes qui occupaient la chambre, pouvaient assister tranquillement à toutes les scènes qui s'y déroulaient. Ce détail prouve combien les patronnes de ces maisons ont une profonde connaissance de la nature humaine et de ses défaillances. Inventer les voyeurs, c'était un trait de génie ; c'était donner satisfaction à toute une classe de débauchés blasés, et c'était tripler la recette de la journée. Chose curieuse, il n'est pas rare que ces mêmes hommes qui venaient d'assister à la débauche d'autrui, excités par le spectacle qu'ils avaient eu sous les yeux, demandent à s'enfermer avec une fille, sans songer qu'ils vont servir, à leur tour, de pâture à des regards indiscrets.

La police a surtout à intervenir contre les scandales et le proxénétisme qui élisent domicile dans ces maisons. Il est évident qu'elle ne peut défendre à Madame X ou à Mademoiselle Z, qui sont archi-majeures, de venir se prostituer dans une maison de tolérance de deuxième catégorie : c'est affaire à elles ; ce qu'elle peut et doit interdire, c'est la prostitution des mineures, c'est l'exhibition de personnes, qui ne s'en doutent pas, à d'autres qui ne sont venues que pour jouir de ce spectacle nouveau ; ce qu'elle doit empêcher, c'est que les maisons de passe ne deviennent les asiles inviolables de la sodomie et de la pédérastie qu'elle pourchasse ailleurs.

Mais il est impossible, cependant, à la police d'être partout à la fois. L'administration ne dispose, pour le service des mœurs, que d'un nombre restreint d'agents. Ceux-ci font leur devoir, mais ils n'ont pas le don d'ubiquité. Bien peu clairvoyants, bien peu justes sont donc les hommes qui s'imaginent et vont partout répétant que la police des mœurs s'endort ou qu'elle se fait la complice des proxénètes, parce qu'elle ne peut détruire à la fois et partout des repaires qui, comme les têtes de l'hydre de Lerne, renaissent chaque fois qu'on les a détruits.

Les maisons de passe ont longtemps porté le nom de *maisons à parties*, sous lequel on les désigne encore quelquefois.

Il faut rapprocher de la prostitution dans les maisons de passe, celle qui se pratique, sur une vaste échelle, dans les hôtels borgnes, les cabarets, les cafés et les crêmeries. Ces établissements peuvent, jusqu'à un certain point, être considérés comme des maisons de passe d'ordre inférieur.

On n'y procure pas de femmes, il est vrai ; mais le consommateur peut en amener. Dans certains hôtels borgnes, on loge à la nuit ; le prix est modique ; il varie de trois à quatre francs par personne. La chambre n'est pas luxueuse ; qu'importe ! elle est suffisante pour abriter la débauche.

Dans beaucoup de débits de vin où l'on donne à manger, de crêmeries, de petits cafés, il existe un ou plusieurs cabinets particuliers. Le consommateur qui y amène une fille paye, dans ce cabinet, sa portion ou son litre un peu plus cher que dans la salle commune; mais le cabinet est garni d'un divan et la porte ferme au verrou.

Les filles connaissent ces endroits ; il n'est pas rare de les y voir venir trois ou quatre fois par soirée, avec un autre homme chaque fois ; c'est dans ces débits ou ces hôtels que les ouvrières qui rentrent lentement chez elles, leur journée finie, amènent le monsieur qu'elles ont levé.

Des brasseries à femmes. — On ne saurait, en parlant de la prostitution clandestine, passer sous silence les brasseries à femmes. L'existence et la vogue de ces établissements ne remontent guère qu'à une quinzaine d'années : il en existait bien quelques-unes avant cette époque, c'est-à-dire qu'il y avait des brasseries ou des cafés servis par des femmes, en guise de garçons, mais aucun n'avait alors le caractère nettement pornographique que les brasseries de ce genre ont adopté aujourd'hui.

Les brasseries à femmes actuelles sont de véritables maisons de passe et de prostitution; elles sont partout ; elles pullulent sur la rive gauche où du reste elles ont pris naissance ; on en a installé sur la rive droite, à proximité des boulevards, sur ces boulevards mêmes, dans les faubourgs, sur les boulevards extérieurs. Mais c'est encore au quartier latin et dans ses environs qu'elles sont le plus nombreuses et le plus florissantes.

Le luxe les a envahies : au début, rien ne les distinguait des cafés ou des brasseries ordinaires, si ce n'est que le service était fait par des femmes. Le café de Médicis, près de l'Odéon, aujourd'hui disparu, était le type du genre. Tout s'y passait décemment, et si un client emmenait le soir une des filles de salle pour un coucher, personne ne s'en apercevait. Les filles costumées en italiennes, n'avaient d'autres fonctions que de pousser le client à la consommation. Il était de règle que la fille qui servait un mazagran ou un bock s'installât auprès du client et se fît offrir une consommation par lui : c'était un verre de menthe ou de chartreuse, la plupart du temps ; une liqueur chère, en tout cas. Plus les filles enflaient ainsi leur recette, plus elles étaient considérées par les patrons de l'établissement.

Peu à peu la mode de ces cafés s'est généralisée. Les étudiants, les désœuvrés ont pris l'habitude d'aller dans ces maisons où les consommations n'étaient ni plus chères ni moins bonnes qu'ailleurs et où les servantes, généralement jolies, toujours gaies et spirituelles, leur faisaient joyeusement passer les soirées.

On a appelé les femmes qui servaient dans ces brasseries des *inviteuses* ; le mot est tiré de la nécessité où elles se trouvent d'*inviter* les clients à consommer. Elles appartenaient toutes à la classe des prostituées clandestines, au début du moins ; plus tard les filles soumises ont commencé à leur faire une concurrence sérieuse.

Les inviteuses avaient toutes un amant en titre ; cet amant passait en général la majeure partie de son temps à la brasserie ; mais elles ne se faisaient pas faute, malgré cela, de donner des coups de canif dans le contrat qu'elles avaient consenti. Elles prenaient des habitudes d'intempérance et d'ivrognerie qui minaient leur santé ; enfin, comme elles faisaient de la prostitution clandestine et qu'elles n'étaient jamais visitées, elles propageaient à l'envi les affections vénériennes.

Aujourd'hui le mal est bien pis. Les nombreuses brasseries à femmes qui ont été installées depuis quelques années, sont meublées avec un certain luxe. Comme la mode est à l'archaïsme et au bibelot, ces établissements ont voulu se mettre à l'unisson. Ce ne sont partout que tavernes moyen âge, renaissance ou Louis XIII. Des tapisseries authentiques ornent les murs; des lustres hollandais en cuivre poli pendent au plafond dont les solives sont apparentes; les tables, les chaises, les bancs sont dans le style voulu; des faïences, des porcelaines, de la vaisselle d'étain s'étagent sur les buffets anciens; et il n'est pas rare de rencontrer dans tout cet étalage quelque bibelot de prix. Pour faire de la couleur locale jusqu'au bout, pour harmoniser le dehors avec l'intérieur, les glaces de la devanture ont été remplacées par des vitraux opaques; ces vitraux laissent pénétrer un jour suffisant, mais empêchent de voir de l'extérieur ce qui se passe dans les salles. Une lanterne en fer forgé et dont la flamme fait reluire les verres de couleur, indique le soir le cabaret aux passants.

D'autres établissements ont adopté le genre Directoire, le genre villageois, le genre espagnol, le genre mauresque.

Les femmes sont costumées en Écossaises, en Italiennes, en Algériennes, en vivandières, en marquises Pompadour, en incroyables, en nourrices, en paysannes, etc. Les costumes sont fournis par la maison; les filles les revêtent le matin quand elles arrivent, et les déposent en s'en allant; ils sont souvent d'assez bon goût; tous sont aussi échancrés par le haut, aussi écourtés par le bas que possible.

Ces brasseries portent elles-mêmes les noms les plus bizarres; on en jugera par ces quelques exemples : Brasseries du *Caïd,* du *Boléro,* du *Lapin,* des *Dernières Car-*

touches, des *Nounous,* de *Cupidon,* des *Reines de France,* des *Odalisques,* de *l'Enfer,* du *Coucou,* etc.

Dans certaines de ces brasseries il y a une arrière salle où les profanes ne pénètrent pas, et où les femmes presque nues, servent à boire et se prostituent. Dans d'autres, où les femmes payent déjà tous les matins leur redevance journalière au patron, l'étage au-dessus des salles communes est disposé en chambres pour *les passes.* Les femmes, en redescendant, sont tenues de remettre une nouvelle somme d'argent au patron. Ce tribut qui varie de un à cinq francs, diffère nécessairement suivant la maison et le genre de clientèle qu'on y reçoit. Les choses se passent quelquefois d'une façon plus primitive encore. On donne à boire au rez-de-chaussée; le billard est à l'entresol, mais personne n'y joue jamais; la femme monte dans cette salle spéciale avec son client, pousse le verrou et le billard sert de lit ou de divan.

Ces brasseries à femmes sont donc de véritables maisons de passe et de prostitution. Elles en ont l'apparence avec leurs vitraux opaques, leurs inviteuses débraillées passant la tête à travers la porte entrouverte, et la clientèle tapageuse qu'elles reçoivent. Mais elles présentent bien plus de danger au point de vue de la morale et de la santé publiques que les maisons de tolérance. Ce sont des nids à chaudepisse et à syphilis, car elles servent de refuge aux prostituées insoumises qui y propagent librement les maladies vénériennes; elles gâtent et pourrissent, enfin, la jeunesse; non seulement elles retiennent, par les attractions qu'elles leur offrent, les étudiants loin des cours ou de l'hôpital, et leur donnent des habitudes de paresse et d'intempérance, ou les jeunes ouvriers dont l'oisiveté fera des souteneurs, mais elles corrompent aussi les élèves des lycées qui ont le malheur de s'y aventurer. Les filles se font un honneur de les déniaiser.

Il s'y passe quelquefois des faits monstrueux : témoin cette vieille verseuse de bocks d'une brasserie des environs du Luxembourg, qui dans un moment d'égarement hystérique ou alcoolique ne trouva rien de mieux pour retenir les clients que de prostituer devant eux et de polluer un malheureux petit Italien, âgé de douze ans, venu là pour râcler quelque air de son pays sur un méchant violon.

Ce fait est isolé, je le veux bien ; mais ce que l'on voit journellement, ce sont de malheureux gamins de seize, dix-sept et dix-huit ans, grisés par l'alcool qu'ils ont absorbé, par l'atmosphère chargée de tabac et de patchouli qu'ils ont respirée, emmenés aux lueurs de l'aube blanchissante par ces filles qui sucent leur moelle et les renvoient chez eux avec une horrible maladie ; ce sont les lettres que ces femmes écrivent aux lycéens qui se sont aventurés dans ces brasseries et dont elles ont pu se procurer l'adresse, qu'elles poursuivent jusque dans leurs familles, leur assignant des rendez-vous auxquels ces infortunés jeunes gens, fiers de leur première conquête, devront des maux sans fin.

Elles sont bien connues, ces inviteuses, à Lourcine et ailleurs, et il est vraiment désespérant, pour un médecin, de constater combien de véroles ont été prises, entre deux bocks ou deux absinthes sous les plafonds à poutrelles ou les ciels bleus constellés d'étoiles de ces brasseries interlopes.

La préfecture, par malheur, ne peut prendre de mesures efficaces contre cette plaie toujours plus étendue. Il n'y aurait qu'un moyen, radical il est vrai, de rémédier au mal : ce serait de supprimer et d'interdire les brasseries à femmes. La chose est plus aisée à dire qu'à faire ; si la préfecture de police lançait aujourd'hui un arrêté dans ce sens, elle soulèverait un tollé général. On a voulu, du moins, interdire le costume aux verseuses et les obliger à une tenue décente... ce sont les femmes de brasseries elles-mêmes qu'il fallait supprimer.

Tant qu'il n'est pas parvenu de plainte à la préfecture, celle-ci ne peut intervenir : le patron d'un café est maître chez lui. Veut-elle se rendre un compte exact de ce qui se passe dans ces établissements, elle ne saura rien. Les inspecteurs qu'elle y envoie sont connus. Il suffit qu'ils viennent s'asseoir à une table pour qu'immédiatement et comme par un coup de baguette magique, les choses se passent le plus décemment du monde.

C'est probablement pour échapper à ce soupçon de transformer leur brasserie en maison de passe que certains patrons ne tolèrent pas que l'on fasse de la prostitution chez eux ; la clientèle se détournerait bien vite de leur maison, s'ils n'avaient imaginé une combinaison savante. Ils s'entendent avec le propriétaire d'un hôtel voisin et les filles amènent tout simplement dans des chambres, retenues d'avance, les consommateurs qu'elles ont levés.

De la prostitution dans les débits de vin. — Les brasseries à femmes, encore qu'il y en ait de peu luxueuses, ne sont pas accessibles à toutes les bourses. Les ouvriers et les soldats s'y trouveraient mal à leur aise et le prix des consommations les retient, du reste, sur le seuil. Ils ont, par contre, les débits de vin où ils sont chez eux et qu'ils trouvent dans tous les quartiers. Dans ces débits, les choses se passent comme dans les brasseries à femmes ; au lieu de verseuses en costume pittoresque, ce sont des servantes en bonnet de linge ou en cheveux qui remplissent l'office de garçons, et qui se livrent à la prostitution. Elles poussent le client à la consommation, puis l'entraînent dans un cabinet noir ou dans une chambre attenant au débit. Ce sont des prostituées clandestines ; elles ne sont pas en général payées par le patron ; elles lui donnent, au contraire, une redevance journalière de trois francs environ, sans compter les bénéfices professionnels qu'elles lui font réaliser ; elles sont nourries. Elles se livrent aux consommateurs pour vingt ou quarante sous. Beaucoup ont jusqu'à huit ou dix rencontres par jour ; le samedi et le dimanche ce chiffre, déjà fantastique, est quelquefois doublé.

Lorsque le patron paye ses bonnes, il leur donne cinquante centimes ou un franc par jour ; qu'elles refusent de se prostituer ou qu'elles ne sachent point faire aller le commerce, il les renvoie. Il y a au moins deux bonnes par établissement, quelquefois il y en a beaucoup plus. Le samedi, le dimanche et les jours de fête, le patron augmente son personnel.

Dans certains débits, il n'y a pas de bonnes à demeure ; ils servent alors de lieu de rendez-vous à un certain nombre de prostituées clandestines qui en font leur quartier général ; elles y passent leur journée et une partie de la nuit ; elles aussi remettent au patron une certaine somme d'argent par jour ; si elles veulent passer la nuit dans le débit, elles lui donnent quatre francs. Elles achalandent la maison, y attirent des clients qui sont toujours sûrs d'y trouver joyeuse compagnie ; elles y nourrissent leurs souteneurs. L'ivresse est en permanence dans ces établissements ; les querelles, les rixes et les batteries y sont fréquentes.

La police fait quelquefois des descentes dans ces débits pour y rechercher des filles soumises qui manquent leurs visites; mais les prostituées libres n'y sont pas trop inquiétées, à condition qu'elles ne raccrochent pas sur le pas de la porte et qu'elles ne sortent pas dans la rue avec des militaires.

L'existence d'un pareil état de choses est une menace perpétuelle pour la société; on frémit en pensant au nombre d'hommes que ces femmes qui ne sont soumises à aucune visite, qui toutes sont malades, qui toutes ont des rapports multiples dans une seule journée, peuvent contaminer ainsi.

Des Garnis. — Le nombre des hôtels et des maisons garnies est considérable à Paris; ce ne sont pas seulement les étrangers et les provinciaux que leurs affaires ou leurs plaisirs appellent pour quelque temps dans la capitale, qui y élisent domicile. Une foule d'individus ont pris l'habitude d'habiter en garni. La plupart sont célibataires : ce sont des étudiants, des commis, des employés, des artistes, qui finissent toujours par abandonner la maison garnie, au bout d'un temps plus ou moins long, parce qu'ils se marient, qu'ils s'établissent ou qu'ils retournent dans leur ville natale, et des ouvriers. Ceux-ci, fussent-ils pendant quinze ou vingt ans à Paris, ne quittent guère le garni. Ils en ont l'amour ; ils préfèrent son tumulte et son bruit à l'isolement et au calme où ils seraient dans une chambre ou dans un logement meublés par eux.

A côté de cette clientèle, que l'on peut appeler une clientèle fixe, il faut compter cette population nomade, se chiffrant par milliers d'individus, sans domicile fixe, que l'on retrouve dans toutes les grandes capitales. Couchant aujourd'hui sur un point, demain sur un autre, sans grandes ressources et sans profession bien définie, ces individus vont demander tous les soirs, dans le quartier où ils se trouvent à la tombée de la nuit, un asile à ces hôtels où, pour un prix modique, ils trouvent un lit et un maigre dîner.

Les asiles de nuit n'ont pu débarrasser les hôtels meublés que d'une partie négligeable de cette clientèle vagabonde.

Le nombre des hôtels et des maisons garnies existant à Paris est considérable. La population qu'ils abritent est difficile à déterminer ; on peut l'évaluer à deux cent mille personnes environ ; elle est sujette à des fluctuations assez sensibles dues au changement des saisons et au mouvement des affaires.

Les hôtels de premier ordre se font remarquer par leur luxe et leur confort réels ; ceux de deuxième et de troisième ordre sont tenus très proprement et très convenablement. C'est dans ces maisons que descendent, en grande majorité, les étrangers qui ont de la fortune, qui aiment les allures tranquilles, et qui attachent un certain prix à la bonne composition des hôtels qu'ils fréquentent. Il est, en effet, rare de trouver des femmes entretenues dans ces établissements ; il peut en venir, il en vient certainement ; mais elles n'habitent pas la maison ou on ne les y connaît pas pour ce qu'elles sont.

En thèse générale, on fait des passes dans tous les hôtels ; seulement à l'hôtel Continental, au Grand-Hôtel, à l'hôtel du Louvre et dans les maisons bien tenues, la décence et les convenances sont toujours respectées. Dans la plupart de ces hôtels on ne reçoit les femmes que lorsqu'elles sont accompagnées.

Mais dans les garnis inférieurs, dans les petits hôtels on

admet les femmes seules ; on les loge et on les nourrit ; on loue des chambres à la nuit, à la journée, même pour une passe ; le prix de la location varie de vingt-cinq centimes à vingt francs, suivant la catégorie des maisons et l'allure du monsieur. Dans certains établissements les patrons peu scrupuleux, s'ils n'ont pas de chambre disponible, vont jusqu'à louer celles des locataires à demeure qu'ils savent absents pour la journée et la soirée.

Les maisons garnies dans lesquelles les filles peuvent amener des hommes sont familières à toutes les prostituées ; un grand nombre portent écrits sur la façade ces mots : *Ici on loge à la nuit* qui leur serviraient au besoin d'enseigne si elles n'étaient connues autrement. On ne peut demander aux patrons de ces hôtels, plus ou moins borgnes, la propreté minutieuse des escaliers et des chambres. Il est juste de dire que quelques-uns, en dépit de leur clientèle, sont bien tenus ; la plupart sont sales et malpropres ; plus les individus qui les fréquentent appartiennent à une classe inférieure, plus la physionomie de ces établissements devient sordide et repoussante. Des escaliers tortueux et gras, des murs suintants, des chambres dont les papiers de tenture s'en vont par lambeaux, tout, jusqu'à l'allure débraillée du domestique de l'hôtel, fait deviner à première vue quels sont les habitués du lieu.

Dans les garnis où on loue des chambres aux filles, il n'y a pas que des prostituées clandestines ; on y trouve aussi des filles soumises, qui ont l'autorisation spéciale de loger en garni. Les prostituées inscrites qui raccrochent dans le centre de Paris, tout en habitant des quartiers excentriques y viennent, comme les insoumises, pour y faire leurs passes.

Les garnis sont tenus par un logeur qui sert à boire et à manger à ses locataires : quelquefois il est en même temps propriétaire d'un débit de vins installé au rez-de-chaussée de la maison. Le logeur est presque toujours le complice des filles ; il leur loue, le plus cher qu'il peut, une chambre à la journée ou à la semaine ; il leur donne à manger ; lorsqu'elles amènent un client, elles boivent avec lui, elles le poussent à la dépense ; elles achalandent le débit de boissons, en y passant une partie de la journée et y attirent les pratiques. Il a donc tout intérêt à les ménager ; il les entoure même d'une protection toute spéciale : la fille, qui est d'ordinaire en retard de ses payements, est un gage vivant entre les mains du logeur ; tant qu'elle est là, il peut espérer rentrer dans ses avances ; il ne faut donc pas qu'elle soit arrêtée, et il n'est pas de ruses que cet honnête industriel n'emploie pour cela. S'il en a le temps, il prévient les filles de l'irruption des agents, il les aide à se cacher ; quelquefois même une porte de sortie, ménagée sur le derrière de l'hôtel, permet l'évasion des prostituées qui se savent en faute.

Les prostituées clandestines et même les filles inscrites préfèrent de beaucoup le séjour des garnis à tout autre ; il n'est pas extraordinaire qu'elles les aiment mieux que les maisons de tolérance. La haine que beaucoup de filles portent aux dames de maison qu'elles qualifient d'exploiteuses ; la possibilité de choisir leurs galants et de refuser ceux qu'elles ne trouvent pas à leur goût ; la laideur, l'âge ou les difformités que le costume transparent des lupanars rendrait immédiatement visibles, éloignent beaucoup de femmes des maisons de tolérance.

Mais c'est l'amour de l'indépendance, l'amour du changement, chez quelques-unes poussé à l'excès, qui entraîne surtout les filles vers les garnis. Elles y entrent et elles en sortent à leur gré ; elles peuvent y amener qui bon leur semble, des militaires surtout ; elles peuvent rentrer à n'importe quelle heure de la nuit. Cette liberté, qu'elles aiment par dessus tout, le garni la leur donne amplement.

De tous ces faits, il ressort que la prostitution se pratique sur une vaste échelle dans les garnis ; ou bien les filles n'y viennent qu'en passant, soit qu'elles y entraînent un individu raccroché dans la rue, soit qu'elles y suivent un des habitants mêmes du garni ; ou bien elles y demeurent et y amènent leurs galants ; ou bien elles s'y livrent habituellement aux locataires et souvent au patron lui-même.

Cette prostitution est éminemment clandestine, et sous le rapport du scandale la maison publique la plus mal tenue est préférable à un garni où logent des filles.

Les inspecteurs des mœurs ne peuvent entrer dans une maison garnie ; ils sont cependant les seuls agents actifs de l'administration, qui connaissent les prostituées et qui sachent les distinguer. Pour pénétrer dans un garni, ils sont obligés de recourir au commissaire de police du quartier où se trouve la maison visée, et de se faire accompagner par lui. Il est malheureusement et matériellement impossible de déranger à tout moment un magistrat tel qu'un commissaire de police ; des opérations pareilles ne peuvent se faire dans la journée ; pour arriver à un résultat, il faut les entreprendre de nuit ; on est donc obligé de les espacer davantage et de laisser subsister un état de choses que l'on sait déplorable mais contre lequel on n'est pas suffisamment armé.

La police a de tous temps essayé de lutter contre la prostitution dans les garnis. Sans parler des arrêtés de

MM. les préfets de police Anglès, Delavau, Debelleyme, Mangin qui ' essayèrent d'en réprimer les scandales, voyons ce qui se fait aujourd'hui.

Les maisons et hôtels garnis ont toujours été reconnus comme des lieux publics. Le commissaire de police peut donc y pénétrer à toute heure du jour et de la nuit, sans mandat spécial, en se faisant reconnaître. Lorsque le service des mœurs a décidé de faire une descente dans tel ou tel hôtel garni, les inspecteurs requièrent le commissaire du quartier et se font accompagner par lui. Ces visites peuvent-elles servir à réprimer la prostitution ? Comment prouver que les filles, qui habitent le garni ou qu'on y trouve, se prostituent ? Elles assureront que non et le logeur appuiera leur dire ; peut-on les arrêter parce qu'on les aura trouvées avec des hommes, dans une chambre ?

Il faut que le flagrant délit soit constaté, c'est-à-dire que la fille soit trouvée couchée avec un homme ; alors seulement la police a le droit de sévir.

Sous ce rapport l'administration a souvent varié dans sa manière d'apprécier les faits. Il fut un temps où il suffisait qu'une fille fût trouvée couchée avec un homme pour qu'elle fût arrêtée et condamnée. D'autres fois, si la fille pouvait prouver que l'individu avec lequel on la trouvait, était son amant, qu'elle le connaissait depuis quelque temps, qu'elle savait son nom et si l'homme confirmait son dire, on la laissait tranquille ; dans le cas contraire, elle était arrêtée. C'est cette dernière disposition qui est la règle aujourd'hui. Dans tous les cas, lorsqu'il se trouve en présence d'une fille inscrite insoumise, qu'elle soit ou non connue de l'individu avec lequel on la trouve, le commissaire la met en état d'arrestation.

Ces visites, ces perquisitions faites par les commissaires de police dans les garnis sont certainement très utiles; pour être réellement efficaces, il faudrait qu'elles fussent multipliées et presque incessantes; mais, comme je le disais tout à l'heure, il faut avouer qu'elles rendraient les fonctions de ces magistrats excessivement fastidieuses et pénibles.

Dangers de la prostitution clandestine. — Il est à peine nécessaire, après cela, d'insister sur les périls que la prostitution clandestine fait courir à la santé et à la morale publique. La prostitution clandestine, c'est le vice sans frein, sans honte et sans vergogne, marchant toujours en avant, envahissant la ville, étendant de plus en plus, comme une lèpre hideuse, la détérioration physique et morale de l'individu. Elle favorise l'ivrognerie, la paresse, les passions brutales ; elle abâtardit la race ; elle s'attaque à toutes les forces vives d'une nation. En haut, elle éclabousse de ses scandales les familles les plus respectables ; elle traîne dans la boue des noms, jusqu'alors honorés et illustres ; elle mine sourdement les principes d'honneur et de loyauté qu'elle tourne en dérision. En bas, elle enlève l'artisan à son atelier et lui apprend le chemin du cabaret ; elle plonge dans la misère une femme et des enfants dont elle gaspille le pain ; elle abrutit l'ouvrier, en fait un souteneur et souvent un voleur ou un assassin. Elle pervertit l'armée dont elle sape la discipline. Et ce qui est pis encore, elle corrompt et perd la jeunesse, pour laquelle elle se pare des aspects les plus séduisants ; elle étouffe ses aspirations et en lui faisant connaître les plaisirs faciles, lui enlève l'énergie du travail et le culte de l'idéal.

Et que donne-t-elle en échange ? La Syphilis.

Tous les efforts de l'administration doivent donc tendre

à la diminution de la prostitution clandestine ; il faut la transformer, suivant le vœu de M. Garin (1), en prostitution avouée, inscrite et surveillée.

Pour cela, l'activité et l'énergie la plus grande sont de toute nécessité. La surveillance doit être incessante et sévère : car, fait digne de remarque, dès qu'elle se relâche pour une cause ou pour une autre, la prostitution clandestine, un instant enrayée, relève la tête et s'étend de nouveau avec la plus grande rapidité.

Au point de vue de la santé publique le tableau ci-dessous est instructif ; il montre clairement à quels dangers elle est exposée, par le fait de la clandestinité.

Ce qui, dans ces chiffres, saute aux yeux tout d'abord, c'est l'énorme proportion de femmes syphilitiques eu égard au nombre des femmes arrêtées. Pour la prostitution clandestine on n'opère plus, comme pour la prostitution tolérée, sur des données exactes en matière de statistique ; on ne connaît pas le nombre des prostitués clandestines, et il serait puéril de vouloir en fixer le chiffre même d'une façon approximative. Toutes les évaluations que l'on pourrait faire, toutes celles que l'on a faites sont toujours au-dessous ou au-dessus de la vérité.

Années :	1880	1881	1882	1883	1884	1885	1886
Insoumises arrêtées	3544	2419	2725	2787	2816	2989	2707
Sur ce nombre ont été :							
Envoyées à St-Lazare — Infirmerie — Syphilitiques	697	502	585	505	446	414	317
Atteintes de mal : psorique et autre . . .	473	352	411	361	337	490	456
3° Section. Hospitalité	167	161	306	376	314	143	85
Total des malades	1337	1015	1302	1242	1079	1047	858

(1) Garin, *De la Police Sanitaire*, p. 35.

Le nombre des prostituées clandestines reconnues malades est donc très considérable eu égard au nombre des arrestations; il varie du tiers à la moitié des femmes arrêtées. La proportion des filles syphilitiques, calculée d'après les données ci-dessus, a été :

En 1880 de 1 sur 5   En 1884 de 1 sur 6,3
En 1881 de 1 sur 5   En 1885 de 1 sur 7,2
En 1882 de 1 sur 4,6   En 1886 de 1 sur 8,5
En 1883 de 1 sur 5,5

Si l'on cherche combien de femmes arrêtées étaient atteintes de syphilis et combien d'autres maladies vénériennes ou psoriques, sur cent, on trouve les chiffres suivants:

En 1880 sur cent filles insoumises arrêtées il y avait 19,60 % syphilitiques et 13,34 % vénérien.

1881	—	20,75 %	—	14,55 %	—
1882	—	21,46 %	—	15,08 %	—
1883	—	18,11 %	—	12,95 %	—
1884	—	15,83 %	—	11,96 %	—
1885	—	13,95 %	—	16,39 %	—
1886	—	11,76 %	—	16,34 %	—

Cette proportion est énorme, elle paraît bien plus formidable encore si on la compare à celle des filles soumises reconnues malades, après leur arrestation. Les tableaux ci-dessous en fournissent la preuve.

Années:	1880	1881	1882	1883	1884	1885	1886
Nombre des filles soumises arrêtées, sur ce chiffre ont été :	7312	3644	3410	3628	4771	9772	14936
Envoyées à St-Lazare — Infirmerie — Syphilitiques	516	387	394	313	327	422	347
Atteintes de mal: psorique et autre. .	464	371	342	366	287	374	332
En hospitalité	26	32	32	22	26	27	17
Total des malades.	1006	790	768	701	640	823	696

En calculant le pourcentage, comme il a été fait plus

haut pour les prostituées clandestines, des maladies syphilitiques et des maladies psoriques ou vénériennes on obtient les résultats suivants :

En 1880 sur cent filles soumises arrêtées il y avait 7,05 syphilitiques et			6,34 psoriques
1881	—	10,62	—	10,18 —
1882	—	11,55	—	10,02 —
1883	—	7,00	—	10,08 —
1884	—	6,85	—	6,01 —
1885	—	4,31	—	3,82 —
1886	—	2,31	—	2,22 —

Si maintenant au lieu d'opérer sur le chiffre des arrestations, on prend comme base celui des visites sanitaires la proportion obtenue est encore plus favorable aux filles inscrites :

En 1880 sur	84,886	filles soumises visitées, il y avait une syphilitique sur	118
1881	77,199	—	une	—	71
1882	75,804	—	une	—	67
1883	76,846	—	une	—	85
1884	79,316	—	une	—	92
1885	93,185	—	une	—	89
1886	100,191	—	une	—	118

Mais il est difficile de formuler une appréciation exacte avec ces dernières données, puisqu'elles s'appuient sur le chiffre des visites, qui pour les filles soumises est infiniment plus élevé que pour les filles clandestines. J'ai préféré baser ma statistique sur le nombre des arrestations, pour les filles inscrites comme pour les insoumises ; elle en a d'autant plus de valeur.

Les chiffres que j'ai donnés ont à peine besoin de commentaires. Est-il un plus éloquent argument en faveur de la réglementation de la prostitution ? Comprend-on, en présence d'une statistique pareille, l'aveuglement de certains esprits mus, je le veux bien, par un sentiment louable, mais exagéré de la liberté individuelle et par le désir de relever la condition des femmes, qui se sont faits les apôtres de la prostitution libre et les adversaires acharnés de toute réglementation ?

Je me réserve, du reste, quand j'étudierai l'organisation hospitalière et en particulier celle de l'hôpital de Lourcine, de démontrer plus clairement encore quel danger permanent pour la santé publique offrent ces prostituées clandestines que l'administration ne peut toutes enfermer à Saint-Lazare et qui promènent librement l'infection syphilitique dans la ville.

Le docteur Mauriac, dans ses remarquables leçons sur les maladies vénériennes, abonde dans le même sens. Sur 5,008 malades qu'il a traités à l'hôpital du Midi 4,012 ont été contaminés par des filles insoumises, qu'elles appartiennent à la catégorie des coureuses ou qu'elles soient simplement des femmes débauchées ; 430 individus seulement ont été infectés par des filles soumises isolées et 303 par des filles de maison.

Il n'hésite pas à constater que la diminution des cas de syphilis qu'il a constatés, tant à l'hôpital que dans son cabinet, est due à la surveillance plus active de la part de la préfecture, aux arrestations plus fréquentes, à l'observation plus rigoureuse des arrêtés et des règlements qui régissent la prostitution.

« La prostitution clandestine, dit-il, étant la plus dangereuse au point de vue de la contagion vénérienne, toutes les mesures qui en arrêteront le développement auront pour conséquence une amélioration correspondante dans l'état sanitaire qui nous occupe. »

Le professeur Fournier affirme lui aussi, dans le rapport qu'il a présenté à l'Académie de Médecine sur la prophylaxie publique de la syphilis, « le droit absolu qu'a la société de se défendre contre une certaine catégorie de femmes qui font de la prostitution un métier, et de la provocation un moyen pour exercer ce métier ».

Telle est aussi la pensée de l'administration préfectorale ; il faut souhaiter qu'elle persévère dans la ligne de conduite adoptée par elle ; on ne peut espérer toutes fois qu'elle fasse disparaître, avec les moyens dont elle dispose actuellement, la prostitution clandestine ; mais on peut admettre du moins qu'elle est suffisamment armée pour la contenir dans de sages limites. Si elle ne savait y parvenir, malgré le zèle et l'activité de ses agents, les pouvoirs publics n'hésiteraient pas, j'en suis convaincu, à lui en fournir les moyens.

CHAPITRE CINQUIÈME

De l'influence de la prostitution habituelle sur la santé. — De la fréquence
des maladies communes et générales chez les prostituées.

Il paraît, à première vue, évident que la prostitution
habituelle doit exercer une influence fâcheuse sur la santé
générale des femmes qui en font métier. Quand on songe
à la vie que mènent les filles publiques, à leurs habitudes
d'intempérance, aux excès de toute nature auxquels elles se
livrent, on ne saurait s'étonner qu'à la longue la constitution
la mieux équilibrée ne résiste à un surmenage aussi violent.

Cependant, on se tromperait fort si l'on tirait de ces
prémisses des conclusions trop absolues. Sans parler de
la syphilis à laquelle toutes les prostituées sont fatalement
vouées et qui ruinent à jamais leur santé, il est certain
que ces femmes contractent plus facilement certaines maladies ; mais c'est moins le fait même de la prostitution
qu'il en faut accuser, que le milieu dans lequel elles
vivent, et les circonstances dans lesquelles elles l'exercent.
Leur métier ne leur imprime pas nécessairement, comme
se l'imaginent volontiers les gens du monde, des stigmates
indélébiles qui les rendent toujours et partout reconnais-
sables.

Embonpoint particulier à certaines prostituées. — Un
grand nombre de filles paraissent jouir d'un brillant état

de santé. Elles sont grasses, leur teint est vif et florissant, leurs lèvres sont rouges. D'autres, par contre, sont d'une maigreur extrême et si elles ont un teint fleuri, c'est à des artifices de toilette qu'elles en sont redevables.

A de rares exceptions près, l'embonpoint ne se développe chez les prostituées que lorsqu'elles ont dépassé vingt-cinq ans ; on ne l'observe guère chez les filles plus jeunes et chez les débutantes. La raison en est bien simple. C'est la misère qui pousse, en général, les jeunes filles à se prostituer. Quand elles débutent, et dans les premières années qui suivent leur entrée dans le métier, elles mènent une existence tourmentée, agitée et fatigante qui ne leur permet pas d'engraisser. Loin d'avoir le superflu, elles n'ont souvent pas le nécessaire. Obligées, par leur profession, à de longues stations, à des promenades interminables, exposées aux intempéries des saisons, mal nourries, mal vêtues, elles dépensent une somme de forces physiques que leurs ressources leur permettent à peine de réparer. Mais dès qu'elles entrent à l'hôpital ou en prison, elles engraissent. L'oisiveté à laquelle elles sont condamnées, la nourriture saine qu'elles absorbent, le sommeil régulier dont elles jouissent, amènent rapidement ce changement physique ; on est souvent étonné de voir sortir de l'hôpital, grasse et fraîche, une fille qui y était entrée dans un état de maigreur alarmant.

Plus tard, quand, avec l'âge, la prostituée a pris des habitudes plus rassises, quand elle a su se créer quelques ressources, quand elle a des économies, quand elle peut mener une existence plus calme et plus régulière, elle prend de l'embonpoint. L'avenir ne la préoccupe en effet, que médiocrement ; elle mène une vie animale : elle se lève tard, mange beaucoup et souvent et à chacun de ses repas elle consomme beaucoup plus de nourriture qu'une femme du peuple qui travaille durement; elle fait un large usage des bains chauds, passe la journée dans sa chambre ou dans un café où elle boit de la bière et des alcools. Le soir, elle sort pour exercer son métier, mais avant de s'endormir que de spiritueux n'absorbe-t-elle pas encore ?

Les femmes en maison, condamnées à une oisiveté plus absolue, ne se livrant à aucun exercice, copieusement nourries, abusant des bains chauds, engraissent rapidement.

C'est donc la vie purement végétative qu'elles mènent, l'absence de soucis sérieux, l'heureuse indifférence avec laquelle elles envisagent leur existence, l'abus des alcools et surtout de la bière qui sont les principaux facteurs de l'embonpoint des prostituées.

Les personnes peu éclairées ont cru longtemps, elles croient peut-être encore que cet embonpoint était dû au mercure que toutes les filles publiques prennent peu ou prou ; cette croyance a été partagée même par des médecins : elle ne repose sur aucun fait scientifique ; et s'il est vrai que des femmes syphilitiques aient engraissé après un traitement mercuriel, c'est uniquement parce que ce traitement les a débarrassées d'une maladie qui les minait depuis longtemps.

Mais toutes les filles publiques ne sont pas grasses, je le répète, et beaucoup d'entre elles restent maigres. Même chez celles qui respirent la santé, les belles couleurs disparaissent à la longue. Les nuits blanches, l'usage des fards de mauvaise qualité, l'abus des alcools finissent par étendre sur le visage de toutes les prostituées un masque blafard qu'elles cherchent à cacher sous le maquillage.

Altération de la voix chez les prostituées. — On est étonné, bien souvent, quand on parle aux prostituées, du son particulier de leur voix. Il est rauque, enroué et discordant. On observe ce caractère particulier surtout chez les prostituées de bas étage, chez celles qui pratiquent le racolage le soir, aux portes des cabarets et qui s'adressent de préférence aux ouvriers, aux soldats et aux gens sans aveu. Elles ont des habitudes d'intempérance, et l'alcool plus ou moins frelaté qu'elles absorbent exerce une influence néfaste sur leurs cordes vocales.

Au fur et à mesure qu'on s'élève dans la classe des prostituées, cette particularité s'efface ; on la rencontre rarement chez les *horizontales de marque*, à moins qu'elles ne se soient peu à peu élevées elles-mêmes du milieu infime où elles croupissaient, jusqu'à une position plus distinguée. On observe toujours cette raucité de la voix chez les femmes qui appartiennent à la classe particulière et toute récente des inviteuses et des filles de brasserie. Leur métier les oblige à pousser le client à la consommation : leur maintien dans la maison est à ce prix, et pour engager les clients à boire, il faut boire avec eux.

A l'action de l'alcool se joignent d'autres causes : c'est d'abord l'obligation où se trouve la fille publique de subir les intempéries de l'air. A la nuit tombante, qu'il neige, qu'il vente ou qu'il pleuve, elle est à son poste, sur le trottoir; insuffisamment couverte, elle marche lentement guettant le passant hâtif et guettée à son tour par la laryngite et la bronchite. Les affections syphilitiques de la gorge et du larynx peuvent également être invoquées, et à juste titre, pour beaucoup de prostituées, comme une cause effective de l'altération de la voix.

L'alcool, les refroidissements, la syphilis, tels sont, à

mon avis, les trois seuls facteurs qui concourent à la produire. L'opinion qui l'attribue à la pratique du saphisme sur l'homme, à laquelle toutes les prostituées finissent par arriver, ne soutient pas l'examen.

Altérations des parties sexuelles.—Que de fois n'entend-on pas, dans le public, exprimer l'avis que les organes sexuels des prostituées devaient présenter des altérations telles, qu'il était facile de reconnaître, après un examen même superficiel, si une femme se livre ou non habituellement à la prostitution.

Rien n'est moins vrai. Il résulte, au contraire, des nombreuses et savantes recherches auxquelles se sont livrés les médecins des dispensaires et des hôpitaux spéciaux que les prostituées ne présentent, dans l'immense majorité des cas, aucun signe pathognomonique sous ce rapport.

Il y avait pourtant, à cette opinion du vulgaire, une raison spécieuse. Dans toutes les professions qui exigent l'action permanente d'un membre ou d'un organe quelconques, l'usage prolongé de ce membre ou de cet organe finit par y amener des modifications importantes et telles, souvent, que l'on peut y reconnaître la profession de l'individu qui les présente. Par analogie, on a pensé que les prostituées devaient présenter des altérations notables de leurs parties sexuelles, puisqu'elles les soumettent à une excitation et à un exercice presque continuels. L'observation ne justifie pas ces prémisses. Ces organes ne présentent chez les filles publiques aucune altération qui leur soit particulière. L'amplitude ou l'étroitesse du vagin sont congénitales chez beaucoup de femmes ; des prostituées, nouvelles dans le métier et très jeunes, ont quelquefois un vagin plus flasque, plus large que les honnêtes femmes qui ont eu six ou sept enfants ; d'autre part, de vieilles filles, blanchies sous le harnais, ont souvent un vagin d'une remarquable étroitesse. Nous sommes donc loin de l'*antre béant* du poète. Les médecins qui sont au courant de la question, ceux du dispensaire surtout, ont fait tous la même remarque et constaté parfois, avec étonnement, les apparences virginales des organes sexuels d'une fille qui reçoit jusqu'à huit et dix hommes par jour.

Les grandes et les petites lèvres, à moins d'être le siège d'une phlegmasie ou d'un engorgement ne présentent en général rien d'anormal. Leur volume n'est augmenté ou diminué que dans certains états morbides que je décrirai tout à l'heure. Cependant chez quelques vieilles prostituées elles n'existent plus ; elles sont remplacées par des masses de tissu adipeux.

Le clitoris n'a aucun caractère insolite. On s'imagine volontiers, dans le monde, que le clitoris des prostituées et des tribades doit être très développé, et on cherche dans les dimensions exagérées de cet organe les raisons de la salacité de certaines femmes. Ici encore, il faut en finir avec ces assertions. On rencontre de temps en temps des filles publiques munies d'un clitoris anormalement développé ; mais ces cas sont rares ; si l'on examinait un nombre de femmes honnêtes égal à celui des filles soumises à la visite, je suis persuadé que l'on rencontrerait les mêmes anomalies.

Les dimensions extraordinaires du clitoris ne paraissent du reste être pour rien dans la dépravation toute sensuelle qui pousse les femmes au saphisme.

Les grandes et les petites lèvres peuvent être le siège de certaines altérations morbides qu'il faut signaler. Les prostituées présentent quelquefois dans l'épaisseur des grandes lèvres de petites tumeurs qui peuvent acquérir, si elles ne sont pas soumises à un traitement, un volume considérable ; elles sont indolentes, rarement fibreuses, et sont le siège d'une tuméfaction sensible, à l'époque menstruelle. Elles contiennent un liquide albumineux épais ou une substance mélicérique. On les constate plus rarement aux petites lèvres où elles n'acquièrent jamais un grand développement mais où elles deviennent rapidement douloureuses.

Sous l'influence de coïts répétés, ces tumeurs peuvent s'enflammer et s'ulcérer. L'ulcération donne lieu à des fistules qui ne peuvent être guéries que par l'ablation de ces tumeurs. Le liquide qu'elles contiennent a une odeur fétide très prononcée.

Les abcès des grandes lèvres, dus à une inflammation causée par l'abus du coït, sont fréquents chez les prostituées. D'autres abcès, beaucoup plus longs et plus difficiles à guérir se rencontrent sur la cloison recto-vaginale. Cette cloison est très amincie chez les vieilles prostituées. Les abcès qui s'y forment donnent souvent lieu à des fistules fort incommodes, qui se rétrécissent à la longue et n'empêchent pas les malheureuses qui en sont atteintes, de continuer leur métier.

Etat de l'anus. — Les prostituées, lorsqu'on les interroge au sujet des rapports contre nature qu'elles peuvent avoir, repoussent avec indignation toute supposition de cette espèce. Il n'en est pas moins vrai que la plupart des filles publiques d'un certain âge consentent à des relations de ce genre ; dans certaines maisons de tolérance une ou plusieurs femmes ont la triste spécialité de ce genre de coït, comme d'autres ont celle du coït buccal. Blasés sur les jouissances normales, les débauchés recourent à tous les moyens pour réveiller leurs sensations endormies.

Cependant le docteur Passant, l'éminent médecin en chef du dispensaire de la préfecture de police, pense que l'on a beaucoup exagéré sous ce rapport et que les femmes publiques se prêtent peu, en général, au coït rectal.

Les prostituées qui se livrent habituellement à des relations contre nature présentent, du côté de l'anus, des déformations caractéristiques. Ce sont les mêmes altérations que celles que l'on observe chez les pédérastes passifs, c'est-à-dire le relâchement du sphincter et la déformation des fesses; ces deux signes ont une valeur bien autrement grande que l'état infundibuliforme de l'anus auquel les observations de MM. Brouardel, Casper, Tarnowsky, etc., ont enlevé la presque totalité de son importance comme signe d'habitudes passives.

Etats morbides de l'utérus. — Les hémorrhagies utérines sont fréquentes chez les prostituées sans qu'il y ait pour cela, chez elles, des lésions organiques. Ces pertes sont certainement dues aux congestions fréquentes auxquelles l'utérus et tous les organes sexuels des filles publiques sont en butte.

Le cancer de l'utérus est-il plus fréquent chez les prostituées que chez les autres femmes ? Evidemment elles n'en sont pas exemptes, mais on peut, je crois, assurer que le métier auquel elles se livrent n'exerce aucune influence prédominante sous ce rapport. On ne trouve pas plus fréquemment le cancer utérin chez les filles publiques qu'on ne le constate chez les femmes honnêtes.

Il en est de même de l'allongement du col.

On trouve peut-être un peu plus fréquemment les phlegmasies de la matrice, les métrites, les endométrites, les catarrhes utérins chez les prostituées que chez les autres femmes. Il est évident que celles-là, qui répètent l'acte génital un certain nombre de fois par jour, sont plus sujettes aux irritations et par suite à l'inflammation de l'utérus que celles-ci qui ne se livrent qu'à un coït modéré ; sans compter que souvent elles ont à faire à des hommes d'une excessive brutalité et qu'elles reçoivent quelquefois deux ou trois hommes et même plus, l'un à la suite de l'autre, sans interruption.

Le catarrhe utérin est très fréquent chez les filles publiques, comme aussi la vaginite inflammatoire.

La menstruation, il est à peine nécessaire de le dire, subit chez les prostituées des variations considérables ; il est difficile, cependant, de donner sur cette question des renseignements précis. Une fonction aussi délicate peut être dérangée d'une façon absolue par le genre de vie que mènent les prostituées. Il y a beaucoup de filles mal réglées, ou qui ne le sont qu'à de rares intervalles ; mais il en est d'autres qui n'éprouvent aucun changement dans leurs époques.

De la fécondité chez les prostituées. — En thèse générale, les prostituées, une fois qu'elles se livrent assidûment à leur métier, ne sont pas très fécondes. Si elles ont des enfants, c'est d'ordinaire au début de leur carrière. Ce serait aller trop loin que d'avancer que les filles publiques, adonnées depuis des années à la prostitution n'en ont jamais. La proportion de celles qui deviennent mères est évidemment bien inférieure à celle des femmes honnêtes de leur âge. Mais quelle valeur attacher au chiffre des accouchements, même rigoureusement constaté, chez les prostituées ? Comment saura-t-on jamais le nombre des avortements naturels ou provoqués ? Les irrégularités de menstruation ne sont-elles pas dans beaucoup de cas le commencement d'une grossesse que les excès de coït ou d'alcool, que les voies de fait auxquelles ces femmes sont journellement exposées empêchent de suivre son cours normal. On est obligé de laisser la question de la fécondité des prostituées dans l'obscurité où elle s'est toujours tenue. Les renseignements vagues qu'il est possible d'obtenir à ce sujet soit de l'administration, soit des femmes elles-mêmes ne permettent pas d'y répondre d'une façon nette et précise, mais ils donnent lieu de penser que les filles publiques conçoivent plus facilement qu'on ne le croit en général, mais qu'elles arrivent difficilement à mener leur grossesse à bon terme.

En tous cas, il y a un certain nombre de prostituées qui sont très fécondes ; de plus il est d'observation que lorsque les filles quittent le métier, qu'elles se marient, elles deviennent très souvent enceintes. Leurs grossesses sont nombreuses, heureuses et se comportent normalement.

M. Mireur, qui s'est livré à d'intéressantes études sur l'aptitude des prostituées à concevoir, pense qu'il faut attribuer leur stérilité aux changements chimiques que subit le mucus vaginal à la suite des irritations sans cesse répétées auxquelles les filles publiques soumettent leurs organes génitaux. Ce mucus devient acide, au lieu de rester alcalin ; il tue les spermatozoïdes. Lorsque les prostituées reviennent à une vie régulière, le mucus vaginal redevient alcalin.

Infirmités de certaines prostituées. — La maîtresse d'une maison de tolérance exige des filles admises chez elle, qu'elles soient jolies et qu'elles n'aient aucune infirmité. Cette condition peut paraître ridicule à un observateur superficiel ; elle ne l'est pas cependant, car nombre de femmes disgraciées sous ce rapport s'adonnent à la prostitution. Le dispensaire garde le souvenir d'une fille qui avait une jambe de bois ; journellement on rencontre des prostituées boîteuses ; il y en a qui sont bossues, borgnes ou sourdes ; beaucoup ont des *nœvus*, et l'existence de ces larges taches lie de vin sur le visage ou sur leur corps, ne détourne pas d'elles les galants. Il semblerait au contraire que certains individus trouvent un charme particulier à ces espèces de monstruosités ; car les filles qui en sont atteintes ne manquent pas de clients.

Fréquence et nature des maladies générales et communes chez les prostituées. — Les maladies auxquelles les prostituées sont le plus ordinairement sujettes sont les maladies vénériennes, la syphilis et les affections psoriques.

La blennorhagie, les chancres simples sont des affections ennuyeuses, mais elles se terminent plus ou moins rapidement par la guérison complète. Les filles les considèrent toujours comme de petits accidents.

La syphilis les effraye davantage : quelles que soient les précautions qu'elles prennent pour l'éviter, il est malheureusement certain que pas une prostituée n'y échappe à la longue. D'après les travaux auxquels s'est livré le docteur Mœller, membre de l'Académie de médecine de Belgique, toute femme publique est nécessairement contaminée dans un temps donné qui varie entre deux et quatre ans. D'un autre côté le docteur Schperk, de Saint-Pétersbourg, a constaté que les accidents syphilitiques s'observent plus fréquemment chez les filles de quinze à vingt ans que chez celles de vingt à vingt-cinq ans, plus fréquemment chez les filles de vingt à vingt-cinq ans que chez celles de vingt-cinq à trente. Les prostituées vieillies dans le métier seraient donc un peu plus rebelles à la syphilis que les autres. Faut-il voir dans ces faits le résultat de l'accoutumance des muqueuses, de précautions plus minutieuses ou bien ne faut-il pas mieux en chercher l'explication dans une syphilisation antérieure ? Les filles publiques âgées de vingt-cinq à trente ans, se livrent presque toutes depuis sept ou huit ans au moins à la prostitution. Elles ont donc été contaminées à dix-neuf ou vingt ans, et ne présentent plus à cette période de leur vie que des manifestations tertiaires, qui échappent quelquefois à l'examen, ou qui ne sont pas toujous mises au compte de la vérole.

Il est d'observation courante que les prostituées clandestines présentent en général des accidents syphilitiques plus graves et plus étendus que les filles soumises. Ce fait a à peine besoin d'explication. Il est de règle, au dispensaire, d'arrêter toute solution de continuité ; toute fille qui porte une érosion ou une ulcération, quelle que soit sa nature, est soignée. Les prostituées clandestines, au contraire, ne se soignent pas au début de leur syphilis ; elles la promènent, et elles ignorent souvent qu'elles ont été contaminées jusqu'au moment où les accidents secondaires, éclatant tout-à-coup, les forcent à suivre un traitement.

La gale est très fréquente chez les prostituées ; elle subit une augmentation tous les ans, au printemps, et diminue ensuite. Malgré cette recrudescence saisonnière, on a constaté que depuis cinquante ans, la gale a une tendance manifeste à diminuer de fréquence. Chaque année le chiffre total des filles atteintes de gale est un peu inférieur à celui de l'année précédente.

Les causes de cette diminution sont la plus grande propreté des filles et celle des hommes avec lesquels elles ont des rapports. L'efficacité du traitement externe institué à l'hôpital Saint-Louis et la facilité avec laquelle tout le monde peut en réclamer le bénéfice, doivent également entrer en ligne de compte. Enfin, les médecins du dispensaire attachent peut-être aujourd'hui plus d'importance qu'autrefois aux affections psoriques.

J'aborde maintenant la question des maladies générales, aigües ou chroniques, et je me crois autorisé à dire que les prostituées leur paient un large tribut.

Par leur métier même, stationnant aux coins des rues, dans les courants d'air, exposées à la pluie et au vent, se promenant à pas lents par les nuits d'hiver, sortant des bals et des cabarets surchauffés sans prendre de précautions suffisantes, les prostituées sont exposées à contracter une foule de maladies.

Depuis l'angine simple jusqu'à la diphthérie, depuis le rhume de cerveau jusqu'à la pneumonie, elles sont sujettes à toutes les affections aigües des voies respiratoires. La phtisie pulmonaire est fréquente chez elles. Quelquefois héréditaire, elle est le plus souvent acquise et elle est alors le résultat d'une existence déréglée : les refroidissements répétés, les affections bronchiques ou pulmonaires mal soignées, la misère, l'épuisement, l'anémie, l'alcoolisme, les excès de tous genres suffisent pour déterminer la formation des tubercules. Mais depuis que la découverte des bacilles a fait entrer la question de la tuberculose dans une phase nouvelle, il est permis de se demander si la contagion directe ne doit pas figurer dans une mesure plus ou moins large, parmi les causes effectives de la phtisie chez les filles publiques.

Les tuberculeux sont en général très portés au coït. N'y aurait-il pas dans la sueur dont les phtisiques mouillent les draps du lit, dans les crachats qu'ils laissent derrière eux, sur le plancher de la chambre, une raison suffisante pour expliquer la production de la tuberculose chez certaines prostituées qui n'avaient jamais souffert auparavant d'affections des voies respiratoires?

Les rhumatismes musculaire et articulaire, les névralgies dont beaucoup de filles sont atteintes, sont dues, comme les affections pulmonaires, à l'action du froid.

Il en est de même des ophthalmies, des catarrhes de l'oreille; cependant il y a là quelquefois, contagion directe.

La fièvre typhoïde fait d'assez nombreuses victimes parmi les prostituées. La fatigue, le surmenage, la misère, les excès de toutes sortes, l'insalubrité des logements viennent ajouter leur influence à celle de la contagion.

Les affections de l'estomac et de l'intestin sont au contraire plus rares qu'on ne serait tenté de le croire, en pensant au régime extraordinaire que suit la presque totalité des filles publiques.

Les affections cérébrales, les congestions, les apoplexies se voient assez fréquemment chez elles. Beaucoup deviennent des paralytiques générales. Nées souvent de parents alcooliques, en proie elles-mêmes à une existence désordonnée, s'alcoolisant elles aussi, un grand nombre de filles arrivent tôt ou tard à l'aliénation mentale. La folie reconnait chez elles quatre causes différentes: la débilité, l'alcoolisme, l'hérédité et la syphilis.

L'hystérie est chose commune chez les prostituées; elle est plus souvent la cause que la conséquence de la prostitution.

Fréquence des affections chirurgicales chez les prostituées. — Les filles publiques sont souvent soumises de la part de leurs souteneurs ou de leurs galants d'une heure à des traitements féroces. Battues quelquefois avec une sauvagerie inouïe, elles peuvent présenter toute une série de lésions, depuis la plus simple des ecchymoses jusqu'à la fracture la plus compliquée.

Elles reçoivent assez fréquemment dans les rixes où elles sont mêlées, des coups de ciseaux, de couteau ou de poinçon. Ce sont aussi des coups de poing ou des coups de pied dans le ventre qui déterminent chez elles des péritonites traumatiques, parfois mortelles.

Malgré tous les facteurs qui contribuent, en apparence, à rendre plus précaire la santé des prostituées, il faut reconnaître que ces femmes sont douées d'une somme d'énergie physique suffisante pour résister à tant de causes de maladie.

Elles ne sont ni plus souvent, ni plus gravement malades que les femmes honnêtes de leur classe. Peut-être faudrait-il faire exception pour la phtisie pulmonaire, et encore est-il difficile d'arriver à ce sujet à une conclusion exacte.

En effet, les prostituées qui entrent dans les hôpitaux généraux, ont grand soin de masquer sous une profession d'emprunt, le métier qu'elles font. Si elles succombent, leur décès est compté avec ceux de la classe ou de la profession dont elles ont feint de faire partie. Couturières, blanchisseuses, modistes, demoiselles de magasin voient ainsi leur statistique mortuaire s'élever de tous les décès qui auraient dû être imputés à l'actif de la catégorie des prostituées.

Il est donc fort difficile a atteindre la vérité, dans ce cas; cependant on peut affirmer sans s'en écarter sensiblement et en laissant de côté les affections syphilitiques, qu'il y a deux espèces de maladies qui paraissent être plus particulièrement meurtrières pour les prostituées. Ce sont les affections des voies respiratoires et l'alcoolisme.

L'alcoolisme est la conséquence presque fatale de la prostitution. Que les filles soient en carte, en maison, ou qu'elles s'adonnent à la prostitution clandestine, l'abus des alcools est la règle chez elles. Bière, vin, absinthe, vermouth, cognac, rhum, menthe, curaçao, bitter, et cent autres liqueurs sont leurs boissons habituelles. C'est à l'alcool qu'elles demandent l'énergie qui leur fait défaut: c'est lui qui les réchauffe quand elles sont glacées par leurs longues stations nocturnes; c'est à lui qu'elles ont recours lorsqu'elles veulent s'étourdir et oublier. Toutes les prostituées boivent; mais la qualité des alcools qu'elles absorbent correspond à la catégorie à laquelle elles appartiennent elles-mêmes. Plus cette catégorie est inférieure, plus les alcools sont impurs et frelatés. Il en résulte des désordres organiques d'autant plus faciles à comprendre qu'il est presque impossible de les éviter quand la consommation ne s'étend que sur des spiritueux de bonne qualité.

A part donc l'alcoolisme et les affections des voies respiratoires, on ne peut vraiment pas dire que la prostitution exerce une influence néfaste sur la santé en général et prédispose les filles qui s'y livrent à prendre plus facilement les maladies auxquelles toutes les femmes sont exposées.

Lorsque les prostituées ont pu échapper heureusement aux diverses influences morbides qui les menacent, lorsque par leur sobriété elles ont pu éviter l'intoxication alcoolique, il n'est pas rare de les voir arriver à un âge avancé. J'ai cité l'exemple de cette vieille de quatre-vingts ans, qui n'a jamais rendu sa carte et qui finit tranquillement ses jours à l'infirmerie de Saint-Lazare. Elle est à Paris, et peut-être dans le monde, unique dans son genre. Les hospices de vieillards, les dépôts de mendicité comptent parmi leurs pensionnaires en cheveux blancs, beaucoup d'anciennes filles publiques. Un grand nombre de femmes cessent de se prostituer à un moment donné. Celles-là, si elles n'ont pas contracté, pendant les années de leur vie folle et déréglée, des habitudes d'intempérance, arrivent souvent et sans encombre à la vieillesse.

La prostitution en elle-même, dégagée des conséquences fatales qu'elle entraîne presque nécessairement avec elle, ne paraît donc pas devoir raccourcir la longévité; mais il est rare que les filles publiques qui continuent indéfiniment leur métier, puissent échapper à ses conséquences.

Les demi-mondaines, cela va sans dire, sont moins sujettes que les prostituées de catégorie inférieure, à toutes les affections spéciales et générales que j'ai mentionnées. Vivant dans le luxe et le confort, elles ne s'adonnent guère à l'ivrognerie; elles y perdraient rapidement leur clientèle et leur situation. Elles sont trop savantes, trop profondes calculatrices pour la plupart, pour ne pas songer au lendemain. Quand l'âge de la retraite a sonné pour elles, elles disparaissent de la scène et vivent tranquilles, dans une honnête aisance, jusqu'à un âge assez avancé, à moins que le couteau d'un assassin ne vienne trancher brusquement avec leur existence, le rêve longtemps caressé d'une médiocrité douce et dorée.

CHAPITRE SIXIÈME

De l'Inscription et de la Radiation. — Des devoirs que l'Inscription impose aux filles. — De la Réinscription.

La réglementation de la prostitution a de tous temps préoccupé l'autorité. A Rome déjà, les filles qui s'y livraient par état, étaient obligées d'aller se faire inscrire chez les édiles ; si elles omettaient cette formalité, elles encouraient la peine du bannissement.

Au moyen âge, malgré les nombreux édits que beaucoup de nos rois, depuis Charlemagne, ont lancés contre les prostituées, la prostitution peut être considérée comme ayant été libre. Les règlements que contenaient ces édits étaient, il est vrai, sévères et durs : ils parquaient les filles de joie, les ribaudes, dans des quartiers désignés qu'elles ne pouvaient quitter. Le nom d'une foule de rues de l'ancien Paris en fait encore foi aujourd'hui. Ils leur interdisaient de porter certaines étoffes, certaines coiffures, certains bijoux. Mais aucun d'eux n'astreignait les prostituées à l'inscription, aucun d'eux ne posait les bases d'une organisation régulière. Aussi, ces édits restaient-ils à l'état de lettre morte ou tombaient-ils en désuétude dès qu'ils étaient promulgués. C'est ce qui explique, du reste, qu'il ait fallu en rendre autant.

Cet état de choses nous paraît, après tout, naturel aujourd'hui. On était, au moyen âge, dans une période troublée où la société, à peine reconstituée, se débattait dans un état voisin de l'anarchie. Il est bien plus surprenant que dans les temps modernes, et même à une époque relativement très rapprochée de nous, on n'ait pas songé à soumettre la prostitution à des lois restrictives, quand tout le monde en constatait les embarras et en déplorait les dangers. Ce n'est, en effet, que peu avant la chute de l'ancien régime, vers 1765, que l'idée de l'inscription des filles publiques se fit jour. L'honneur en revient à un simple commissaire de police de Paris qui, dans un rapport au lieutenant de police, demandait que toutes les prostituées fussent inscrites et qu'un bureau spécial fut créé pour recevoir les noms, âge, demeures et qualités des femmes qui voudraient jouir de la *protection* de la police. Il ajoutait qu'il considérait cette mesure comme la seule capable de mettre fin aux scandales journaliers et citait l'exemple de Rome et de Naples, où cette inscription avait donné les meilleurs résultats.

Quelques années plus tard un second mémoire fut adressé à ce sujet au lieutenant de police. L'auteur demandait l'inscription et la surveillance sanitaire des prostituées. Une commission fut chargée d'examiner ce mémoire ; elle conclut en disant que les idées qui y étaient contenues émanaient d'un homme de bien, mais qu'elles étaient inapplicables en pratique.

Il paraît toutefois que ces idées firent leur chemin et qu'après plus ample examen on les trouva praticables ; car, à la fin du règne de Louis XVI, deux employés de la police étaient chargés, à Paris, de procéder à l'inscription et à la surveillance des prostituées.

La Révolution emporta ce premier essai d'une réglementation et d'une police sanitaire de la prostitution.

Les filles publiques redevinrent libres, mais elles ne surent pas jouir tranquillement et décemment de leur liberté. Les excès auxquels elles se livraient, devinrent tels que la Convention en 1796, décréta de nouveau l'inscription des filles publiques sur un registre spécial. Cependant, soit que la surveillance fut insuffisante, soit qu'elle se fût relâchée, les désordres recommencèrent de plus belle ; il fallut ordonner une nouvelle inscription générale en 1801, une autre en 1804, plus détaillée. En 1846, le mode d'inscription fut encore perfectionné : le nom, l'âge, la demeure des filles furent inscrits sur un sommier contenant des numéros imprimés et des blancs que les employés n'avaient qu'à remplir ; on y joignit un répertoire qui renvoyait à d'autres registres sur lesquels on notait les mutations, les inscriptions nouvelles, etc. Un registre spécial était affecté aux maîtresses de maison, un à la comptabilité, un autre au mouvement des prisons, au mouvement de l'hôpital, etc.

En 1828, on décida de ne plus inscrire de femmes sans avoir en main leur extrait de naissance et sans faire pour chacune d'elles un dossier spécial, contenant tous les renseignements déjà mentionnés sur le registre, mais aussi tout ce qu'on avait pu apprendre sur son compte, les particularités de sa vie et les rapports de police auxquels elle avait pu donner lieu.

Les avantages que présente ce mode de procéder sautent aux yeux. Ils sont tels, que depuis soixante ans l'administration ne l'a pas modifié ; elle l'a perfectionné, cela va sans dire, mais elle a laissé subsister dans ses grandes lignes le règlement de 1846 revisé en 1828.

La femme publique sait, en effet, que la police possède sur elle-même, sur ses origines, sur ses antécédents, sur sa manière de faire et de vivre des renseignements authentiques et circonstanciés. Elle en sera d'autant plus craintive, d'autant plus portée à ne pas enfreindre les règlements ; elle renoncera peu à peu à l'usage des faux noms, sachant fort bien que la police finira toujours par la retrouver. L'obligation de produire leur acte de naissance au moment de l'inscription, ne permet plus aux prostituées de se soustraire aux recherches de leur famille ou de la justice ; elle donne également à l'administration la possibilité de prévenir les intéressés, en cas de décès d'une fille.

Les filles qui sont inscrites sur les registres de la préfecture sont des *filles soumises;* celles qui ne le sont pas, sont des *insoumises ;* ces deux termes ont passé dans la langue usuelle. La différence qui sépare ces deux catégories de femmes est donc purement administrative, mais elle est d'une haute importance ; car les unes sont visitées et les autres ne le sont pas.

Mécanisme de l'inscription des prostituées. — L'inscription des filles publiques se fait sur la demande des filles, ou elle se fait d'office. Il y a une trentaine d'années encore, les dames de maison pouvaient demander l'inscription des filles qu'elles amenaient à la préfecture. Cela leur est défendu aujourd'hui, afin de mettre fin aux manœuvres coupables que beaucoup de ces femmes employaient pour recruter leur personnel.

Lorsque l'inscription se fait sur la demande des filles, c'est l'*inscription volontaire ;* lorsqu'elle a lieu à la suite d'arrestations répétées faites par les inspecteurs du service des mœurs, c'est l'*inscription d'office.*

Dans certains cas, avant d'être inscrites, les filles passent devant la commission d'inscription. Cette commission est composée, depuis l'année 1878 :

D'un chef de bureau, délégué du préfet de police, président ;

D'un sous-chef de bureau ;

De deux commissaires de police.

Cette commission se réunit une fois par semaine, à la préfecture.

Inscription volontaire. — Lorsque les filles qui demandent leur inscription sont majeures, elles ne passent pas devant la commission ; celle-ci n'a qu'à examiner les demandes des mineures ou des femmes mariées.

Quoiqu'elles soient inscrites directement, l'administration s'entoure vis-à-vis des filles majeures et célibataires de toutes les garanties possibles. A part leur comparution devant la commission, la manière de procéder à l'inscription de ces filles est identique à celle qui est en usage pour les mineures et les femmes mariées.

Les prostituées ont fait une première démarche auprès du bureau des mœurs, à la préfecture de police, pour demander leur inscription. Cette démarche a pour conséquence de faire consigner sur un bulletin le nom, l'âge, la profession, le lieu de naissance et la demeure actuelle de la fille. Ce bulletin est transmis au bureau des renseignements judiciaires qui fait les recherches nécessaires sur les antécédents de la fille et contrôle la véracité de ses assertions.

Pendant cet interrogatoire, on demande à la fille si elle est célibataire, veuve ou mariée ; si elle a des parents et quel est leur métier ; si elle habite avec eux ; si elle s'en est séparée et pour quelle raison ; si elle a eu des enfants et si elle les garde avec elle ; depuis quand elle habite Paris ; si quelqu'un pourrait la réclamer à Paris ; si elle a déjà été arrêtée, combien de fois, et pour quelles raisons ;

si elle a déjà fait le métier de prostituée quelque part ;
depuis quand elle l'exerce ; si elle a déjà eu une affection
vénérienne ; si elle a reçu quelque éducation ; pour quelles
raisons, enfin, elle veut se faire inscrire. Ces questions, et
mille autres que les réponses de l'intéressée amènent,
sont consignées par écrit et forment avec ses réponses le
dossier de la fille qui sera mis sous les yeux de la commission, s'il est nécessaire qu'elle comparaisse devant elle.

Après ce premier interrogatoire la fille est conduite au
dispensaire où elle est examinée ; le médecin de service
inscrit sur le bulletin que lui a remis l'inspecteur qui a
accompagné la fille au dispensaire, si celle-ci est saine ou
malade et quelle est l'affection dont elle souffre, en ce
cas.

Il est souvent difficile d'avoir des détails exacts sur
l'âge, le nom et l'origine des filles ; quelquefois elles
cachent tous ces renseignements et en donnent de faux ;
d'autres fois, avec la meilleure volonté du monde, elles ne
savent pas leur âge et ne peuvent fournir de données
précises sur le lieu de leur naissance ou sur leur famille.
Dans le premier cas, les prostituées se tromperaient étrangement si elles croyaient longtemps abuser l'administration et elles seraient les premières à souffrir de leur duplicité. En effet, une fois qu'il est prouvé qu'une fille s'est
fait inscrire sous un nom supposé, on la retient, on l'envoie à Saint-Lazare en punition, et on ne lui rend sa liberté
que lorsqu'elle a consenti à donner son nom véritable ou
que l'administration a réussi elle-même à le découvrir.
Celle-ci a un intérêt majeur à connaître exactement les
origines des filles qu'elle inscrit : toutes n'ont pas un
passé irréprochable au point de vue judiciaire. Celles qui
ont eu maille à partir avec la justice, celles qui se sont

rendues coupables d'un délit quelconque, d'un vol par exemple, et qui sont sous le coup de poursuites, ne tiennent pas à faire connaître leur véritable nom. Elles espèrent échapper ainsi à une surveillance plus active si elles ont déjà subi quelque condamnation ou éviter une condamnation inévitable si l'on connaissait leurs antécédents.

C'est surtout quand il s'agit d'inscrire des prostituées clandestines que ces difficultés surgissent. La présentation de l'acte de naissance, exigée par l'administration, est donc une chose excellente et devrait dissiper toute incertitude. Mais beaucoup de filles n'ont pas cet acte ; quelques-unes allèguent qu'elles ne peuvent se le procurer, faute de ressources ; d'autres que, ne sachant où elles sont nées, il leur est impossible de le fournir. Dans ces circonstances la préfecture procède comme pour les filles qui sont de bonne foi et qui ignorent réellement le lieu de leur naissance.

Pour celles-là, si elles ont pu donner quelque vague indication, l'administration écrit au maire de la commune où elles croient être nées ; si elles n'en ont pu fournir aucune, elle les inscrit provisoirement, mais elle continue l'enquête après coup. Si cette enquête prouve que la fille a donné de fausses indications, on la met en punition jusqu'à ce qu'on ait su, d'une façon certaine, la vérité sur son compte.

A défaut d'extrait de naissance, les filles ont quelquefois un certificat de première communion, un acte de baptême ou de mariage qui suffit à établir leur identité et permet de terminer rapidement les recherches que nécessite la constitution de leur état civil.

Les lettres que l'administration est obligée d'envoyer aux maires sont rédigées de façon à ne pas trop froisser les susceptibilités des familles, si par hasard le fonctionnaire municipal n'était pas discret. Le maire répond que la fille sur laquelle on a demandé des renseignements est née dans la commune qu'il administre ou qu'elle y est totalement inconnue. La plupart du temps ces renseignements sont conformes à ceux que la fille a donnés elle-même ; si le maire affirme que la fille est inconnue dans sa commune, on n'inscrit cette fille que provisoirement et on continue l'enquête.

Quoi qu'il en soit, s'il faut que la prostituée qui demande son inscription passe devant la commission, l'heure est venue où elle se présente à elle. Les dossiers sont là ; les membres de la commission peuvent les consulter à leur aise. Les choses se passent du reste d'une façon tout à fait paternelle. La fille demande son inscription : la commission essaye de la dissuader de cette détermination, lui représente les inconvénients et l'opprobre de la position qui l'attend, et tente de la ramener à de meilleurs sentiments. Si la fille résiste à ces remontrances, si elle persiste dans sa résolution, la commission procède à son inscription sur le registre et lui donne la carte.

Il faut avoir assisté aux séances de la commission pour pouvoir s'en faire une idée : elles sont quelquefois très chargées, quelquefois très courtes. Les filles défilent une à une ; elles sont souvent jolies, et la plupart sont jeunes ; quelques-unes sont âgées ou fanées et paraissent plus vieilles qu'elles ne sont. La robe de soie ou de foulard, voyante et tapageuse, coudoie la robe de laine ou le sarreau de l'ouvrière ; le chapeau à plumes, le Gainsborough entreprenant frôlent le bonnet de linge ou la coiffure en cheveux. La propreté des unes fait remarquer davantage la saleté des autres ;

celles-ci sont maigres et flétries ; celles-là sont grasses et colorées. C'est l'amour du plaisir qui conduit les unes où la misère fait échouer les autres.

Les attitudes, les gestes, les regards ne sont pas moins différents. Beaucoup prennent un air compassé, mais l'œil brillant, la parole gouailleuse, un certain pli aux commissures des lèvres, un geste rapidement réprimé trahissent la fille dès longtemps habituée à la débauche qui vient se faire inscrire parce qu'elle est lassée de la prostitution clandestine et surtout des arrestations ; chez d'autres, l'œil reste fixé à terre ou se relève rarement et lentement ; la main tortille un ruban, un coin de la robe ou du tablier ; elles ont conservé un reste de pudeur. Quelques-unes, enfin, filles du peuple pour la plupart et en portant le costume, les cheveux en frange tombant sur le front, la parole hardie, les dents aiguisées, déclarent carrément qu'elles ne veulent pas travailler et qu'elles entendent demander à la prostitution les ressources nécessaires à leur existence.

Inscription d'office. — L'inscription d'office ne diffère pas sensiblement de l'inscription volontaire ; elle ne peut jamais être prononcée que par la commission.

Lorsqu'une prostituée a été arrêtée plusieurs fois pour avoir raccroché dans la rue, qu'il est bien avéré qu'elle tire de la prostitution seule ses moyens d'existence et que les avertissements réitérés qu'elle a reçus n'ont produit aucun effet, elle est inscrite d'office. On inscrit encore d'office les filles arrêtées qui sont reconnues atteintes de maladies vénériennes: c'est là une mesure de salubrité effective, car après leur inscription elles sont dirigées sur l'infirmerie de Saint-Lazare où elles restent jusqu'à ce que les accidents dont elles souffrent soient guéris.

Les filles clandestines refusent quelquefois avec opiniâtreté de se laisser enregistrer ; elles déclarent qu'elles ne se livrent pas à la prostitution, qu'elles ont été arrêtées à tort ; quelques-unes vont jusqu'à accuser les inspecteurs de leur en vouloir, parcequ'elles n'ont pas voulu se laisser séduire par eux.

Il faut aux agents de l'administration beaucoup de réserve et de prudence dans ces questions délicates ; une contre-enquête est souvent ordonnée ; en général, cependant, les filles ne résistent pas à l'évidence des preuves matérielles que les enquêtes ont accumulées contre elles.

La carte. — Les filles isolées une fois enregistrées reçoivent leur carte et un exemplaire de l'arrêté qui leur rappelle certaines obligations que l'inscription leur impose. Ces obligations, on les leur a fait connaître au moment où elles ont été enregistrées, et elles y ont souscrit en apposant leur signature ou une croix si elles ne savent pas écrire, au bas du procès-verbal d'inscription, sur le registre de la préfecture.

Cette formalité de l'adhésion des prostituées aux obligations imposées par la mise en carte est une chose excellente. C'est un engagement tacite entre la fille et l'administration. La fille ne peut plus alléguer son ignorance des règlements, si elle les enfreint ; elle sait ce qu'elle peut faire et ce qui lui est défendu ; elle sait qu'elle encourt certaines punitions. Cet engagement a été créé et maintenu en vigueur, surtout en vue des punitions dont le service des mœurs est obligé de frapper les femmes qui manquent à leurs obligations. Il leur donne une sanction, une apparence de légalité qui leur ferait absolument défaut sans cela.

Les filles qui entrent, immédiatement après leur ins-

cription, dans une maison de tolérance, ne reçoivent pas
de carte. Elles sont enregistrées sur le livret de la
maîtresse de maison dont elles deviennent les pensionnaires, et elles y ont un numéro. De là, la différence
simplement administrative entre les filles en carte et les
filles à numéro ; cette dernière expression a passé depuis
longtemps dans le langage ordinaire des prostituées
isolées, qui s'en servent souvent comme d'une injure vis-
à-vis des filles en maison.

Jusqu'au 31 décembre 1887 la carte était blanche et ne
contenait que les indications suivantes : au haut du Recto,
elle mentionnait les noms, prénoms et demeure de la fille
qui en est porteur, ainsi que son numéro d'inscription et
la date de l'année courante ; au dessous, le Recto était
divisé en colonnes servant à inscrire les visites bi-men-
suelles auxquelles les isolées sont soumises. Chaque
visite est mentionnée dans la colonne y afférente avec sa
date et les lettres D I S P (Dispensaire) imprimées au timbre
humide. Cette disposition en colonnes se reproduisait sur
le Verso.

Le format de cette carte était infiniment plus commode
et plus portatif que celui de la carte qui était précédemment en usage. Il fallait faire tenir sur le Recto seul de
celle-ci toutes les indications partagées entres les deux
faces de celle-là. Sur le Verso était imprimée l'instruction
que l'on remet aujourd'hui aux prostituées inscrites, sur
une feuille distincte.

Dans le courant de l'année 1887 l'administration se
décida à adopter un nouveau modèle pour la carte.
L'expérience de plusieurs années avait démontré, en effet,
qu'il était utile de faire figurer sur la carte certaines indications qui ne s'y trouvaient pas jusqu'ici. On fut obligé,

par conséquent, d'en agrandir un peu les dimensions ; on en changea aussi la couleur qui, de blanche, devint gris-bleu. Outre la date de l'année, les nom, prénoms, demeure et numéro d'inscription de la fille, la carte telle qu'elle existe aujourd'hui contient l'indication des jours de visite et la nomenclature des jours fériés pendant lesquels le dispensaire est fermé. La reproduction ci-dessous, qui est absolument fidèle, fera mieux comprendre la physionomie de la carte que toutes les descriptions.

Recto

188 _ {

Les visites auront lieu le ____ et le ____ de chaque mois.

Lorsque la visite tombera un DIMANCHE ou un JOUR FÉRIÉ, elle sera remise au lendemain.

Les jours fériés sont : le 1er Janvier, le Mardi-Gras, le Vendredi-Saint, le Lundi de Pâques, l'Ascension, le Lundi de la Pentecôte, le 14 Juillet, le 15 Août, la Toussaint et la Noël.

MOIS	1re QUINZAINE	VISA	2e QUINZAINE	VISA
Janvier..				
Février..				

La fille inscrite doit toujours avoir cette carte sur elle et la montrer à la moindre réquisition des inspecteurs du service des mœurs.

L'instruction que l'on remet aux prostituées, lors de leur inscription est très détaillée. En voici d'ailleurs le texte authentique :

PRÉFECTURE DE POLICE. (Mod. 49.)

1re DIVISION. — 2o BUREAU. — 3e SECTION.

OBLIGATIONS ET DÉFENSES IMPOSÉES AUX FEMMES PUBLIQUES.

Les filles publiques en carte sont tenues de se présenter, une fois au moins tous les quinze jours, au dispensaire de salubrité, pour être visitées.

Il leur est enjoint d'exhiber leur carte à toute réquisition des officiers et agents de police.

Il leur est défendu de provoquer à la débauche pendant le jour; elles ne pourront entrer en circulation sur la voie publique, qu'une demi-heure après l'heure fixée pour le commencement de l'allumage des réverbères, et, en aucune saison, avant sept heures du soir, et y rester après onze heures.

Elles doivent avoir une mise simple et décente qui ne puisse attirer les regards, soit par la richesse ou les couleurs éclatantes des étoffes, soit par les modes exagérées.

La coiffure en cheveux leur est interdite.

Défense expresse leur est faite de parler à des hommes accompagnés de femmes ou d'enfants, et d'adresser à qui que ce soit des provocations à haute voix ou avec insistance.

Elles ne peuvent, à quelque heure et sous quelque prétexte que ce soit, se montrer à leurs fenêtres, qui doivent être tenues constamment fermées et garnies de rideaux.

Il leur est défendu de stationner sur la voie publique, d'y former des groupes, d'y circuler en réunion, d'aller et venir dans un espace trop resserré, et de se faire suivre ou accompagner par des hommes.

Les pourtours et abords des églises et temples, à distance de vingt mètres au moins, les passages couverts, les boulevards de la rue Montmartre à la Madeleine, les Champs-Elysées, les jardins et abords du Palais-Royal, des Tuileries, du Luxembourg, et le Jardin des Plantes leur sont interdits. L'esplanade des Invalides, les quais, les ponts, et généralement les rues et lieux déserts et obscurs leur sont également interdits.

Il leur est expressément défendu de fréquenter les établissements publics ou maisons particulières où l'on favoriserait clandestinement la prostitution, et les tables d'hôte, de prendre domicile dans les maisons où existent des pensionnats ou externats, et d'exercer en dehors du quartier qu'elles habitent.

Il leur est également défendu de partager leur logement avec un concubinaire ou avec une autre fille, ou de loger en garni sans autorisation. Dans le cas où elles obtiendraient cette autorisation, il leur est expressément interdit de se prostituer dans le garni.

Les filles publiques s'abstiendront, lorsqu'elles seront dans leur domicile, de tout ce qui pourrait donner lieu à des plaintes des voisins ou des passants.

Celles qui contreviendront aux dispositions qui précèdent, celles qui résisteront aux agents de l'autorité, celles qui donneront de fausses indications de demeure ou de noms, encourront des peines proportionnées à la gravité des cas.

AVIS IMPORTANT. — Les filles inscrites peuvent obtenir d'être rayées des contrôles de la prostitution, sur leur demande, et s'il est établi par une vérification, faite d'ailleurs avec discrétion et réserve, qu'elles ont cessé de se livrer à la débauche.

Tels sont les devoirs et les obligations que l'inscription impose aux filles ; je me réserve d'y revenir, quand j'en aurai terminé avec les formalités de l'inscription des femmes mariées et des mineures.

Inscription des femmes mariées. — Les femmes mariées, qu'elles demandent leur inscription ou que l'administration décide de la leur imposer si elles ont déjà été arrêtées plusieurs fois, comparaissent toujours devant la commission.

L'administration s'entoure, à leur égard, d'autant de garanties que possible. Lorsqu'une fille a déclaré qu'elle était mariée, elle a beau assurer qu'elle veut être inscrite, on ne procède pas à son enregistrement sans avoir au préalable fait appeler son mari à la préfecture; à plus forte raison suit-on la même ligne de conduite lorsqu'on se trouve en présence d'une femme arrêtée plusieurs fois en flagrant délit de provocation et qui refuse la carte.

Le mari, s'il est possible de le retrouver, est invité à faire réintégrer le domicile conjugal à sa femme. Il arrive qu'il y consente et que la femme elle-même veuille bien le suivre. La plupart du temps il s'y refuse absolument et déclare abandonner sa femme.

Souvent aussi la femme ne sait plus où retrouver son mari et ne peut indiquer son domicile; ou bien elle l'a quitté depuis longtemps, ou bien elle a été abandonnée par lui; dans les deux cas, il est évident que celui des deux époux qui était fautif a tout mis en œuvre pour que l'autre perdît sa trace. L'administration ordonne néanmoins des recherches; si elles n'aboutissent pas, et si d'un autre côté, il est prouvé par l'enquête que la femme exerce notoirement la prostitution, la commission prononce l'inscription.

Il est des cas, enfin, où le mari, convoqué par l'administration, se présente et déclare ne pas s'opposer à l'inscription de sa femme. Il n'est alors qu'un souteneur. Un exemple, entre cent autres : Une femme, âgée de 24 ans, mère de deux enfants vient demander son inscription ; le mari est mécanicien. Cette femme habite en garni ; elle se livre à la prostitution et a déjà été arrêtée deux fois de ce chef ; elle est syphilitique. Le garni où elle loge est loin de la chambre qu'occupe son mari, à Grenelle. Elle a ses enfants avec elle pendant la journée. Quand vient l'heure où elle doit sortir pour guetter les galants, le mari vient chercher les enfants et les emmène avec lui, dans son logement ; il les ramène le lendemain matin à leur mère, quand il vient toucher sa part de l'argent qu'elle a pu gagner la nuit en se prostituant. Cet homme a déjà subi plusieurs condamnations ; c'est un souteneur et il est loin de s'opposer, du reste, à ce que sa femme soit mise en carte.

Inscription des filles mineures. — La question de l'inscription des filles mineures est une des plus ardues et des plus controversées. Elle est l'un des arguments favoris des adversaires de la réglementation de la prostitution.

Une fille mineure, à laquelle la loi défend de tester, qui ne saurait disposer d'elle-même sans le consentement de ses parents ou, à leur défaut, de son tuteur, peut-elle consommer son propre déshonneur et couvrir de honte un nom et une famille jusque là respectés ? L'administration ne s'expose-t-elle pas, en procédant à l'inscription d'une fille mineure, au reproche de favoriser la prostitution des mineures ?

Les divers administrateurs qui se sont succédé à la préfecture de police se sont vivement émus de ces questions. On retrouve la trace de leurs préoccupations dans les différents arrêtés qu'ils ont signés et où l'âge auquel il était permis d'inscrire des mineures, subit des variations importantes. Plusieurs d'entre eux, MM. Delavau, Debelleyme, Mangin résolurent d'abord de ne permettre l'inscription que des filles majeures. Ils durent, au bout de peu de temps éclairés par l'expérience, modifier leurs premières idées et avancer la limite d'inscription de 21 à 18 et même à 16 ans. L'administration, aujourd'hui, agit d'après les mêmes principes.

L'inscription des filles mineures est un fait regrettable, je l'avoue ; mais dans l'état actuel de la société elle s'impose avec une absolue et inexorable nécessité. L'intérêt du plus grand nombre doit passer avant l'intérêt particulier et individuel.

Lorsqu'une fille mineure a contracté l'habitude de se prostituer, l'autorité de ses parents qui n'ont pu l'empêcher une première fois de se livrer à la débauche, sera impuissante à la maintenir dorénavant dans le droit chemin. Ou bien elle viendra demander son inscription, ou bien elle sera arrêtée tôt ou tard sur la voie publique ou dans une maison de passe.

L'inscription des prostituées n'a d'autre but que de les forcer à venir à la visite du dispensaire et de pouvoir éloigner de la circulation celles qui sont malades. A ce point de vue, l'inscription des mineures a une importance capitale : si elle était défendue, toutes les filles notoirement adonnées à la prostitution échapperaient à la surveillance jusqu'à leur majorité ; il leur serait possible, il leur serait permis de propager impunément la syphilis.

De plus, il n'est pas au pouvoir de l'administration, comme le dit avec une si haute autorité Parent-Duchâtelet, « de changer l'âge auquel les jeunes filles de Paris ou celles qu'on y amène, se trouvent d'une manière ou d'une autre dans le cas de se lancer dans la carrière de la prostitution. » Or cet âge, à Paris et dans les grandes villes du moins, est singulièrement hâtif. L'administration ne peut que constater le fait, elle peut le déplorer ; mais il est de son devoir de prendre telles mesures qu'elle jugera convenables pour limiter le mal et en diminuer les conséquences, puisqu'elle est impuissante à changer l'état de la société.

Il suffit d'envisager froidement la question pour la résoudre et on ne peut lui trouver que deux solutions ; enfermer les mineures qui se livrent à la prostitution dans des maisons de correction jusqu'à leur majorité, ou tolérer leur prostitution en les inscrivant et en les soumettant à des visites sanitaires périodiques.

La justice seule a le droit de prononcer cette peine de l'emprisonnement ; j'admets qu'elle l'applique souvent ; mais il arrivera aussi qu'elle se refuse à l'infliger, et alors, que fera-t-on de ces jeunes filles débauchées et corrompues qui ne veulent pas revenir chez leurs parents ou que ceux-ci ne veulent pas reprendre, qui repoussent tout travail et qui déclarent hautement qu'elles entendent continuer leur honteux métier ?

L'inscription apparaît donc à tout esprit impartial et sérieux comme l'unique moyen de prévenir et de réprimer les dangers que la prostitution des mineures fait courir à la santé et à la morale publiques. C'est à ce titre qu'il est permis non seulement de l'excuser, mais encore de la recommander. Bien loin de favoriser l'immoralité et de mener au vice, elle établit une surveillance nécessaire et elle procure à l'administration le moyen de retrouver et de rendre à leurs parents des jeunes filles qui n'ont obéi qu'à un moment d'égarement, qui ne sont pas encore corrompues, qui regrettent peut-être amèrement leur faute, et qui n'osant pas revenir dans leur famille, finiraient par se pervertir complètement et par rouler dans la plus crapuleuse débauche,

L'administration, sachant bien quelle est sa responsabilité, prend les précautions les plus minutieuses, les informations les plus précises avant de procéder à l'inscription des filles mineures. Même si ces filles sont atteintes de syphilis ou de maladies vénériennes, l'inscription n'a pas toujours lieu d'emblée. On n'enregistre les mineures que lorsqu'elles ont été arrêtées plusieurs fois, et jamais sans qu'il ait été statué sur leur cas par la commission d'inscription.

L'inscription des mineures peut avoir lieu sur leur demande ou d'office. Ce dernier cas est le plus habituel. Quand la fille, quel que soit son âge, a ses parents à Paris ou dans les départements voisins, l'administration les fait venir et les engage à reprendre leur enfant. Si la famille habite la province, si la fille n'a à Paris ni parents ni amis auxquels on puisse la confier honorablement, on lui offre de la rapatrier; si elle refuse, on écrit à ses parents ou à son tuteur pour qu'ils la fassent revenir auprès d'eux. En attendant que la réponse arrive la jeune fille est conduite à Saint-Lazare, au deuxième quartier de la troisième section. Elle y est assujettie à un travail manuel, elle y est momentanément soustraite à la débauche, et elle y peut subir l'influence bienfaisante des dames de l'Œuvre des Prisons, dont les exhortations ramènent beaucoup de ces petites malheureuses à de meilleurs sentiments.

Souvent les parents sont heureux de reprendre leur fille; d'autrefois, ils ne veulent pas s'en charger, mais acceptent volontiers le conseil de demander pour elle une ordonnance de correction. La durée de cette correction qui n'est ordonnée que par un jugement et qui est fixée par le président du tribunal est variable ; elle peut aller jusqu'à six mois et est renouvelable. Les mineures ainsi détenues subissaient leur punition au couvent de Saint-Michel ; depuis quelques années elles ont été retirées aux religieuses et elles sont internées, aujourd'hui, à Fouilleuse, près de Rueil.

Mais lorsque les parents déclarent qu'ils n'entendent plus se charger de leur fille, qu'ils l'abandonnent, il faut bien l'enregistrer et lui donner sa carte.

J'ai dit plus haut qu'habituellement l'inscription des mineures se faisait d'office. Il est rare, en effet, de voir une mineure venir demander elle-même son inscription. Le plus souvent c'est à la suite de râfles opérées par les inspecteurs des mœurs que la question de l'inscription des mineures se pose devant l'administration.

Une mineure qui, après chaque arrestation, serait toujours réclamée par sa mère ou par une parente, qui s'empresseraient de nouveau, après que la fille leur aurait été rendue, de la prostituer clandestinement pour tirer parti de sa débauche, serait inscrite d'office, malgré l'opposition de sa mère ou de cette parente.

Lorsque les mineures arrêtées se font réclamer par leurs amants, elles sont également inscrites d'office.

Bien entendu, dans tout ce qui précède, il n'a été question que de femmes qui n'ont jamais été enregistrées avant, ni à Paris, ni ailleurs. Quand des filles, inscrites en province se présentent à l'inscription à Paris, les formalités sont bien moindres. Il suffit de constater qu'elles ont déjà exercé la prostitution dans une autre ville et elles ont toujours sur elles des pièces justificatives sous ce rapport. On leur délivre leur carte, après qu'elles ont été soumises à la visite sanitaire.

Quand elles ont été inscrites à Paris, leur rétablissement sur les listes et les registres est chose facile. J'en parlerai dans le paragraphe consacré à la Réinscription.

Le tableau ci-dessous donne le mouvement des inscriptions à Paris depuis 1880. Les inscriptions volontaires sont de beaucoup inférieures aux inscriptions d'office, ordonnées après de nombreuses arrestations.

Années	1880	1881	1882	1883	1884	1885	1886
Les enregistrées, soit :	354	527	494	615	1006	1299	1145
Étaient : Mineures { de 18 ans et au-dessus...	9	133	41	128	316	363	296
Mineures { de 16 ans et au-dessus ...	0	4	1	2	6	41	74
Majeures...	345	390	452	485	684	890	775
Sur ce total étaient :							
Mariées ...	11	27	41	31	62	123	121
Célibataires ...	343	500	453	584	940	1176	1024
S'étaient présentées à :							
l'Inscription ...	107	87	76	98	73	91	90
Avaient été arrêtées ...	247	440	418	517	931	1208	1055

Ces chiffres prouvent aussi avec quelle circonspection l'administration procède quand il s'agit d'inscrire des mineures et dans quelle infime minorité les filles âgées de moins de dix-huit ans se trouvent vis-à-vis des prostituées majeures.

Des obligations que l'inscription impose aux prostituées. — La plus importante des obligations que l'enregistrement impose aux filles publiques, est évidemment celle qui leur enjoint de venir une fois au moins tous les quinze jours au dispensaire, pour y subir la visite médicale. Elles s'y soumettent assez volontiers quand elles sont saines ; elles n'ignorent pas quels ennuis entraîne pour elle l'infraction à cette disposition du règlement ; mais quand elles sont malades, c'est une autre affaire. Le séjour de l'infirmerie de Saint-Lazare les effraye ; elles se cachent et elles tâchent, par tous les moyens en leur pouvoir, de retarder le plus longtemps possible un examen médical dont la conséquence première et inévitable sera de les envoyer justement à cette infirmerie.

Les autres dispositions contenues dans le règlement ont été prises en vue de sauvegarder, autant que faire se pouvait, la morale publique et de prévenir des scandales. Les filles ont une tendance malheureuse à les enfreindre et l'administration est obligée trop souvent de leur en rappeler la stricte observation.

Si les prostituées tenaient toujours compte des obligations auxquelles elles ont consenti à se soumettre, si elles ne sortaient qu'aux heures fixées, si elles ne se montraient qu'aux endroits où la police tolère leur présence, les rues de Paris y perdraient peut-être un peu de leur physionomie actuelle, mais elles y gagneraient sous le rapport de la sécurité et de la moralité. Les règlements sont toujours transgressés et, plus que n'importe qui, les prostituées, qui sont une première fois sorties du droit chemin, sont impatientes du joug que leur impose l'administration. Elles ne veulent voir, en général, dans les mesures restrictives dont celle-ci entoure leur métier, que des tracasseries, des vexations inutiles, voire même des vengeances individuelles, et elles ont bien de la peine à comprendre que s'étant mises elles-mêmes hors de la société, celle-ci est bien obligée de prendre à leur égard toutes les précautions qu'elle jugera nécessaire à sa sauvegarde.

L'administration ne dispose pas malheureusement d'un

personnel suffisant pour exercer une surveillance effective. Les moyens de répression qu'elle a en mains ne sont ni assez nombreux ni assez énergiques pour pouvoir mettre un terme à des abus qu'elle regrette. Le zèle de ses agents ne peut suppléer à leur nombre, et pour réprimer les pires scandales, elle se voit obligée, jusqu'à un certain point, de laisser les moindres impunis.

Des causes qui amènent les filles à demander leur inscription. — Les filles qui viennent demander leur inscription sont, à de rares exceptions près, des prostituées clandestines ; ce sont en tous cas des femmes vicieuses et corrompues. Une fille vierge qui vient réclamer son enregistrement est un fait exceptionnel ; il a été signalé par Parent-Duchâtelet, mais ne s'est peut-être plus représenté depuis.

En parlant de la prostitution clandestine j'ai montré quelle différence énorme existait entre la fille qui vit aux dépens des passants qu'elle racole et la femme entretenue, l'horizontale dont l'existence est largement assurée par la générosité de son amant attitré. Mais lorsque, par une circonstance ou par une autre, cette femme entretenue change d'amants, elle tend à se rapprocher de la prostituée de la rue, et la distance qui les séparait d'abord s'effacera de plus en plus, au fur et à mesure que la demi-mondaine changera plus fréquemment d'amant et que ses liaisons deviendront plus courtes et plus passagères. Il arrive un moment où bien des femmes entretenues, après avoir roulé toujours un peu plus bas, après avoir eu des amants d'une position sociale de moins en moins relevée, ne trouvent plus d'entreteneur et où elles sont obligées de demander au trottoir de leur donner le pain quotidien. Elles viennent alors solliciter leur inscription pour ne pas courir les chances, presque inévitables, d'une arrestation avec toutes ses conséquences.

Pour d'autres filles, l'odyssée est moins longue. Leur amant, lassé des jouissances charnelles qu'elles pouvaient lui offrir, ennuyé de subir les charges onéreuses d'une liaison qui nuit à son avancement, à son établissement ou à son mariage, les quitte un beau jour ; ou bien il a changé de résidence, il a été pris par le service militaire, il est parti pour l'étranger, il est tombé malade, ou il est mort. Dans tous ces cas la femme, restée seule, se trouve bientôt dans le plus complet dénuement et elle est quelquefois mère ; le plus souvent elle a abandonné son enfant, mais si elle l'a gardé, comment subviendra-t-elle à ses besoins ? Elle a perdu l'habitude et, qui pis est, le goût du travail ; elle a pris des penchants de paresse et des habitudes de dépenses dont elle ne peut se passer. Elle n'a plus qu'une ressource, trouver un autre amant ou faire métier de son corps. Elle a beau chercher, pourtant ; elle rencontre bien des hommes, mais les liaisons sont éphémères ; à peine ébauchées, elles se dénouent. Elle sait qu'elle s'expose à être arrêtée si elle racole sur le trottoir, et qu'en cas de récidive elle serait enregistrée d'office ; elle aime mieux se faire inscrire tout de suite.

Un certain nombre de filles, adonnées à la prostitution viennent demander leur inscription parce qu'elles considèrent la tolérance que l'administration leur accorde plus avantageuse pour elles, malgré les charges et les obligations qu'elle leur impose, que la clandestinité. D'autres, alléchées par les promesses fallacieuses d'une courtière ou d'une maîtresse de maison, viennent se faire inscrire pour entrer immédiatement dans un lupanar, où elles espèrent trouver une vie de paresse et de cocagne.

Les inscriptions volontaires ne donnent jamais lieu à des réclamations. Les inscriptions d'office sont quelquefois une source de récriminations, non pas de la part des filles qui, après tout, en prennent leur parti, mais de la part de leurs amants. Elles sont souvent formulées par des personnes qui occupent une situation élevée et qui se montrent on ne peut plus irritées de ce que le service des mœurs ait osé toucher à une femme qu'elles entretiennent. L'administration, qui ne procède aux inscriptions d'office qu'après un examen approfondi et des arrestations répétées est obligée de faire tomber leurs illusions et de leur désiller les yeux sur les agissements de leurs protégées.

De la Radiation. — L'inscription des filles publiques n'est pas inexorable et définitive. Il leur est toujours possible de se faire rayer du registre et chaque année, en effet, l'administration procède à un certain nombre de radiations, pour des motifs divers.

Les principales causes de la radiation sont les suivantes :

1° *Le décès de la fille inscrite*. — C'est la radiation naturelle, par extinction.

2° *Le mariage de la fille inscrite*. — Quoique ce mode de radiation ne soit pas très fréquent, il est impossible de le passer sous silence, puisque tous les ans un certain nombre de prostituées contractent mariage ; on a vu plus haut à quelles classes de la société appartenaient les individus qui s'unissent à elles. La fille qui veut se marier prévient l'administration de sa détermination et demande sa radiation. Le service des mœurs fait une enquête, mais il n'est procédé à la radiation définitive de la fille que sur la présentation du contrat de mariage ou d'une pièce de l'état civil constatant que les formalités, exigées par la loi pour le mariage, sont commencées.

3° *Une infirmité définitive.* — Lorsque les médecins du dispensaire ont délivré à une fille un certificat constatant qu'elle est atteinte d'une infirmité inguérissable et telle qu'elle l'empêche à tout jamais de se livrer à l'exercice de la prostitution, on procède à la radiation de cette fille, sans autre formalité.

4° *La réclamation des parents.* — Les parents d'une prostituée inscrite font quelquefois des démarches pour obtenir la radiation de leur fille. L'administration, dans ce cas, recherche si les parents ne sont pas actuellement dans la misère ; s'ils sont dans une situation à pouvoir aider leur fille à retrouver des moyens d'existence honorables et s'ils n'ont pas commencé par favoriser sa prostitution.

Cette enquête demande à être conduite avec un grand tact et une grande prudence ; les renseignements doivent être pris sérieusement et la décision, quelle qu'elle soit, ne saurait être hâtive ; aussi l'administration prolonge-t-elle les délais, afin de n'agir qu'en pleine connaissance de cause. Il est évident que si les parents qui réclament leur fille et déclarent vouloir s'en charger, sont eux-mêmes misérables et sans ressources, ils ne pourront lui être d'aucun secours, et elle retombera fatalement dans la débauche ; s'il est prouvé, d'autre part, qu'ils ont poussé une première fois leur fille à se prostituer, ne peut-on, ne doit-on pas admettre qu'ils ne poursuivent sa radiation qu'afin de profiter de nouveau de sa débauche et de vivre de ses désordres ?

Dans l'un comme dans l'autre cas, la fille précédemment inscrite et rayée deviendrait une prostituée clandestine ; cette considération seule serait suffisante pour entraîner son maintien sur les registres ;

5° *La réclamation d'un amant sérieux et connu.* — C'est chose assez fréquente de voir une fille demander sa radiation en appuyant sa requête sur l'assurance que lui donne un individu connu, de vivre maritalement avec elle. La fille déclare qu'elle veut renoncer à la prostitution publique, l'amant qu'il s'engage à pourvoir à son existence.

L'enquête s'impose ici d'une façon plus absolue encore que dans le cas précédent. L'administration la fait aussi complète, aussi minutieuse que possible et elle attend en général plusieurs mois avant d'opérer la radiation. S'il en était autrement, il serait trop facile, pour les prostituées, de trouver sur le pavé de Paris des gens qui les réclameraient. Il faut s'assurer, au préalable, de la durée de la liaison qui, si elle était passagère, laisserait après sa rupture la fille aussi dénuée de ressources qu'avant et de la moralité, de la situation de fortune de l'individu qui consent à vivre avec elle et à pourvoir à ses besoins. Si l'enquête laisse subsister quelques doutes sur l'un de ces points, on laisse les choses en l'état, jusqu'à ce que l'on ait acquis la conviction que la liaison est sérieuse et durable et que l'individu qui a promis de subvenir aux besoins de sa maîtresse, ne cherche pas au contraire à vivre de sa débauche.

6° *La demande de personnes charitables.* — Beaucoup de femmes honorables et du monde s'intéressent à Paris aux œuvres qui ont pour but de ramener les prostituées au bien. Ces femmes charitables, qui font partie de comités de bienfaisance, qui sont à la tête d'ouvroirs, ou qui dirigent des maisons de refuge demandent parfois la radiation des filles auxquelles elles s'intéressent, soit qu'elles soient originaires du même pays, soit qu'elles leur aient été recommandées, soit que ces prostituées aient elles-mêmes sollicité leur entrée dans les établissements qu'elles dirigent. Il existe, à Paris, plusieurs œuvres de ce genre. Lorsque ces personnes ont obtenu la radiation qu'elles ont demandée, elles placent leur protégée dans un refuge ou dans un ouvroir, et elles en deviennent moralement responsables.

La préfecture fait assez volontiers droit à la requête de ces personnes charitables; elle accorde d'abord une radiation provisoire qui ne devient définitive qu'après quelques mois, si la fille qui en a bénéficié, a prouvé par sa conduite, par ses paroles et par son amour du travail qu'elle est réellement revenue à des sentiments meilleurs et à une vie réglée.

7° *La demande des filles elles-mêmes.* — L'immense majorité des radiations a lieu sur la demande des prostituées elles-mêmes. Pour un grand nombre de filles, l'inscription et la prostitution ne sont qu'un état temporaire, une étape dans la vie; elles la quittent tôt ou tard, *quand elles ont jeté leur gourme*, pour me servir d'une expression qui leur est familière.

Lorsque la demande de radiation qu'elles font à l'administration ne s'appuie sur aucun des motifs que je viens de citer, c'est qu'elles ont trouvé un moyen honnête et honorable de gagner leur vie. Elles se font domestiques, elles entrent dans un atelier, ou dans une usine; mais elles sont dans tous les cas dans la nécessité de se faire rayer, pour éviter la visite sanitaire dont le retour périodique les ferait bien vite reconnaître et renvoyer de leur place ou de leur emploi, et pour échapper aux

recherches des inspecteurs des mœurs qui les considère-
raient comme des insoumises, si n'étant pas rayées, elles
cessaient de venir au dispensaire.

L'administration, avant de prononcer la radiation,
impose, si je puis m'exprimer ainsi, un stage à la demanderesse ; elle consent, après s'être assurée de sa véracité,
à espacer les visites sanitaires ; mais elle soumet la fille en
question à une surveillance incessante, quoique très
discrète. Quand elle a acquis la conviction que la fille a
repris des habitudes de travail, que son retour à une vie
normale et régulière est réel, qu'elle ne demande plus à
la prostitution les ressources qu'il lui faut pour vivre,
elle accorde la radiation définitive.

*Nécessité, pour l'administration, de faire une enquête
avant d'accorder la radiation.* — Bien des personnes qui
s'occupent de la règlementation de la prostitution, celles-
là surtout qui se posent en adversaires de la police des
mœurs telle qu'elle existe actuellement, ont voulu voir
dans les tergiversations de l'administration, dans la lenteur qu'elle met à prononcer la radiation d'une fille, un
abus d'autorité et une atteinte à la liberté individuelle.
Elles ont dit et répété que la police maintenait les filles
sur le registre d'inscription, contre leur gré, quand elles
demandent à être rayées et qu'ainsi elle les obligeait à
continuer de se prostituer.

Il n'y a, dans la conduite sage et prudente adoptée par
l'administration, ni abus d'autorité, ni atteinte portée à
la liberté individuelle. Cet abus, cette atteinte n'existe-
raient que si la police forçait les prostituées à continuer
leur métier ; il ne faudrait point se lasser alors de
demander la réforme du système en vigueur, et il ne se
trouverait, sans doute, pas une voix pour le défendre.

Mais les filles sont absolument libres ; elles sont maîtresses d'elles-mêmes, elles peuvent faire ce qu'elles veulent ; l'administration qui n'est pour rien dans leurs premiers écarts, n'a aucun pouvoir, aucun intérêt pour les maintenir dans la prostitution ; si elles veulent travailler, échanger leur vie désordonnée, couler une existence honnête et calme, elle ne songe certes pas à les en empêcher.

Elle ne leur demande qu'une chose, c'est que ce retour au travail soit durable et vrai. Il n'est pas admissible qu'une prostituée inscrite puisse se faire rayer parce qu'elle aura travaillé huit ou dix jours ; autant vaudrait supprimer l'inscription. Il faut que l'administration soit persuadée que dorénavant la fille rayée ne se livrera plus à la prostitution, qu'elle ne demandera qu'à son seul travail les ressources qui lui sont nécessaires, qu'elle ne pourra plus, enfin, propager la syphilis.

Pour arriver à se faire cette conviction une enquête est nécessaire ; cette enquête, pour être sérieuse, demande un temps plus ou moins long ; si elle était superficielle, elle ne présenterait aucune garantie. Les agents qui la poursuivent ont besoin de tout leur tact, de toute leur prudence, de toute leur discrétion pour la mener à bonne fin ; d'un mot, ils pourraient compromettre l'avenir de la femme qui demande sa radiation, la faire chasser de la place qu'elle n'aurait pas obtenue si son passé était connu, annihiler ses meilleures résolutions et la faire retomber à jamais dans l'immoralité dont elle avait espéré sortir.

Lorsque la fille publique en instance de radiation est malade, la police ne fait qu'user de son droit le plus strict en refusant de la rayer jusqu'à ce qu'elle soit guérie. En agissant autrement elle serait coupable doublement, envers la femme elle-même et envers la société, et elle manquerait à ses devoirs.

C'est précisément la mission dont la police est chargée, dans la société moderne, qui lui dicte sa conduite. Elle doit veiller à la sauvegarde de la morale et de la santé publiques. Réprimer et poursuivre la prostitution clandestine, empêcher la propagation de la syphilis, telles sont deux de ses principales attributions. Faut-il donc l'accuser d'outrepasser ses droits lorsqu'elle veut s'assurer qu'une fille, dont elle peut contrôler la conduite et la santé, ne s'adonnera pas à la prostitution clandestine, sitôt qu'elle serait débarrassée de ce contrôle? N'a-t-elle pas le devoir de retenir sous sa surveillance une fille qui ne réclame sa liberté que pour en mésuser ou qui, atteinte d'une maladie contagieuse, contaminerait tous ceux qui l'approchent?

Je pense donc que loin d'accuser l'administration de ces lenteurs, il faut lui savoir gré de sa prudence; elle ne saurait agir autrement sans faillir à la mission qui lui est confiée.

Radiations provisoires. — Outre les causes de radiation que je viens d'examiner et qui la font définitive, il en existe d'autres qui n'entraînent qu'une radiation provisoire.

Tous les ans un certain nombre de filles sont rayées parce qu'elles obtiennent une tolérance; la radiation n'est que provisoire puisque les intéressées ne sortent pas, pour cela, du cadre de la prostitution officielle; elles deviennent maîtresses de maison, elles ne sont plus astreintes aux visites du dispensaire, mais elles restent forcément en rapports avec le service des mœurs, qui continue à les surveiller.

Les filles inscrites qui déclarent quitter Paris pour aller exercer leur métier en province ou à l'étranger sont, elles aussi, rayées provisoirement ; elles sont notées comme *parties sous passeports*. La préfecture leur délivre, en effet, un bulletin qu'elles doivent remettre à leur arrivée dans la ville où elles comptent se fixer, à l'administration chargée du service des mœurs ; ce bulletin y facilite leur inscription.

Les prostituées convaincues de vol ou d'un autre délit de droit commun sont de même rayées provisoirement à partir du jour où elles auront été condamnées.

La radiation, à laquelle l'administration procède d'office, quand les filles disparaissent, est également provisoire. Une prostituée disparue est une fille qui ne vient plus à ses visites, soit qu'elle ait quitté Paris et qu'elle ait négligé d'informer la préfecture de son départ, soit qu'elle soit devenue une insoumise.

Le service ne s'occupe plus des filles disparues, surtout si leur absence aux visites se prolonge ; elles sont rayées ; mais lorsqu'elles sont arrêtées, leur rétablissement sur les registres est immédiatement ordonné, et on leur inflige une punition. Si la fille disparue avait quitté Paris et si elle présente à son retour des papiers attestant qu'elle a passé en province ou à l'étranger le temps de sa disparition, on ne la punit pas, du moment où elle demande de son plein gré et dès qu'elle est revenue sa réintégration. Mais si elle néglige de se présenter au bureau des mœurs, et si elle se fait arrêter, ces papiers ne sauraient lui éviter une punition.

Les radiations provisoires sont de beaucoup plus nombreuses que les définitives, si l'on tient compte des disparitions ; si au contraire on les néglige, le chiffre des radiations définitives est le plus élevé.

Le tableau ci-dessous donne le mouvement des radiations depuis 1880 ; on y constatera, non sans étonnement, l'énorme proportion des filles qui, cessant pour un motif ou pour un autre de venir à leur visite, sont portées comme disparues.

Années.	1880	1881	1882	1883	1884	1885	1886
Les rayées, soit:	1935	1875	1571	1640	1089	2112	2283
L'ont été définitivement :							
Par décès	46	34	39	39	39	43	22
Par mariage	1	2	4	8	13	9	6
Comme ayant des moyens d'existence.	6	27	16	11	0	14	3
Comme vivant de leur travail	41	28	21	3	6	5	9
Provisoirement :							
Comme ayant obtenu une tolérance	1	3	0	2	2	0	2
Parties sous passeports	11	9	11	11	28	21	3
Condamnées	72	248	61	61	16	17	15
Disparues	1757	1524	1419	1505	985	2003	2223

De la Réinscription des prostituées. — La réinscription est le rétablissement sur le registre du service des mœurs des filles qui avaient à un moment donné bénéficié de la radiation.

La réinscription a surtout lieu pour les prostituées disparues qui avaient été provisoirement rayées et qui sont purement et simplement réintégrées après avoir été arrêtées. Elles ne passent plus devant la commission d'inscription.

Les filles qui ont été rayées définitivement après

enquête et qui sont de nouveau surprises et arrêtées en flagrant délit de scandale et de raccrochage sur la voie publique, ou comme habituées des maisons de passe et des maisons garnies où l'on favorise la prostitution clandestine, sont réinscrites d'office et sans passer, elles non plus, devant la commission d'inscription.

La réinscription n'a pas seulement lieu d'office, après des arrestations. Un certain nombre de femmes, rayées une première fois viennent demander elles-mêmes leur réintégration. Divers motifs les poussent à cette démarche : elles ont perdu leur place ; l'ouvrage a manqué et elles ne peuvent en retrouver d'autre ; leur amant, qui répondait d'elles, s'est marié ou les a quittées ; quelques-unes, qui avaient été rayées parce qu'elles se mariaient, sont devenues veuves ou ont été abandonnées par leur mari.

D'autres, qui avaient ouvert une maison de tolérance n'ont pas vu la clientèle affluer chez elles ; elles ont fait de mauvaises affaires, elles ont épuisé leurs dernières ressources et ont été forcées de fermer leur établissement.

Quelques-unes enfin, après avoir essayé d'une vie honnête, après avoir vécu quelque temps du travail de leurs mains, ont été prises un beau jour de la nostalgie du trottoir ; elles ont eu beau lutter et se défendre, il les a ressaisies tout entières.

Pour toutes ces femmes la réinscription apparaît comme l'unique planche de salut à laquelle elles puissent se cramponner. Elles préfèrent reprendre le chemin de la préfecture et du dispensaire que de se livrer à la prostitution clandestine dont elles connaissent les dangers et dont elles redoutent les conséquences.

On a réinscrit en 1880   1,159 filles
        —   en 1881   1,027 —
        —   en 1882   1,054 —
        —   en 1883   1,126 —
        —   en 1884   1,077 —
        —   en 1885   1,221 —
        —   en 1886   1,500 —

Soit en sept ans. . . . . .   8,164 filles.

Dans ce total les réinscriptions volontaires ne figurent que pour une infime minorité.

CHAPITRE SEPTIÈME

Du Stationnement et du Raccrochage sur la voie publique. — Des Rapports
des filles publiques avec la Garnison.

En thèse générale le raccrochage et le stationnement
des filles sur la voie publique sont interdits. L'instruction
qu'on délivre aux prostituées, lors de leur inscription, en
fait foi. Cette instruction est évidemment conçue dans un
esprit excellent, et il ne viendra à l'idée de personne d'en
demander la suppression ; mais insuffisamment armée,
l'administration est impuissante à faire observer partout
à la fois les règlements qu'elle a elle-même édictés.

J'ai déjà dit quelques mots, dans le chapitre précédent, de la facilité avec laquelle les filles publiques
enfreignent le règlement dont toutes, cependant, connaissent la teneur ; certains articles ont été presque
réduits par elles à l'état de lettre-morte.

Le règlement défend aux filles de provoquer à la
débauche pendant le jour, d'entrer en circulation avant
que les réverbères ne soient allumés, dans tous les cas
pas avant sept heures du soir en aucune saison, et d'y
rester après onze heures ; de circuler en réunion, de
former des groupes, de se faire suivre par des hommes
et de stationner dans certaines rues ou trop fréquentées
ou trop désertes.

Cette question du stationnement et du raccrochage a donné lieu à bien des discussions, à bien des controverses. La police qui s'en était désintéressée tout d'abord, a fini par être obligée de prendre des mesures restrictives ; mais elle n'a pu empêcher absolument que les prostituées racolent sur le trottoir ; le voudrait-elle, qu'il lui serait impossible de le faire ; du moment que la prostitution existe, du moment que, par l'inscription, on lui donne un cachet semi-officiel, on est moralement contraint de permettre aux filles auxquelles on impose des obligations, d'exercer leur métier.

Où les prostituées se tiendraient-elles, comment se feraient-elles connaître, où les gens qui les cherchent les trouveraient-ils, si les règlements de police leur défendaient de stationner et de raccrocher dans la rue ? Il est évident que les divers moyens de provocation varient suivant la catégorie plus ou moins élevée à laquelle appartient la fille, suivant son éducation, et suivant le rang social des individus auxquels elle s'adresse. Pour l'immense majorité des filles publiques, la provocation de la rue est la seule qu'elles puissent employer. Elles vivent au jour le jour, du hasard qui met sur leur chemin plus ou moins de galants ; le trottoir, où elles coudoient les passants, leur fournit leurs moyens d'existence ; le jour où on le leur interdira, elles mourront de faim.

Aussi l'administration n'a-t-elle pas songé un seul instant à défendre aux filles publiques de stationner et de racoler sur le trottoir ; mais elle n'a pas voulu non plus leur laisser une liberté absolue. Si les prostituées n'étaient pas surveillées, si elles ne savaient pas qu'il existe un règlement dont l'infraction entraîne des peines plus ou moins sévères, elles se répandraient partout; elles attaqueraient et poursuivraient les passants sans trêve ni merci ; elles affecteraient dans leurs paroles, dans leurs gestes et dans leurs costumes la plus grande lubricité ; elles rendraient, en un mot, la rue inhabitable pour les gens honnêtes et tranquilles. C'est pour mettre fin à des scandales pareils et pour en éviter le retour que l'administration, instruite par l'expérience, se décida à règlementer l'exercice de la prostitution.

Une autre considération militait encore en faveur de cette détermination. Toutes les parties de la ville n'offrent pas aux prostituées les mêmes facilités pour exercer leur métier. Elles quittent les quartiers pauvres et déserts pour affluer dans les quartiers riches et populeux et ce sont justement les plus belles rues, les plus beaux boulevards, qu'elles encombreront et qu'elles rendront impraticables.

Au règlement qui ne permettait aux filles publiques que de stationner à certaines heures sur la voie publique on joignit donc la défense de fréquenter certaines voies, certains passages et certaines places, nominativement désignées. C'est ainsi que successivement on leur interdit la place de l'Estrapade, les marches de l'Institut et du Panthéon, la place Vendôme, le Carrousel, l'Esplanade des Invalides, les Champs-Elysées, les places Saint-Sulpice, Saint-André-des-Arts, du Palais-Bourbon, du Louvre, Saint-Germain-l'Auxerrois, de la Concorde ; les quais, du Pont-Neuf au pont d'Iéna ; certains boulevards et certaines rues (le boulevard Bourdon, la rue de Choiseul, la rue Basse-du-Rempart, la rue Amelot, la rue Saint-Antoine, la rue de Cléry, etc.). Aujourd'hui la police défend aux filles de raccrocher autour des églises et des temples, sur la ligne des boulevards de la Madeleine au faubourg Montmartre, dans les passages couverts, au Palais-Royal, aux abords des Tuileries, du Luxembourg, au jardin des Plantes, aux Champs-Elysées ; les anciens boulevards extérieurs, les quais, les ponts, les lieux déserts et obscurs leur sont également interdits.

C'est aussi l'habitude qu'ont les filles de s'accoster et de stationner en troupes qui a motivé la défense qui leur est faite de se réunir et de circuler en groupes sur la voie publique. Ces agglomérations de prostituées sur certains points du trottoir, à l'angle de certaines rues, rendaient, en effet, la circulation difficile. Les filles causaient bruyamment ; les camelots, les souteneurs, les passants désœuvrés même se mêlaient à elles, et souvent les plaisanteries grossières échangées de part et d'autre dégénéraient en querelles et en batailles rangées.

La pensée d'éloigner les souteneurs a donné lieu à l'interdiction faite aux filles de se faire accompagner ou suivre par des hommes. Les souteneurs marchant à quelque distance de leur marmite la surveillaient, intervenaient à un moment donné dans les discussions qu'elle pouvait avoir avec les passants, et ajoutaient un embarras de plus à ceux qui existaient déjà.

Toutes ces prescriptions sont excellentes : elles sauvegardent la moralité et laissent aux filles une latitude suffisante pour se livrer à leur industrie : elles ne sont pas strictement observées, malheureusement ; mais on ne saurait, sans commettre une grave erreur, accuser la police de négligence, ou qui pis est, de complaisance. elle n'a pas, je l'ai déjà dit, un personnel assez nombreux pour réprimer les abus qui se produisent, partout à la fois.

Il suffit de se promener le soir sur les boulevards, aux Champs-Elysées ou dans les quartiers du centre pour se rendre compte que les prescriptions de l'administration sont continuellement enfreintes. Les trottoirs sont encombrés de filles qui se promènent, qui s'arrêtent, qui causent entre elles ou avec leurs souteneurs, et quelquefois se prennent de querelle et vident leur différend sous le premier bec de gaz venu ; dès que le soir tombe, en hiver, ils se garnissent de leurs habituées ; elles ne se contentent pas d'un coup d'œil furtif, quoique très engageant ; les appels sont plus expressifs et qu'est-ce donc, sinon provoquer à la débauche, que d'offrir un bon feu, un bon lit et le reste à tout venant ? Le raccrochage continue après onze heures du soir, malgré la défense, sur les boulevards, autour des bureaux d'omnibus, dans les gares de chemin de fer, dans les cafés, à la sortie des théâtres, dans les rues sombres, partout enfin, tant que les prostituées espèrent rencontrer quelqu'un qui réponde à leurs avances.

Du faubourg Montmartre à la rue Scribe, il n'est pas rare de rencontrer de cent à cent vingt filles et d'être arrêté une trentaine de fois au moins par les plus tenaces, qui joignant le geste à la parole agrippent carrément les passants par la manche de leur paletot.

Les prostituées ne doivent pas provoquer à la débauche pendant le jour ; cependant on ne saurait leur défendre de sortir pour vaquer à leurs affaires ou pour acheter leurs aliments ; comment les empêcher, de racoler si elles en trouvent l'occasion ? Je veux bien convenir, du reste, que, ouvertement et en plein jour, les filles n'accrochent pas les hommes comme elles le font la nuit ; mais ne peut-on pas assimiler aux provocations de la rue ces fenêtres aux jalousies entr'ouvertes, où, derrière un rideau de mousseline transparent, on aperçoit une femme, le torse à demi-nu, qui fait de l'œil aux passants, les appelle par un claquement des lèvres ou un Pstt bien lancé et les racole jusque sur l'impériale des omnibus? Celles-là se conforment à l'obligation de ne pas sortir pendant la journée, mais elles faussent l'esprit du règlement.

En dépit des prescriptions administratives, elles fréquentent la plupart des endroits qu'on a voulu leur interdire; qu'on se promène un soir sous les arbres de l'Esplanade des Invalides ou sur la ligne des anciens boulevards extérieurs, pour se rendre compte de la manière dont ces prescriptions sont observées.

La même remarque s'applique à la mise des filles. Le règlement a défendu les costumes voyants ou trop riches, la coiffure en cheveux : elles arborent des toilettes tapageuses, des chapeaux excentriques. Beaucoup ne circulent qu'en cheveux : ce sont les prostituées de barrière et celles qui prennent des allures de bonne, qui rôdent autour des établissements de marchands de vin et qui racolent dans les carrefours obscurs ou sur les boulevards extérieurs.

On peut objecter que les instructions de la préfecture ne s'adressent qu'aux filles inscrites et que les filles insoumises ou clandestines n'en ont que faire : il se trouve certainement parmi les prostituées qui encombrent le trottoir un grand nombre de clandestines; mais il y aussi parmi elles des filles inscrites. La balance doit être tenue égale entre ces deux catégories de femmes publiques et s'il est permis de la faire pencher d'un côté, ce sera de celui des filles inscrites, car celles-là du moins passent des visites sanitaires et les autres ne songent qu'à les éviter. Tant que les filles inscrites pourront se croire moins favorisées que les clandestines, elles qui ont accepté l'enregistrement avec toutes ses obligations, elles chercheront à les éluder ; car elles ne comprennent pas que l'on punisse leurs agissements, si l'on ferme les yeux sur ceux des insoumises.

Les rassemblements que forment les filles sont une source continuelle de plaintes et de récriminations. Les boutiquiers, qui payent un loyer onéreux, voient leur chiffre d'affaires diminuer parce que leur devanture est obstruée par les filles dès que le soir arrive. Les femmes honnêtes ne peuvent plus s'arrêter aux étalages sans risquer d'être insultées ou d'être en butte aux propositions d'un passant ; elles ne veulent pas entrer dans un magasin quand il faut fendre, pour y arriver, un groupe pressé. Cet état de choses, regrettable en tous temps, s'accentue encore au moment du jour de l'An. Les étalages des magasins sont plus riches et plus éclairés, les petites boutiques établies tout le long du boulevard rétrécissent le trottoir. L'affluence des promeneurs et des curieux attire, de la Madeleine au faubourg Poissonnière, une foule de filles venues des quatre coins de Paris : plus d'une femme honnête renoncera, pour faire une emplette qu'elle peut aussi bien trouver ailleurs, à traverser leurs rangs pressés et elle laissera, dans tous les cas, ses filles à la maison.

Les choses n'en sont plus, cependant, au point où elles en étaient sous la Restauration et sous le gouvernement de Juillet ; ne fallait-il pas à cette époque, que les préfets de police rendissent des ordonnances pour interdire d'une façon absolue le stationnement des prostituées devant les boutiques du Palais-Royal, le centre du Paris élégant d'alors, quinze jours avant et quinze jours après le jour de l'An !

Ces rassemblements ont encore l'énorme inconvénient d'attirer sur la voie publique la tourbe des souteneurs, qui viennent surveiller les filles jusque dans les rues les plus belles et les plus populeuses. C'est ainsi que le faubourg Montmartre, au coin du boulevard, est devenu depuis un certain nombre d'années le refuge et le lieu de réunion des Alphonses de toutes les prostituées qui opèrent dans ces parages. Ils y encombrent les brasseries et les débits de vins, ils débordent sur le trottoir, et ils ne se gênent pas pour initier les passants à leurs querelles. Ils sont une cause perpétuelle de scandales et un danger pour la sécurité publique.

En résumé, tout le monde récrimine contre l'état de choses actuel : les promeneurs paisibles se plaignent ; les passants qui vont à leurs affaires sont offusqués dans leurs sentiments les plus délicats par les offres des filles. Faut-il ajouter qu'il était impossible, il n'y a pas bien longtemps encore, à une mère de famille de passer avec ses filles ou ses jeunes fils sur le boulevard, une fois le soir venu ?

Et pourtant, le monde est ainsi fait ! lorsque la préfecture de police, émue des plaintes qui se font jour dans le public ou dans la presse, prescrit une râfle, lorsqu'elle procède à des arrestations et qu'elle donne un coup de balai, il se trouve toujours des gens pour protester contre ces mesures et prendre la défense des filles, surtout si elles appellent au secours, se traînent par terre et simulent une crise de nerfs. Ce sont souvent les mêmes individus qui la veille s'étaient élevés avec le plus de violence contre ce qu'ils appelaient « le coupable laisser-aller de l'administration ».

La police ne s'émeut pas, en général, de ces protestations ; cependant on se souviendra qu'à la suite de l'arrestation d'une actrice connue, due à la méprise d'un inspecteur, certains journaux partirent en guerre contre le service des mœurs. Le débat fut porté devant le conseil municipal qui joignit ses protestations à celles de la presse : le public s'émut. L'administration décida que les râfles seraient moins fréquentes et elle les abandonna peu à peu : Son abstention ne tarda pas à porter ses fruits et ceux-là même qui n'avaient pas eu assez d'anathèmes pour elle, furent des premiers à réclamer l'épuration de la voie publique.

Que faire pour remédier à tous les inconvénients que je viens de signaler ? Interdire absolument le raccrochage et le stationnement dans la rue ? Mais il faudrait alors poursuivre avec une sévérité inconnue jusqu'ici les provocations de la prostitution clandestine, interdire l'habitation des maisons particulières aux filles inscrites et les forcer à s'enfermer dans des maisons de tolérance. Or, on ne pourrait prendre une pareille mesure, sans qu'on ait au préalable autorisé l'ouverture d'un nombre suffisant de maisons de tolérance ; on courrait risque, en agissant autrement, de jeter dans la clandestinité la plupart des filles aujourd'hui soumises. Les maisons de tolérance diminuent au lieu d'augmenter ; leur nombre va décroissant d'année en année. La clientèle se détourne d'elles et quoiqu'il faille hautement déplorer leur disparition progressive, le moment serait mal choisi, à mon avis, pour faire revivre un système dont la grande majorité des débauchés n'entend plus se servir.

Peut-on revenir aux pratiques du moyen âge et parquer les prostituées dans un quartier spécial qu'il leur
serait défendu de quitter? Cette idée a pu être considérée
comme une utopie jusque dans ces dernières années :
mais aujourd'hui elle est entrée dans la réalité et les
résultats obtenus permettent de supposer qu'elle fera
son chemin. C'est à Brême que revient l'honneur d'avoir
fait revivre avec succès une disposition du passé. Brême
est une grande ville; elle a un port important, une forte
garnison; elle est enfin la dernière étape sur la terre
natale d'un grand nombre d'émigrants. Le mouvement
incessant des étrangers et des marins devait nécessairement favoriser la prostitution. D'abord chassées par l'administration des voies principales où leur manège donnait lieu à de nombreux scandales, les filles publiques se
réfugièrent dans les rues latérales, tranquilles et paisibles; bientôt les plaintes affluèrent au bureau de police ;
car le calme habituel de ces rues faisait d'autant plus
ressortir le honteux commerce auquel elles servaient de
refuge. Exilées d'une rue à l'autre, les prostituées fini-
rent par adopter, comme quartier général, quelques
ruelles pauvres, mais centrales, où elles vivaient mêlées à
toutes sortes de mauvais sujets. Il en résulta bientôt des
inconvénients tels que l'administration dut prendre une
mesure radicale. Il n'existe pas de maisons de tolérance à
Brême, comme d'ailleurs dans presque toute l'Allemagne ;
on ne pouvait songer à en créer, et il ne pouvait être
davantage question de transporter aux colonies toutes les
prostituées de la ville, comme on n'eût pas manqué de le
faire aux siècles passés. On s'arrêta cependant à une disposition empruntée au moyen âge, et qu'on ne mit pas
en vigueur sans de sérieuses appréhensions. On se décida

à parquer toutes les prostituées de la ville dans une rue latérale, débarrassée de ses habitants et qu'on ferma à un bout en y élevant des maisons, de façon à la transformer en impasse et à y interrompre la circulation. Les propriétaires de la rue consentirent à cet arrangement. Depuis neuf ans que dure l'expérience, la police n'a eu qu'à se louer de sa résolution et tout porte à croire que l'état de choses actuel deviendra définitif. La surveillance est, en effet, très facile. De plus, les filles sont devenues un peu plus indépendantes de leurs parasites dans l'exercice de leur métier; elles n'ont plus besoin des souteneurs et des entremetteuses. Nul n'a intérêt à favoriser ou à activer leur métier. Chacun, dans la ville, sait où elles demeurent et peut les trouver facilement, sans le secours de personne. Lorsqu'elles sortent pour leurs affaires, du cul de sac où elles sont confinées, elles sont tenues de conserver les convenances et la décence; elles se soumettent volontiers à cette obligation, car elles n'ont plus besoin d'attirer les regards par une toilette voyante ou des propos provocateurs, ni de se faire remarquer dans les débits de boissons, dont la police a, du même coup, réussi à les éloigner définitivement. L'administration est d'autant mieux armée pour réprimer énergiquement toute provocation sur la voie ou dans un lieu publics, qu'elle leur laisse sous ce rapport toute latitude dans la rue qui leur est assignée. Les gens qui s'y aventurent savent pourquoi ils y vont.

La concentration des filles, à Brème, a évidemment une grande analogie avec la maison de tolérance; elle a été vivement attaquée de ce chef en Allemagne; mais elle en diffère essentiellement parce que les prostituées ne sont pas soumises à l'autorité d'un tenant-maison, intéressé à leur exploitation.

Une pareille organisation ne serait évidemment pas applicable en bloc à Paris. Ce qui est possible dans une ville, même de moyenne grandeur, est impraticable dans une immense capitale. On frémit à l'idée de voir réunies en un seul quartier toutes les prostituées de Paris ; il était intéressant, cependant, de relater cette expérience, unique jusqu'à présent, et de montrer comment la police d'une ville populeuse a réussi à en assainir les trottoirs.

Nous pouvons, à Paris, arriver au même résultat avec les moyens dont dispose déjà la préfecture de police ; seulement il faut renforcer ces moyens et les rendre plus efficaces ; il faut lui donner le nombre d'inspecteurs nécessaires, lui permettre de mieux les payer et par conséquent de mieux assurer leur moralité. Il y aura toujours, quoi qu'on fasse, des prostituées là où se portent la vie et le mouvement d'une grande ville ; rien ne saurait empêcher ce fait ; mais ce à quoi on peut arriver, c'est de supprimer la provocation qui s'adresse aux mineures, le marchandage honteux, en pleine rue, et l'intervention des souteneurs qui étalent cyniquement leur ignominie.

Des rapports des prostituées avec la garnison. — Sur les boulevards et dans les beaux quartiers du centre on n'a à faire, en général, qu'à une prostitution huppée, en falbalas. Il n'en est pas de même dans les quartiers excentriques et surtout dans les parages lointains qui avoisinent les Invalides et l'Ecole Militaire. Les nombreuses troupes casernées à l'Ecole Militaire elle-même, à la caserne Dupleix, aux Invalides, attirent les filles : car il est d'observation constante que les agglomérations de soldats ont toujours entraîné, à leur suite, des agglomérations de prostituées. Le fait a été couramment observé pour les armées en marche dès la plus haute antiquité, et même à Rome où le soldat jouissait cependant d'une réputation de chasteté exemplaire. Au moyen âge les ribaudes accompagnaient en bandes les armées et encombraient leur marche ; il n'était pas rare de voir à leur suite autant de filles de joie qu'elles comptaient de soldats. Il en était de même dans les guerres modernes et, le souvenir en est encore tout récent, tout le monde se rappelle combien de prostituées se rassemblaient dans les villes où s'établissaient les troupes allemandes; à Versailles notamment, pendant le siège de Paris, et plus tard à la suite de l'armée française chargée de réduire la Commune, leur nombre s'accroissait chaque jour.

Ce qui est vrai en temps de guerre, l'est à plus forte raison en temps de paix. A la guerre, le militaire, officier ou soldat, vit dans une attente perpétuelle ; il ne sait si le lendemain le retrouvera vivant ; insouciant de l'avenir, car il a fait le sacrifice de sa vie, il veut du moins jouir de l'heure présente.

En temps de paix, le soldat qui a son existence matérielle assurée et qui, par conséquent, ne connaît pas le souci du lendemain, cherche à passer son temps le plus agréablement qu'il peut. Que faire pendant les heures où il est hors de la caserne, pendant les soirées où il a la permission de dix heures ou de minuit. Perdu dans l'immensité de Paris, il ne peut songer à aller au théâtre dont les places sont d'un prix trop élevé, ni même au café dont les consommations sont aussi trop chères pour sa bourse. Il se rejette alors sur les prostituées. Aussi se forme-t-il autour des casernes, et spécialement à Vaugirard et à Grenelle une réunion de filles qui est unique en son genre.

La fille à soldats ou la *pierreuse*, car telle est son étiquette, est une prostituée de la plus basse catégorie ; elle a généralement dépassé trente-cinq ou quarante ans, elle n'est pas belle et souvent elle est d'une laideur repoussante ; sale, mal vêtue et mal peignée, elle couche dans des bouges ou dans des taudis, quand ce n'est pas à la belle étoile. Elle est hâve et amaigrie, car elle n'a parfois pas de quoi manger.

Les filles à soldats se contentent du minime salaire de deux, quatre ou dix sous pour une passe. Celles qui prennent dix sous sont les privilégiées ; beaucoup s'abandonnent pour un morceau de pain de munition.

Ces filles se font raccrocher par les soldats et les mènent chez des débitants de vin, à elles connues, qui favorisent leur prostitution. Les rapports ont lieu dans une arrière-boutique, sur une table ou un mauvais divan, quelquefois par terre. Dans un certain nombre de ces débits il y a des cabinets particuliers ou des chambres à louer, mais alors la passe est plus chère.

Il existe aussi autour des casernes des maisons de tolérance de dernière catégorie, où les soldats sont exclusivement admis et des débits de boissons dont les filles de service se prostituent ; c'est la brasserie à femmes dans ce qu'elle a de plus crapuleux et elle tend malheureusement à se substituer de plus en plus aux lupanars. Les filles, employées dans ces débits, ont jusqu'à quinze et vingt rapports par jour. Elle ne sont soumises à aucune visite, elles sont en général assez malpropres, et comme elle répètent l'acte vénérien un grand nombre de fois par jour, on s'imagine facilement combien d'hommes une seule fille peut ainsi contaminer.

Enfin beaucoup de ces pierreuses emmènent les militaires qu'elles raccrochent, dans les terrains vagues, dans les chantiers, dans les endroits obscurs et déserts où personne ne viendra les déranger. D'autres guettent leur passage dans les bois de Boulogne ou de Vincennes et les entraînent dans les fourrés.

L'administration essaye bien, de temps en temps, de nettoyer tous ces quartiers; elle fait exécuter des râfles; mais les débitants de vins sont les complices des filles; ils facilitent leur évasion, en cas d'alarme; ne sont-ils pas intéressés à ce que les prostituées qui achalandent leur boutique, ne soient pas surprises et retenues. De plus, elles ont toutes des souteneurs de la pire espèce qui les avertissent de l'approche des inspecteurs et au besoin font le coup de poing pour les délivrer?

D'où viennent toutes ces femmes? Beaucoup arrivent de province, à la suite d'un régiment. Les habitudes prises, l'amour pour tel ou tel beau garçon de l'escadron ou du bataillon, le désir de ne pas quitter un séducteur dont le départ laisserait sa maîtresse en butte aux quolibets ou aux injures des voisins, tels sont les mobiles qui entraînent une fille à Paris. Elle vient s'installer près de la caserne; mais à un moment donné son amant s'est lassé, ses ressources ont manqué, il s'est épris d'une autre fille... c'est toujours la même et vieille histoire; il a fallu vivre pourtant, et la femme s'est prostituée à d'autres, quand par hasard ce n'est pas son ancien amant même qui lui amène des amis; tantôt aussi, l'amant resté fidèle a fini son temps, et il retourne au pays; tantôt c'est le régiment qui change de garnison : et la fille, restée seule, roule peu à peu dans la débauche la plus infime.

A cette catégorie de femmes vient s'ajouter la légion de celles qui ne peuvent plus espérer faire d'affaires sérieuses.

dans les quartiers du centre. Vieillies, ridées, enlaidies, elles meurent de faim; elles se rabattent alors sur les soldats, qui, peu fortunés, se soucient moins de la jeunesse et de la beauté; elles ne sortent que le soir, rôdent autour des casernes, autour des cafés chantants, des débits de boissons, et dans les endroits obscurs où les soldats passent en sortant du quartier. Ce sont celles-là surtout qui raccrochent dans les bois de Vincennes et de Boulogne.

La prostitution dans ses rapports avec l'armée a de tous temps préoccupé l'administration militaire. Elle n'a pas songé un seul instant à défendre aux soldats de fréquenter les filles publiques; les soldats sont des hommes; la caserne n'est pas un couvent; mais la bourse des militaires n'est pas bien lourde; leur pénurie d'argent, leur éducation première même les poussent vers les prostituées de dernière catégorie. Ils sont souvent désœuvrés, et ils passent la plus grande partie de leurs loisirs avec des filles publiques, dans des débits de boissons où ils coudoient des souteneurs et des filous de toute espèce. Non seulement leur santé est continuellement en danger, mais leur moralité, leur esprit de discipline courent risque de sombrer en pareille compagnie.

Ce ne sont pas là, pourtant, les seuls périls qui résultent de l'agglomération sur un seul point d'une foule de soldats et de prostituées. Quand les soldats appartiennent au même régiment, ils s'accordent généralement entre eux et il n'y a pas à craindre de discussions; mais quand plusieurs régiments sont casernés au même endroit, quand surtout ils appartiennent à des armes différentes, les rivalités nées dans un bal ou dans une guinguette dégénèrent souvent en collisions et en rixes sanglantes.

Ces querelles minent profondément la bonne entente qui devrait exister entre tous les militaires, quel que soit leur uniforme, et créent à l'autorité de nombreux embarras.

L'accord de l'autorité militaire et de l'autorité civile est d'une suprême importance pour remédier à tous ces dangers. Elles doivent prendre, de concert, toutes les mesures qu'elles jugeront nécessaires, et veiller toutes deux à leur exécution.

Cet accord qui est réel, a donné lieu à diverses prescriptions ; l'autorité militaire a consigné les débits de vins qui lui étaient signalés par la préfecture de police comme étant le refuge des filles de bas étage ; elle a tâché de provoquer, de la part des soldats malades, une déclaration précise au sujet de la femme à laquelle ils attribuent leur contamination.

La première de ces mesures est certainement très bonne : elle n'a pas donné les résultats qu'on en attendait, car la prostitution clandestine est insaisissable ; chassée d'un endroit, elle s'établit ailleurs. L'établissement consigné était aussitôt déserté par les filles qui retrouvaient chez un autre débitant peu scrupuleux, la protection et la liberté dont elles avaient joui ailleurs.

Le système de la délation, qui est toujours en vigueur, pourrait avoir des conséquences plus directement favorables. Les soldats ou les sous-officiers qui se présentent à la visite du médecin de leur corps et qui sont reconnus atteints de maladies vénériennes ou de syphilis, sont engagés par celui-ci à lui indiquer le nom et l'adresse de la femme qui les a contaminés. Mais il est bien difficile au médecin de recueillir des réponses précises, et les renseignements qu'il obtient sont presque toujours d'un vague désespérant.

Les militaires ignorent la plupart du temps le nom et l'adresse de la femme avec laquelle ils ont eu des rapports. D'habitude, comme je l'ai dit déjà, ces rapports ont lieu dans des terrains vagues, dans les bois, ou chez un débitant de boissons ; on ne demande pas en général à une fille que l'on rencontre et qui ne ne vous mène pas chez elle, son nom et son adresse. De plus, il se passe un certain temps entre le moment de la contamination et la manifestation initiale de la maladie, surtout de la syphilis. Le soldat, depuis qu'il a été infecté, peut avoir eu des rapports avec d'autres femmes. Le doute se fera dans son esprit et il ne saura qui accuser.

Si les rapports ont eu lieu pendant l'ivresse, les renseignements obtenus seront encore plus obscurs. Le lendemain, le soldat ne saura plus exactement où il a passé sa soirée ; comment s'en souviendrait-il huit ou quinze jours après ?

La crainte de voir consigner sévèrement un lieu où ils ont contracté des habitudes et où ils retrouvent des individus dont la société leur plaît, l'ennui de faire arrêter des femmes auxquelles ils se sont sérieusement attachés, enfin la peur des souteneurs qui pourraient leur faire un mauvais parti, empêchent beaucoup de soldats de donner les indications qu'on leur demande ; ou bien ils diront qu'ils ne se souviennent ni de la femme qui les a contaminés, ni de l'endroit où ils ont eu des rapports, ou bien ils donneront des renseignements fantaisistes et lanceront l'administration sur une fausse piste.

Quoi qu'il en soit, bonne note est prise des indications que fournit le soldat malade. Tous les soirs la préfecture de police reçoit des corps de troupe casernés à Paris, par l'intermédiaire de la place, l'état nominatif des hommes et des sous-officiers malades et l'indication des noms et adresses des filles soupçonnées de les avoir infectés.

La préfecture se livre à des recherches, en prenant pour base de ses investigations les données mêmes qu'on lui a transmises. Le succès ne couronne pas toujours ses efforts, et elle est souvent obligée de reconnaître la fausseté des renseignements à elle envoyés. Cependant, et bien qu'elle n'ait pas donné les résultats qu'on en attendait, cette mesure a été conservée.

N'y aurait-il pas autre chose à tenter ? Ne pourrait-on pas, et c'est aussi ce que demande M. le professeur. Alfred Fournier dans son rapport à l'Académie de Médecine, avertir les soldats des dangers auxquels ils s'exposent en fréquentant les pierreuses ? Ne pourrait-on pas s'adresser à leur bon sens et à leur amour-propre ? ne pourrait-on pas leur faire comprendre qu'un syphilitique est une non-valeur pour l'armée et pour le pays et qu'il est de leur devoir de ne pas s'exposer imprudemment à la contagion ? N'obtiendrait-on pas, en faisant appel à leurs sentiments moraux, des résultats meilleurs qu'en multipliant les punitions ?

Cette mesure en entraînerait une autre, sans laquelle elle ne saurait avoir de succès ; il faudrait créer et multiplier autour des casernes des maisons de tolérance exclusivement consacrées aux militaires ; les civils n'y pourraient entrer, sous aucun prétexte ; elles seraient sévèrement surveillées et les filles y seraient soumises à des visites sanitaires continuelles : car elles recevraient beaucoup plus d'hommes que les femmes des maisons plus huppées et seraient exposées naturellement à une contamination d'autant plus fréquente.

Peut-être arriverait-on de cette manière à enrayer

d'une façon plus efficace les ravages que la syphilis fait tous les ans dans les rangs de l'armée.

Enfin, il faut dire quelques mots des rapports qu'ont les militaires avec toute une classe de femmes qui ne font pas officiellement partie de la prostitution et qu'on ne peut même prétendre ranger parmi les filles clandestines.

Beaucoup de soldats ne fréquentent pas les pierreuses ; ils ont une *connaissance* ; il y a bel âge que l'on a constaté, non sans un sourire, les liens mystérieux qui poussent les domestiques, les nourrices, les blanchisseuses même dans les bras des militaires. Dans combien de ménages parisiens n'est-on pas obligé de compter avec le pompier, le municipal ou le dragon de la cuisinière ? Le soldat cherche et finit toujours par trouver une *payse* au cœur sensible. Ces liaisons commencées sur un banc, sous les ombrages des Tuileries ou du Luxembourg, finissent quelquefois par un bon mariage. Le plus souvent elles sont éphémères, et après quelques heures de désespoir, le volage militaire est vite remplacé. Ces servantes sont souvent contaminées ; elles sont malades sans s'en douter, et elles transmettent inconsciemment la vérole.

Le militaire joue, à l'égard de ces filles, le même rôle que le souteneur du grand monde vis-à-vis de sa maîtresse. Il ne peut donner à sa payse aucune rémunération pécuniaire pour le plaisir qu'elle lui procure ; tout au plus lui fait-il un petit cadeau, le jour de sa fête. C'est au contraire la payse qui prend sur ses gages de quoi subvenir aux distractions nécessaires à son amant ; elle le nourrit parfois des restes de la table des maîtres ; s'ils sortent ensemble, elle paye les rafraîchissements ; elle le fournit de tabac et de cigares, et bien souvent lui glisse, au moment des adieux, une piécette blanche dans la poche. N'est-il pas de toute évidence que si elle contamine son amant, celui-ci ne voudra jamais convenir que c'est d'elle qu'il tient la vérole et que tous les renseignements qu'on obtiendra de lui seront incomplets et mensongers.

Les sous-officiers, ceux de cavalerie surtout, ont d'habitude des rapports plus relevés. La fille à soldats n'existe pas pour eux; leur solde est plus haute, et beaucoup reçoivent tous les mois de l'argent de leur famille: ils dédaignent et méprisent la vulgaire pierreuse. Ils fréquentent les cabarets plus coquets, les brasseries à femmes, les cafés chantants qui existent en assez grand nombre dans les diverses rues de Grenelle ou du Gros-Caillou; ils font des passes dont le prix varie de trois à cinq francs; ils n'en sont pas pour cela plus à l'abri de la syphilis, au contraire ; mais ils se soignent mieux, quand ils sont malades. Ils donnent dans tous les cas des renseignements plus exacts sur l'origine de leur affection, qu'ils ne chercheront pas à dissimuler par crainte d'une remontrance ou d'une punition.

J'ai déjà dit, en parlant des prostituées clandestines, qu'un certain nombre de demi-mondaines choisissaient leurs amants de cœur parmi les sous-officiers. Leur jeunesse, leur belle prestance, le charme de leur uniforme sont une des causes de leur succès ; mais les devoirs qui les retiennent à la caserne et qui ne leur laissent qu'une liberté relative et souvent parcimonieusement mesurée y sont aussi pour quelque chose. Ils sont moins gênants que ne le serait tout autre amant, qui deviendrait rapidement un paresseux, et l'uniforme qu'ils portent garantit leur moralité.

Quant aux officiers, je n'ai pas à m'occuper d'eux ici.

Leur situation leur permet de fréquenter des femmes qui offrent plus de garanties et l'on n'a jamais songé, d'ailleurs, à leur demander, quand ils sont malàdes, des renseignements quelconques sur la fille qui les aurait contaminés.

CHAPITRE HUITIÈME

Des soins sanitaires à donner aux prostituées. — Du dispensaire de salubrité. — De la fréquence de la syphilis et des maladies vénériennes chez
les prostituées.

De toutes les maladies contagieuses, la syphilis est certainement celle qui fait le plus de ravages ; elle tue moins
d'individus que la peste, la fièvre jaune, le choléra ou la
tuberculose pulmonaire, il est vrai. Mais la peste, la fièvre
jaune et le choléra sont des maladies épidémiques, dont
l'action n'est pas continuelle, qui sont importées à un
moment donné et s'éteignent quand leur virulence est
épuisée ou que les conditions nécessaires à leur propagation ont cessé d'exister.

La tuberculose pulmonaire, elle, sévit toujours et habituellement ; elle ait, dans le sens propre du mot, plus
de victimes que la syphilis, mais elle n'est pas plus redou-
table. La vérole, en effet, ne s'attaque pas qu'aux individus
débiles et anémiés ; elle frappe les forts plus souvent que
les faibles, puisque ceux-là s'exposent plus à la contagion
que ceux-ci. Elle énerve, pour le reste de leur vie, des
hommes forts et robustes jusqu'alors. Autant, plus que
la phtisie elle engage et compromet l'avenir ; elle épuise
les parents, elle se transmet aux enfants ; elle stérilise les
familles, elle abâtardit la race, elle diminue l'expansion
et les forces vives des nations ; elle est devenue, en un
mot, un danger public.

On n'a jamais reproché aux gouvernements d'établir des quarantaines et des lazarets, de prendre des mesures de prophylaxie, lorsque le choléra, la peste ou la fièvre jaune menacent leurs frontières ou leurs colonies ; on ne songe qu'à les féliciter, si, convaincus de la contagiosité de la tuberculose, ils essayent de l'enrayer par des moyens plus ou moins discutables, mais qu'ils croient devoir être efficaces. Comment peut-on imputer à mal à ces mêmes gouvernements de vouloir se garantir contre une maladie tout aussi grave et tout aussi pernicieuse et de chercher à en diminuer les ravages de toutes les façons possibles.

La première mesure qui s'impose à l'attention de tous ceux que préoccupe cette question de la propagation de la syphilis, c'est la surveillance des individus syphilitiques. La manière même dont se prend la vérole, devait faire porter cette surveillance sur les personnes qui sont le plus capables de la communiquer. Les prostituées sont évidemment les premières auxquelles il fallait songer.

C'est cette préoccupation qui a présidé à l'installation d'un service de surveillance de la prostitution, et à la création d'un bureau des mœurs à la préfecture de police.

On comprend difficilement, en face de l'extension de la syphilis et du péril social qu'elle crée, comment certains esprits éclairés ont pu s'élever avec autant de violence et d'âpreté contre la réglementation et la surveillance de la prostitution.

Surveiller la prostitution, c'est diminuer les ravages de la syphilis ; laisser la prostitution libre, c'est augmenter la progression de la vérole. Il n'y a pas de milieu entre ces deux extrêmes, et quelle que soit la façon dont on interprète ou dont on tourmente les statistiques, le résultat final est le même ; partout où la prostitution est libre la syphilis augmente de fréquence et d'intensité ; partout où elle est surveillée, la syphilis diminue ou reste au moins stationnaire.

Surveiller la prostitution, c'est imposer aux femmes inscrites la visite sanitaire périodique. La visite est le point capital de toute prophylaxie de la syphilis. Réprimer les scandales publics, empêcher la prostitution d'envahir la rue et de la rendre impraticable, poursuivre les infractions à la décence, punir les excitations à la débauche, toutes ces mesures sont excellentes, mais elles ne sont qu'accessoires ; que l'on supprime la visite sanitaire et toutes ces réglementations crouleront d'elles-mêmes, comme un château de cartes.

L'obligation de la visite est la seule mesure qui justifie tout le système actuel de réglementation. Elle est le pivot sur lequel s'appuie la répression de la prostitution ; elle est nécessaire, car la syphilis étant un danger public, elle seule donne les moyens de s'en garantir. La visite est la seule excuse de ce règlement de police arbitraire, qui n'est pas mentionné dans la loi, que les législateurs ont constamment refusé d'y inscrire et qu'ils ont volontairement laissé à la discrétion du préfet de police à Paris et des municipalités dans les grandes villes de France.

Les adversaires de tout système répressif ont invoqué diverses raisons plus ou moins spécieuses pour battre en brèche la réglementation de la prostitution. Leur argument le plus sérieux, et je laisse volontairement de côté les autres qui ne supportent pas l'examen et dont quelques-uns, comme celui qui est relatif à la pudeur des prostituées, sont absolument ridicules, s'appuie sur le respect de la liberté individuelle. Ils se sont émus de voir des créatures humaines, intelligentes et pensantes, livrées à l'arbitraire ; ils ont rompu des lances, au nom de cette liberté, en faveur de l'abrogation de règlements qu'ils qualifient de surannés et de barbares ; ils ont réclamé l'abolition de ce qu'ils appellent un ignoble esclavage, comme d'autres avant eux avaient réclamé la suppression de la traite des noirs.

Si les filles publiques n'étaient pas atteintes de syphilis, si elles n'étaient pas tous les jours exposées à la prendre et capables de la transmettre, il faudrait applaudir à ces pensées généreuses. Malheureusement les lois qui condamnent le scandale public, l'excitation à la débauche, la rébellion envers l'autorité n'ont aucune action restrictive au point de vue de la syphilis. L'application pure et simple de ces lois, que demandent les partisans de la liberté de la prostitution, n'en empêcherait pas la propagation.

Il se trouve, parmi les apôtres de la liberté de la prostitution, à côté d'individus qui n'ont voulu se faire qu'une bruyante réclame, des hommes convaincus, éclairés et distingués. Ceux-ci restent dans les régions idéales et ne se préoccupent pas du côté pratique de la question : c'est ce qui explique qu'ils aient pu oublier à un moment donné l'existence de la vérole.

Il est bon de la leur rappeler et de les faire souvenir en même temps que, partout, l'Etat prend des précautions, dont nul ne songe à le blâmer, contre la variole, la fièvre typhoïde, le choléra et les autres maladies contagieuses ; qu'il a le devoir de veiller à la santé des citoyens ; qu'il désinfecte de droit les locaux qui ont été contaminés d'une façon ou d'une autre ; qu'il oblige les propriétaires à rendre leurs maisons le plus salubres possible ; qu'il intervient enfin sans cesse dans les questions d'hygiène, et qu'il a le droit d'intervenir puisqu'il protège la masse des citoyens, dût-il pour cela en léser quelques-uns dans leurs intérêts.

Ils admettent, ils demandent que l'Etat surveille les industries insalubres, qu'il les éloigne des grandes agglomérations urbaines; qu'il interdise les dépôts d'immondices qui répandent dans l'atmosphère des germes morbides, qu'il protège la santé publique en défendant l'emploi dans les teintures, dans le coloriage des jouets, des matières toxiques ; et ils lui refuseraient le droit de déléguer à un fonctionnaire, qui le représente et dont la haute situation même garantit la moralité, le soin de surveiller une classe de femmes dont la profession peut être justement assimilée au plus insaluble des métiers !

Le jour où ces théories auraient gain de cause, le jour où elles sortiraient du domaine de l'idée pour entrer dans la pratique, la prostitution clandestine la plus effrénée ne tarderait pas à sévir, comme l'a démontré le Dr Thiry à l'Académie de médecine de Bruxelles, et à entraîner à sa suite les maladies vénériennes, la syphilis, la dégradation physique et morale de l'espèce humaine.

La surveillance de la prostitution, la surveillance sanitaire s'entend, serait on ne peut plus difficile et inefficace si elle n'était accompagnée d'une sanction pénale. On ne persuadera jamais aux prostituées de venir bénévolement à leurs visites ; si elles ne sont pas contraintes à y venir, elles s'y soustrairont si elles ne sont pas malades et à plus forte raison quand elles le seront. Ce que j'ai dit plus haut des filles disparues prouve combien il est difficile, même avec le système actuel, de faire venir régulièrement les femmes au dispensaire.

Il fallait donc permettre à l'administration de prendre telles mesures qu'elle jugerait convenables pour forcer les filles à venir à leurs visites et de les punir si elles y manquaient sans motifs sérieux ; il fallait l'armer contre la prostitution clandestine, le pire des foyers syphilitiques, et lui donner les moyens de la traquer, de la rechercher, de la découvrir, de la démasquer et de lui imposer l'inscription qui permettra de retirer immédiatement de la circulation les prostituées malades.

Le service sanitaire est donc la pierre angulaire de tout l'édifice de la répression administrative. Loin de demander sa suppression, il faut désirer qu'il soit fortifié, que ses attributions soient de plus en plus étendues et qu'il soit mis à même de rendre dans l'avenir des services plus importants encore que ceux dont on lui est déjà redevable dans le présent et dans le passé.

Je vais examiner maintenant comment ce service sanitaire est organisé à Paris.

Du dispensaire de salubrité. — Les visites se font au dispensaire de salubrité de la préfecture de police. Le dispensaire n'est pas de création récente. Sous Louis XIV déjà, il y avait un hôpital où l'on soignait les femmes vénériennes ; le traitement qu'on leur faisait suivre était d'ailleurs à peu près nul. Mais le premier établissement qui mérite réellement le nom de *Dispensaire*, fut créé en 1802, rue Croix-des-Petits-Champs, par les soins de la préfecture de police. Depuis, cette institution passa par des phases diverses, jusqu'à ce qu'elle fût enfin et définitivement réorganisée, sous la monarchie de Juillet.

Elle fonctionne encore aujourd'hui, sauf certaines modifications de détail, d'après les règles qui furent établies à ce moment.

Le dispensaire a été installé le 1er octobre 1843 à la préfecture de police. Il est situé au rez-de-chaussée, à proximité du dépôt, dans les bâtiments qui avoisinent le quai de l'Horloge. Son installation est provisoire. Il se compose d'une salle d'attente munie de bancs, du cabinet de visite, d'une salle réservée aux médecins dans laquelle se trouve la bibliothèque (1) et du cabinet du médecin en chef. La salle de visite communique avec la salle d'attente au moyen d'une porte, et elle est séparée du bureau des médecins par une cloison en bois qui n'atteint que les deux tiers environ de la hauteur des murs et qui est percée d'une porte, toujours fermée pendant les visites.

L'installation de la salle de visite est simple, mais suffisante. En face d'une grande baie, laissant largement entrer la lumière, sont placées les tables à speculum qui remplacent depuis 1871 les fauteuils-lits inventés par Denis, ancien médecin en chef du dispensaire, détruits dans l'incendie de la préfecture. On accède à ces tables par quelques marches. Sous la fenêtre, sur une petite table recouverte d'une feuille de zinc, sont disposés les instruments nécessaires à l'examen, speculums,. abaisse-langue, pinces, etc.; de l'huile et du coton ; des serviettes, une cuvette et un pot à eau. Une fontaine alimentée par l'eau de la ville est placée dans un coin. Le service est assuré par une fille de salle.

Les prostituées sont introduites dans la salle de visite, après avoir donné, au préalable leur nom et leur adresse à un inspecteur du service actif ; puis elles sont examinées ; si elles sont reconnues saines, elles quittent le dispensaire aussitôt, à moins qu'elles n'aient à purger une condamnation. Je ferai remarquer, à ce propos que

(1) La Bibliothèque du dispensaire a été fondée par le Dr Passant ; elle renferme un nombre important d'ouvrages français et étrangers sur la prostitution et les maladies vénériennes.

tous les jours des individus se promènent sur le quai de l'Horloge, attendant la sortie des filles pour les raccrocher ; ils savent très bien qu'une fille malade ne serait pas autorisée à quitter le dispensaire et ils saisissent l'occasion d'avoir des rapports sur les suites desquels ils pourront être tranquilles.

Les femmes contaminées sont retenues et envoyées, munies d'une feuille de diagnostic, à Saint-Lazare, après avoir été réunies dans une salle commune d'où elles sont expédiées en voiture cellulaire à l'infirmerie du faubourg Saint-Denis.

Le médecin visiteur dicte à haute voix, le diagnostic de la maladie à un de ses confrères qui se tient dans le bureau attenant au cabinet de visite ; les femmes sont obligées de passer dans ce bureau après leur examen, et c'est au moment où elles en franchissent la porte que le médecin qui les a visitées, les accompagne de son diagnostic. Les femmes sont tenues d'apporter leur carte quand elles viennent au dispensaire, afin que l'on puisse y apposer le visa.

Les visites des filles isolées se font toutes au dispensaire ; celles des filles en maison se font dans les maisons de tolérance.

Des visites au dispensaire. — Les visites ont lieu tous les jours au dispensaire de onze heures du matin à cinq heures du soir, à l'exception des dimanches et des jours fériés. Elles se font par séances de une heure et demie et il y a toujours deux médecins au moins présents à chaque séance. L'un des médecins procède à l'examen des femmes, l'autre s'occupe des écritures.

Les filles enregistrées isolées sont visitées tous les quinze jours ; jusque dans ces derniers temps on ne les soumettait à l'examen par le speculum qu'une fois par mois. Depuis le 1er janvier 1887, c'est-à-dire depuis que M. le Dr Passant a été nommé médecin en chef du dispensaire, toutes les visites se font au speculum. C'est là un progrès réel, dont il faut féliciter le médecin éminent qui en a pris l'initiative.

On fait entrer quatre femmes à la fois dans la salle de visite. Le médecin examine la bouche, la langue, l'arrière gorge de ces femmes; puis après s'être lavé les mains, il procède à l'examen de la vulve et de l'urèthre, du vagin, du col de l'utérus, de l'anus, des ganglions inguinaux et de la peau. Après cet examen, il se lave de nouveau les mains.

Les filles se présentent d'habitude en petit nombre, au commencement des séances, pour les visites ordinaires. On fait donc passer d'abord de 11 heures 1/2 à 1 heure les femmes qui doivent subir des visites supplémentaires et les filles du dépôt.

Les prostituées inscrites isolées sont divisées en quinze séries égales, par ordre alphabétique; chaque série a son jour déterminé; on commence par la lettre A qui inaugure la quinzaine, et le nombre de femmes à visiter est ainsi sensiblement le même tous les jours. Cette mesure qui a été prise par M. le Dr Passant, quand il a été nommé au poste de médecin en chef du dispensaire, a de sérieux avantages.

L'encombrement est évité. Il arrivait, en effet, avant que l'on n'eût pris ces dispositions, que les femmes reculant autant qu'il était en leur pouvoir le moment de leur visite, ne se présentaient qu'en très petit nombre au dispensaire dans les premiers jours de la quinzaine, et y arrivaient en foule dans les derniers. L'affluence des prostituées mettait le quartier en émoi, et la bonne tenue des visites en souffrait.

De plus, avec le système actuel, il est facile, à la fin de la journée, de reconnaître exactement le nombre, le nom et l'adresse des filles qui ont manqué leur visite; le médecin de service transmet au service administratif les noms et adresses des manquantes, et le bureau des mœurs peut, dès le lendemain, les faire rechercher.

Les prostituées clandestines arrêtées journellement par les agents du service des mœurs, sont visitées par le médecin en chef seul, dans la journée, à une heure qu'il indique lui-même.

La durée de cette séance est subordonnée au nombre des filles que les inspecteurs ont arrêtées; elle est quelquefois fort courte; d'autres fois la séance est très chargée et il arrive que le médecin en chef ait à procéder à l'examen de cinquante ou soixante filles insoumises.

Pendant toute la durée de cette séance le cours des visites ordinaires est interrompu. Si ces prostituées clandestines sont reconnues malades, elles sont dirigées vers une salle commune, après que le médecin chargé des écritures et installé dans le bureau attenant au cabinet de visite a pris le diagnostic de l'affection dont elles sont atteintes et rempli le bulletin que la femme emportera à l'infirmerie de Saint-Lazare.

Des visites dans les maisons. — Les visites dans les maisons se font tous les huit jours. Paris et la banlieue sont divisés à cet effet en quinze circonscriptions à peu près égales : il y a douze circonscriptions pour la ville, trois pour la banlieue. Chaque circonscription est attribuée à un médecin titulaire. Tous les trois mois, grâce à un système de roulement, les médecins changent de circonscription.

Le service de la banlieue est fait par trois médecins spécialement désignés à cet effet. Ils sont payés par le budget départemental, la banlieue ne faisant pas partie de la commune de Paris.

Il y a dans chaque maison de tolérance un fauteuil à speculum, et un assortiment de speculums, de pinces et de tous les instruments nécessaires.

C'est également depuis l'entrée en fonctions de M. le Dr Passant, que toutes les visites se font au speculum dans les maisons de tolérance. Avant, on n'examinait les femmes au speculum qu'une fois sur deux. La mesure était peut-être plus nécessaire encore que pour les filles isolées.

Les médecins qui visitent les maisons de tolérance déterminent eux-mêmes et chacun dans sa circonscription les jours et les heures de ces visites. Ils ne sont assistés par aucun inspecteur du service. Les visites ont toujours lieu le matin, avant midi. Il est de toute nécessité, en effet, que la maîtresse de maison puisse amener à la Préfecture les femmes reconnues malades, le jour même où elles ont été visitées. Si l'examen n'avait lieu que dans l'après-midi, les patronnes pourraient alléguer que le temps leur a fait défaut pour conduire leurs pensionnaires malades au dispensaire le soir même, et celles-ci ne manqueraient pas de s'abandonner aux clients, dans l'intervalle.

Lorsque la visite est terminée dans une maison, le médecin adresse à la préfecture un rapport sur papier blanc, du modèle ci-dessous, dont-il n'a qu'à remplir les indications:

PRÉFECTURE DE POLICE   *Modèle n° ...*

1re DIVISION

2e BUREAU

3e SECTION

Bureau Médical

Circonscription N

VISITES faites dans les Maisons le   *188 . par M*

NOMS ET DEMEURES DES MAITRESSES DE MAISON	NOMBRE DE FEMMES	NOMS DES MALADES	GENRE DE LA MALADIE	NOMS DES ABSENTES	JOURS ET HEURES INDIQUÉS AUX FEMMES POUR SE RENDRE AU DISPENSAIRE

Quand, dans le cours de la visite, le médecin a reconnu qu'une femme était malade, il la désigne nominativement sur son rapport et prévient la maîtresse de maison qu'elle ait à conduire sa pensionnaire au dispensaire, à l'heure et au jour indiqués par lui. La patronne devra se munir de la feuille de diagnostic laissée par le médecin visiteur, à cet effet. La femme malade est alors dirigée sur Saint-Lazare avec les isolées et les clandestines trouvées atteintes d'affections vénériennes ou syphilitiques, le même jour. Il est excessivement rare que les maîtresses de maison contreviennent à ces ordres, car elles risquent trop gros jeu à vouloir les éluder. Toute patronne, en effet, qui n'obéirait pas aux injonctions du médecin et qui soustrairait ou essayerait de soustraire la femme contaminée à la séquestration, en ne la conduisant pas au dispensaire, comme elle en avait été requise, serait punie par la fermeture momentanée de sa maison, par la fermeture définitive et le retrait de sa tolérance en cas de récidive.

Des visites à domicile. — Lorsqu'une fille inscrite isolée est malade chez elle et qu'elle ne peut venir à sa visite, elle est tenue d'écrire au chef du bureau des mœurs afin de l'avertir de son état et de l'impossibilité où elle se trouve de se rendre au dispensaire. Le service administratif envoie alors un inspecteur vérifier si la fille est réellement chez elle, et dans le cas affirmatif, il en donne avis au médecin en chef. Celui-ci délègue le médecin dans la circonscription duquel se trouve le logement occupé par la fille, afin de la visiter, de constater l'incapacité où elle est de venir au dispensaire, et de reconnaître si elle n'est pas atteinte d'une affection vénérienne.

Ce sont là les seules visites à domicile auxquelles la préfecture fasse procéder, et elles ne peuvent avoir lieu que pour des isolées.

Gratuité des visites. — Toutes les visites sont gratuites ; ni les filles isolées, ni les clandestines arrêtées, ni les maîtresses de maison n'ont à acquitter une taxe quelconque.

Des visites des filles du Dépôt. — Il est nécessaire de dire quelques mots d'un autre genre de visite ; celui des femmes du Dépôt de la préfecture de Police. On désigne sous ce nom de Dépôt les salles où l'on enferme les individus arrêtés dans les vingt quatre heures, à Paris, pour rixes, pour vols, pour contraventions diverses. Les sexes y sont rigoureusement séparés. On a fait plus : on y a aménagé une salle particulière réservée aux filles publiques qui figurent toujours en quantité assez notable parmi les cent ou cent vingt personnes ainsi arrêtées chaque jour.

Les médecins du dispensaire sont chargés de procéder à leur examen médical. Ces femmes sont la plupart des filles soumises en carte ou en maison qui ont été arrêtées pour des motifs divers, notamment pour retard dans leurs visites, infractions aux règlements ou excitation à la débauche. On joint à cette catégorie les femmes arrêtées en compagnie des filles publiques ou des souteneurs ; on part, sous ce rapport, de l'axiome bien connu. « Dis-moi qui tu hantes, je te dirai qui tu es ». Une femme qui fait sa compagnie de filles publiques est une femme perdue, une prostituée clandestine ; on a donc le droit et le devoir de l'examiner.

Toutes ces femmes savent du reste que la visite sanitaire est la conséquence fatale de leur arrestation, et elles s'y soumettent d'assez bonne grâce. On ne saurait, par exemple, l'imposer aux femmes qui ont été arrêtées pour vol ou pour coups et blessures, et dont les mœurs ne seraient pas suspectées.

Lorsque les filles du dépôt ont été examinées et que celles qui ont été trouvées malades ont été séparées des autres, des bulletins blancs mentionnant leurs noms et demeure et l'affection dont elles sont atteintes sont transmis au bureau administratif annexé au dispensaire, qui se charge ensuite de faire transporter les intéressées à l'infirmerie.

De la Pancarte. —Lorsqu'une fille est reconnue atteinte d'une maladie vénérienne ou psorique ou de syphilis, elle est dirigée sur Saint-Lazare ; elle est accompagnée du bulletin suivant, sur papier blanc pour les filles inscrites, isolées ou en maison, et pour les filles du dépôt.

Fonds spéciaux. — Mod. 58.

1ʳᵉ DIVISION

2ᵉ BUREAU

3ᵉ SECTION

BUREAU MÉDICAL

FILLE

PRÉFECTURE DE POLICE

BULLETIN STATISTIQUE

DES MALADIES VÉNÉRIENNES

Année 188

Nᵒ d'inscription :

SAINT-LAZARE

Service de M. le Docteur

Salle Nᵒ

Lit Nᵒ

Nom et Prénoms de la malade
âgée de   ans,   *Profession*
Lieu de naissance   *Domicile*
Date de l'envoi :   *Date de la sortie*   *Durée du séjour*

DIAGNOSTIC du Dispensaire.	Caractère de la maladie : Siège :	
DIAGNOSTIC de Saint-Lazare	Caractère de la maladie. Siège :	
TRAITEMENT	Mercuriel. A l'iodure de potassium. Autre.	
OBSERVATIONS		

Le Médecin du Dispensaire,   *Le Médecin de Saint-Lazare,*

Si la fille est une insoumise, le bulletin est sur papier rose et porte sous le mot « Fille » la mention : *Insoumise*.

Le médecin du dispensaire inscrit, avant l'envoi de la femme à Saint-Lazare, ses noms, prénoms, demeure, etc., en tête du bulletin ; il y ajoute la date de l'envoi à l'infirmerie et son diagnostic.

Ce bulletin n'est autre chose que la *pancarte* qui, fixée au lit de la malade lors de son entrée à l'infirmerie, contiendra l'histoire de sa maladie et les observations auxquelles elle aura pu donner lieu.

Quand la femme est guérie et qu'elle sort de Saint-Lazare, le bulletin est renvoyé à la préfecture de police ; on y a ajouté le nom du médecin traitant, le diagnostic porté à l'Infirmerie, et les observations particulières que le médecin a pu faire sur l'état sanitaire général de la fille. Il est joint au dossier de l'intéressée. Mais en même temps, le directeur de Saint-Lazare fait tenir à la préfecture un autre bulletin, sur papier blanc, sur lequel sont portées simplement la date d'entrée et la date de sortie de la femme malade.

De la feuille individuelle. — Les pancartes dont j'ai donné le modèle plus haut seraient insuffisantes pour assurer le contrôle de l'administration et du dispensaire. Chaque fille a, par conséquent, une feuille individuelle faisant partie d'un répertoire, disposé par ordre alphabétique, dans lequel figurent toutes les prostituées inscrites. La date des visites subies par les isolées y est portée, séance tenante, par l'un des médecins de service, pendant que l'autre procède à l'examen. On n'y mentionne pas la date des visites pour les filles de maison, car elles sont censées ne pouvoir s'y soustraire ; on n'inscrit, pour cette catégorie de femmes, que les mutations, c'est-à-dire les entrées à l'hôpital, les disparitions et les départs.

Ce répertoire alphabétique forme un nombre respectable de volumes ; il contient les feuilles individuelles des filles présentement inscrites et celles de toutes les femmes qui ont passé récemment par le contrôle du service des mœurs. Il permet, et c'est là sa principale destination, à l'administration de s'assurer de l'exactitude et de la réalité des visites. Quand une fille a maille à partir avec le bureau administratif, il suffit de compulser le volume dans lequel se trouve sa feuille pour se rendre compte de son assiduité aux visites du dispensaire. Les recherches sont ainsi rendues moins longues et moins difficiles.

De plus, lorsqu'une fille est recherchée par le service de sûreté et qu'il est impossible à celui-ci de se procurer son adresse, il fait parvenir au dispensaire une note ou *Consigne* qui est jointe à la feuille individuelle ; quand la fille se présente à la visite, elle est retenue et remise entre les mains de la section administrative.

Je donne ci-contre le modèle de la feuille individuelle.

On voit que cette feuille ne contient pas seulement les nom, prénoms, âge, etc. de la fille qu'elle concerne, elle mentionne également la classe à laquelle elle appartient, c'est-à-dire si elle est en maison ou isolée ; une colonne est réservée aux mutations, c'est-à-dire aux changements de situation de la fille, soit qu'elle passe de l'état d'isolée à celui de fille en maison, ou vice-versa, soit qu'elle entre à l'hôpital, soit qu'elle disparaisse.

PRÉFECTURE   La N   (Mod. n° 48).

DE POLICE   née le   , à   , Dépt d

1re DIVISION   inscrite, le   18 , à l'âge de   ans,

2e BUREAU   demeurant

ANNÉE 188		DATE DE VISITES		MOIS DE LA VISITE	ANNÉE 188		DATE DE VISITES	
Classification	MUTATIONS	1re 15e	2o 15e		Classification	MUTATIONS	1re 15e	2e 15e
				Janv..				
				Fév...				
				Mars..				
				Avril..				
				Mai...				
				Juin..				
				Juillet.				
				Août..				
				Sept..				
				Octob.				
				Nov..				
				Déc..				

De la Feuille de statistique. — Enfin, un dernier bulletin, du modèle ci-dessous, est destiné à rester dans les archives du dispensaire ; il sert à la statistique médicale; il diffère de la pancarte par la forme d'abord et par sa teneur ensuite ; de plus, il n'accompagne pas la malade dans ses voyages à Saint-Lazare. Il mentionne les nom, prénoms, âge, etc., de la fille à laquelle il est destiné, la maladie dont elle est atteinte, les dates de son entrée à l'infirmerie et de sa sortie, en un mot, tous les renseignements qu'il est utile de posséder à son égard. On n'a qu'à se reporter à cette feuille pour se rendre compte de l'histoire de l'intéressée. Ces feuilles restent dans le bureau du médecin en chef, où sont centralisés tous les documents de statistique.

Préfecture de Police. Nom.
Dispensaire de Salubrité. Prénoms.
Statistique médicale. Date et lieu de Naissance
Profession. Date de l'Inscription

MOD. 17.

Dates		Durée du traitement	Diagnostics		Médecins traitants	Catégories			Observations.
de l'Envoi au Dispensaire	de la Sortie de St Lazare		du Dispensaire	de St Lazare.		en Maison	en Carte	Dépôt	

Ces bulletins sont sur papier blanc pour les filles soumises quelle que soit leur catégorie, et pour les filles du dépôt ; ils sont sur papier rose pour les insoumises.

Du Bulletin de santé. — Lorsqu'une fille quitte une maison de tolérance pour entrer dans un autre établissement du même genre, elle est astreinte à une visite supplémentaire ; lorsqu'une isolée veut entrer en maison, ou qu'une fille de maison, quittant définitivement le lupanar, veut devenir une isolée, elles sont également obligées de se soumettre à une visite supplémentaire. Le résultat de ces examens est porté sur des bulletins dits *de mutation* ou *de santé*, que le dispensaire transmet au service administratif.

Ces mêmes bulletins sont employés également lorsque le service administratif fait procéder d'office à la visite d'une prostituée.

Ce bulletin est sur papier blanc pour les filles inscrites isolées.

On peut le considérer comme une simple feuille de renseignements, destinée au bureau administratif.

En voici le modèle :

PRÉFECTURE   (Mod. n° 37)
DE POLICE.

Le   *188*

1ʳᵉ DIVISION.

La Nᵈᵉ

2ᵉ BUREAU.

3ᵉ Section.

BUREAU MÉDICAL.   qui demeurait

FILLES ISOLÉES.

a été visitée et trouvée

Le Médecin de service,

Le bulletin relatif aux filles de maison est sur papier rose ; il porte la mention : FILLES DE MAISON, à la place de celle-ci : FILLES ISOLÉES.

Des Contre-visites. — Toutes les femmes qui sortent guéries de l'infirmerie de Saint-Lazare, sont ramenées au dispensaire ; j'ai déjà dit qu'elles en rapportaient avec elles la pancarte qu'on leur avait faite lors de leur envoi à l'infirmerie.

Elles sont visitées à nouveau par le médecin en chef du Dispensaire, cette fois, qui vérifie leur état de santé ; il peut et doit renvoyer à l'infirmerie celles dont le guérison ne lui paraît pas suffisamment assurée.

Toute femme syphilitique a de plus au dispensaire une fiche spéciale dite d'*observation* ; l'utilité de ces fiches saute aux yeux. Un exemple suffira pour la démontrer.

Une prostituée, atteinte d'un chancre induré, a été envoyée à l'infirmerie. Au moment où elle passe la visite, on inscrit sur une fiche mentionnant ses nom, prénoms, adresse, domicile, etc., la date où l'existence du chancre a été constatée. Cette femme sort de l'infirmerie, son chancre est guéri ; si elle continue à venir à ses visites, tout est bien ; mais le jour où elle manquera, le médecin en chef, sachant qu'elle est syphilitique, et qu'elle peut être atteinte d'accidents secondaires contagieux, la fera rechercher par le service actif, et amener au dispensaire. Ces fiches sont donc un nouveau moyen de contrôle qui vient s'ajouter aux autres, déjà nombreux, que possède le service médical.

Des visites faites à la suite de délations. — J'ai dit, en parlant des rapports des prostituées avec les militaires de la garnison, que les soldats contaminés étaient tenus de divulguer le nom et l'adresse de la femme qui les a infectés.

Tous les jours la place envoie à la préfecture une liste des noms ainsi révélés. Les inspecteurs du service des mœurs recherchent les femmes signalées et les amènent au dispensaire ; dans l'immense majorité des cas, les femmes sont saines.

J'ai déjà donné les raisons qui poussent les soldats à fournir de fausses indications ; je n'y reviendrai pas ; j'ajouterai seulement qu'ils donnent volontiers les noms et adresses de femmes dont ils croient avoir à se venger, soit que ces femmes aient dédaigné leurs avances, soit que, les ayant pris d'abord pour amants, elles les aient abandonnés ensuite.

L'administration ne tient que peu de compte des délations faites par des civils ; il est rare qu'elle procède à des arrestations de ce chef.

A Bruxelles, au contraire, les clandestines ne sont arrêtées que lorsqu'elles sont signalées au service des mœurs comme étant malades ; c'est là la raison qu'il faut invoquer lorsqu'on veut se rendre compte de la disproportion qui existe entre les clandestines malades à Bruxelles et à Paris. A Bruxelles, on n'arrête que les insoumises malades ou réputées telles, à Paris, on les arrête en bloc, à la suite de rafles ou de descentes de police, et toutes les femmes arrêtées ne sont pas nécessairement contaminées.

La conviction qui ressort, pour l'observateur, de ces visites, de ces contre-visites, de ces bulletins multipliés, c'est qu'une erreur est bien difficile, sinon impossible à commettre, mais que l'on demande aussi aux médecins du dispensaire une somme de travail considérable.

Des médecins du dispensaire. — Le dispensaire de Salubrité est dirigé par un médecin en chef, assisté d'un médecin en chef adjoint. Le service est assuré par quatorze médecins titulaires et par dix médecins adjoints ; les médecins adjoints ne reçoivent pas de traitement ; c'est parmi eux que le préfet de police choisit habituellement les titulaires quand des vacances se produisent ; mais il peut aussi les prendre en dehors des rangs des adjoints.

Des fonctions du médecin en chef. — Le médecin en chef dirige les divers services médicaux du dispensaire, il procède à la visite des insoumises, et à la contre-visite des femmes qui reviennent de l'infirmerie de Saint-Lazare. Il surveille et dirige les travaux statistiques ; il est l'intermédiaire naturel des médecins titulaires et adjoints auprès de l'administration. Lorsqu'il est empêché ou en congé, le médecin en chef adjoint dirige le service à sa place.

Tous les mois, le médecin en chef adresse au préfet de police un rapport sur les opérations qui ont eu lieu au dispensaire: ce rapport sur papier blanc, permet de juger d'un coup d'œil du nombre et de l'état sanitaire des prostituées qui ont été visitées. Voici le modèle de ce rapport :

PRÉFECTURE
de Police
—
DISPENSAIRE
de Salubrité
—
SERVICE MÉDICAL
—
STATISTIQUE

État numérique des Filles soumises et insoumises qui ont été visitées pendant le mois de   188 .

Filles de maison... { dans les maisons.
{ au dispensaire...
Filles en carte.......................
Filles arrêtées (dépôt)...............
Total.
Filles insoumises ....
Total général.

MALADES

FILLES DE MAISON   Vénériennes { syphilitiques.............
{ non syphilitiques.........
Gale ....

FILLES EN CARTE   Vénériennes { syphilitiques.............
{ non syphilitiques....,.....
Gale ....

FILLES ARRÊTÉES   Vénériennes { syphilitiques.............
{ non syphilitiques.........
Gale...............................

FILLES INSOUMISÉS   Vénériennes { syphilitiques.............
{ non syphiliques.........
Gale...............................

Paris, le   188

Le Médecin en chef du dispensaire,

Des fonctions des médecins titulaires. — Les médecins titulaires procèdent à la visite des filles de maison et à celles des isolées; ils s'occupent de tous les travaux de statistique que nécessite le service.

Des fonctions des médecins adjoints. — Les adjoints sont chargés des suppléances. Ils sont tous de service une heure et demie par semaine. Chacun d'eux fait le service avec un titulaire qui est chargé de l'initier à ses fonctions. Lorsqu'un titulaire est malade ou en congé, la bonne tenue du service n'en souffre point par conséquent, le médecin chargé de le remplacer étant depuis longtemps au courant des habitudes et des exigences du dispensaire.

Des honoraires des médecins. — Les honoraires des médecins se décomposent ainsi :

1 médecin en chef	à 4,100 fr.	4,100 fr.
1 médecin en chef adjoint	à 3,500	3,500
1 médecin titulaire	à 3,100	3,100
4 médecins titulaires	à 2,900	11,600
3 médecins titulaires	à 2,500	7,500
4 médecins titulaires	à 2,300	9,200
2 médecins titulaires	à 2,100	4,200
10 adjoints sans honoraires	»	»
	Total :	43,200 fr.

A cette somme de 43,200 fr. il convient d'ajouter une indemnité annuelle de 1,000 fr., touchée par deux médecins, et qui se répartit ainsi pour chacun d'eux : 400 fr. pour les écritures proprement dites et 600 fr. pour la statistique médicale. Le service médical coute donc en tout 44,200 par an à l'administration préfectorale.

Les médecins qui sont nommés par le préfet, sont aussi révocables par lui. L'arrêté qui a réorganisé le service médical du dispensaire ne prévoit pas de limite d'âge pour eux.

Tel était l'état des choses au commencement de l'année 1888. Ce livre était déjà sous presse lorsque parut l'arrêté suivant, de M. Bourgeois, préfet de police, concernant le recrutement du personnel médical du dispensaire,

Le Préfet de Police,
Vu l'arrêté des consuls du 12 messidor an VII ;
Vu l'arrêté du 24 Décembre 1810 ;

Arrête :

ARTICLE PREMIER. — Nul ne pourra, à l'avenir, être nommé aux fonctions de médecin du Dispensaire de salubrité s'il ne réunit les conditions suivantes :

1º Être Français, âgé de moins de 35 ans ;
2º Avoir été admis à concourir ;
3º Avoir subi avec succès les épreuves du concours qui consistent en : une épreuve de titres scientifiques et hospitaliers, une épreuve écrite en deux heures sur un sujet relatif aux affections vénériennes et à la gynécologie, deux épreuves orales de diagnostie de dix minutes chacune, après dix minutes de préparation.

ART. 2. — Le jury du concours sera nommé par le Préfet de Police sur la présentation du doyen de la Faculté de médecine. Il sera choisi parmi les membres des corps scientifiques suivants :

Les membres de l'Académie de médecine, les professeurs et professeurs agrégés de la Faculté de médecine, les médecins, les chirurgiens et accoucheurs des hôpitaux, les médecins titulaires de Saint-Lazare.

ART. 3. — Le président du jury sera désigné dans l'arrêté de nomination.

ART. 4. — Le jury sera composé de cinq juges et d'un suppléant.

ART. 5. — Tous les médecins du Dispensaire cesseront leurs fonctions à l'âge de soixante-cinq ans.

Fait à Paris, le 1ᵉʳ mars 1888.

Le Préfet de Police :
LÉON **BOURGEOIS**.

Cet arrêté, qui a évidemment été inspiré par les récentes discussions à l'Académie de médecine, a surpris tout le monde, et les médecins du dispensaire en particulier. Il ne

m'appartient pas de le juger, mais je ne puis m'empêcher
de trouver étrange qu'un administrateur de la valeur et
de la compétence de M. Bourgeois ait pris une décision de
cette importance, au moment même où il quittait son
poste à la préfecture. Le mode de recrutement édicté par
l'arrêté du 1er mars 1888, bouleverse en effet tout le système en vigueur aujourd'hui; il a le tort de ne tenir
aucun compte des services rendus par les médecins
adjoints, qui ne reçoivent aucune indemnité et qui passent
néanmoins de longues heures au dispensaire. L'espoir, je
dirai plus, la certitude d'arriver un jour ou l'autre au
titulariat stimulait leur zèle et ils ont acquis des droits
qu'il sera bien difficile de ne pas reconnaître.

La limite d'âge de 35 ans, fixée pour la participation au
concours, me paraît également fâcheuse; les médecins du
dispensaire ne doivent pas être trop jeunes; j'expliquerai
tout à l'heure pourquoi.

Enfin, quelle raison invoquer non pas pour retraiter, car
le personnel médical du dispensaire ne subissant aucune
retenue sur ses traitements n'a pas droit à la retraite, mais
pour remercier des hommes qui ont consacré de longues
années à un service public, qui en connaissent à fond
l'organisation et auxquels chaque jour de plus qu'ils
passent au dispensaire donne plus d'autorité et plus
d'expérience? Si les médecins du dispensaire sont accablés
d'infirmités qui les empêchent de remplir leurs fonctions, qu'on les remplace, rien de plus juste; on n'a pas
besoin d'attendre qu'ils aient atteint l'âge de soixante-
cinq ans pour cela; mais s'ils sont valides, pourquoi se
priver volontairement de leurs services, à un âge où nul
n'a encore songé à placer la fin de l'activité humaine, que
ce soit celle du corps ou celle de l'intelligence.

En principe, le concours est une chose excellente; mais dans l'espèce le seul qui me paraisse indiqué et réellement fécond, c'est le concours sur titres : lui seul assurera l'avenir du dispensaire, car il est le seul qui présente des garanties sérieuses et auquel veuillent se soumettre, pour des fonctions modestes et sans éclat, les hommes de valeur.

Des qualités nécessaires aux médecins du dispensaire. — Les fonctions de médecin du dispensaire exigent des connaissances médicales approfondies et une grande sûreté de diagnostic. On conçoit facilement, et sans qu'il soit besoin d'insister longuement, qu'une erreur a non seulement des suites fâcheuses pour la santé publique, mais qu'elle diminue aussi l'autorité du médecin et le respect qu'il doit inspirer.

Il faut également des qualités personnelles, sans lesquelles l'accomplissement de ces fonctions délicates deviendrait difficile ou impossible. Le service médical du dispensaire ne peut être confié qu'à des personnes dont la probité médicale est à l'abri de toute épreuve, dont la réputation est intacte et dont l'honorabilité est parfaite; il ne devrait l'être qu'à des hommes d'un âge mûr, mariés et au-dessus de tout soupçon.

Ces médecins n'ignorent pas à quelle réserve ils sont tenus dans leurs propos, de quels secrets ils sont les dépositaires et avec quel soin ils doivent éviter une indiscrétion, même involontaire. Ils savent le nom des prostituées, ils peuvent connaître la famille de l'une ou de l'autre d'entre elles; ils sont à même de pénétrer dans la vie intime et secrète d'une foule de personnes qui agissent dans l'ombre, fréquentent des lieux suspects et seraient honteuses et désolées à la fois de penser que quelqu'un qu'elles peuvent connaître et rencontrer dans le monde sût à quoi s'en tenir sur leur genre de vie et leur moralité. Le secret professionnel, auquel tous les médecins sont tenus et dont ils ne doivent même pas se départir devant la justice, est ici, plus que jamais, de rigueur.

Les rapports que les médecins ont avec les prostituées doivent être tels que le service n'en puisse souffrir ; la condition primordiale, la base de ces rapports, doivent être le respect des filles pour le médecin. Ce ne sont pas le mépris, la dureté et la rudesse qui feront naître ce respect ; ce ne seront pas davantage les plaisanteries faciles, la familiarité et le sans-gêne. La vraie voie est entre les deux. La douceur, l'aménité, la bienveillance doivent être la règle : douceur et aménité dans le langage, bienveillance dans les procédés ; elles ne sont incompatibles ni avec la dignité, ni avec la fermeté nécessaires dans l'exercice de ces fonctions délicates.

Le médecin obtiendra tout ce qu'il voudra des prostituées qu'il est obligé de visiter et d'interroger, en leur parlant convenablement, en les traitant comme des créatures humaines, dévoyées il est vrai, chez lesquelles tout sentiment moral ne serait pas éteint et en procédant à l'examen avec modestie, afin de ne pas froisser un reste de pudeur qui peut subsister après tout.

L'administration exige du reste que ses médecins soient traités par les femmes avec le respect et les égards auxquels ils ont droits. Elle punit les filles qui auraient été insolentes ou impolies ; elle ferme les maisons de tolérance pour huit jours, un mois, et plus, si la maîtresse de maison a répondu d'une façon grossière ou impertinente aux observations qui lui ont été faites. Les médecins faciliteront singulièrement leur tâche et s'éviteront bien des ennuis, ils n'auront aucune peine à obtenir le respect et la franchise qui leurs sont dus, je le répète, s'ils savent conserver dans leurs rapports avec les filles et avec les maîtresses de maison une certaine urbanité, une certaine bienveillance de manières qui ne sont pas incompatibles avec la dignité et le sérieux professionnels et qui maintiennent néanmoins les distances.

Je viens d'écrire le mot de franchise. Le médecin du dispensaire a le droit et le devoir de la réclamer; malheureusement il ne l'obtient pas toujours. Un grand écueil des visites faites dans les maisons de tolérance, c'est la simulation. Les filles de maison sont d'une habileté consommée pour dérober à un examen superficiel des lésions dont elles connaissent parfaitement le siège et la nature. J'ai déjà dit quelques mots du maquillage adroit auquel beaucoup de filles ont recours, quand elles sont malades. Un morceau de baudruche habilement colorié dissimule à merveille une ulcération; sachant que l'examen est moins approfondi lorsque la fille qui y est soumise a ses règles, des femmes malades se barbouillent les lèvres et le vagin de sang, afin d'éviter cet examen. Les ulcérations buccales ou pharyngiennes sont adroitement masquées par la mastication, innocente en apparence, de quelques pastilles de chocolat, avant la visite.

Il faut une grande expérience, une grande habileté pour découvrir et démasquer ces ingénieuses pratiques. Malheur au médecin qui s'y laissera prendre. La fille, à laquelle la simulation aura réussi, perdra pour le médecin le respect que lui inspire la science; elle s'empressera de faire part du succès de sa ruse à ses camarades; celles-ci feront de même, le cas échéant, et d'un seul coup le médecin perdra la plus grand partie de l'autorité et de l'influence qu'il avait sur elles.

De la Fréquence de la Syphilis chez les Prostituées soumises et chez les Prostituées clandestines. — D'après les observations régulièrement et consciencieusement faites tant au dispensaire qu'à l'infirmerie, la syphilis a depuis un certain nombre d'années une tendance à diminuer de fréquence. Les mêmes observations permettent d'affirmer que, dans tous les cas, les accidents auxquels elle donne lieu sont moins graves et moins tenaces que par le passé. Cette tendance à l'atténuation se manifeste d'une façon constante depuis 1881. La commission nommée et chargée en 1885 par Monsieur Camescasse, préfet de police, d'étudier l'organisation du service des mœurs et les réformes que l'on y pourrait accomplir avait remarqué et soigneusement noté cette atténuation. Les médecins chargés du service des hôpitaux spéciaux ont fait tous les mêmes remarques. Il faut se féliciter de ce résultat, sans vouloir en tirer des conséquences trop absolues, et il faut surtout en savoir gré à l'administration qui, par la surveillance active qu'elle exerce, a puissamment contribué à cette atténuation de la syphilis. Que cette surveillance se relâche, la vérole reprendra de plus belle.

Il est intéressant de savoir si les filles soumises, en carte ou en maison, sont plus souvent atteintes de syphilis que les prostituées clandestines, et si, des deux catégories de filles inscrites, l'une y est plus exposée que l'autre.

A première vue, on doit se dire que du moment où elles sont surveillées et soumises à des visites régulières, le danger d'infection doit être moins grand avec les filles soumises qu'avec les clandestines : cela est absolument vrai.

Les filles de maison sont un peu plus exposées que les filles isolées à gagner la syphilis. D'abord elles n'ont pas le droit de choisir ; elles sont à qui les paye ; il est vrai qu'elles peuvent se livrer à un examen sommaire de l'individu qui veut monter avec elles, et, si elles le croient malade, refuser de lui servir, surtout si la sous-maîtresse appuie leur résistance ; mais cet examen ne saurait porter que sur les organes génitaux externes ; il sera toujours rudimentaire et tout le monde sait aujourd'hui que les plaques muqueuses des lèvres ou de la langue peuvent communiquer la vérole au même titre que le chancre initial. Les filles en maison sont plus jeunes et elles ont, en outre, beaucoup plus de rapports que les isolées ; ce sont ces considérations qui ont amené l'administration à prescrire des visites hebdomadaires pour les filles de maison, tandis que les isolées ne sont astreintes qu'à deux visites par mois.

Les filles isolées ne sont pas tenues de se livrer au premier venu ; elles choisissent ou du moins elles peuvent choisir ; elles examinent également leurs galants, elles exigent souvent l'usage des préservatifs, et elles ne répètent pas, à beaucoup près, l'acte génital autant de fois que les filles de maison. Un certain nombre de femmes isolées prennent très rarement la syphilis : elles appartiennent à la catégorie des pierreuses ; vieilles, laides, contrefaites, décrépites elles se sont donné elles-mêmes le surnom de *manuelles* ; je n'ai pas besoin d'insister sur les manœuvres auxquelles elles soumettent les individus qu'elles fréquentent et sur la raison qui, par conséquent, les préserve de la contagion.

Le tableau ci-joint donne le nombre des filles soumises syphilitiques depuis 1880.

ANNÉES	1880	1881	1882	1 883	1884	1885	1886
Filles en maison.	1107	1057	1116	1030	961	913	914
Sur ce nombre étaient syphilitiques.	285	227	220	120	121	129	111
Filles isolées.	2175	2103	1723	1786	1956	2998	3405
Sur ce nombre étaient syphilitiques.	231	160	174	193	206	293	236

La proportion est donc nettement en faveur des filles isolées ; en effet, tandis qu'il y a eu :

En 1880	1	fille de maison syphilitique sur	4
En 1881	1	—	4,6
En 1882	1	—	5
En 1883	1	—	8,5
En 1884	1	—	7,9
En 1885	1	—	7
En 1886	1	—	8,14

Il n'y avait chez les prostituées isolées que :

1	syphilitique sur	10,71	en 1880
1	—	13,14	en 1881
1	—	9,9	en 1882
1	—	9,25	en 1883
1	—	9,5	en 1884
1	—	10,23	en 1885
1	—	14,42	en 1886

Les filles soumises isolées sont par conséquent moins infectées que les filles de maison.

On constate aussi, en jetant les yeux sur ces tableaux, que depuis une série d'années, sauf une oscillation insignifiante, la syphilis tend à faire moins de victimes. C'est en 1882, 1883 et 1884 que la vérole a eu une légère recrudescence parmi les isolées ; et fait digne de remarque, en 1882 et en 1883 elle continuait à diminuer dans de fortes proportions pour les filles en maison ; ce n'est qu'en 1884 et en 1885 qu'elle subit une augmentation très peu sensible et qui ne dura pas.

C'est chez les filles du Dépôt qu'on rencontre le plus de malades ; le fait n'a rien qui doive étonner, puisque c'est parmi ces filles que l'on trouve les réfractaires.

Cette diminution de la syphilis, si légère qu'elle soit, n'est pas un fait spécial à Paris ; on s'en assurera en consultant dans la seconde partie de ce livre les documents qui ont trait à la prostitution dans les grandes villes de l'Europe.

Il est beaucoup plus difficile de se rendre compte de la fréquence de la syphilis parmi les prostituées clandestines; la statistique ne peut donner ici de résultats exacts; car, tandis qu'on opère sur des chiffres parfaitement connus pour les filles soumises, on est dans une incertitude absolue à propos du nombre des prostituées clandestines. Le service des mœurs connaît, à une unité près, le chiffre des filles inscrites ; il ne peut connaître que le nombre des prostituées clandestines arrêtées. L'immense majorité de celles-ci lui échappe et lui échappera toujours. Il est impossible de savoir au juste combien de prostituées clandestines exercent leur métier à Paris ; les uns évaluent leur nombre à 30,000 ou 40,000 les autres à 15,000, d'autres encore à 10,000 ; ces chiffres sont purement fantaisistes, et ne peuvent servir de base à un calcul sérieux.

Il est donc oiseux de vouloir faire une comparaison exacte entre les deux espèces de filles publiques, au point de vue de la fréquence de la syphilis. Toutes les statistiques que l'on a faites jusqu'ici ne peuvent soutenir un examen sérieux. Les adversaires et les partisans de la liberté de la prostitution les ont d'ailleurs, les uns et les autres, fait servir aux besoins de leur cause ; c'est dire quelle est leur élasticité.

Je ne veux donc point établir de comparaison ; je crois qu'il vaut mieux constater l'état des choses et en tirer les conclusions que dicte naturellement la raison.

On a arrêté :

En 1880	3544	insoumises,	dont	697	étaient syphilitiques
En 1881	2419	—		502	—
En 1882	2725	—		585	—
En 1883	2787	—		505	—
En 1884	2816	—		446	—
En 1885	2989	—		414	—
En 1886	2707	—		317	—

La proportion des filles syphilitiques clandestines, eu égard au nombre des arrestations a donc été :

En 1880 de 1 sur 5	En 1884 de 1 sur 6,3
En 1881 de 1 sur 5	En 1885 de 1 sur 7,2
En 1882 de 1 sur 4,6	En 1886 de 1 sur 8,5
En 1883 de 1 sur 5,5	

Les clandestines auraient donc elles aussi bénéficié de l'atténuation de la vérole, comme les filles inscrites ; l'année 1882 qui a été marquée par l'arrêt dans cette atténuation chez les filles soumises isolées a présenté le même phénomène chez les clandestines. D'après ces données la fréquence de la syphilis serait, à peu de chose près, identique dans les deux catégories de prostituées et l'on serait en droit de se demander pourquoi l'on tient tant à maintenir une réglementation qui donne d'aussi piètres résultats. Mais ces données ne sont pas rigoureusement exactes. L'on a arrêté en 1886, par exemple, 2707 clandestines, sur lesquelles 317 étaient syphilitiques ; mais qui dira le chiffre de celles qui ont échappé à l'action de la police et combien, parmi elles, sont atteintes de la vérole!

Du reste, l'opinion du médecin en chef du dispensaire est que la proportion des maladies vénériennes en bloc varie de 35 à 40 % chez les clandestines. Elles n'est plus que de 2 à 3 % chez les filles soumises indisciplinées et descend à 0,75 % chez les filles soumises qui viennent exactement à leurs visites.

Ce n'est même pas sur le nombre des filles inscrites que l'on peut baser une statistique réelle : il faut l'établir sur le nombre des visites. Les clandestines ne subissent de visite que lorsqu'elles ont été arrêtées ; les filles soumises isolées y sont astreintes deux fois par mois, les filles en maison tous les huit jours. C'est donc sur l'ensemble des visites sanitaires qu'il faut calculer la proportion des cas de syphilis, sans oublier que la même femme qui a déjà figuré comme malade lorsqu'elle portait un chancre induré, sera de nouveau comptée quand elle se présentera avec des plaques muqueuses, une roséole ou des condylômes.

Or, le total des visites a été :

En 1880 de	84,886	pour les filles soumises et de	3,544	pour les insoumises
En 1881 de	77,199	—	2,419	—
En 1882 de	75,804	—	2,725	—
En 1883 de	76,846	—	2,787	—
En 1884 de	79,316	—	2,816	—
En 1885 de	93,185	—	2,989	—
En 1886 de	100,191	—	2,707	—

En calculant d'après ces données, on comprend mieux l'assertion du Dr Passant et on se rend compte de l'excellence d'une surveillance médicale et administrative, car on en touche les heureux résultats du doigt.

En effet, en 1886 sur 100,191 visites on n'a constaté que 347 fois l'existence de la syphilis, chez les filles inscrites ; dans la même année sur 2707 visites on l'a constatée 317 fois, chez les clandestines. Le rapprochement de ces deux chiffres, si éloquents par eux-mêmes, me dispense d'en tirer des conclusions ; la règlementation de la prostitution n'a pas besoin d'autre argument pour être défendue : celui-ci est péremptoire.

De la fréquence des maladies vénériennes et psoriques chez les prostituées soumises et chez les prostituées clandestines. — Les maladies vénériennes simples telles que la blennorhagie et le chancre mou, les maladies psoriques telles que la gale sont à peu près aussi fréquentes que la syphilis chez les filles soumises.

En 1880 sur	84,886	filles soumises visitées il y a eu		464	malades
En 1881 sur	71,199	—	—	371	—
En 1882 sur	75,804	—	—	342	—
En 1883 sur	76,846	—	—	366	—
En 1884 sur	79,316	—	—	287	—
En 1885 sur	93,185	—	—	374	—
En 1886 sur	100,191	—	—	332	—
	587,427	—	—	2,536	

Sur 587,487 visites faites dans l'espace de sept années on a donc constaté 2536 fois l'existence d'affections telles que le chancre simple, la blennhorhagie, les ulcérations du col ou la gale ; dans le même laps de temps, on a constaté 2708 fois l'existence de la syphilis.

Répétant la même opération pour les prostituées clandestine on trouve :

En 1880 sur	3,544	filles clandestines visitées		473	malades.
En 1881 sur	2,419	—		352	—
En 1882 sur	2,725	—		414	—
En 1883 sur	2,787	—		361	—
En 1884 sur	2,816	—		337	—
En 1885 sur	2,989	—		490	—
En 1886 sur	2,707	—		456	—
	19,987	—		1,880	—

Sur 19,987 visites faites dans l'espace de sept années on a donc rencontré chez les clandestines 1,880 cas de maladies vénériennes ou psoriques ; dans le même laps de temps, on a constaté 3,466 cas de syphilis.

Ces chiffres portent leur enseignement avec eux ; ils montrent d'une façon indéniable que les prostituées clandestines sont plus sujettes que les filles inscrites à contracter les affections vénériennes simples, et que la proportion que j'avais déjà signalée pour la syphilis se trouve à peu près la même ici.

Il est à remarquer également que les affections vénériennes, syphilis comprise, ont toujours un caractère plus grave et plus sérieux chez les femmes insoumises que chez les filles inscrites.

Autrefois un certain nombre de prostituées de province, qu'elles fussent inscrites ou clandestines, venaient se faire soigner au Dispensaire de Paris ; elles prétextaient un voyage, et espéraient ainsi cacher leur maladie à leurs clients habituels. Cette coutume a complètement disparu.

De l'Ajournement. — Les symptômes de la syphilis sont en général assez faciles à reconnaître et les médecins du dispensaire ont une si grande habitude et une expérience si consommée qu'ils laissent très rarement échapper une erreur. Cependant il est quelquefois impossible de se prononcer d'emblée et à première vue, en toute sûreté. Le cas peut n'être pas nettement dessiné et tous les médecins ont eu ainsi des moments d'hésitation aussi embarrassants pour eux-mêmes que cruels pour leur client. On peut se trouver en face d'une simple déchirure, d'un coup d'ongle. Ce qui n'a pas une grande importance quand il s'agit d'un malade ordinaire, en revêt une énorme au contraire lorsqu'on se trouve dans l'alternative ou de séquestrer une femme saine ou de laisser en circulation une femme malade. C'est alors que l'on a recours à l'*Ajournement*.

Si la femme, sur l'état sanitaire de laquelle le médecin a des doutes, est en maison, il avertit la patronne et lui enjoint d'amener sa pensionnaire dans deux jours au dispensaire et de la séquestrer d'ici là. Au jour fixé, la femme, amenée au dispensaire, est visitée ; si elle est effectivement trouvée malade elle est immédiatement emmenée à l'infirmerie. Lorsqu'il est possible de s'apercevoir ou de prouver que, pendant l'ajournement et malgré l'ordre de séquestration, la femme a eu des rapports, la maîtresse de maison est punie d'une suspension de huit jours si la fille est saine, de quinze jours si elle est malade.

Pour les filles isolées venant au dispensaire on procède à peu près de même si le médecin visiteur a des doutes sur la nature réelle d'une affection qu'il constate ; il appelle dans ce cas son confrère, de service au bureau ; c'est sur son avis que la fille est ajournée. Elle est inscrite sur un registre spécial. Pendant toute la durée de l'ajournement, elle ne doit avoir de rapports avec qui que ce soit, et elle doit se rendre exactement à la visite supplémentaire dont le jour et l'heure lui sont indiqués.

S'il est prouvé, à cette visite, qu'elle a enfreint l'ordre qui lui avait été donné et qu'elle a eu des relations avec un homme, elle est punie de quinze jours de prison si elle est saine, d'un mois si elle est malade.

Lorsque la fille ajournée ne se rend pas à la visite au jour et à l'heure qui lui ont été fixés, le médecin de service transmet son nom à la section administrative qui la fait immédiatement rechercher par ses inspecteurs.

Les malades sont souvent ajournées une, deux et même trois fois.

Influence des saisons, des fêtes publiques, de l'âge sur les maladies vénériennes et psoriques. — Les saisons, tant qu'il ne s'agit que des variations atmosphériques et thermales, n'ont aucune influence sur les maladies vénériennes ; on a constaté par contre que la gale était plus fréquente au printemps que dans le reste de l'année.

Ce qui a pu faire croire autrefois à une influence des saisons sur la syphilis, c'est la recrudescence que présente cette maladie à certains mois, en janvier par exemple. On ne saurait en accuser le froid, cependant, car les autres mois de l'hiver ne sont pas plus chauds et ils sont moins chargés. Il faut imputer l'augmentation des cas de syphilis aux fêtes de Noël et du Nouvel An ; à ce moment, la circulation est plus active sur les boulevards et sur les grandes voies ; la foire est établie un peu partout dans Paris ; les promeneurs s'attardent aux petites boutiques jusqu'à une heure avancée de la nuit ; les chemins de fer ont amené un grand nombre de provinciaux et d'étrangers ; tout le monde, enfin, heureux de voir l'année finir sans encombre, plein d'espoir dans celle qui va s'ouvrir, dépense son argent plus facilement qu'à n'importe quelle autre époque. Ce sont là les causes qui, à mon avis, militent en faveur d'une recrudescence de la syphilis en janvier.

Ce sont des raisons presque identiques qui expliquent l'augmentation des cas de syphilis constatés à la visite pendant les mois d'été. La chaleur n'y est pour rien. Mais en été les soirées plus fraîches attirent les promeneurs au dehors ; les jardins publics restent ouverts, et les occasions sont plus nombreuses.

Les fêtes publiques amènent une recrudescence des maladies ; la prospérité publique les augmente, la misère publique tend à les diminuer ; quand le commerce et l'industrie sont prospères, que l'argent abonde, l'homme se précipite fatalement vers les jouissances matérielles ; en temps de crise économique et financière, l'argent se fait rare, et les salaires des ouvriers comme les bénéfices des patrons diminuent. La stagnation des affaires rejaillit sur la prostitution et la syphilis diminue d'autant que les prostituées sont moins recherchées.

L'âge n'a aucune influence marquée sur la production des maladies vénériennes. Jeunes et vieilles filles y sont également exposées. Il est vrai, cependant, que l'on a constaté quelques différences au point de vue de certains symptômes. Ainsi l'on a pu observer que les bubons se présentaient surtout chez les jeunes prostituées ; les végétations se rencontrent aussi plus fréquemment chez elles, mais il n'y a là aucune règle fixe, et il serait téméraire de tirer de ces observations des conclusions prématurées.

CHAPITRE NEUVIÈME

Des hôpitaux consacrés au traitement de la Syphilis. — De l'infirmerie
de Saint-Lazare.

La création d'hôpitaux spéciaux pour le traitement des
affections vénériennes et syphilitiques est relativement
récente ; elle ne date que de 1835, quoique tous les préfets de police, MM. Pasquier et Anglès surtout, en aient
énergiquement réclamé l'établissement avant cette époque.

Ces hôpitaux sont au nombre de trois : l'infirmerie de
Saint-Lazare pour les prostituées soumises à la surveillance de la préfecture de police, l'hôpital de Lourcine
pour les femmes dites *du civil*, l'hôpital du Midi pour les
hommes.

Récemment il a été créé un enseignement spécial des
affections syphilitiques à l'hôpital Saint-Louis, où il
existait depuis longtemps un service de maladies vénériennes et les syphilitiques sont en outre soignés dans
tous les hôpitaux, soit à la consultation externe, soit
comme malades dans les salles. Beaucoup de malades
syphilitiques ou vénériens, enfin, se présentent aux consultations des médecins des bureaux de bienfaisance qui
doivent les renvoyer à celles des hôpitaux spéciaux.

Il peut paraître extraordinaire que dans un livre consacré à la prostitution, on soit amené à parler des hôpitaux

de syphilitiques. Mais l'hôpital de Lourcine a été spécialement créé pour les prostituées ou du moins pour les
femmes qui ne sont pas assujetties aux visites sanitaires et
qui seraient atteintes de maladies vénériennes : c'est en
un mot l'*hôpital de la Clandestinité*.

De l'hôpital de Lourcine. — L'hôpital de Lourcine qui
contient 280 lits environ, est situé dans la rue de Lourcine, au n° 111 ; il occupe une vieille bâtisse agrandie
peu à peu et comprend deux services de médecine dont les
titulaires actuels sont MM. Martineau (1) et Balzer, et un
service de chirurgie confié à M. Pozzi. Un pharmacien
est attaché à l'établissement qui dépend de l'assistance
publique et est exclusivement réservé aux femmes et aux
jeunes enfants atteints d'affections vénériennes.

La préfecture de police n'a aucune action sur cet hôpital. Toute fille inscrite sur les contrôles de l'administration, qu'elle soit isolée ou en maison, est sévèrement consignée à la porte de l'établissement. Cela ne veut pas dire
qu'il ne s'y glisse point quelque fille soumise, par hasard.
Mais alors elle y entre par surprise, à la suite d'une
fausse déclaration ou même à l'aide de faux papiers ; elle
sait bien qu'une fois entrée et en traitement, elle ne risque plus d'être renvoyée.

Les filles qui réussissent ainsi à entrer à Lourcine ont
souvent prétexté un voyage, à la préfecture, pour interrompre leurs visites : elles sont donc tranquilles de ce
côté ; elles se font soigner, mais elles échappent à la
séquestration de Saint-Lazare. Elles n'ignorent pas,
comme le dit M. Martineau, que l'Assistance publique,
esclave du secret professionnel, ne procédera pas vis-à-vis

____

(1) Ce chapitre était déjà composé quand M. Martineau est mort subite-
ment le 13 mars 1888.

d'elles avec sa rigueur accoutumée et si elles ne troublent pas la règle de la maison, elles achèvent leur guérison ; car il faut qu'à leur prochaine visite au dispensaire elles puissent être reconnues indemnes.

Ces filles font rarement du scandale à l'hôpital et ne s'exposent presque jamais à être renvoyées.

La population de l'hôpital de Lourcine comprend surtout des clandestines ; jeunes filles commençant à peine leur métier ou vieilles prostituées blanchies sous le harnais. On y voit aussi des femmes mariées que leur mari a contaminées, des nourrices infectées par l'enfant qu'elles ont allaité, des jeunes filles atteintes d'accidents héréditaires ou victimes d'un attentat à la pudeur ou d'un viol, et qui ont été déshonorées et contaminées du même coup.

L'entrée de l'hôpital est interdite aux étrangers ; les étudiants en médecine même ont besoin d'une autorisation spéciale pour y pénétrer. Le jeudi et le dimanche les parents et les amis des malades peuvent s'entretenir, mais pendant un quart d'heure seulement, avec elles ; ce règlement paraît draconien au premier abord ; on verra, par la suite, qu'on a obéi, en l'édictant, à la prudence la plus élémentaire et aux leçons de l'expérience.

Comme l'hôpital de Lourcine dépend de l'Assistance publique seule, l'entrée et la sortie en sont libres pour les malades ; celles-ci ne sont soumises qu'aux règlements en usage dans les autres hôpitaux ; on ne peut les retenir à l'hôpital contre leur gré ; si elles veulent s'en aller, sans être guéries, nul ne peut les en empêcher ; ni le médecin qui les soigne, ni le directeur de l'hôpital n'ont d'autorité sous ce rapport.

Autrefois, et ces temps ne sont pas bien anciens, il

existait une convention entre l'administration préfectorale et l'Assistance publique qui pouvait, jusqu'à un certain point, remédier à un état de choses aussi fâcheux. Toutes les fois qu'une malade, atteinte d'accidents contagieux, quittait l'hôpital de Lourcine sans être guérie, le bureau de l'hôpital devait la signaler à la préfecture de police, au moyen d'une fiche spéciale.

Sur le reçu de cette fiche, la préfecture signalait à la police municipale la malade en question : elle était mise en surveillance et dès qu'elle se livrait publiquement à la provocation, à la débauche et à la prostitution, elle était arrêtée.

Ce règlement n'est plus appliqué aujourd'hui : le serait-il encore, qu'il resterait néanmoins inefficace ; la police ne peut intervenir que si les femmes se livrent publiquement au raccrochage ou à des actes contraires aux bonnes mœurs, et dans l'espèce, elles se gardent bien de le faire.

Le système des punitions, un moment appliqué à Lourcine, est également tombé en désuétude ; on condamnait au cachot les femmes indisciplinées ; on a même renoncé aujourd'hui à leur infliger la privation du promenoir ou du parloir.

L'influence morale que donnait au médecin ou au directeur l'existence de la convention avec la préfecture de police a disparu avec elle ; les femmes savent parfaitement que cet accord n'existe plus, elles savent qu'elles sont libres et on n'a plus aucune autorité pour les retenir quand elles veulent s'en aller.

Les prostituées clandestines qui viennent le plus habituellement se faire soigner à Lourcine sont des filles de brasserie, des modistes, des ouvrières, des artistes de catégorie inférieure ; elles prennent du moins ces titres quand elles entrent à l'hôpital pour cacher qu'elles ne sont en réalité que des habituées des bals publics, des cafés-concerts ou d'autres mauvais lieux.

J'ai dit que, quelle que soit la contagiosité de l'affection dont elles souffrent, les femmes pouvaient quitter librement l'hôpital ; aussi ne s'en font-elles pas faute. C'est surtout à l'occasion des fêtes et le dimanche, que ces sorties se produisent en grand nombre. Mises au courant par les visites qu'elles ont reçues le jeudi, les malades vont faire la fête pour leur propre compte ou elles vont doubler une amie qui a trop d'ouvrage. Elles vont *tirer une bordée*, pour me servir d'une expression qui a passé du langage des marins dans celui des filles publiques ; elles reviennent tranquillement, le lendemain ou quelques jours après, pour continuer leur traitement. Combien d'hommes ont-elles pu infecter pendant les quelques jours qu'elles ont passés hors de l'hôpital ; leur continence forcée leur pèse, et elles vont se livrer à six, huit, dix hommes par jour ; tous emportent la vérole avec eux. Elles savent, en effet, où trouver des chalands pendant leur fugue ; elles sont renseignées ; elles se prostituent dans les débits de vins où l'on favorise la débauche ou aux alentours des casernes ; elles usent largement de la latitude que leur laissent les règlements de l'hôpital, pour promener dans les rues de Paris leur syphilis ou leur blennorhagie.

Outre les femmes qui viennent demander leur admission à Lourcine, avec la ferme volonté de se soigner, nous en trouvons d'autres pour lesquelles la maladie n'est qu'un prétexte et qui en réalité y entrent pour un tout autre motif. Cette catégorie de femmes est la plaie des hôpitaux de vénériennes, à Paris, comme ailleurs ; on la rencontre également dans les hôpitaux généraux, où cependant il n'existe pas de service spécial ; ces femmes sont des proxénètes.

Elles sont malades depuis de longues années et se soignent mal chez elles ; souvent elles ne se soignent même pas du tout, malgré la facilité qu'elles ont de venir à la consultation externe de l'hôpital de Lourcine et d'y recevoir gratuitement les médicaments dont elles ont besoin. Elles se font de temps à autre recevoir à l'hôpital pour y subir un traitement ; ce traitement n'est qu'un prétexte ; elles tâchent de faire la connaissance des filles jeunes et inexpérimentées qui se trouvent en même temps qu'elles dans les salles de malades ; elles réussissent à nouer des relations amicales avec elles, et une fois qu'elles leur ont inspiré confiance, elles commencent leur œuvre lentement démoralisatrice.

En relations continuelles avec le dehors, elles circonviennent les malheureuses qui leur prêtent une oreille complaisante et les embauchent pour le compte d'une maîtresse de maison de tolérance, ou ce qui est pis encore, pour une des propriétaires de ces boutiques interlopes qui servent d'asile à la prostitution clandestine. Quelquefois même elles opèrent directement pour le compte de quelque amateur, vieux paillard ou jeune débauché, dont elles sont les courtières.

Ce marchandage, ce recrutage se font nécessairement dans l'ombre ; cependant, malgré les précautions dont elle s'entoure, la proxénète finit toujours par se dévoiler un jour ou l'autre ; on la renvoie de l'hôpital, mais le mal est fait ; et qui sait le nombre de jeunes filles qu'une seule faute, qu'une double tromperie a amenées à Lourcine et qu'elle a irrévocablement et irrémédiablement perdues.

Depuis 1878 les entrées à l'hôpital de Lourcine ont constamment suivi une marche ascendante. J'emprunte les chiffres suivants au livre du Dr Martineau, mieux placé que n'importe qui pour parler d'un hôpital dont il est le médecin depuis de longues années.

Il y a quinze ans les admissions à Lourcine étaient d'environ 1,460 par an ; pendant les cinq années suivantes elles ont été moindres, mais à partir de 1878 elles ont monté à 1,471 ; depuis la progression s'est toujours accentuée. Il est à remarquer que c'est vers 1878 que l'on a commencé à se désintéresser des moyens préventifs de la prostitution clandestine ; ainsi se trouve vérifiée encore une fois la justesse d'observation des partisans de la réglementation.

En 1878 il y eut 1,471 entrées	En 1881 il y eut 1,968 entrées.
En 1879 — 1,782 —	En 1882 — 2,235 —
En 1880 — 1,904 —	En 1883 — 2,400 —

Mais, par une coïncidence bizarre, facile à expliquer du reste, pendant que le nombre des entrées augmentait dans une aussi notable proportion, le nombre des journées de maladie diminuait. En 1878, pour 1,471 entrées on comptait 77,862 journées de présence. En 1880, pour 1,904 admissions, on n'a plus que 76,251 journées de présence, c'est-à-dire que le mouvement de la population hospitalière est devenu plus actif, que les malades demeurent moins longtemps en traitement et que beaucoup d'entre elles sortent avant la complète guérison de leurs accidents contagieux.

En 1879, sur 1,782 admises, 508 sont sorties non guéries soit volontairement, soit par mesure disciplinaire, pour refus de se laisser traiter ; en 1880, sur 1,904 admises, 618 se sont trouvées dans le même cas ; en 1881, il y en a eu 687 sur 1,968 admises ; en 1882, 730 sur 2,235 et en 1883, 650 sur 2,400. Ces chiffres ne montrent-ils pas quel dangers un état de choses pareil présente pour la santé publique.

Hôpital du Midi. — L'*hôpital du Midi* est consacré aux vénériens hommes ; il est situé boulevard du Port-Royal au n° 111 et occupe les vieux bâtiments d'un couvent de Capucins, mal aménagés, mais où depuis quelque temps on a singulièrement amélioré les conditions hygiéniques (1). Cet hôpital a un service de consultation externe gratuite, comme Lourcine, deux services de médecins confiés à MM. Mauriac et Du Castel et un service de chirurgie, dirigé par M. Humbert. L'hôpital du Midi dispose de 336 lits. Le nombre des consultations externes y est toujours très considérable ; les admissions y sont également fort nombreuses ; il est à remarquer même que le chiffre des consultations et des admissions progresse un peu tous les ans. Il n'y a là rien qui doive nous surprendre, puisque la prostitution clandestine augmente elle-même d'année en année et qu'une seule femme syphilitique peut contaminer en un seul jour jusqu'à quinze ou vingt individus.

La population du Midi se recrute habituellement dans la classe ouvrière ; ce sont des journaliers, des maçons, des cochers, des domestiques, des garçons de marchands de vins, des typographes, des cordonniers, des tailleurs, des menuisiers qui fournissent en général le plus fort contingent des entrées. Il est rare d'y trouver des commis de

_____

(1) Voyez Albert Pignot, l'*Hôpital du Midi et ses origines. Recherches sur l'histoire de la Syphilis à Paris*, avec planches, thèse de doctorat. Paris, 1885.

magasins ou des employés de commerce. La consultation externe attire au contraire des hommes d'une classe un peu plus relevée.

On soigne également des enfants au Midi. C'est ainsi qu'on y rencontre de jeunes garçons de quinze ans, à côté de vieillards de soixante-dix ans, et plus.

La plupart des malades, interrogés par les chefs de service sur les origines de l'affection qu'ils ont contractée, en accusent nettement les coureuses, les *traînées*, les filles de brasserie, c'est-à-dire les prostituées clandestines. Peu d'entre eux attribuent leur contamination aux filles inscrites, aux filles de maison surtout.

Hôpital Saint-Louis. — Maison municipale de Santé. — Hôpitaux généraux. — Outre les deux hôpitaux spéciaux uniquement consacrés au traitement des affections syphilitiques et vénériennes, il existe à l'hôpital Saint-Louis un service clinique des maladies syphilitiques, confié à M. Alfred Fournier, l'éminent professeur de syphiligraphie. Avant la création de ce service de clinique, il y avait toujours, à cet hôpital, un service spécial. On y recevait d'habitude les malades des deux sexes atteints d'affections syphilitiques graves et constitutionnelles, compliquées d'affections cutanées.

La *maison municipale de santé* où l'on n'est admis qu'en payant une pension journalière relativement élevée, compte également quelques syphilitiques parmi sa population. Hommes ou femmes, ce sont des malades qui ne peuvent avoir des soins convenables chez eux, à qui l'hôpital répugne et dont la situation de fortune, assez aisée, leur permet de s'en passer.

On soigne enfin des victimes de l'amour dans tous les *hôpitaux généraux* : on ne les admet pas comme vénériens, mais comme fiévreux ; lorsque ce sont des filles publiques qui entrent ainsi à la Charité, à l'Hôtel-Dieu, à Tenon ou ailleurs, elles se font passer pour lingères, modistes, couturières ou ouvrières.

Il n'est pas possible de savoir, même approximativement, la proportion exacte des femmes et des hommes qui suivent un traitement dans les hôpitaux généraux. Parent-Duchâtelet estime qu'un cinquième environ des malades syphilitiques et vénériens reçoivent des soins dans les hôpitaux autres que Lourcine et le Midi. Je crois que la proportion indiquée par lui n'a pas varié beaucoup depuis.

L'infirmerie de Saint-Lazare. — C'est à l'infirmerie de Saint-Lazare que sont soignées les prostituées inscrites et les clandestines arrêtées et reconnues malades ; elles y sont traitées par les soins de la préfecture de police. La maison de Saint-Lazare est située faubourg Saint-Denis, presque au coin du boulevard de Magenta. C'est un ancien couvent, comme l'indique du reste son nom. L'infirmerie n'occupe pas les bâtiments anciens d'un aspect si triste et si morose qui se profilent sur la rue du faubourg Saint-Denis : elle a été installée dans des constructions neuves, dont l'aménagement ne laisse rien à désirer, et qu'on a pu élever sur les terrains dépendant de l'ancienne maison des Lazaristes. Il est depuis longtemps question de déplacer cet établissement, qui, prison et hôpital à la fois, est devenu insuffisant pour sa nombreuse clientèle et qui, placé au milieu d'un quartier populeux et commerçant, rend les communications plus difficiles et occupe des terrains étendus d'une valeur très considérable. Le moment n'est peut-être pas éloigné où la maison de Saint-Lazare, en temps que maison de répression, disparaîtra du sol sous la pioche des démolisseurs. L'administration paraît décidée, toutefois, à laisser intacte l'infirmerie, de création récente et dont les services, bien compris, ne laissent rien à désirer.

La population générale de Saint-Lazare est d'environ 1,100 femmes détenues, réparties en trois sections principales.

La première section ou *quartier judiciaire*, comprend les femmes prévenues ou condamnées pour délits de droit commun, je n'ai pas à m'en occuper dans cette étude.

La deuxième section ou *quartier des filles publiques*, se divise aussi en deux sous-quartiers, l'un affecté aux prostituées punies, l'autre aux prostituées malades.

La troisième section, *quartier des mineures*, se divise en deux parties : chacun de ces quartiers est composé lui-même de deux sous-quartiers : les deux sous-divisions du premier quartier comprennent les détenues et les condamnées de moins de seize ans ; les deux sous-divisions du deuxième quartier sont affectées aux prostituées et aux malades de moins de seize ans.

Chacun de ces quartiers a sa cuisine, son réfectoire, ses bains, sa pharmacie, ses cellules et son infirmerie spéciale.

Je parlerai dans le chapitre suivant des prostituées enfermées à Saint-Lazare par voie de punition ; je ne veux m'occuper dans celui-ci que de celles qui ont été dirigées sur Saint-Lazare, parce qu'elles sont malades.

Quatre médecins titulaires dirigent le service médical de Saint-Lazare : MM. Le Pileur, pour la première section, Chéron, Boureau et Leblond, pour la deuxième ; ils sont secondés par six médecins adjoints, MM. Oberlin, Fauquez, Lutaud, Chipier, de Sinéty et Conil.

Le service du contrôle des infirmeries est fait par le médecin en chef du dispensaire. Les infirmeries sont dirigées comme celles des autres hôpitaux, mais comme il s'agit ici d'un hôpital existant dans des conditions absolument spéciales et déterminées, on a pu y introduire certains moyens de surveillance et de répression qui sont analogues à ceux auxquels on a recours à l'égard des femmes détenues par voie judiciaire dont la conduite donne lieu à des troubles ou à des scènes scandaleuses.

Les refus de traitement sont inconnus à Saint-Lazare, par conséquent, et les actes d'indiscipline y sont relativement rares eu égard à la condition sociale des femmes qu'on y détient ; ils sont du reste immédiatement et efficacement réprimés.

La direction et la surveillance des salles sont confiées à des religieuses de l'ordre de Marie-Joseph. Officiellement ces sœurs sont au nombre de quarante-six ; mais en réalité, il y a soixante-dix sœurs à Saint-Lazare, quoique les vingt-quatre sœurs supplémentaires n'émargent point au budget. Le service est exercé par des filles de salle, qui font les lits, balayent, nettoient et assistent aux pansements. Chaque salle a en plus, une femme spécialement chargée des pansements faciles à exécuter et qui s'appelle la panseuse. Il n'y a pas d'infirmiers à Saint-Lazare ; les seuls hommes tolérés par l'administration, dans la maison, sont les guichetiers et les surveillants ; mais ils ne pénètrent jamais dans l'infirmerie que pour y rétablir l'ordre ou pour y accompagner des ouvriers. Le directeur lui-même n'y vient jamais que précédé d'un surveillant.

La nourriture ordinaire des femmes se compose journellement de 195 grammes de viande cuite et de 500 grammes de pain blanc, d'un demi-litre de bouillon le matin, et d'un cinquième de litre de vin ; le médecin a d'ailleurs le droit d'ordonner tel supplément qu'il juge convenable ou nécessaire.

Le régime des malades n'a donc rien de commun avec celui des prisons, et l'on comprend difficilement comment on a pu avancer que les malades n'avaient pas, à Saint-Lazare, une nourriture suffisante.

L'infirmerie, dont la construction a été commencée en 1836, contient près de 400 lits; elle est divisée en trois parties distinctes, une par étage. Le service de chaque étage est dirigé par un médecin titulaire, aidé de deux médecins adjoints; il n'y a que deux internes pour toute l'infirmerie. Deux étages sont affectés aux prostituées clandestines; les filles soumises sont à un autre étage. La partie réservée aux prostituées clandestines se compose de deux salles immenses, occupant le 2° et le 3° étage; ces salles sont divisées en plusieurs compartiments par des cloisons; chaque compartiment contient une vingtaine de lits et n'est séparé d'un grand et large corridor qui règne sur toute la longueur de la salle que par une cloison à claire-voie. Une large baie percée dans le mur opposé à cette cloison éclaire chacun de ces compartiments, qui reçoit du reste un supplément de lumière par les fenêtres du corridor. Ce système de cloison ajourée rend la surveillance facile, de jour comme de nuit.

Les insoumises âgées de plus de 21 ans sont au deuxième étage; celle qui ont moins de 21 ans sont au troisième. Les malades, les filles clandestines aussi bien que les filles soumises, sont toujours groupées selon leur âge.

La salle affectée aux filles soumises est construite dans les mêmes dispositions, elle est située au premier étage.

Les compartiments ou chambres, résultant de la segmentation des grandes salles, sont au nombre de vingt et un.

L'installation de toutes ces chambres se perfectionne de jour en jour. C'est ainsi que M. Durlin, le sympathique directeur de la maison de Saint-Lazare, a obtenu, après de nombreuse démarches, que des lavabos et des bidets seraient placés dans les salles, en assez grand nombre que les femmes puissent procéder convenablement à leurs ablutions. C'est là une excellente innovation.

La propreté de ces salles est minutieuse; les parquets reluisent et les lits sont bons.

La durée du traitement est en moyenne de six semaines pour les filles soumises, de trois mois pour les filles clandestines. Cette différence n'est pas due à un simple hasard. Chez les filles inscrites on saisit le mal à ses débuts, tandis que chez les prostituées clandestines l'infection est le plus souvent ancienne au moment où l'on commence le traitement ; de plus chez elles, les accidents ont un caractère de gravité qu'ils ne présentent que très rarement chez les filles soumises.

Les femmes atteintes de gale sont soignées dans une salle spéciale du rez-de-chaussée ; une autre salle, située également au rez-de-chaussée, est affectée aux malades dites *des cours*; ce sont des femmes qui ont pris, pendant leur séjour à Saint-Lazare, une maladie aiguë, bronchite, pneumonie, rhumatisme, etc., mais qui ne sont pas vénériennes.

Les filles soumises et les filles clandestines qui sont mères et qui ont leur enfant avec elles, entrent avec leur enfant à Saint-Lazare.

Lorsque la prostituée malade est guérie elle ne peut quitter librement Saint-Lazare : elle est ramenée à la préfecture de police, où elle subit une contre-visite au dispensaire avant d'être mise en liberté. Cette contre-visite a pour but de vérifier l'état de santé de la fille; celle-ci est conduite ensuite devant le chef ou le sous-chef du bureau des mœurs, à qui elle est tenue de déclarer où elle va habiter et quel genre de vie elle veut adopter.

Le transport des filles de la préfecture à Saint-Lazare et de Saint-Lazare à la préfecture se fait dans des voitures cellulaires suspendues, un peu différentes de celles qui servent à évacuer les postes de police et à amener au dépôt de la préfecture les individus des deux sexes arrêtés dans les vingt-quatre heures. Elles sont, en effet, peintes d'une autre couleur, et leur plancher est à claire-voie. On a adopté cette disposition pour permettre l'écoulement des urines, dont les femmes auraient sali, sans cela, le plancher de la voiture. La population parisienne, dans son langage imagé et expressif, a appelé ces voitures des *paniers à salade.*

Quand la lourde porte de Saint-Lazare s'est refermée sur la voiture qui arrive de la préfecture, les filles descendent une à une et sont conduites au greffe où elles donnent leurs noms et prénoms ; on inscrit en regard les motifs qui nécessitent leur entrée ; on les mène ensuite dans une chambre spéciale où une femme, préposée à ce service, et que les filles appellent *Madame la fouilleuse* s'assure qu'elles n'ont sur elles aucun objet prohibé par le règlement. Les objets retenus sont étiquetés et déposés sur de vastes et larges rayons que cachent des rideaux ; après cette opération on donne aux malades le bonnet blanc et le costume de l'infirmerie, aux filles punies le bonnet noir prescrit par mesure administrative, puis on les remet entre les mains des sœurs.

Les malades peuvent recevoir des visites du dehors, les Mardi et les Vendredi. Ces visites ont lieu au parloir ; le parloir est situé au rez-de-chaussée et il est divisé en trois parties par deux cloisons munies de grillages serrés ; les filles sont derrière l'un des grillages, les personnes qui viennent les voir derrière l'autre : entre les deux est un espace libre suffisamment large pour que l'on ne puisse faire passer de lettres de l'un à l'autre. Les parents ont besoin d'une autorisation de l'administration pour venir au parloir. Une des punitions les plus sensibles aux femmes consiste dans la privation du parloir ou dans l'isolement. On est rarement obligé de l'appliquer aux malades, car elles enfreignent peu les règlements : mais il n'en est plus de même pour les détenues.

Toutes les lettres écrites ou reçues par les femmes internées à Saint-Lazare sont lues au greffe ; elles sont pour la plupart insignifiantes : les chiens, les chats, les oiseaux qui appartiennent aux filles et qu'elles ont dû abandonner, en sont le thème favori ; toutes les lettres indécentes sont jetées au feu, sans être remises aux destinataires. La correspondance entre les filles et leurs amants est absolument interdite.

Les malades ne sont pas assujetties à un travail forcé ; presque toutes cependant s'occupent de travaux à l'aiguille ; elle ne sont pas non plus astreintes à suivre les offices religieux ; elles y assistent volontiers, toutefois ; trois aumôniers, appartenant aux trois cultes reconnus par l'État, dirigent les exercices de piété. Ils sont secondés dans leurs efforts par les Dames de l'œuvre des Prisons qui viennent passer quelques heures avec les prostituées et qui sont quelquefois assez heureuses pour les ramener au bien. Si l'une des malades se trouve gravement atteinte et en danger de mort, elle s'empresse de faire demander l'aumônier. Les sentiments religieux, longtemps endormis, se réveillent avec une force nouvelle.

Le directeur est chargé de l'administration de l'infirmerie pour ce qui regarde l'ordre et la discipline. Il veille, de concert avec l'inspecteur général des prisons, à ce que les dispositions arrêtées par l'administration soient rigoureusement exécutées. Voici, du reste, la teneur de l'arrêté du 11 Juillet 1843 qui règle le service de l'infirmerie de la seconde section :

NOUS, PRÉFET DE POLICE,

Vu l'arrêté de notre prédécesseur, du 9 Août 1836, portant réglement sur le service des infirmeries de la 2e Section de Saint-Lazare ; considérant que plusieurs dispositions de cet arrêté ne sont plus en harmonie avec l'organisation actuelle de ce service et qu'il est nécessaire d'apporter quelques modifications dans l'ensemble de ces dispositions ;

Avons arrêté et arrêtons ce qui suit :

DISPOSITIONS GÉNÉRALES

ARTICLE 1er. — L'infirmerie de la 2e section de Saint-Lazare est partagée en deux divisions, dans lesquelles sont traitées indistinctement :

1° Toutes les filles publiques que le dispensaire de salubrité reconnaît atteintes de la syphilis et autres maladies contagieuses ;

2° Celles chez lesquelles ces mêmes maladies se manifestent pendant leur séjour dans la maison.

ARTICLE 2. — A chacune de ces divisions sont attachés un médecin, un aide interne, une dame inspectrice et autant de filles de salle que les besoins du service l'exigeront.

Un pharmacien est chargé du service de pharmacie pour les deux divisions.

ARTICLE 3. — Les médecins ont la direction exclusive du service médical ; les aides internes, le pharmacien, la dame inspectrice, et les filles de salle, sont sous leurs ordres pour tout ce qui concerne le service. Le pharmacien a autorité sur la dame inspectrice et les filles de salle.

Les aides internes l'ont seulement sur les filles de salle.

ARTICLE 4. — Il sera fait chaque jour deux visites, une le matin, une le soir. Les médecins pourront, pour celle du soir, se faire suppléer par un des aides internes.

La visite du matin commencera à sept heures, du 1er Avril au 30 Septembre, et à huit heures du 1er Octobre au 31 Mars, et plutôt même si le nombre des malades le rend nécessaire, de manière que la distribution des médicaments soit toujours terminée une heure avant celle des aliments.

Les visites du soir seront faites de quatre à cinq heures du 1er Avril au 30 Septembre, et de trois à quatre heures du 1ᵉʳ Octobre au 31 Mars.

ARTICLE 5. — A la visite du matin, les médecins feront les prescriptions de médicaments et d'aliments pour toute la journée, sauf les modifications qui pourraient être jugées nécessaires lors de la visite du soir.

Ils feront toujours à haute voix les prescriptions relatives aux aliments, afin que chaque malade sache bien ce qui doit lui être donné à la distribution.

Tous les matins l'un des médecins examinera et dégustera les aliments ; il fera part de ses observations au directeur, qui y donnera telle suite que de raison.

Pour tout ce qui intéresse l'ordre et la discipline, les médecins devront se concerter avec le directeur de la maison auquel appartient la police de l'infirmerie.

Néanmoins ils pourront, de leur propre autorité, lorsqu'ils le jugeront convenable, retrancher aux malades, à titre de punition, une partie des aliments.

S'il s'élevait à cet égard des contestations, il nous en serait référé.

ARTICLE 6. — *Aides internes.* — Les internes seront logés dans la maison de Saint-Lazare ; ils ne pourront jamais s'en absenter tous les deux en même temps, notamment pendant la nuit.

ARTICLE 7. — L'aide interne de garde donnera ses soins aux infirmeries de la première section de Saint-Lazare, lorsqu'il en sera requis par le directeur de cette section.

ARTICLE 8. — Les aides internes suivront chaque jour la visite des médecins, ils tiendront un cahier sur lequel seront inscrits les numéros des lits et les noms des malades ; ils inscriront sous la dictée des médecins toutes les prescriptions de médicaments et d'aliments, ainsi que le diagnostic des maladies.

Après la visite, les aides internes contrôleront le relevé des prescriptions relatives au régime alimentaire que les dames inspectrices auront dû écrire également sous la dictée des médecins.

Les cahiers de visite, seront refaits au moins chaque jeudi et dimanche. Les aides internes feront les pansements matin et soir, et ils exécuteront toutes les prescriptions des médecins.

ARTICLE 9. — Les accouchements seront faits par les aides internes dans les deux sections, en l'absence des médecins, ou sous la direction de ceux-ci, lorsqu'ils en seront requis par eux.

ARTICLE 10. — Ils feront les bons de linge à pansements, et les remettront, revêtus du visa de l'un des médecins, au directeur de la maison.

ARTICLE 11. — *Pharmacien.* — Le pharmacien sera logé dans la maison de Saint-Lazare.

Il devra se concerter avec les médecins pour le temps pendant lequel il pourra s'absenter.

Article 12. — Il sera chargé de la tenue de la pharmacie ; il veillera, sous la direction des médecins, à ce qu'elle soit toujours suffisamment pourvue des médicaments et ustensiles nécessaires ; il fera tous les bons relatifs à ce service, et les remettra, revêtus du visa d'un des médecins, au directeur de la maison.

Article 13. — Il préparera les médicaments, les étiquetera, et les numérotera convenablement, d'après le relevé qu'il en aura fait sur le cahier des visites.

Il fera tous les matins, le cahier à la main, une heure au moins avant la distribution des aliments, et le soir, une heure après, la distribution des médicaments.

Il les fera prendre sous ses yeux, s'ils doivent être pris immédiatement, et, dans le cas contraire, indiquera la manière de les prendre ; il se servira de vases et de fioles étiquetés et ayant une capacité certaine.

Les médicaments seront placés dans un appareil et portés par une fille de service.

Article 14. — Le pharmacien s'entendra avec le directeur pour que la pharmacie et les ustensiles qui en dépendent soient tenus dans un état de propreté et d'entretien convenables.

Article 15. — Le pharmacien fera prendre les bains des malades et surveillera la distribution du bois nécessaire au chauffage de la chaudière.

Il veillera à ce que les bains ne soient donnés qu'aux malades désignées par les médecins.

Il fera donner des bains aux arrivantes et aux femmes des ateliers auxquelles les médecins en ordonneront.

Il en dressera la liste, et la fille de service des bains remettra cette liste aux médecins.

Article 16. — *Dames inspectrices.* — Les dames inspectrices suivront la visite du médecin ; elles tiendront un cahier sur lequel elles inscriront, en même temps que les aides internes, les prescriptions d'aliments.

Elles rendront compte aux médecins de tout ce qui se sera passé pendant leur absence, et recevront d'eux les prescriptions qu'ils auraient à leur faire.

Elles feront, le cahier à la main, les distributions d'aliments.

Elles veilleront avec soin à ce que la plus grande propreté règne dans les salles et à ce que l'ordre et le silence y soient constamment observés.

Elles tiendront la main à ce que la tenue des malades soit toujours décente, à ce qu'elles portent constamment le costume d'infirmerie, et elles ne les laisseront pas sortir des salles vêtues de manière à compromettre leur santé.

Elles seront chargées de la police des bains pendant leur durée ; elles veilleront à ce que l'ordre et la décence soient constamment observés dans les salles des bains, et à ce que les malades soient convenablement vêtues en allant se baigner et en sortant du bain.

ARTICLE 17. — Les dames inspectrices empêcheront les filles de salle et les malades de faire entre elles aucune espèce de trafic de vivres, de boissons, etc.

Elles s'opposeront à ce qu'il soit donné aux malades d'autres vivres ou boissons que ceux prescrits par le médecin.

Elles seront responsables des infractions qui auraient lieu à cet égard.

ARTICLE 18. — Les dames inspectrices se tiendront sur la cour pendant tout le temps que les malades s'y trouveront. Elles veilleront attentivement à ce qu'elles ne fassent rien de contraire à leur santé, comme de s'asseoir sur la pierre, de se coucher sur le gazon, etc.

ARTICLE 19. — L'inspecteur général des prisons, le directeur et les médecins de la maison de Saint-Lazare, sont chargés, chacun en ce qui le concerne, de veiller à l'exécution du présent arrêté, qui sera affiché au greffe, dans les cours et dans les salles d'infirmerie.

Les dispositions de cet arrêté sont toujours en vigueur, dans leur essence du moins. Le temps et l'expérience y ont ajouté d'utiles corrollaires. Le nombre des médecins a été augmenté peu à peu; les dames inspectrices ont été, en 1850, remplacées par les sœurs de l'ordre de Marie-Joseph, mais les obligations imposées à celles-là ont été acceptées par celles-ci.

En parcourant le texte de l'arrêté on est obligé de rendre hommage à l'esprit qui en a inspiré le sens et la teneur. Rien n'y fait penser un seul instant qu'il s'applique à des femmes perdues; l'intérêt des malades, la sollicitude pour leur santé en forment la base; et il serait à désirer que le service intérieur de tous nos hôpitaux fut aussi bien réglé que celui de l'infirmerie de Saint-Lazare.

Quel a été le mouvement des malades envoyées pendant ces dernières années de la préfecture de police à Saint-Lazare? Ces malades se décomposent naturellement en deux catégories; les filles soumises et les clandestines.

Les deux tableaux ci-dessous donnent les entrées à Saint-Lazare pour chacune de ces deux catégories de femmes.

FILLES SOUMISES

	1880	1881	1882	1883	1884	1885	1886
Filles soumises arrêtées . .	7312	3644	3410	3628	4771	9772	14936
Sur ce chiffre ont été envoyées :							
à St-Lazare { à l'infirmerie .	980	758	736	679	614	796	679
à St-Lazare { en hospitalité .	26	32	32	22	26	27	17
Total.	1006	790	768	701	640	823	696

FILLES CLANDESTINES

	1880	1881	1882	1883	1884	1885	1886
Prostituées clandestines arrêtées	3544	2419	2725	2787	2816	2989	2707
Sur ce chiffre ont été envoyées :							
à St-Lazare { à l'infirmerie .	1170	854	996	866	783	504	773
à St-Lazare { en hospitalité .	167	161	306	376	314	143	85
Total.	1337	1015	1302	1243	1097	647	858

Les entrées se décomposent donc ainsi :

En 1880 il y a eu 2,343 entrées, soit 1,006 filles soumises et 1,337 clandestines
   1881 — 1,805 — 790 — 1,015 —
   1882 — 2,070 — 768 — 1,302 —
   1883 — 1,944 — 701 — 1,243 —
   1884 — 1,737 — 640 — 1,097 —
   1885 — 1,470 — 823 — 647 —
   1886 — 1,554 — 696 — 858 —

La moyenne a été pour l'espace des sept années comprises entre 1880 et 1887 de 1846,14 entrées par an, dont 774,85 sont du fait des filles soumises et 1071,28 du fait des prostituées clandestines.

La dépense journalière de chacune de ces malades est de un franc environ.

En parcourant les deux tableaux ci-dessus on peut se demander ce que signifient les mots de : *Envoyées en hospitalité* qui se retrouvent dans la statistique des filles soumises comme dans celle des clandestines. Ce n'est pas d'un traitement médical qu'il s'agit ici ; la préfecture de police envoie en hospitalité à Saint-Lazare des filles soumises auxquelles leur âge ou leurs infirmités ne permettent plus de continuer leur métier et qui n'ont d'ailleurs ni ressources ni profession. Ces femmes sont heureuses d'entrer à l'infirmerie, où elles trouvent un abri et des aliments, et où elles s'occupent, en revanche, dans les salles de malades : elle y font l'apprentissage de fille de salle, et c'est parmi elles que se recrute ce personnel.

Les clandestines envoyées en hospitalité sont au contraire des mineures âgées de moins de seize ans et de quatorze au moins, arrêtées à la suite de râfles ; ces pauvres petites sont, après tout, intéressantes et l'administration, qui ne veut ni ne peut les inscrire et qui ne veut pas les relâcher parce qu'elles retomberaient aussitôt dans la prostitution, les interne provisoirement à Saint-Lazare, en attendant qu'elle puisse les rendre à leurs parents, ou les placer dans des refuges ou dans des ateliers où leur conduite sera surveillée.

On a vu plus haut que les malades envoyées à l'infirmerie par le dispensaire étaient accompagnées d'un bulletin blanc ou d'un bulletin rose suivant qu'elles appartiennent ou non à la prostitution tolérée ; ce bulletin est renvoyé au dispensaire en même temps que la malade, lorsqu'elle est guérie, avec une feuille sur laquelle la direction de l'infirmerie mentionne les dates d'entrée et de sortie de la malade. Il est inutile d'insister davantage sur ces formalités, que je ne rappelle ici que pour mémoire.

Le deuxième quartier de la troisième section comprend les jeunes prostituées mineures et valides de moins de seize ans ; elles sont isolées des filles publiques majeures et ne peuvent sous aucun prétexte communiquer avec elles. Les sœurs qui les surveillent et les soignent leur apprennent à lire et à écrire et les instruisent dans quelques travaux à l'aiguille. C'est à ces malheureuses enfants surtout que les dames de l'Œuvre des prisons prodiguent leurs visites ; c'est parmi elles aussi que leurs exhortations, leur influence, et leurs bons conseils portent le plus de fruits.

CHAPITRE DIXIÈME

De la Répression de la Prostitution. — Du Service des Mœurs. — Des Inspecteurs de la Sûreté. — Des arrestations. — Du dépôt de la préfecture. — De la prison de Saint-Lazare. — Des maisons de refuge.

De la répression de la Prostitution. — L'administration a le droit et le devoir de réprimer la prostitution ; elle doit rechercher et punir les filles inscrites qui ne sont pas régulières à leurs visites, parce qu'elles contreviennent ainsi aux obligations qu'elles ont assumées lors de leur inscription ou qui se sont rendues coupables d'un délit quelconque ; elle doit traquer, partout où elle les trouve, les prostituées clandestines qui propagent la syphilis. Elle doit enfin réprimer énergiquement la provocation à la débauche, d'où qu'elle vienne.

Les divers gouvernements qui, depuis près d'un siècle, se sont succédé en France n'ont jamais voulu qu'une loi réglât l'exercice de la prostitution.

Le conseil des Cinq-Cents n'avait pas trouvé qu'il fût nécessaire de promulguer une loi répressive de la prostitution et des prostituées ; il pensait que la matière était suffisamment réglée par les anciennes ordonnances qui n'avaient pas été abrogées.

Le Code pénal ne parle pas de la prostitution. Dans le système de répression si complet qu'il édicte, il n'en est

pas fait mention ; du moment qu'il ne prévoit ni ne punit
ce qui se rattache à la prostitution, qui est cependant une
cause de graves désordres et de péril pour la société tout
entière, faut-il donc en conclure que le Code ait voulu
la légitimer et la reconnaître implicitement. Telle n'a
pas été la pensée des législateurs et des jurisconsultes
qui ont travaillé à la rédaction du Code. S'ils n'ont pas
expressément parlé de la prositution, s'ils ne l'ont pas
comprise dans leur système de répression et de pénalité,
c'est qu'ils ont obéi à des considérations d'un ordre moral
élevé. Ils ont compris que la prostitution ne pouvait pas
être interdite, et qu'elle devait pourtant être réglementée.
Mais la réglementer par une loi, c'était rconnaître et écrire
dans cette loi que la prostitution était une profession. Ils
ont reculé devant cette alternative, et nul ne peut les en
blâmer ; ils étaient persuadés du reste que l'administration de la police qui avait su, jusqu'alors, surveiller la
prostitution, y suffirait également à l'avenir. Les anciennes ordonnances n'étaient-elles pas toujours en vigueur ?

L'article 484 du Code pénal ne dit-il pas formellement
que dans les matières non réglées par le Code et régies
par des lois et règlements particuliers, l'observation de
ces lois ou de ces règlements doit être continuée. L'ora-
teur du gouvernement qui a présenté la loi n'a-t-il pas
énuméré les matières non régies par le Code et dont les
règlements doivent garder toute leur autorité, et n'a-t-il
pas cité, parmi ces matières, la prostitution et les maisons
de tolérance.

La Cour, dans un arrêt du 3 octobre 1823, a adopté
cette manière de voir. Le 18 février 1846 et le 3 avril
1846 la Cour d'appel a jugé dans le même sens et ses

arrêts ont été confirmés par la Cour de cassation le 3 décembre 1847 et le 28 septembre 1849.

C'est toujours la même répugnance d'inscrire dans une loi de répression la reconnaissance officielle de la prostitution qui a empêché les divers projets de loi soumis depuis à nos Assemblées délibérantes d'arriver jusqu'aux débats publics : ces projets ne sont jamais sortis des cartons où ils ont été enfouis dès leur apparition.

L'impossibilité où se trouvait, par conséquent, la préfecture de police d'obtenir des pouvoirs publics une loi de répression, l'obligation de veiller à la sécurité et à la moralité de la rue, qui est une de ses principales fonctions, les plaintes nombreuses dont son administration était assaillie, lui ont, en fin de compte, forcé la main. Elle a été obligée de prendre elle-même les mesures qu'elle demandait au gouvernement et que celui-ci négligeait de prendre, et c'est en se basant sur les ordonnances du passé qu'elle a édifié peu à peu le système de répression qui fonctionne aujourd'hui et que l'on bat en brèche de tous les côtés.

Il est évident que l'administration se tient beaucoup plus à l'esprit qu'à la lettre de ces anciens arrêtés :

L'ordonnance du 6 novembre 1778 s'exprime ainsi :

. . . .

« Sur ce qui nous a été remontré par le procureur du roi, qu'après avoir porté une attention toute particulière sur ce qui peut intéresser la sûreté des citoyens, et renouvelé les règlements principaux dont l'exécution tend à la maintenir, il lui paraît également nécessaire de rappeler la rigueur des anciennes ordonnances contre les filles et femmes de débauche, dont les excès et le scandale sont aussi préjudiciables à la tranquillité publique qu'au maintien des bonnes mœurs ; que le libertinage est aujourd'hui porté à un point que les filles et femmes publiques, au lieu de cacher leur infâme commerce, ont la hardiesse de se montrer pendant le jour à leur fenêtre, d'où elles font signe aux passants, pour les attirer, de se tenir le soir sur leurs portes, et même de courir les rues où elles arrêtent les personnes de tout âge et de tout état; qu'un pareil désordre ne peut être réprimé que par la sévérité des peines prescrites par la loi et capables d'imposer, tant aux filles et femmes de débauche qu'à ceux qui les soutiennent et favorisent.

« Faisant droit sur ce réquisitoire du procureur du roi, ordonnons que les ordonnances, arrêts et règlements concernant les filles et femmes de débauche seront exécutés suivant leur forme et leur teneur, et, en conséquence :

« ARTICLE Ier. — Faisons très expresses inhibitions et défenses à toute femme et fille de débauche de raccrocher dans les rues, sur les quais, places et promenades publiques, et sur les boulevards de cette ville de Paris, même par les fenêtres, le tout sous peine d'être rasées et enfermées à l'hôpital, même, en cas de récidive, de punitions corporelles, conformément aux dites ordonnances, arrêts et règlements.

« ARTICLE II. — Défendons à tous propriétaires et principaux locataires des maisons de cette ville et faubourgs d'y loger ni sous-louer les maisons dont ils sont propriétaires ou locataires qu'à des personnes de bonne vie et mœurs, et bien famées et de souffrir en icelles aucun lieu de débauche à peine de cinquante livres d'amende.

« ARTICLE III. — Enjoignons aux dits propriétaires et locataires des maisons où il aura été introduit des femmes de débauche, de faire dans les vingt-quatre heures leur déclaration par devant le commissaire du quartier, contre les particuliers et particulières qui les auront surpris, à l'effet, par les commissaires, de faire leurs rapports contre les délinquants, qui seront condamnés à quatre cents livres d'amende et même poursuivis extraordinairement.

« ARTICLE IV. — Défendons à toutes personnes de quelque état et condition qu'elles soient de sous-louer jour par jour, huitaine, quinzaine, au mois ou autrement, des chambres et lieux garnis à des femmes et filles de débauche, ni de s'entremettre directement ou indirectement aux dites locations, sous les mêmes peines de quatre cents livres d'amende.

« ARTICLE V. — Enjoignons à toutes personnes tenant hôtels, maisons et chambres garnies au mois, à la quinzaine, à la huitaine, à la journée, etc., d'inscrire de suite, jour par jour et sans aucun blanc, les personnes logées chez eux, par noms, surnoms, qualité, pays de naissance et lieu de domicile ordinaire, sur les registres de police qu'ils doivent tenir à cet effet, cotés et paraphés pas les commissaires des quartiers, et de ne souffrir dans leurs hôtels, maisons et chambres, aucuns gens sans aveu, femmes ou filles de débauche se livrant à la prostitution, de mettre les hommes et les femmes dans des chambres séparées, et de ne souffrir dans des chambres particulières des hommes et des femmes prétendus mariés, qu'en représentant par eux des actes en forme de leur mariage, ou s'en faisant certifier par écrit, par des gens notables et dignes de foi, le tout à peine de deux cents livres d'amende.

« ARTICLE VI. — Mandons aux commissaires, etc., etc. . . . . .

« Signé : LENOIR. »

Ne croirait-on pas, en relisant l'exposé des motifs de cette ordonnance célèbre, qu'il a été écrit hier, et n'y retrouve-t-on pas chez les prostituées d'il y a cent dix ans, les mêmes habitudes, la même provocation que chez celles d'aujourd'hui.

L'ordonnance de police du 8 novembre 1780, complète la précédente ; elle dit, en effet, dans son article XIV :

. . . .

« ARTICLE XIV. — Faisons défense à tous cabaretiers, taverniers, limonadiers, vinaigriers, vendeurs de bière, d'eau-de-vie et de liqueurs au détail de recevoir chez eux aucune femme de débauche, vagabonds, mendiants, gens sans aveu et filous, le tout à peine de cent livres d'amende. »

L'administration se base toujours sur ces deux ordonnances ; elle aurait pu être embarrassée cependant pour sanctionner ses décisions par une pénalité quelconque ; il ne peut venir à l'idée de personne qu'elle ait un instant songé à condamner les personnes contrevenant à ces arrêtés à cent ou quatre cents francs d'amende. Un arrêt de la Cour de cassation en date du 1er décembre 1866, a décidé que la peine, remplaçant l'amende, serait celle qui est portée aux articles 471, § 15 et 474 du Code pénal.

Il faut rapprocher de l'ordonnance du 8 novembre 1780, l'arrêté pris le 1er mars 1888 par M. Bourgeois, Préfet de police, par lequel il est fait défense aux cabaretiers, propriétaires de brasseries à femmes, etc., d'avoir à leur service des filles mineures. L'esprit de cette disposition nouvelle est excellent, je le reconnais volontiers ; mais le but que l'administration se proposait d'atteindre sera-t-il atteint? Les filles mineures employées dans les débits de boissons seront toujours à même de se dérober aux poursuites de la préfecture. Si elles se savent recherchées, elles se hâteront d'abandonner leur tablier; elles pourront toujours alléguer qu'elles ne sont pas au service du débitant chez lequel on les trouve, et comme celui-ci n'est pas astreint à tenir un livre de logeur, il arguera que sa bonne foi a été surprise.

Il est parfait de protéger les filles mineures contre la prostitution qui tend à les enliser peu à peu mais encore faut-il que ces mineures se prêtent à être protégées.

Le préfet de police qui a succédé au lieutenant de police de l'ancien régime, n'a pas comme lui le pouvoir de punir; il n'a que celui de réprimer; il ne peut pas citer les délinquants devant lui et leur infliger une amende ou quelques jours de prison; c'est la justice seule, saisie par lui, qui peut punir. Les commissaires de police arrêtent les criminels, les personnes qui troublent l'ordre public; ils les interrogent, mais ils ne les jugent pas. Il fallait donc pour combattre efficacement la provocation et l'excitation à la débauche confier aux tribunaux le soin de la punir ou armer la préfecture de police de pouvoirs suffisants.

Mais quel aurait été le tribunal compétent? Quels auraient été les juges capables de s'éclairer sur ces matières délicates avec autant de facilité que les fonctionnaires de l'administration? Pouvait-on transformer l'enceinte du tribunal en une espèce de cour des miracles où l'on verrait tous les jours défiler quarante ou cinquante prostituées arrêtées la veille, et où les filles et les mauvais sujets se donneraient bien vite rendez-vous? Jugerait-on à huis-clos? Dans l'un et dans l'autre cas, que d'audiences perdues, que de frais pour le trésor! Les délinquantes sont nombreuses, elles sont perpétuellement en état de récidive ; il faut tenir compte de leurs habitudes, de leurs excès, de leur éducation, il faut les connaître à fond, en un mot ; un magistrat pourrait-il apprécier toutes ces circonstances à leur juste valeur et pourrait-il se dispenser, d'ailleurs, de suivre la procédure usitée pour tous les jugements. La complication des écritures multiples, ajoutée à la lenteur de l'instruction, ferait perdre un temps utile, et en matière de prostitution, toute punition devient illusoire si elle ne suit pas immédiatement le délit.

Il a paru plus simple de laisser au préfet de police le soin de réprimer la prostitution. La loi du 24 Août 1790 charge les corps municipaux de punir les délits contre la tranquilité publique : la prostitution, à Paris surtout, ne la trouble-t-elle pas à tout moment ; elle leur confie le soin de maintenir le bon ordre dans les endroits où il se fait un rassemblement de personnes considérable ; les places publiques, les boulevards et les promenades de Paris peuvent à juste titre être comptés parmi ces endroits. Enfin, si la provocation est un délit, il faut voir dans les prostituées des femmes qui sont perpétuellement en état de délit; la loi donne au préfet de police une action permanente sur les personnes qui ont commis un délit ; on ne saurait donc faire une exception pour les prostituées. La loi, il est vrai, ne permet pas au préfet de police de juger et de condamner les individus qui se sont rendus coupables d'un délit : il les remet au parquet. Le parquet n'a pas à s'occuper des filles publiques et ne s'en occupe pas ; faut-il donc les garder indéfiniment en prison préventive ? faut-il les relâcher après les avoir arrêtées ? Mais alors il serait impossible de mettre un frein à des scandales qui deviendraient rapidement intolérables.

Aussi l'administration limite-t-elle la durée de la prévention, elle se substitue au juge, qui n'existe pas ; elle prend des décisions et elle inflige des punitions, mais elle ne rend pas de sentences et elle ne prononce pas de condamnations.

Telle est l'explication de mesures qu'on est convenu d'appeler arbitraires et contre lesquelles tant de gens s'élèvent au nom du droit et de la liberté individuelle.

Il ne me paraît guère possible d'invoquer la liberté individuelle en faveur des prostituées. Elles se sont mises elles-mêmes en dehors du droit commun ; par leurs paroles, par leurs gestes, par leurs provocations elles commettent journellement des outrages à la pudeur, contre lesquels la société doit nécessairement sévir : elles propagent enfin une maladie contagieuse, dont l'existence est intimement liée à leur métier et contre l'extension de laquelle l'Etat a le devoir impérieux de se prémunir.

Si la syphilis n'existait pas, la réglementation de la prostitution serait une barbarie inutile ; et la fille publique, suffisamment punie par le mépris dont l'accablent les honnêtes femmes et les hommes, même après qu'elle leur a servi, devrait être libre. Elle ne saurait être poursuivie en ce cas que si elle s'était livrée à des actes outrageants pour la morale publique.

Mais la syphilis, qui est un danger permanent pour la santé publique et à laquelle toutes les prostituées sont fatalement sujettes, nécessite de la part de l'Etat ou de son représentant autorisé, une surveillance continuelle ; c'est elle qui, réellement, place les filles publiques en dehors de la société et c'est au nom de la prophylaxie de la syphilis que tous les esprits éclairés et soucieux du bien public, bien loin d'exiger la suppression de la réglementation, demandent le maintien de l'état de choses actuel ou des réformes qui rendraient la répression encore plus énergique.

Le moment est venu, maintenant, d'examiner de quelle façon le préfet de police chargé, à Paris, de réprimer la prostitution, interprète les pouvoirs que les ordonnances de 1778 et de 1780 lui ont conférés et quelles sont les mesures qu'il a prises pour réprimer des scandales journaliers et empêcher la provocation trop impudente de la rue.

Il est évident que l'administration ne peut défendre aux femmes de faire métier de leur corps et de trafiquer de leurs charmes : ce qu'elle peut et doit interdire, c'est que ces femmes s'attaquent effrontément aux passants, c'est qu'elles provoquent ouvertement à la débauche sur la voie publique ; ce à quoi elle doit veiller surtout, c'est qu'elles ne puissent propager la syphilis.

L'inscription, qui place les prostituées sous le contrôle de la préfecture et qui les force à se présenter régulièrement aux visites du dispensaire satisfait à ce dernier point. Pour réprimer les scandales de la rue, pour rechercher les insoumises, pour combattre la prostitution clandestine, il a fallu créer un service spécial, annexé au dispensaire de salubrité et qu'on a appelé le *service des mœurs*.

Du service des mœurs. — Le service des mœurs forme la troisième section du deuxième bureau de la première division de la préfecture de police. Il est placé sous la direction du chef de division ; un chef de bureau et un sous chef de bureau, tous deux commissaires interrogateurs, sont à la tête du service et expédient les affaires courantes ; les décisions qu'ils prennent sont toujours revêtues de l'approbation du chef de division et du préfet de police. Outre les secrétaires et les commis, employés aux écritures, le bureau des mœurs comprend un certain nombre d'agents actifs chargés de faire les recherches et de procéder aux arrestations.

Des inspecteurs. — Ces agents faisaient autrefois partie intégrante du service et formaient, sous le nom d'*inspecteurs des mœurs*, une brigade spéciale. Aujourd'hui ils sont confondus avec les agents de la sûreté et les inspecteurs des garnis; ils ne forment plus un corps particulier uniquement destiné à la répression de la prostitution : ils peuvent être aussi bien lancés à la poursuite d'un voleur ou d'un assassin ou chargés de tel service pour lequel la Sûreté a besoin de leur concours.

Le nombre de ces inspecteurs affectés en temps habituel au service des mœurs est de quarante environ, deux par arrondissement.

Voici l'instruction réglementaire concernant les diverses opérations du service des mœurs dans lesquelles les inspecteurs ont à intervenir. Cette instruction, qui modifie en partie les dispositions de celle du 16 Novembre 1843, date du 15 Octobre 1878 et a été signée par M. Albert Gigot.

I

Prostitution clandestine

§ I

Perquisitions et visites dans les maisons particulières, dans les hôtels garnis, dans les Cabarets, et débits de boissons

Les inspecteurs du service actif des mœurs, à qui une maison particulière ou un hôtel garni aura été signalé comme lieu clandestin de prostitution, en informeront immédiatement leur Officier de paix qui adressera un rapport au Chef de la Police Municipale.

Le chef de la Police Municipale fera procéder à une information précise et scrupuleuse dont il sera rendu compte au Préfet de Police par le Chef de la 1re division, qui lui proposera, s'il y a lieu, de décerner un mandat de perquisition.

Ce mandat, délivré en vertu de l'article 10 de la loi du 22 juillet 1791 et exécutoire à toute heure de jour et de nuit, dans le cas de notoriété, sera ensuite transmis au Chef de la Police Municipale avec une note contenant les indications propres à en faciliter l'exécution.

Les inspecteurs chargés de l'opération se rendront chez le Commissaire de police du quartier pour l'avertir de leur mission, afin qu'il soit prêt au moment où son intervention sera réclamée.

L'autorisation de loger en garni, accordée aux filles publiques qui, en raison de leur âge ou de leurs infirmités ne peuvent se placer en maison de tolérance, et n'ont pas d'ailleurs le moyen de loger dans leurs meubles, n'a d'autre but que de leur assurer un asile et ne peut les soustraire aux conséquences de la contravention qu'elles commettraient en se livrant à la prostitution dans le garni qu'elles habitent.

Il y aurait lieu, dès lors, d'arrêter ces filles si, par suite de visites opérées en vertu de mandat, elles étaient trouvées avec des hommes qu'elles auraient provoqués, fait qui constituerait d'ailleurs à la charge des logeurs la contravention de l'article 5 de l'ordonnance du 6 Novembre 1778 ; mais il n'en devrait pas être de même à l'égard des filles trouvées avec des hommes dont elles partageraient le logement, à titre de concubines, circonstance qu'il serait facile d'établir par le relevé du registre de police.

Quant aux cabarets ou autres débits de boissons dans lesquels on favorise notoirement la prostitution clandestine, les Commissaires de police peuvent y pénétrer sans mandat jusqu'à l'heure de la fermeture et même plus tard, si ces établissements restent ouverts contrairement aux ordonnances de police.

Ils pourront visiter les locaux réservés au public afin de constater, au besoin, les infractions à l'article 14 du 8 Novembre 1780.

Les inspecteurs qui, dans le cours de leur surveillance, remarqueraient des faits constituant ces infractions devraient en avertir le Commissaire de police du quartier.

§ II

Des filles insoumises

Les inspecteurs doivent agir avec la plus grande circonspection à l'égard des filles insoumises qu'ils rencontrent sur la voie publique et ne les arrêter qu'à la suite d'une surveillance et après la constatation de faits précis et multipliés de provocation à la débauche.

Il y aura lieu de procéder à l'arrestation d'une fille insoumise dans un lieu public notoirement ouvert à la prostitution, lorsqu'il y aura trace de flagrant délit ou aveu de la part de la fille ou de l'homme trouvé avec elle, que cette fille a provoqué à un acte de débauche.

Dans quelques circonstances qu'elles aient été arrêtées, les filles insoumises seront conduites, dans le plus bref délai, au bureau du Commissaire de police du quartier où l'arrestation aura eu lieu, conformément aux prescriptions de la circulaire du 24 Mars 1837, pour y être interrogées sans retard.

Les inspecteurs observeront toujours vis-à-vis de ces femmes les convenances que commande la dignité de l'administration, sauf à faire constater juridiquement les outrages ou les voies de fait dont ils auraient été l'objet de leur part. Ils s'abstiendront, de la manière la plus absolue de tout moyen de provocation.

Les inspecteurs qui mettront une fille insoumise à la disposition du Commissaire de police, déposeront entre les mains de ce fonctionnaire, à moins qu'il ne reçoive leur déclaration circonstanciée, un rapport détaillé énonçant les faits imputés à cette fille.

Les inspecteurs qui auront mis une fille insoumise à la disposition d'un Commissaire de police ou qui auront assisté un Commissaire de police dans l'arrestation d'une fille insoumise, en vertu d'un mandat, dans un lieu public, vérifieront immédiatement si cette fille est réellement domiciliée à l'adresse qu'elle aura indiquée, et si elle est connue des personnes chez lesquelles elle aura déclaré avoir servi ou travaillé.

Ils prendront, avec soin, des renseignements sur sa conduite et ses moyens d'existence et en rendront compte par un rapport spécial au Chef de la Police Municipale qui transmettra ce rapport au Chef de la 1ʳᵉ Division.

Les inspecteurs ne perdront jamais de vue que l'objet des perquisitions et visites faites, en vertu de mandats, est la recherche des femmes ou filles qui se livrent à la prostitution publique, et non de celles qui n'ont à se reprocher qu'un fait de débauche privée, lequel, pour être répréhensible, ne doit pas cependant exposer celle qui s'en rend coupable aux conséquences qui ne doivent atteindre que les vraies prostituées.

Ainsi, de ce qu'une femme est trouvée dans une maison garnie ou dans un lieu public, en état flagrant de débauche, il ne résulte pas contre cette femme imputation suffisante de prostitution, si elle est en relations habituelles avec l'homme qu'elle accompagne, et s'il n'est articulé aucun fait de provocation à la débauche moyennant argent. Il est expressément recommandé, lorsque des femmes sont trouvées couchées seules, même dans des maisons mal famées, de ne point procéder à leur arrestation, à moins que les circonstances ne donnent au Commissaire de police la conviction que ces filles viennent de se livrer à un acte de prostitution.

Les commissaires de police devront examiner, avec soin, dans le plus bref délai, les circonstances qui ont donné lieu à l'arrestation des filles insoumises; ils décideront, après avoir entendu la personne arrêtée, si l'arrestation doit être maintenue. Dans le cas où ils jugeraient utile de procéder d'urgence à certaines vérifications, ils pourront y pourvoir en faisant adresser un télégramme au chef de la Police Municipale par le poste de l'officier de paix de l'arrondissement.

Ils dresseront procès-verbal de l'interrogatoire auquel ils auront soumis les personnes arrêtées.

Il leur est expressément interdit de se servir pour cet interrogatoire de formules imprimées.

II

Prostitution tolérée

§ I

Maisons de tolérance

Les inspecteurs doivent exercer une surveillance journalière sur les maisons de tolérance, à l'effet de s'assurer qu'il ne s'y passe rien de contraire à la tranquilité publique et au bon ordre et que les maitresses de maison se conforment rigoureusement aux conditions particulières qui leur sont imposées, ainsi qu'aux obligations d'ordre général, notoirement en ce qui concerne la mise et le nombre des filles qui peuvent circuler et les heures de sortie et de rentrée.

Quant aux entrées et aux sorties qui ont lieu furtivement, après l'heure de fermeture, elles ne constitueraient une contravention punissable qu'autant qu'il en résulterait un bruit de nature à troubler le repos public.

Les inspecteurs rendront compte, sans retard, par un rapport spécial, de tout fait grave ou extraordinaire qui se passerait dans ces maisons et rappelleront sans cesse aux maitresses qu'elles doivent en donner immédiatement avis au Commissaire de police de leur quartier, quand elles ne pourront en informer, en temps opportun, le Bureau administratif ou l'Officier de paix de l'attribution des mœurs.

Ils veilleront à la rigoureuse observation de la défense faite aux maitresses de maison de recevoir des élèves des lycées ou écoles civiles ou militaires en uniforme ou des jeunes gens au-dessous de l'âge de dix-huit ans, et signaleront les infractions commises.

§ II

Filles inscrites

Les inspecteurs veilleront constamment à l'exécution de toutes les dispositions de l'arrêté du 1ᵉʳ septembre 1842.

Ils exigeront des filles isolées, soit dans les visites des garnis ou autres lieux, soit dans le cours de leur surveillance sur la voie publique, la représentation de leur carte, afin de s'assurer de leur exactitude à la visite, et de rechercher les retardataires qui leur auraient été signalées par les bulletins semi-mensuels délivrés par le bureau administratif.

Ils accompagneront, au besoin, à leur domicile celles dont ils auraient des raisons de suspecter la véracité au sujet de l'absence de leur carte.

Les inspecteurs qui, chargés d'amener une fille inscrite au bureau administratif, ne l'auront pas trouvée à son domicile, se borneront à rendre compte de cette circonstance, sans laisser trace de leur mission, afin de ne pas donner à la fille recherchée l'idée de disparaître.

§ III

Filles disparues

La recherche des filles *disparues* doit être faite avec la plus grande circonspection.

Les inspecteurs devront se borner, à l'égard des filles disparues qui seraient rentrées dans leur famille, qui se livreraient à un travail honnête ou qui ne paraîtraient plus tirer leurs moyens d'existence de la prostitution publique, à faire connaître, par un rapport particulier, la situation actuelle de ces femmes.

Ils n'amèneront au Bureau administratif que les filles *disparues* qui seraient trouvées dans des maisons de tolérance, chez des filles publiques, ou dans des lieux publics ouverts à la prostitution, et celles qui, rencontrées sur la voie publique, dans une maison garnie ou particulière, ne seraient dans aucun des cas d'exception sus-énoncés.

§ IV

Translation à la préfecture des filles arrêtées

Les filles publiques que les inspecteurs arrêteront dans Paris ou dans la banlieue et qu'ils ne pourront amener immédiatement à la Préfecture de Police, seront déposées dans les postes, d'où elles seront transférées au Dépôt.

Telles sont les instructions auxquelles doivent se conformer les inspecteurs; on voit qu'elles ont prévu tous les cas et qu'elles sauvegardent, autant que faire se peut, la liberté qu'il est possible de laisser aux prostituées.

Le nombre des inspecteurs si restreint, eu égard à l'immense étendue de Paris, a motivé une modification à l'instruction du 15 Octobre 1878. Par un nouveau règlement, en date du 28 Avril 1887, les gardiens de la paix sont tenus de faire respecter la décence des rues et d'arrêter les filles qui se livreraient trop ouvertement à la provocation sur la voie publique.

Cette disposition nouvelle, contre laquelle l'opinion avait un peu protesté dans les commencements parce qu'il lui répugnait de voir les gardiens de la paix associés à la répression de la prostitution, a néanmoins porté ses fruits. Elle est à l'heure qu'il est passée dans les habitudes et elle a contribué, dans une large mesure, à nettoyer les trottoirs.

Les inspecteurs doivent savoir lire et écrire correctement, autrement il ne pourraient élaborer que des procès-verbaux défectueux, et, en matière de prostitution, il est absolument indispensable que les rapports sur lesquels s'appuie l'administration pour rendre ses décisions, soient rédigés d'une façon claire et nette. Les filles ont toujours une tendance à en nier l'exactitude et il ne faut pas que, grâce à l'obscurité du procès-verbal, il puisse subsister dans l'esprit du commissaire interrogateur des doutes sur sa véracité.

Il est recommandé aux inspecteurs de n'agir qu'avec prudence et modération et d'user, dans leurs délicates fonctions, d'une grande circonspection ; ils ne faut pas qu'ils emploient la force, mais après s'être fait connaître de la fille qu'ils ont mission d'arrêter, ils doivent l'amener par la douceur et la persuasion à les suivre. Malheureusement la douceur ne réussit pas toujours, et les filles en retard de leurs visites ou les prostituées clandestines se défendent souvent à coups de langue et à coups de poings contre les inspecteurs. Leurs souteneurs viennent à leur aide et ces arrestations dégénèrent parfois en véritables pugilats.

On a souvent reproché aux inspecteurs d'être des agents provocateurs : il leur est défendu pourtant, quand ils sont raccrochés sur la voie publique par une fille qui ne les connaît pas, de l'arrêter ; ils doivent au contraire se faire connaître d'elle, l'admonester, mais ne jamais sévir dans ce cas.

Les inspecteurs sont des hommes de choix dont les qualités maîtresses doivent être le tact, le discernement, la discrétion, la douceur et la fermeté ; il faut que leur moralité soit entière et qu'elle soit incorruptible.

C'est surtout dans les perquisitions opérées dans les maisons garnies, sous la direction des commissaires de police, que le tact et le discernement leur sont nécessaires ; ils s'y trouvent quelquefois en présence de femmes ou de jeunes filles momentanément égarées, qui y ont été amenées par leur amant, et qui seraient à jamais perdues si on les traitait comme des prostituées.

Les inspecteurs qui connaissent toutes les prostituées inscrites et bon nombre de clandestines finissent par être connus des filles et des souteneurs ; il leur est impossible d'entrer dans certains cabarets ou débit de boissons sans être immédiatement reconnus : ils sont *brûlés*.

Des Arrestations. — Les filles arrêtées dans la soirée ou dans la nuit, qu'elles l'aient été par un inspecteur ou par un gardien de la paix, sont conduites au poste du quartier où elles ont été arrêtées. Si leur arrestation a été faite avant onze heures du soir, les filles soumises sont dirigées, le soir même, sur la permanence, à la préfecture de police; si l'arrestation a eu lieu après onze heures elles passent la nuit au poste. Ainsi que je viens de le dire, ces arrestations ne sont pas toujours faciles : les filles se débattent, crient, simulent des crises de nerfs : beaucoup insultent les agents en les appelant *Vaches, Salots,* etc; d'autres ameutent les passants et les souteneurs.

Lorsque force est restée à la loi, la fille arrêtée est donc menée au poste ; elle en est extraite le lendemain matin, si c'est une insoumise ou une prostituée clandestine, et menée devant le commissaire de police du quartier qui lui fait subir un interrogatoire; puis on la ramène au poste. Ces voyages successifs se font en voiture cellulaire. Les filles inscrites ne sont pas amenées au commissariat.

Du poste de police, toutes les filles, inscrites ou clandestines, sont conduites, toujours en voiture cellulaire, à la préfecture de police ; elles y arrivent à une heure après-midi environ et elles sont immédiatement écrouées au dépôt. Leur dossier est communiqué au service des mœurs, qui se livre à toutes les recherches nécessaires sur leur compte. C'est là que les feuilles individuelles rendent de grands services en permettant de retrouver rapidement le dossier de chaque fille.

Le lendemain toutes ces filles sont amenées au bureau des mœurs, où elles défilent devant le chef ou le sous-chef de bureau, qui sont tous deux commissaires interrogateurs. Ce magistrat a devant lui le dossier, gonflé parfois outre mesure, de chaque fille arrêtée. D'un coup d'œil il se rend compte si la femme qu'il a devant lui vient régulièrement à ses visites, si elle a déjà encouru des punitions, dans quelles circonstances elle a déjà été antérieurement arrêtée, si elle est en état de récidive. Il connaît, du reste, la plupart de ces femmes et sait à quoi s'en tenir sur leurs explications.

Il faut leur rendre justice d'ailleurs ; leur tenue est très correcte pendant cet interrogatoire. Bien peu cherchent à élever la voix ou à infirmer le rapport de l'inspecteur ou des agents qui les ont arrêtées ; celles qui nient d'abord, finissent par s'embrouiller dans leurs dénégations et par reconnaître qu'elles ont été dans leur tort. Elles ne manquent jamais, en se retirant, de dire : « Merci, Monsieur », que ce soit une punition que leur ait infligée leur juge, ou la liberté qu'il leur ait rendue.

Ces femmes appartiennent à toutes les catégories ; on voit l'une à côté de l'autre la fille élégante en chapeau et en robe de soie et la traîneuse horrible des barrières ; les âges se coudoient de même.

Le commissaire interrogateur écoute les explications des filles et les excuses qu'elles allèguent : elles attendaient l'omnibus ; elles allaient chercher de l'huile pour leur lampe ; elles sortaient du théâtre ; elles rentraient chez elles, etc.; quelques-unes, parfois, accusent les inspecteurs de leur en vouloir, ou de les avoir provoquées. Dans ce cas l'on sursoit à statuer, afin de confronter plus tard la fille arrêtée et l'inspecteur qui a procédé à son arrestation.

Les motifs des arrestations sont toujours les mêmes : provocation sur la voie publique de la part des filles, résistance aux agents qui veulent les faire circuler, oubli de la carte qu'elles ne peuvent représenter, négligence dans l'assiduité aux visites, ivresse, etc.

Suivant les cas, les femmes arrêtées sont remises en liberté ou retenues par voie de punition. Le commissaire interrogateur se guide surtout, dans son appréciation des faits, sur la moralité et les antécédents des prostituées qu'il a devant lui. Il les traite avec une mansuétude presque paternelle et ne leur parle jamais durement ; lorsqu'il est obligé de sévir, il prévient l'intéressée qu'il demandera pour elle un certain nombre de jours de prison. Il n'a pas le droit, en effet, d'infliger une punition, il ne peut que la proposer et sa décision est approuvée ou modifiée par le chef de la 1re division et par le préfet de police.

Les femmes mises en liberté sont menées au dispensaire où on les soumet à la visite ; elles ne sont définitivement autorisées à quitter la préfecture que si elles ont été reconnues indemnes. Si, au contraire, elles sont malades, elles sont dirigées sur l'infirmerie. Les prostituées retenues et envoyées en punition passent aussi par le dispensaire avant d'être conduites à Saint-Lazare. C'est en général vers trois heures après midi que les voitures cellulaires qui doivent les transporter viennent s'aligner dans la cour du Dépôt ; arrivées à Saint-Lazare les femmes saines sont dirigées sur le quartier des filles publiques détenues, les malades sur l'infirmerie.

Quelques-unes des filles qui sont retenues par le commissaire interrogateur, ont chez elles des oiseaux, un chien ou un chat ; elles en parlent avec une grande sollicitude et se lamentent à l'idée que leurs bêtes vont être abandonnées. Le chef ou le sous-chef du bureau qui les a interrogées les fait alors accompagner chez elles par un inspecteur, avant leur envoi à Saint-Lazare, afin qu'elles puissent confier leurs animaux à une amie ou à quelque voisine charitable.

La moyenne des filles publiques interrogées tous les jours par l'un des commissaires interrogateurs est environ d'une soixantaine. Au lendemain de certaines fêtes, après les jours gras notamment, ce nombre est augmenté dans de fortes proportions : Il monte à cent et cent cinquante.

Le tableau ci-dessous donne le mouvement des arrestations de 1880 à 1887, pour les filles inscrites :

	1880	1881	1882	1883	1884	1885	1886
Nombre de Filles soumises arrêtées :	7312	3644	3410	3628	4771	9772	14936
Sur ce chiffre ont été envoyées en punition à Saint-Lazare ou au dépôt . .	6104	2560	2353	2639	3931	7996	12136
Relaxées.	580	500	519	520	442	1327	2460

On voit par ce tableau que l'interrogatoire des filles arrêtées n'est pas une sinécure et encore n'y ai-je pas fait figurer les prostituées clandestines que les inspecteurs arrêtent journellement.

Pour les prostituées clandestines, du reste, la procédure diffère légèrement de celle que je viens d'exposer ; il faut distinguer d'abord entre les clandestines majeures et les clandestines mineures.

Lorsqu'une insoumise arrêtée est majeure, elle est interrogée une première fois par le commissaire de police du quartier dans lequel elle a été arrêtée ; dirigée sur le Dépôt de la préfecture, si ce magistrat maintient son arrestation, elle est le lendemain amenée devant le commissaire interrogateur, chef ou sous-chef du bureau des mœurs, qui l'interroge à son tour et l'entend en ses explications ; elle a auparavant été amenée au dispensaire, pour y subir la visite médicale ; si elle est malade, elle est dirigée sur l'infirmerie de Saint-Lazare, où elle restera jusqu'à sa guérison ; si elle est saine, si l'enquête a prouvé qu'elle n'a d'autres moyens d'existence que ceux qu'elle tire de la prostitution, et si elle a déjà été arrêtée plusieurs fois de ce chef, elle est inscrite comme fille publique.

Mais si la fille n'a jamais été arrêtée auparavant, si elle promet de suivre dorénavant le droit chemin et de se livrer à un travail honnête, ou s'il y a eu erreur sur son compte, ce qui arrive du reste très souvent, elle est immédiatement relaxée.

On agit de même pour les mineures au-dessous de dix-huit ans ; cependant on ne procède à leur inscription que si leurs parents, dûment appelés, ont déclaré ne pas vouloir s'en charger. Lorsque ceux-ci, ne veulent pas abandonner complètement leur fille, l'administration les engage à demander son internement, par voie de correction paternelle.

Le tableau suivant fera comprendre d'une façon très claire la proportion de ces diverses catégories de clandestines :

	1880	1881	1882	1883	1884	1885	1886
Insoumises arrêtées.	3514	2419	2725	2787	2816	2989	2707
Sur ce nombre ont été envoyées :							
à St-Lazare — comme syphilitiques	697	502	585	505	446	414	317
à St-Lazare — comme atteintes de mal. vénériennes et autres.	473	352	411	361	337	490	456
à St-Lazare — en hospitalité . . .	167	161	306	376	314	143	85
Envoyées en correction paternelle	53	35	58	69	51	17	22
Enregistrées comme filles publiques	303	359	326	456	718	900	866
Relaxées.	1851	1010	1039	1020	950	1025	961

Lorsque la prostituée clandestine arrêtée est une mineure au-dessous de 18 ans, on s'assure de son état civil; on fait venir à la préfecture ses parents, s'ils habitent Paris; on leur demande s'ils veulent reprendre leur fille, on les engage à ne pas l'abandonner; s'ils sont en province et trop loin pour qu'on puisse les appeler à Paris, on leur demande, par lettre, s'ils veulent se charger de leur enfant, s'ils désirent qu'on la leur renvoie à leurs frais ou par voie de réquisition, s'ils sont sans ressources.

Les parents ou le tuteur déclarent souvent qu'ils entendent abandonner une enfant qui a mal tourné; d'autres fois, désolés de ne pouvoir la reprendre avec eux, ils sollicitent son admission dans un refuge ou demandent un jugement qui permettra de l'enfermer, par voie de correction paternelle. Il est toujours fait droit à cette requête, comme bien on peut le penser.

Beaucoup de ces enfants ne sont pas réclamées, soit qu'elles aient donné de fausses indications au moment de leur arrestation, soit que réellement elles soient sans famille; on les garde provisoirement, dans un quartier de Saint-Lazare qui leur est spécialement affecté, et on se livre à une nouvelle enquête à leur sujet.

Lorsque cette enquête a prouvé, d'une façon indubitable, que ces jeunes filles se livrent habituellement à la prostitution et qu'elles n'ont pas d'autre moyen d'existence, elles sont amenées devant la commission d'inscription qui procède à leur enregistrement, surtout si elles ont déjà été arrêtées plusieurs fois.

Celles qui promettent de travailler et qui n'ont jamais été l'objet d'une arrestation, sont relâchées.

L'inscription de ces mineures est une mesure nécessaire, car elle enlève ses recrues à la prostitution clandestine et elle permet à l'administration de contrôler leur état sanitaire.

Il va sans dire que toutes les filles mineures reconnues malades, qu'elles soient réclamées ou non, sont envoyées à Saint-Lazare dans la section de l'infirmerie qui leur est spécialement réservée.

Voici un tableau qui permet de se rendre compte des diverses décisions motivées de 1880 à 1887 par les arrestations de mineures :

	1880	1881	1882	1883	1884	1885	1886
Insoumises mineures arrêtées.	1792	1111	1401	1499	1391	1232	1065
Sur ce chiffre ont été :							
Rendues à leurs parents....	708	479	630	644	506	404	366
Renvoyées dans leur famille aux frais de celle-ci .	19	19	30	25	27	26	25
Renvoyées par réquisition...	33	42	46	66	43	34	37
Placées dans un refuge.....	35	39	50	57	54	44	51
Détenues par voie de correction paternelle..........	80	50	97	127	97	29	42
Non réclamées.............	917	482	506	449	342	286	174
Inscrites après abandon.....	0	0	42	131	322	409	370

L'internement à Saint-Lazare par voie de punition est une mesure que l'administration ne peut appliquer qu'aux femmes inscrites. L'arrestation des prostituées clandestines manquerait de la sanction nécessaire, si l'enregistrement d'office ne leur était pas imposé après plusieurs récidives. La préfecture de police disposait autrefois du droit d'interdire le territoire du département de la Seine aux personnes qui, par leurs habitudes ou leur manière de vivre, compromettent la sécurité ou la morale publiques. Elle usait de ce droit vis-à-vis des filles clandestines dont la conduite est une source habituelle de scandales. Mais la loi de 1852 qui conférait ces pouvoirs à la préfecture a été abrogée depuis plus de deux ans, et l'administration ne peut plus recourir à une mesure qui avait donné cependant de bons résultats. Au point de vue spécial qui m'occupe, l'abrogation de cette loi est fâcheuse; une femme que l'administration avait ainsi éloignée du département de la Seine, y rentrait tôt ou tard; arrêtée de nouveau elle pouvait être déférée à la justice; son éloignement du département était maintenu par le tribunal; elle y revenait encore, elle était arrêtée et condamnée de nouveau, et ces condamnations successives en faisant une récidiviste, il était possible de lui appliquer la loi de rélégation et d'en purger définitivement les trottoirs de Paris.

L'administration peut aussi interdire le territoire français à des femmes dont la conduite habituelle est une source de scandales publics. L'interdiction du territoire français ne peut s'appliquer naturellement qu'à des prostituées nées à l'étranger. Chaque année un certain nombre de ces femmes sont reconduites ainsi à la frontière :

	1880	1881	1882	1883	1884	1885	1886
Femmes expulsées de France comme étrangères. . . .	21	50	50	23	32	31	15
Femmes éloignées du département de la Seine. . . .	228	471	141	293	208	263	0

Un certain nombre d'arrestations opérées sur les prostituées clandestines, sont faites en vertu de contravention constatée à l'ordonnance de police du 6 novembre 1778 et à l'ordonnance de police du 8 novembre 1780, à la suite d'infraction à l'article 334 du Code pénal ; beaucoup sont la conséquence des perquisitions et des visites qu'ordonne un mandat spécial du préfet de police. Ces perquisitions et ces visites qui semblaient abandonnées, malheureusement, ont été reprises dans les dernières années ; il faut louer l'administration d'avoir repris des pratiques qui paraissaient être tombées en désuétude et qui seules peuvent rappeler à leur devoir des logeurs trop complaisants et nettoyer les bouges qui servent d'asile aux éléments les plus abjects de la prostitution.

Voici le nombre des femmes insoumises arrêtées de ce chef :

	1880	1881	1882	1883	1884	1885	1886
FILLES ARRÊTÉES pour Contravention à l'Ord. de Police du 6 Novembre 1778....	289	130	330	206	161	531	994
pour Contravention à l'Ord. de Police du 8 Novembre 1780....	20	1	17	57	12	40	76
En vertu de l'article 334 du Code pénal...	0	0	10	6	10	12	7
MANDATS DE VISITES ET PERQUISITIONS........	0	0	0	0	234	240	344
Femmes arrêtées en vertu de ces Mandats.	0	0	0	0	283	413	574

De la Commission de revision des punitions. — L'administration a de plus voulu sauvegarder jusqu'au bout l'intérêt des filles contre lesquelles elle est obligée de sévir. Quoique le commissaire interrogateur ne puisse que proposer une punition, quoique pour devenir définitive sa décision ait besoin d'être approuvée par le chef de division et par le préfet de police, il a paru nécessaire d'instituer une *commission de revision des punitions,* et de tenir ainsi une garantie de plus contre l'arbitraire. Cette commission se réunit chaque fois qu'il est nécessaire et surtout si la fille punie réclame contre la mesure dont elle a été l'objet et que sa réclamation paraît fondée.

Le tableau statistique ci-dessous prouve d'une façon péremptoire avec quel discernement les punitions sont infligées par les fonctionnaires compétents, puisque dans l'espace de sept années, la commission ne s'est réunie que 37 fois et qu'elle n'a diminué que 48 punitions; elle a durant le même espace de temps maintenu 124 punitions qui avaient donné lieu à des réclamations, et elle en a augmenté quatre.

	1880	1881	1882	1883	1884	1885	1886
Nombre des séances .	0	6	19	12	0	0	0
Réductionsdepunitions	0	0	40	8	0	0	0
Maintiens............	0	0	88	36	0	0	0
Augmentations.......	0	0	4	0	0	0	0

Du dépôt de la Préfecture de police. — Il n'y a pas bien longtemps encore, toutes les filles punies étaient envoyées à Saint-Lazare; on a reconnu tout récemment que la perte de temps qui résultait de leur transfert à la maison du faubourg Saint-Denis et de leur retour à la préfecture, une fois qu'elles avaient fini les quelques jours de punition qu'on leur avait infligés, était considérable ; le quartier affecté aux filles punies était encombré ; le directeur de Saint-Lazare ne savait où loger toutes ses pensionnaires. Il fallait prendre une détermination et on a décidé de ne plus envoyer à Saint-Lazare les filles dont la punition n'excéderait pas quatre jours. Il va sans dire que les malades sont, en tous cas, dirigées sur l'infirmerie où elles font leur temps de punition. Les filles saines qui se trouvent dans les conditions ci-dessus, sont gardées au Dépôt de la préfecture de police. Les prostituées inscrites vivent là dans une grande salle commune ; elles y sont nourries et elles passent leur journée dans l'oisiveté la plus absolue. Le soir, on apporte des matelas dans la salle, on les étend par terre et on vient de nouveau les enlever au matin.

Les insoumises, au contraire, sont dans des cellules.

De la prison de Saint-Lazare. — Les prostituées punies de plus de quatre jours de prison sont envoyées à Saint-Lazare dans les voitures cellulaires de la préfecture.

Elles y arrivent entre trois et quatre heures du soir, passent au greffe l'une après l'autre, puis à la chambre où on les fouille ; les filles punies de plus d'un mois d'internement sont revêtues du bonnet noir et de la robe bleue à raies noires des prisonnières ; les filles punies de moins d'un mois ne reçoivent que le bonnet noir. Elles sont ensuite conduites au premier sous-quartier de la deuxième section, et remises entre les mains des sœurs, qui leur font prendre un bain.

Les filles soumises et les filles clandestines sont rigoureusement séparées. Elles couchent dans des dortoirs distincts ; les filles soumises ont un grand dortoir qui contient cent huit lits ; les autres dortoirs sont de dimensions plus

restreintes; ce sont des cellules de six, quatre, deux ou
un lit, où la surveillance est facilitée par un judas percé
dans la porte; les filles se lèvent au jour, de cinq à cinq
heures et demie en été, de six à six heures et demie en
hiver, puis elles se rendent aux ateliers. Le travail est
obligatoire, et presque toutes se livrent à des travaux de
couture et de lingerie ; celles qui ne savent pas coudre
font des sacs.

Les ateliers sont vastes, bien éclairés et convenablement
chauffés en hiver. Les femmes sont assises sur de petites
chaises de paille, basses, à dossier droit; ces chaises sont
très peu commodes et astreignent les femmes à une position fatigante. Celles-ci travaillent en silence, sous la surveillance d'une sœur qui, du haut d'une sorte de chaire
en bois élevée sur deux marches, peut d'un coup d'œil
embrasser tout l'atelier. La sœur fait aux prisonnières la
lecture d'ouvrages moraux et amusants ; elle commence
à lire, puis elle passe le livre à l'une ou l'autre des filles
qui continue la lecture. Ce sont des romans, des ouvrages
d'Eugène Suë, d'Alexandre Dumas, de Victor Hugo, etc.,
fournis par la bibliothèque de la maison, qui font les frais
de ces lectures.

Dans chaque atelier il y a quelques machines à coudre;
mais elles sont de moins en moins utilisées ; on a remarqué que le nombre des femmes arrêtées et punies qui
savaient s'en servir diminuait d'année en année. Le salaire
plus élevé que peuvent gagner les mécaniciennes les met,
en effet, un peu plus à l'abri de la misère et de la prostitution.

Les filles vont par file indienne au réfectoire; les repas
se composent d'un tiers de litre de légumes fricassés,
auxquels on ajoute une fois par semaine un morceau de

viande ; la boisson est une espèce de coco, fabriqué à la maison. En voici la composition :

Eau pure	1000 litres.
Gentiane	1 kilogramme.
Mélasse	3 kilogrammes.
Feuilles de noyer . . .	500 grammes.
Houblon.	250 grammes.
Acide tartrique.	200 grammes.
Essence de citron . . .	4 grammes.

C'est là une boisson agréable, hygiénique et dont les femmes peuvent user à discrétion.

De plus chaque femme a droit à sept cents grammes de pain bis par jour.

Le réfectoire est une grande et belle salle ; il s'y trouve un orgue ; il sert, en effet, de salle de chant.

Comme le travail exécuté par les filles est bien payé et qu'elles touchent *à la main* la moitié du produit de ce travail, elles ont toujours quelque peu d'argent sur elles ; elles peuvent, moyennant une somme minime, se procurer à la cantine quelques douceurs, telles que du café, du lait, un verre de vin, etc. Elles appellent cela *la gobette*.

Après cinq heures de travail consécutives, les ateliers se vident. On descend dans la cour pour la récréation ; les femmes se promènent en file indienne autour des bâtiments et sous les arbres, toujours sous la surveillance d'une sœur.

L'office divin est facultatif ; autrefois, lorsqu'on forçait les filles à aller à la chapelle, beaucoup refusaient de s'y rendre ; aujourd'hui, elles y vont toutes et elles y sont très recueillies ; jamais elles ne troublent les cérémonies du culte en bavardant ou en faisant du bruit ; c'est l'aumônier de la prison qui dirige leurs exercices de piété. La chapelle massive et haute, se trouve au centre de la maison ; les sœurs ont une chapelle particulière ; une salle est disposée en oratoire pour les protestantes ; celles-ci sont dirigées par un pasteur de la ville qui est spécialement délégué à cet effet.

Une autre salle est affectée aux exercices de piété des filles israélites.

Non seulement la deuxième section est complètement isolée de la première, en tant qu'ateliers et dortoirs, mais les filles publiques n'ont encore aucun rapport avec les prévenues et les condamnées du quartier judiciaire pendant les récréations ou au réfectoire. Elles n'en ont pas davantage avec les filles mineures.

Il est très rare que l'on soit obligé de sévir contre toutes ces femmes pour des faits d'indiscipline ; les filles publiques, de l'aveu des sœurs, sont plus faciles à gouverner que les prévenues ou les condamnées ; elles professent le plus profond mépris pour les voleuses « *qui ne travaillent pas* » ; elles manifestent très souvent de réels sentiments de repentir et lorsqu'elles ont achevé leur punition, elles promettent à la sœur qui les a surveillées et sermonnées *d'acheter une conduite* et de ne plus revenir « *à leur campagne* » : c'est ainsi qu'elles appellent entre elles la maison de Saint-Lazare.

Les sœurs ont employé, vis-à-vis des prostituées et des détenues quelques-uns des moyens qui leur réussissent avec les enfants ; j'ai dit qu'il y avait un orgue dans le réfectoire ; beaucoup de filles ont une jolie voix, les sœurs les font chanter et leur font porter un ruban de couleur ; ce ruban, qui ne leur donne droit à aucune faveur, est une distinction ; leur défendre de le porter, quand elles ont répondu d'une façon grossière ou qu'elles se sont permis une infraction au règlement, est une grosse punition pour elles; elles se mettent très rarement dans le cas de la mériter.

D'autres filles sont gourmandes; c'est un défaut particulier à cette classe de femmes.

Celles-là mangent vite et gloutonnement; elles ont fini leur repas longtemps avant leurs compagnes. Pour les corriger et surtout pour les empêcher de causer avec leurs voisines, les sœurs ont imaginé de leur faire tourner le dos à la table, dès qu'elles ont vidé leur gamelle; elles réussissent ainsi, en mortifiant leur amour propre, à les débarrasser, momentanément du moins, d'un défaut parfois invétéré.

Les filles mineures de moins de seize ans forment la troisième section de Saint-Lazare; les prévenues et condamnées sont absolument isolées des jeunes prostituées; celles-ci sont elles-mêmes séparées dans deux sous-quartiers suivant qu'elles sont saines ou malades. Les petites malades sont soignées dans des salles spéciales de l'infirmerie; les mineures au dessous de seize ans retenues par voie de punition ou internées jusqu'à ce que l'enquête établie sur leur compte ait donné des résultats nécessaires, s'occupent également de travaux à l'aiguille; leur existence ne diffère de celle des filles majeures que parce que les récréations sont plus nombreuses, parce qu'elles sont astreintes à une assiduité au travail moins pénible, et parce qu'elles peuvent consacrer à leur instruction une partie de la journée. Elles ont, en outre, une nourriture meilleure : on leur donne de la viande trois fois par semaine.

Beaucoup de jeunes filles illettrées mettent à profit le temps de leur internement pour apprendre à lire ou à écrire. Une école, dans le vrai sens du mot, est annexée à la troisième section, affectée aux mineures. Ces enfants s'appliquent, souvent avec ardeur, à apprendre leurs lettres ; il ne faudrait pas toujours voir, dans cet empressement, un amour subit de l'instruction. Beaucoup d'entre elles, elles l'avouent naïvement du reste, ne montrent tant de zèle que pour pouvoir écrire à leur amant et lire les lettres qu'elles en recevront une fois qu'elles auront quitté la maison.

Le directeur de la prison de Saint-Lazare est chargé de veiller au maintien de l'ordre dans le quartier des filles publiques, lorsque celles-ci méconnaissent l'autorité de la sœur suveillante.

Les conditions sanitaires de l'infirmerie et de la prison sont excellentes. Malgré l'ancienneté des constructions, malgré l'encombrement des salles et des cellules, les épidémies y sont chose presque inconnue. Les quartiers voisins ont pu être désolés par la fièvre typhoïde, on n'en a jamais constaté que des cas isolés à Saint-Lazare. La maison est située sur un des points élevés de Paris et entourée de grands jardins ; l'air y est relativement assez pur et l'on y jouit des fenêtres de l'infirmerie du splendide panorama de Paris.

Les prostituées quittent en général Saint-Lazare mieux portantes et plus grasses qu'elles n'y sont entrées. On leur remet à leur sortie les vêtements qu'elles ont déposés en arrivant.

Elles emportent, en s'en allant, l'argent qu'elles ont gagné par leur travail, pendant leur séjour dans la maison ; j'ai dit plus haut qu'on leur remettait *à la main* la moitié du produit de leurs travaux ; beaucoup d'entre elles ne dépensent pas tout cet argent à la gobette et le mettent de côté.

L'autre moitié revient à l'État et sert à payer en partie leurs frais d'entretien.

En 1880	6,104	filles ont été envoyées en punition à Saint-Lazare.
1881	2,560	—	—	—
1882	2,353	—	—	—
1883	2,639	—	—	—
1884	3,931	—	—	—
1885	7,996	—	—	(ou au dépôt).
1886	12,136	—	—	(ou au dépôt).

Depuis 1885 les filles punies de moins de quatre jours de prison subissent leur punition au dépôt de la préfecture ; mais dans le tableau ci-dessus ces filles figurent dans le total complet ; les chiffres de 7,996 et 12,136 ne donnent donc pas le nombre véritable des filles envoyées à Saint-Lazare. Je n'ai pu en avoir le chiffre exact ; mais tout porte à croire qu'il n'est guère supérieur à 2,000 ou 2,200 en 1885 et en 1886.

22,000 prostituées environ ont donc, en sept années, été détenues à Saint-Lazare ; c'est une moyenne de 3,143 filles par année ; il serait plus juste de dire que l'on a infligé en moyenne 3,143 punitions, puis qu'un grand nombre de filles reviennent trois ou quatre fois par an.

J'ai déjà dit quelques mots des dames de charité qui viennent visiter les prostituées malades ou détenues. Elles ont accès dans la prison de neuf heures du matin à cinq heures du soir ; elles s'entretiennent avec les filles qu'on leur a recommandées, elles les exhortent, leur promettent du travail à leur sortie, s'engagent à les aider si elles veulent renoncer à la prostitution. Elles réussissent souvent à les ramener au bien. C'est surtout auprès des jeunes filles mineures que leur action moralisatrice est féconde et précieuse, et l'on ne saurait trop remercier ces femmes charitables de leur concours dévoué.

Dans l'espace de six ans, de 1882 à 1887, deux cent cinquante-six filles mineures ont été remises aux patronages ; c'est donc une moyenne de quarante à quarante-cinq jeunes filles par an que les dames de charité ont réussi à arracher au vice et à la prostitution.

Des maisons de Refuge. — Plusieurs fois déjà j'ai été amené à parler des maisons de refuge dans lesquelles les prostituées qui veulent revenir à une vie honnête peuvent trouver un asile momentané ou définitif. Ces maisons rendent d'incontestables services, malgré leurs modiques ressources. Il est temps d'étudier en quelques lignes leur organisation.

On reçoit dans ces refuges des filles mineures et des filles majeures. Les mineures sont ou bien des jeunes prostituées ou des enfants détenues par voie de correction paternelle. En les instruisant, en faisant renaître chez elles le goût et l'amour du travail, on arrive à les arracher à une vie de paresse et de débauche, à les réconcilier avec leurs parents, à en faire enfin des femmes honnêtes.

Les prostituées majeures qui demandent à entrer dans les refuges sont le plus souvent des filles qui se défient d'elles-mêmes. Elles se connaissent : elles sont animées des meilleurs sentiments, elles se sont promis de renoncer à la prostitution ; mais livrées à elles-mêmes, elle ne sauraient résister aux mauvais conseils, aux entraînements, à la force de l'habitude. Elles retomberaient fatalement ; aussi viennent-elles dans les maisons de refuge, comme dans un port de salut : elles savent que là, du moins, personne ne viendra entraver ou combattre leurs résolutions, et que tout le monde travaillera au contraire à les fortifier.

Les principales œuvres charitables qui se sont donné comme mission de régénérer les prostituées à Paris, sont : l'*Œuvre du bon Pasteur* et l'*Ouvroir de la Miséricorde*, pour les catholiques ; l'*Œuvre des Diaconesses* pour les protestantes, et la *Maison de refuge* pour les israëlites.

L'*Œuvre du bon Pasteur* est la plus ancienne ; elle a été fondée en 1819 par l'abbé Legris-Duval et par Mme Combé, et reconnue comme établissement d'utilité publique depuis de longues années. On n'admet dans la maison que les filles âgées de seize ans au moins, de vingt-trois ans au plus et n'ayant pas d'enfant. Les pensionnaires prennent, en entrant, un nom religieux, comme dans les couvents ; quoiqu'elles puissent rester toute leur vie dans ces maisons elles ne s'engagent pas, toutefois, à demeurer indéfiniment. Elles viennent librement y demander un asile, elles peuvent librement en sortir ; mais une fois qu'elles ont quitté la maison, il leur est absolument défendu d'y revenir.

Les prostituées qu'on y reçoit sont en général des filles qui sortent de Saint-Lazare. On les occupe à des travaux de couture, que la maison fait exécuter pour des particuliers ou pour le compte d'entrepreneurs. Une partie du salaire gagné par les pensionnaires sert à payer leurs frais d'entretien.

La maison peut contenir de 130 à 140 prostituées ; elle est dirigée par les sœurs de Saint-Thomas de Villeneuve.

L'*Ouvroir de la Miséricorde* est dirigé par les sœurs de Marie-Joseph ; il a été fondé en 1843 par les dames de l'œuvre des prisons ; comme la maison du bon Pasteur, il reçoit des prostituées repenties et des mineures en correction paternelle. Ces jeunes filles sont employées à des travaux de couture ; le quart du produit de leur travail est mis en réserve, le reste servant à payer leurs frais d'entretien ; aussi lorsqu'elles quittent la maison, peut-on leur remettre une petite somme qui leur est alors très utile. L'ouvroir de la Miséricorde ne garde pas, en effet, ses pensionnaires indéfiniment ; lorsqu'elles y ont passé quelques années, qu'elles ont fait preuve, durant cet espace de temps, d'une conduite exemplaire et qu'elles paraissent définitivement revenues à de bons sentiments, on leur procure des emplois de femme de chambre, de couturière ou de lingère ; quelquefois même on les marie.

L'*Œuvre des Diaconesses*, fondée en 1841 par le pasteur Vermeil, a été reconnue comme établissement d'utilité publique en 1858 ; elle s'est confondue avec une institution charitable similaire, l'*Œuvre protestante des prisons de femmes de Paris*, fondée en 1839. Elle est dirigée par des diaconesses, sous la surveillance d'un pasteur. Elle peut recevoir environ deux cents personnes chaque année, et se divise en deux sections : l'une pour les filles repenties, l'autre pour les enfants vicieuses, détenues par correction paternelle.

La journée des pensionnaires se passe à des travaux à l'aiguille. Mais il est regrettable que la règle de la maison soit trop sévère ; les prostituées y sont mal à leur aise ; elles n'y entrent pas très volontiers, et elles n'y restent pas longtemps, en général.

En 1866, enfin, des personnes charitables, appartenant à la religion juive, ont créé la *Maison de refuge israélite*, destinée à recevoir les enfants détenues par voie de correction paternelle et les orphelines sans protection.

Ce sont là les institutions charitables les plus importantes au point de vue spécial qui m'occupe. La préfecture de police reconnaît leurs services et les encourage ; elle leur adresse les prostituées, dignes d'intérêt, qu'elle sait pertinemment vouloir renoncer à la prostitution ; elle recommande ces maisons aux parents qui demandent que leurs enfants mineures soient détenues par voie de correction paternelle ; elle les considère, en un mot, comme un moyen efficace de moralisation.

Il existe encore à Paris, d'autres maisons de refuge, catholiques pour la plupart ; ce sont des maisons de moindre importance, dont l'organisation est calquée sur celle des institutions que je viens d'énumérer, et dont l'énumération n'a vraiment aucun intérêt.

CHAPITRE ONZIÈME

De la Prophylaxie de la Syphilis.

Dans les chapitres précédents je me suis efforcé de présenter un tableau aussi exact et aussi fidèle que possible de l'état de la prostitution à Paris, à l'heure actuelle, et des mesures administratives que la préfecture de police a prises pour en enrayer la marche envahissante et restreindre, autant qu'il était en son pouvoir, les progrès de la syphilis.

J'ai établi que tout le système de réglementation en vigueur aujourd'hui ne reposait absolument que sur le texte d'anciennes ordonnances de police et que la seule raison d'être de ce système était l'obligation où se trouve l'administration de veiller à la santé publique.

La prophylaxie de la syphilis seulement, indiscutable et nécessaire, permet de conserver une réglementation que quelques-uns qualifient volontiers de barbare et d'attentatoire à la liberté individuelle et d'excuser des mesures de répression qu'il faudrait condamner sans retour, si la vérole n'existait pas.

Eh bien ! au point de vue de cette prophylaxie, l'administration remplit-elle ses devoirs et a-t-elle réellement rendu les services que l'on est en droit d'attendre d'elle.

Les chiffres que j'ai donnés plus haut prouvent d'une façon péremptoire que les filles clandestines présentent une proportion bien plus grande de syphilitiques que les filles soumises. Il est prouvé d'autre part, qu'à Londres et dans les autres grandes villes d'Angleterre, que dans les ports hors d'Europe, où les prostituées ne sont astreintes à aucune visite sanitaire, et ne sont soumises à aucune espèce de réglementation, il y a en moyenne une fille publique infectée de syphilis sur deux.

A Paris on a depuis longtemps constaté l'atténuation de la syphilis au point de vue de la gravité des accidents. Les médecins du dispensaire, ceux des hôpitaux, les médecins de la ville sont unanimes sur ce point ; ils s'accordent aussi à dire que les syphilis les plus graves sont toujours prises avec des prostituées clandestines. Du reste les statistiques établissent qu'à Paris la proportion des maladies vénériennes, prises en bloc, est de 35 à 40 % chez les insoumises et qu'elle n'est plus que de 2 à 3 % chez les filles soumises indisciplinées ; les filles inscrites, qui viennent régulièrement à leurs visites n'en présentent guère qu'un cas sur 140. M. Passant, médecin en chef du dispensaire, qui a bien voulu me communiquer ces chiffres, est mieux placé que n'importe qui pour être bien renseigné,

Malgré ces résultats, l'administration préfectorale ne se tenant pas pour satisfaite, a voulu faire plus et mieux.

Le 13 Avril 1885 le préfet de police réunissait une commission chargée de trouver les moyens les meilleurs et les plus pratiques de s'opposer à l'extension de la syphilis et de restreindre cette maladie dans la mesure du possible.

Cette commission se composait de MM. Camescasse,

préfet de police, président ; Gragnon, secrétaire général
de la préfecture de police, Naudin, chef de la première
division de la préfecture de police, Hardelay, chef du
2ᵉ bureau de la première division, Dujardin-Beaumetz,
Alfred Fournier, Legouest, Ricord, Rochard, Roger,
membres de l'Académie de médecine, Martineau, médecin
de l'hôpital de Lourcine, Mauriac, médecin de l'hôpital
du Midi, Le Pileur, Boureau, Le Blond, médecins de Saint-
Lazare, Clerc, médecin en chef et Passant, médecin en
chef-adjoint du Dispensaire de salubrité. Cette commission se divisa en deux sous-commissions chargées l'une de
s'assurer de l'état sanitaire de la population civile et militaire de Paris au point de vue de la syphilis ainsi que du
développement pris par cette maladie, l'autre d'étudier
les moyens prophylactiques à lui opposer.

La première sous-commission constata, ainsi que je l'ai
déjà dit plus haut, que la syphilis avait une tendance manifeste à diminuer de fréquence et d'intensité ; la deuxième
sous-commission, composée de MM. Naudin (remplacé par
M. Hardelay quelques jours après), Alf. Fournier, Rochard,
Clerc, Le Blond et Le Pileur, après avoir tenu huit
séances, adressa à M. le préfet de police un rapport, dû à
la plume de M. Le Pileur, sur les mesures prophylactiques
qu'elle recommandait à son attention.

Le travail de la sous-commission s'appuyait surtout sur
le projet que M. Alf. Fournier avait élaboré autrefois et
présenté au Conseil municipal de Paris : ce projet comporte quatre chapitres : *Répression de la Prostitution ;
Traitement des maladies vénériennes ; Vulgarisation de
l'étude des dites maladies ; Mesures de prophylaxie générale.*

Voici les principales dispositions de ce projet :

CHAPITRE PREMIER

RÉPRESSION DE LA PROSTITUTION. TRAITEMENT DES PROSTITUÉES MALADES.

Article Premier. — La provocation sur la voie publique ou dans un lieu public est interdite.

Article II. — Cette provocation constitue un délit.

Article III. — La surveillance de tous faits relatifs à la provocation sur la voie publique ou dans un lieu public est confiée à la police.

Article IV. — La répression des mêmes faits relève exclusivement des tribunaux.

Article V. — Une législation nouvelle confirmera, définira, étudiera, s'il y a lieu, les pouvoirs de l'administration relativement à la surveillance de la prostitution.

Article VI. Toute femme qui se livre notoirement à la prostitution peut être inscrite par le préfet de police et soumise à des visites médicales.

Article VII. — Toute femme arrêtée pour délit de provocation publique sera soumise à une visite médicale.

Article VIII. — Toute fille inscrite sera soumise à une visite médicale hebdomadaire.

Article IX. — L'examen incomplet, autrefois appelé petite visite, est supprimé, et, dans tous les cas remplacé par une visite complète.

Article X. — Les filles inscrites reconnues atteintes de maladies vénériennes seront internées jusqu'à guérison des accidents contagieux dans un asile sanitaire spécialement distinct d'une prison.

Article XI. — Toute femme, arrêtée en vertu de l'article II et reconnue malade, ne sera rendue à la liberté qu'après guérison.

Article XII. — Les filles insoumises syphilitiques, sortant de l'asile spécial guéries, devront être l'objet d'une surveillance particulière de la part de la police et seront inscrites après nouvelle arrestation pour fait de provocation.

Article XIII. — La Commission émet le vœu que l'expérience soit faite sur la possibilité de visiter à domicile les filles inscrites qui en feraient la demande.

Article XIV. — Cette demande ne pourra être accueillie que sur le versement préalable d'une somme de dix francs par mois.

Article XV. — Cette prestation sera perçue par l'administration.

Article XVI. — Le personnel du dispensaire de salubrité sera augmenté dans les proportions imprévues qu'exigera ce nouveau service.

Article XVII. — Les sommes mensuelles perçues pour les visites à domicile serviront à assurer ce nouveau service dans toute ses parties.

Article XVIII.—Une prime de 40 francs sera remise à toute femme syphilitique qui se présentera spontanément au dispensaire.

Article XIX. — Les femmes internées dans l'asile spécial destiné aux prostituées vénériennes y seront désormais désignées, non par leur nom mais par un numéro.

Article XX.—La Commission émet le vœu que les obligations ou, les rigueurs imposées aux filles inscrites par les règlements actuellement en vigueur soient abrogées ou modifiées dans les limites compatibles avec l'ordre public.

La commission demandait ensuite dans le Chapitre II que des services spéciaux de vénériennes, placés sous la direction d'un médecin spécial et isolés des autres services, fussent créés dans certains hôpitaux, et que la distribution gratuite des médicaments propres à la guérison des affections vénériennes eût lieu dans les hôpitaux et dans les maisons de secours des bureaux de bienfaisance ; elle émettait, dans le Chapitre III, le vœu que l'étude des affections vénériennes, et de la syphilis surtout, fût rendue obligatoire et que le personnel médical des services internes et externes de vénériennes fût nommé par voie de concours ; enfin elle regrettait dans le Chapitre IV que la législation actuelle laisse l'administration désarmée contre les marchands de vins, débitants de boissons, etc., qui favorisent la prostitution clandestine, que les prostituées syphilitiques puissent librement quitter les hôpitaux sans être guéries et demandait que la transmission consciente de la syphilis constituât un délit.

Telles sont les grandes lignes du rapport de M. Le Pileur. Je ne sache pas que ce rapport ait jamais été suivi d'une discussion approfondie, ni que les mesures qu'il recommande aient reçu un commencement d'exécution.

Le préfet de police est un fonctionnaire dont la stabilité est subordonnée aux fluctuations parlementaires. Depuis le 13 Avril 1885, jour où la commission instituée par M. Camescasse s'est réunie pour la première fois, quatre préfets de police se sont succédés à la tête de l'administration. Aucun n'a donc eu à sa disposition le temps matériel nécessaire pour mener à bien une œuvre de réforme utile et pratique.

La question de la réorganisation du service des mœurs reste donc entière ; tout le monde s'accorde à demander qu'elle ait lieu sur des bases solides, personne ne songe sérieusement à réclamer la suppression de toute règlementation.

Mais si l'on est à peu près unanime à désirer qu'une loi, nette et précise, fixât les pouvoirs de l'administration et mit fin à un régime, qui par cela seul qu'il peut être taxé d'arbitraire, perd une partie de son autorité, l'on ne s'entend plus aussi bien lorsqu'il s'agit de définir ce que doit être cette loi. Les uns veulent, en effet, conserver au préfet de police tous les pouvoirs dont il jouit en ce moment, en les renforçant, les autres consentent à lui laisser une certaine surveillance sur la prostitution, mais veulent que la répression soit confiée à la justice.

Le rapport de M. Le Pileur se fait l'écho de ces derniers sentiments.

C'est aussi l'idée de confier aux tribunaux le soin de réglementer et de réprimer la prostitution qui fait le fond du rapport présenté à l'Académie de Médecine, le 7 et le 14 juin 1887 par M. Alfred Fournier au nom d'une commission composée de MM. Ricord, président, Bergeron, Le Roy de Méricourt, Léon Le Fort, Léon Colin et Alfred Fournier, et chargée d'étudier les moyens d'assurer la prophylaxie publique de la syphilis.

M. Fournier rend justice aux hommes éminents qui ont successivement occupé le poste de préfet de Police, à Paris ; il reconnaît les efforts qu'ils ont fait pour enrayer la prostitution, mais il réprouve le système qu'ils ont appliqué, et que l'opinion publique condamne selon lui. Il ne veut plus d'arbitraire, il demande *une loi* ; la répression de la provocation publique est nécessitée par le double intérêt de la morale et de la santé publiques, mais elle doit avoir une base légale ; puisqu'il est indispensable d'arrêter et de séquestrer des filles reconnues coupables du délit de provocation publique ou affectées de maladies contagieuses, puisque des nécessités sociales imposent ces arrestations et ces séquestrations, il est non moins indispensable que ces mesures soient précisées, formulées et édictées par une loi, c'est-à-dire par un acte de nos plus hauts pouvoirs publics. « Et cette loi, continue le célèbre syphiligraphe, nous la réclamons d'autant plus énergiquement, avec d'autant plus d'insistance qu'à nos yeux elle aurait ce double résultat : 1° de rendre *légal* ce qui ne l'est pas aujourd'hui ; 2° de rendre indiscutables les pouvoirs tant discutés aujourd'hui de l'Administration policière, en ce qui concerne la surveillance et la répression des prostituées ; c'est-à-dire, au total et en définitive de renforcer, *en la légalisant*, l'autorité préfectorale, actuellement si ébranlée et si défaillante. »

Je ne suivrai pas M. le professeur Fournier dans l'exposé de son système ; je ne m'appesantirai pas sur les difficultés inouïes que rencontrerait, à mon avis, l'intervention des tribunaux dans les affaires de prostitution. L'inscription des prostituées, leur punition ne pourraient, en effet, être prononcées que par un tribunal et après débat contradictoire. La commission, qui a adopté cette disposition, n'a-t-elle pas obéi à des idées fort belles en théorie, mais auxquelles la pratique journalière réserverait de cruels mécomptes ?

Quoi qu'il en soit, je transcris les principaux articles du projet de prophylaxie publique de la syphilis que la commission a soumis à l'Académie :

§ I. — *Prophylaxie administrative*

Article Ier. — L'Académie appelle l'attention de l'autorité sur les développements qu'a pris la provocation sur la voie publique, dans ces dernières années notamment et en réclame une répression énergique.

Article II. — Elle estime qu'il y a nécessité manifeste d'assimiler à cette provocation de la rue divers modes non moins dangereux qu'a revêtus, surtout de nos jours, la prostitution publique, à savoir celle des boutiques, celle des brasseries dites à femmes, et plus particulièrement encore celle des débits de vin.

Article III. — Elle signale à l'autorité d'une façon non moins spéciale la provocation qui rayonne autour des lycées, des collèges et qui a pour résultat l'excitation des mineurs à la débauche.

Article IV. — Elle déclare qu'au nom de la santé publique non moins qu'au point de vue de la morale publique, ces divers ordres de provocation constituent un délit qui doit être réprimé légalement. Elle réclame donc une loi définissant le délit de provocation publique et en confiant la répression à qui de droit.

Article V. — La sauvegarde de la santé publique exige que les filles reconnues coupables de délit de provocation soient soumises à l'inscription et à la surveillance médicale.

Article VI. — L'inscription d'une fille coupable du délit de provocation ne pourra jamais être prononcée que par le tribunal et après un jugement contradictoire.

Article VII. — Toute fille qui sera reconnue, après examen médical, affectée de maladie vénérienne, notamment de la syphilis, sera internée dans un asile sanitaire spécial. Cet asile sera exclusivement ce qu'il doit être, à savoir un hôpital, un hôpital comme les autres hôpitaux, à cette seule différence près que les malades n'en pourront sortir que sur un certificat médical de guérison. De cet asile sera bannie toute rigueur inutile, toute mesure vexatoire qui tendrait à en modifier le caratère et à le transformer en pénitencier.

Article VIII. — La réglementation actuellement en vigueur, relativement à la surveillance médicale des filles inscrites, sera remplacée par le système suivant :

1° Les filles inscrites libres, ou en maison, seront uniformément soumises à une visite hebdomadaire à date fixe, et en outre, à une visite supplémentaire qui sera faite mensuellement par un médecin inspecteur à une date inconnue;

2° Chacune de ces visites sera complète et portera principalement sur l'examen des organes génitaux et de la bouche.

Article IX. — En ce qui concerne la province, les mesures de surveillance et de prophylaxie qui fonctionneront dans la capitale seront rendues rigoureusement exécutoires dans les départements et dans toute l'étendue des départements.

L'interdiction de la provocation sur la voie publique sera rendue absolue, générale, sans exception même pour les filles soumises à la surveillance administrative.

. . . .

§ 4 — *Prophylaxie de la syphilis dans l'armée et dans la marine*

Article XXIV. — Instituer dans l'armée une série de conférences ayant pour objet d'éclairer les soldats sur les affections vénériennes et les dangers de la syphilis en particulier, sur le bénéfice à attendre d'un traitement scientifique, sur la nécessité d'un traitement prolongé, sur les périls de la prostitution clandestine exercée par les insoumises, les rôdeuses, les bonnes de cabarets, etc.

Ces conférences seraient faites par les médecins militaires de chaque corps.

Elles seraient annuelles et auraient lieu de préférence après l'enrôlement des jeunes recrues.

Une conférence semblable serait également faite aux réservistes le lendemain de leur arrivée au corps.

Article XXV. — Provoquer de la part de tout soldat récemment affecté de syphilis une déclaration relative à la femme dont il a contracté la maladie.

Article XXVI. — Consigner tous les établissements déguisés sous le nom de débit de vins ou de liqueurs et ne constituant en réalité que des maisons de prostitution non surveillées. Interdire formellement aux soldats la fréquentation de ces établissements.

Article XXVII. — Écarter toute punition du programme prophylactique de la syphilis dans l'armée.

Article XXVIII. — Supprimer les visites faites en commun et les remplacer par des examens privés, individuels, discrets.

Article XXIX. — Instituer un service de police spécial autour des grands camps, tels que Satory, Saint-Maur, Châlons, etc.

ARTICLE XXX.—Prendre toute disposition nécessaire pour assurer au soldat syphilitique dont le traitement a été commencé à l'hôpital, la faculté de continuer à son corps sous la direction des médecins de son régiment, le traitement ou la série des traitements ultérieurs indispensables à la guérison.

ARTICLE XXXI. — En ce qui concerne la marine, il serait à désirer que, à bord des bâtiments de guerre, une visite médicale de l'équipage fût faite avant l'arrivée dans chaque port, afin d'interdire la communication avec la terre aux hommes qui seraient reconnus contaminés.

ARTICLE XXXII. — Il est absolument essentiel que, dans toutes les villes du littoral, notamment dans les grands ports de guerre et de commerce, un service rigoureux et régulier soit institué pour la surveillance et la visite médicale des prostituées en vue de prévenir les contaminations que contractent si fréquemment les marins dans les ports de relâche et de débarquement. »

L'Académie de médecine a discuté pendant de longues séances le rapport de M. Fournier ; certains des articles étudiés ont soulevé une opposition énergique ; mais quel qu'ait été le résultat final de cette discussion, on peut tenir pour acquis que la prophylaxie de la syphilis aura fait un grand pas, et l'on doit espérer que le gouvernement tiendra compte des vœux exprimés par l'Académie.

Telle qu'elle se pose donc actuellement, la question de la prophylaxie de la syphilis, dégagée de toutes les considérations qui sont venues se greffer peu à peu sur elle, peut se résumer en quelques mots.

Renforcer les pouvoirs de l'administration chargée de réprimer les scandales de la prostitution, quelle que soit cette administration, et leur donner une sanction légale. La préfecture de police n'est nullement opposée à une loi de ce genre. En 1879 le préfet de police, qui était alors, je crois, M. Gigot, ne disait-il pas devant la Commission de la police des mœurs, au Conseil municipal, « qu'il ne verrait aucun inconvénient à ce qu'à la jurisprudence actuelle fussent substituées des dispositions légales formelles et précises qui mettraient son Administration à l'abri des critiques » ; il ajoutait : « qu'il conviendrait de substituer à une législation contestée des textes législatifs incontestables et de saisir cette occasion pour introduire dans ce service toutes les améliorations dont il est susceptible ».

Réprimer énergiquement la prostitution clandestine ; c'est elle qui est la grande propagatrice de la vérole ; c'est elle qui, changeante et insaisissable, est la source d'infection où les trois quarts des hommes atteints de syphilis ont pris la maladie.

Multiplier les visites médicales, retirer immédiatement de la circulation les filles malades et les mettre dans l'impossibilité de cesser leur traitement avant la complète guérison des accidents contagieux.

Favoriser l'établissement des maisons de tolérance, dont la surveillance est plus facile que celle des prostituées isolées, et dont la multiplicité même diminuera les provocations sur la voie publique ; c'est surtout autour des casernes que l'ouverture de ces maisons doit être encouragée.

Il est certain que la répression de la prostitution clandestine et la multiplicité des visites médicales forment la base de toute la prophylaxie de la syphilis. Pour arriver à enrayer la prostitution clandestine, il faut frapper sans pitié non seulement les proxénètes, mais aussi les insoumises ; il faut que l'inscription soit imposée à celles-ci et qu'elles soient mises dans l'impossibilité de s'y soustraire. L'assiduité aux visites devra être exigée encore plus impérieusement que par le passé. Les filles malades, qu'elles soient comme par le passé traitées à l'infirmerie de Saint-Lazare ou qu'elles soient conduites dans un asile sanitaire spécial, devront y être retenues jusqu'à complète guérison de leurs accidents transmissibles; il ne faut pas que, sous prétexte de respecter la liberté individuelle, l'administration de l'hôpital où elles sont traitées ne puisse pas s'opposer à une sortie que n'aurait pas autorisée le médecin traitant.

L'Académie de Médecine de Bruxelles, après une longue et laborieuse discussion sur la prophylaxie de la syphilis, a adopté le 29 octobre 1887 les conclusions suivantes :

« 1º L'Académie estime que la réglementation de la prostitution est nécessaire pour restreindre la propagation des maladies vénériennes.

2º La prostitution qui s'affiche dans les rues, les promenades et les lieux publics, étant la cause la plus puissante de la propagation des maladies vénériennes et syphilitiques, doit être interdite.

3º Les femmes qui seront convaincues de se livrer habituellement à la débauche seront inscrites et soumises aux visites sanitaires.

4º Les inscriptions et les visites ne seront autorisées que sous la sauvegarde des garanties qui doivent, dans toutes les circontances et partout, protéger l'honneur et la dignité des personnes.

5º L'Académie royale de médecine de Belgique estime que les visites sanitaires, fréquentes et convenablement appliquées, constituent le moyen le plus efficace pour arrêter la propagation des maladies vénériennes et syphilitiques. »

Ces conclusions ont été votées à l'unanimité; c'est la première fois qu'un corps scientifique reconnaît que la réglementation de la prostitution est devenue une inéluctable nécessité, si l'on veut enrayer la propagation de la syphilis. Le vote de l'Académie de médecine de Bruxelles a donc une portée d'autant plus considérable qu'il servira de base au projet de loi qui doit réorganiser la police des mœurs en Belgique.

La même unanimité s'est retrouvée au sein de l'Académie de Médecine de Paris, au point de vue du principe de la réglementation, puisque cette réglementation seule peut autoriser l'administration à soumettre les prostituées à la visite sanitaire.

Mais je crois que l'on ferait fausse route, si l'on ne maintenait sous la même responsabilité, si l'on ne concentrait dans la même main l'inscription, la surveillance et la répression des prostituées. L'unité de direction et de vues est, en effet, en matière de prostitution, une chose essentielle et quelle sanction aurait donc une loi, destinée à sauvegarder la santé publique, si elle mettait perpétuellement en antagonisme la préfecture de police et les tribunaux.

Le préfet de police, dont la police des mœurs a été et est encore, dans cet immense Paris, une des importantes attributions, paraît tout désigné pour continuer à exercer des pouvoirs qu'il recevrait d'une loi au lieu de les tenir de vieilles ordonnances. On ne comprendrait pas que pour faire rentrer dans le droit commun des femmes qui en sont volontairement sorties, on désorganisât une administration qui a eu évidemment des moments de défaillance, mais qui n'en a pas moins rendu d'immenses services à la morale et à la santé publiques.

DEUXIÈME PARTIE

Coup d'œil
sur l'état de la Prostitution dans les principales villes de France
et de l'Etranger
au point de vue hygiénique et administratif.

Après avoir exposé, aussi complètement que possible, l'état actuel de la prostitution à Paris, il n'est pas sans intérêt de retracer, en quelques pages, la physionomie de la prostitution dans les grandes villes de France et de l'Etranger et de se rendre compte à l'aide de quelles mesures on essaye, ailleurs, d'en réprimer l'extension.

Je n'ai pas pris au hasard celles des villes françaises qui feront l'objet d'une étude spéciale : leur situation, leur importance, leur caractère les imposait à mon choix. Ces villes sont au nombre de six : Brest, un grand port militaire ; Lille, un centre ouvrier et industriel considérable ; Bordeaux et Marseille, nos deux grands entrepôts du commerce maritime ; Lyon, ville industrielle, commerciale et militaire de premier ordre ; Alger enfin, la capitale de notre colonie algérienne.

L'on remarquera que, parmi les villes étrangères, quelques-unes ne figurent pas dans cette étude. C'est une lacune, je suis le premier à le reconnaître et à le regretter ; mais il m'a été impossible de me procurer sur l'état de la prostitution à Athènes, à Barcelone, à Milan, à Rome, à Moscou et à New-York, les données statistiques, administratives et sanitaires qui m'étaient absolument indispensables.

DE LA PROSTITUTION EN FRANCE ET EN ALGÉRIE

I

BORDEAUX [1]

Bordeaux, la métropole du Sud-Ouest, a aujourd'hui 250,000 habitants.

Située sur le grand chemin de Paris aux Pyrénées, elle est visitée par une foule d'étrangers qu'attirent la beauté de ses monuments et le charme de ses environs; son port important y maintient une population spéciale de marins et d'ouvriers; enfin, elle est habitée par des armateurs opulents et de riches négociants qui déploient un luxe qu'on ne retrouve pas facilement ailleurs.

Si à ces éléments on ajoute la présence d'une garnison, assez considérable en tous temps, et de nombreux étudiants, si l'on tient compte du tempérament particulier de la population indigène, de la foule des jeunes gens que leur situation modeste ou leurs goûts éloignent du mariage, on se rend compte aisément que la prostitution doit trouver à Bordeaux un terrain admirablement préparé pour son développement. On y compte, en effet, environ 600 filles inscrites et à peu près 5,000 prostituées clandestines.

Le service des mœurs est organisé, à Bordeaux, sur le modèle de celui de Paris. Pour l'inscription, la radiation, la surveillance des filles publiques, les règlements sont identiques; ils ne diffèrent que par quelques détails sans importance. Le dispensaire annexé au bureau des mœurs est admirablement organisé, et les visites y sont gratuites.

(1) Les renseignements sur l'état actuel de la prostitution à Bordeaux m'ont été fournis en partie par M. le Dr Vénot; j'ai puisé, pour les autres, dans JEANNEL, *Prostitution dans les grandes villes, au* XIXe *siècle*.

Le règlement bordelais comporte, au sujet de ces visites, une disposition particulière qui n'est encore appliquée nulle part ailleurs, et dont je parlerai tout à l'heure sous le nom de *Rétribution facultative*. Elle vaut la peine qu'on l'examine avec quelque attention.

Le nombre des filles inscrites est, depuis vingt ans, de 600 environ ; elles sont réparties à peu près également dans les deux catégories de prostituées soumises : isolées et filles en maison.

Il existe seize maisons de tolérance à Bordeaux ; sept de ces maisons sont situées rue Lambert, deux, rue Rougier, deux, rue de Poissac, une, rue Saint-Clair, une, rue Saint-Claude, une, rue Mériadeck, une, rue de la Chapelle-Saint-Martin, une, impasse Lalliement. Presque toutes sont fort bien tenues ; quelques-unes sont montées avec un luxe inouï.

La visite des filles de maison et des isolées a lieu tous les huit jours, au dispensaire, les mardi et mercredi de chaque semaine. Ce dispensaire est situé au milieu du quartier assigné à la prostitution ; les allées et venues des prostituées ne peuvent donc y constituer un scandale public ; il leur est interdit, du reste, de se rendre à la visite dans une toilette tapageuse et de stationner à la porte du dispensaire.

Les visites se font, aux jours indiqués, de neuf heures à onze heures du matin ; toute fille qui ne se présente pas à ces jours et heures réglementaires est passible d'un emprisonnement de 24 heures. Mais cette peine n'est pas infligée immédiatement ; la fille qui l'a encourue peut se racheter par une amende de 0 fr. 75 qu'elle paye si elle vient se faire visiter le jeudi ou le vendredi, de 2 fr., si elle attend au samedi ; dans tous les cas la visite est obligatoire.

Ce système, qui n'est encore appliqué qu'à Bordeaux et qu'on peut appeler la *rétribution facultative*, a produit d'excellents résultats. Il a tout naturellement amené une classification parmi les prostituées; ce sont les plus pauvres, les plus misérables qui viennent aux visites gratuites; celles qui sont dans une situation plus aisée, qui ont quelque toilette, viennent le jeudi et le vendredi aux visites à 0 fr. 75; c'est à cette visite, également, que les patronnes de maison amènent leurs pensionnaires. Le samedi, jour où la visite est à deux francs, est adopté par les filles isolées élégantes et par les femmes des maisons les plus riches et les plus huppées. Aussi, faut-il voir avec quel dédain, avec quel mépris ces prostituées en falbalas dévisagent la fille soumise, mal vêtue et mal coiffée, qui vient se soumettre tardivement à l'amende et à la visite.

Comme la visite est terminée à midi au plus tard et que le samedi matin est le dernier délai accordé aux retardataires, dans l'après-midi de ce même jour le bureau des mœurs, avisé du nombre et du nom des filles qui ne se sont pas présentées, fait procéder par ses inspecteurs à leur recherche et à leur incarcération; en cas de récidive la peine de 24 heures de prison est portée à trois jours, et en cas de maladie vénérienne, à dix jours. L'administration n'admet que l'excuse de maladie; la prostituée malade doit faire parvenir, en ce cas, un certificat médical au dispensaire. L'un des médecins de service se rend au domicile de la malade, le jour même, et, s'il y a lieu, procède à son examen.

Il y a toujours deux médecins de service au dispensaire. L'un examine les femmes, l'autre s'occupe des écritures; la visite terminée, les filles reconnues malades et qui ont été retenues sont envoyées directement à l'hôpital Saint-Jean.

Les clandestines arrêtées ne sont pas examinées au dispensaire ; elles passent la visite dans le cabinet médical annexé au bureau des mœurs ; on examine dans ce même cabinet les filles inscrites qui arrivent à Bordeaux ou qui quittent la ville, les filles qui changent de maison, et celles qui sortent de l'hôpital.

Les prostituées inscrites considèrent comme un point d'honneur de payer la visite ; leur amour propre les y pousse. Quelques-unes craignant de ne pouvoir venir aux visites payantes, parce qu'elles ont disposé de leur journée, viennent à la visite gratuite et demandent à payer ; elles passent alors, sans attendre, les premières dans la salle de visite.

Pendant les quinze années de 1859 à 1874, le payement de cette rétribution facultative a produit une recette moyenne de 17,500 fr. (la moyenne des filles inscrites étant de 570). Cette recette a permis de couvrir les dépenses du dispensaire et elle a laissé, tous comptes faits, un excédent de plus de 4,000 fr.

Le docteur Jeannel, qui a été le promoteur de ce système alors qu'il était médecin en chef du dispensaire de Bordeaux, voudrait que les excédents de recettes ainsi obtenus fussent affectés plutôt à perfectionner le mécanisme du dispensaire et à augmenter les honoraires des médecins, qu'employés à grossir le budget de l'administration policière. Je suis absolument de son avis ; j'ajoute un dernier mot au sujet de la méthode usitée à Bordeaux pour les visites ; c'est qu'elle me paraît devoir diminuer, dans de notables proportions, l'encombrement du dispensaire aux jours de visite et le nombre des disparitions.

Le chiffre des prostituées insoumises qui est de 5,000, au bas mot, prouve qu'à Bordeaux, comme ailleurs, le service des mœurs n'a que peu d'action sur la prostitution clandestine. Les filles insoumises, les *grisettes*, comme on les appelle à Bordeaux, peuvent exercer leur métier sans grande difficulté; elles se recrutent parmi les ouvrières sans travail, les domestiques sans place, les servantes d'hôtel, d'auberge, les bonnes des débits de boissons; la misère, l'insuffisance des salaires, la mauvaise éducation, les exemples pernicieux, une première séduction suivie d'abandon, poussent toutes ces malheureuses dans une vie de débauche.

Les maisons de passe sont nombreuses; beaucoup sont élégantes; elles sont fréquentées par des demoiselles de magasin, des horizontales, et par des femmes mariées à court d'argent. Beaucoup de magasins de photographies, de gants, de curiosités, etc., servent de repaire à la prostitution clandestine.

Malgré toute l'activité déployée par le service des mœurs, les arrestations des insoumises sont peu nombreuses; 360 filles clandestines ont été envoyées dans ces trois dernières années à l'hôpital Saint-Jean; cela fait une moyenne de 120 par an, soit une proportion de 2,4 % en raison du nombre total des insoumises. Or, dit M. Vénot, la statistique démontre que sur l'ensemble des insoumises, prises au hasard, la proportion des malades est de 33 %. L'immense majorité de ces femmes échappe donc à tout contrôle et peut impunément propager la syphilis.

Les maladies vénériennes paraissent être en décroissance à Bordeaux. J'emprunte le tableau suivant à M. Jeannel :

| ANNÉES | PROSTITUÉES | | | | | |
| | INSCRITES | | | CLANDESTINES | | |
	Nombre des visites sanitaires	Nombre des femmes trouvées malades	Proportion des femmes trouvées malades par 1.000 visites	Nombre des visites sanitaires	Nombre des femmes trouvées malades	Proportion des femmes trouvées malades par 1.000 visites
1858	15,292	346	22,6	406	200	492,6
1859	28,240	482	17,0	569	238	418,2
1860	26,780	322	12,0	749	184	245,6
1861	25,647	247	9,6	580	126	217,2
1862	24,052	312	12,9	815	188	230,0
1863	25,175	446	17,7	372	206	230,6
1864	26,368	381	15,5	1,025	209	203,9
1865	26,965	406	15,0	629	162	256,1
1866	26,888	439	16,3	646	177	272,4
1869	23,604	414	14,5	585	123	210,2
1870	28,445	446	15,6	614	144	234,5
1871	29,533	515	17,3	876	164	187,2
1872	32,662	490	15,0	862	181	208,8

Depuis 1872, époque à laquelle s'arrête la statistique ci-dessus, la proportion des maladies vénériennes a subi une marche lentement décroissante chez les filles soumises ; il n'en a pas été de même pour les clandestines, car chez cette catégorie de femmes le chiffre de 20,88 % est monté à 33 %.

La réglementation produit donc à Bordeaux, comme partout ailleurs où elle est intelligemment appliquée, d'excellents résultats. N'est-on pas en droit d'en attribuer une bonne partie au système spécial adopté pour les visites sanitaires.

II

BREST (¹)

Brest est un de nos grands ports de guerre, un de nos arsenaux les plus importants ; sa population fixe en fait une des premières villes de France, car elle est de près de 70,000 habitants ; sa population flottante, représentée par le personnel des différents corps de la marine et de l'armée de terre qui y sont casernés, par les étrangers venus de France ou par ceux que les navires y débarquent incessamment fait monter ce chiffre à plus de 90,000 individus.

Au point de vue de la prostitution, Brest est donc une ville intéressante à étudier. Les marins qui reviennent dans leur patrie, y arrivent avec un besoin, longtemps contenu et d'autant plus impérieux, de jouissances de toutes sortes. Après les interminables voyages sur mer, les privations, l'abstinence forcée interrompue de loin en loin par une bordée tirée à une escale quelconque, les marins débarquent assoifés de liberté, impatients de boire, de faire l'amour, de dépenser et leurs forces vives et l'argent qu'ils ont économisés pendant de longs mois. Ils se ruent à l'assaut des cabarets et des maisons de tolé-rance, ils se pressent à la porte des filles en carte.

Les soldats de la garnison, ceux de l'armée de terre comme ceux de l'armée de mer, s'adressent au contraire de préférence aux prostituées clandestines.

Il est évident qu'avec de pareils éléments de désordres et de scandales l'administration devait se préoccuper d'éta-

(1) Les renseignements contenus dans ce chapitre sont dus à l'obligeance de M. le Dr Ad. Duchateau, professeur de clinique médicale à l'Ecole de médecine navale.

blir une réglementation de la prostitution. Brest possède, en effet, un service des mœurs qui est placé sous la direction du Commissaire central de Police. Il comprend cinq fonctionnaires, à savoir : un secrétaire, un brigadier et trois inspecteurs qui sont spécialement chargés de la surveillance des maisons de tolérance et de celle des filles publiques. Ce service est chargé de l'enregistrement des prostituées et de la répression des délits qu'elles commettent : il est complété par l'adjonction d'un dispensaire.

La direction du dispensaire est confiée à un médecin civil, qui porte le titre de *médecin du dispensaire*. Il est assisté d'un médecin de première classe de la marine, qui fait au dispensaire une corvée de trois mois, à l'expiration de laquelle il est remplacé par un autre officier du même grade, suivant un tableau de roulement déterminé d'avance. Le médecin d'un des régiments d'infanterie de ligne casernés dans la ville, doit également assister aux visites. C'est, en général, un médecin major de seconde classe qui est désigné pour ce service. Mais, comme les troupes de ligne sont peu nombreuses à Brest, le médecin de l'armée s'abstient le plus souvent de venir au dispensaire.

Les visites des filles isolées et des mineures sont gratuites : elles ont lieu au dispensaire. Les visites des filles en maison se font à domicile. Les maîtresses de maison payent une taxe mensuelle de 1 fr. 50 pour chacune des filles qui se trouvent chez elles.

La moyenne des inscriptions est de 90 par an ; elle se décompose en 64 filles majeures, 11 femmes mariées et 15 filles mineures.

Il existe à Brest dix-neuf maisons de tolérance ; elles sont presque toutes situées dans la rue Haute des

Sept-Saints, la rue Neuve des Sept-Saints, la rue des Sept-Saints et la rue Kléber. En 1877, il y avait encore vingt-sept maisons publiques. Leur nombre diminue donc, comme ailleurs, et la cause de la disparition progressive des maisons de tolérance doit être attribuée, à Brest comme partout, au développement et à l'extension de la prostitution clandestine.

La police a pris, vis-à-vis des lupanars, les mêmes arrêtés que ceux qui sont en vigueur à Paris ; mais, moins tolérante que l'administration parisienne, elle ne permet pas au mari d'une patronne de loger dans la maison de tolérance. Les pénalités encourues par les maîtresses de maison pour les contraventions au règlement, sont l'avertissement, la fermeture temporaire de la maison et enfin le retrait définitif de la tolérance.

Les filles isolées qui contreviennent aux règlements de police sont punies d'une amende ou d'un emprisonnement variant de trois jours à un mois.

Les prostituées atteintes de maladies vénériennes sont soignées à l'hopital du dispensaire. On compte de ce chef environ 112 entrées par an. Dans ce chiffre la proportion des prostituées clandestines arrêtées et reconnues malades est de 39, eu égard à celle des filles inscrites isolées ou en maison, qui est de 73. Les filles soumises seraient donc plus atteintes que les clandestines, à première vue. Mais il suffit de se rappeler que les médecins du dispensaire font par année environ 900 visites sanitaires. Les examens de filles clandestines sont infiniment moins nombreux, et l'on est en droit de conclure, malgré l'apparence des chiffres, que les filles soumises sont moins souvent malades que les clandestines.

La syphilis paraît du reste demeurer stationnaire à

Brest ; on n'a pas observé, depuis une série d'années, de diminution sensible dans la fréquence des cas ; on peut affirmer, cependant, que ses manifestations sont moins graves et moins intenses qu'autrefois ; à ce propos, je crois intéressant de signaler que la syphilis cérébrale se rencontre, à Brest, peut-être un peu plus souvent qu'ailleurs.

Les causes de la prostitution sont les mêmes que celles que j'ai étudiées dans la première partie de ce livre. La misère s'y trouve au premier rang ; l'abondance des cabarets et des débits de boissons y joue un rôle important. Les filles de la basse classe de la population prêtent volontiers une oreille attentive aux insinuations et aux excitations des patronnes de ces cabarets ; en poussant ces jeunes filles à la débauche, celles-ci espèrent achalander leurs établissements ; beaucoup se laissent prendre à ces promesses mensongères et à l'appât de la vie d'oisiveté et de délices que ces mégères leur ont dépeinte sous les plus riantes couleurs.

Les jeunes ouvrières apportent un contingent important à la prostitution clandestine ; le goût du luxe et de la toilette, l'amour du plaisir, une première séduction sont, ici comme à Paris, les causes prédominantes de leur perte.

Brest doit enfin au genre de sa population même une espèce particulière de prostitution. Je veux parler des femmes de marins que l'absence de leur mari, la pénurie des ressources et les embarras d'argent jettent peu à peu dans la prostitution clandestine et font arriver plus ou moins vite à la prostitution tolérée. Ces femmes, que la misère seule a d'abord poussées à la débauche, perdent le goût du travail et finissent par demander à la prostitution toutes les ressources dont elles ont besoin ; après plusieurs arrestations, elles sont inscrites d'office.

La prostitution clandestine s'épanouit de plus en plus à Brest; elle n'y revêt pas les dehors brillants qui la rendent si attrayante à Paris et dans d'autres grandes villes ; mais elle n'en est pas moins dangereuse.

Les brasseries à femmes, telles que nous les avons à Paris, sont inconnues ; il n'y a pas non plus de maisons de passe. Ces établissements sont remplacés par des débits de boissons, notoirement connus, où les filles mènent leurs galants pour faire une passe, où les bonnes et les domestiques se livrent habituellement à la prostitution avec les clients, de l'assentiment des patrons. Ces débits sont au nombre d'une cinquantaine environ. Il convient de placer dans la même catégorie, certains cafés-chantants où l'on fait de la mauvaise musique et qui sont très fréquentés par les marins, les soldats et la population ouvrière. Les artistes de ces cafés, mal payées, font toutes de la prostitution clandestine.

La liberté des débits de boissons est une des principales causes de l'accroissement de la prostitution. La concurrence est formidable. Les débitants, pour retenir la clientèle, sont obligés de lui offrir certains avantages ; ils ne peuvent pas indéfiniment abaisser le prix des consommations, et beaucoup d'entre eux seraient obligés de fermer leur boutique, s'ils n'avaient imaginé d'y attirer les consommateurs en mettant à leur disposition les jeunes filles qui servent dans l'établissement. Les patrons et les patronnes de ces débits engagent donc des filles, souvent jeunes et jolies, qui officiellement ne sont là que pour servir à boire aux clients. Ils les poussent à se prostituer ; si elles s'y refusent, elles sont immédiatement mises à la porte.

Le prix des passes dans ces établissements, varie de

vingt-cinq centimes à deux francs, suivant le débit et la clientèle qui le fréquente.

Les prostituées de Brest sont presque toutes originaires de la Bretagne; les filles isolées et les clandestines sont en majeure partie nées dans la ville même ou dans ses environs immédiats. Les maîtresses de maison s'approvisionnent de filles à Nantes, à Rennes, à Lorient, à Quimper, à Morlaix et jusqu'à Rouen et au Havre.

Partout où il y a des prostituées, il y a des souteneurs. Brest n'en est pas plus à l'abri qu'aucune autre ville. Les éléments divers qui concourent à former les bas fonds de la population impriment à ces souteneurs un caractère particulier de sauvagerie et de férocité. La police les traque et les surveille; au moindre délit, ils sont déférés aux tribunaux.

L'administration de la marine et celle de l'armée sont toutes deux également intéressées à la bonne réglementation et à la surveillance de la prostitution. Toutes deux doivent veiller à la santé des troupes dont elles ont la direction. Aussi les militaires et les marins malades sont-ils tenus, par un règlement, de faire connaître au médecin de leur corps le nom et l'adresse de la femme qui les a contaminés. Ce règlement est malheureusement d'une application difficile. Ni marins, ni soldats se soucient fort de donner ce nom et cette adresse; ils se retranchent souvent derrière leur ignorance absolue; ils allèguent avoir été en état d'ivresse et ne pas se rappeler où la femme qui les a raccrochés les a menés. Il est certain que, pour les marins du moins, les choses se passent très fréquemment de cette façon.

Quand les rapports ont eu lieu dans un débit de boissons, la peur d'une vengeance empêchera la plupart du temps le marin ou le soldat contaminés de révéler l'adresse de ce débit.

En un mot, les mêmes raisons qui empêchent à Paris ce système de délation de donner les résultats qu'on était en droit d'en attendre, existent à Brest et l'on verra, par la suite de ces études, que nulle part, à l'étranger comme en France, un seul pays excepté, on ne peut obtenir des militaires des renseignements exacts sur l'origine de leur contamination.

Brest possède quelques *Refuges* dans lesquels on reçoit les prostituées qui veulent renoncer à leur métier. Elles sont rayées des contrôles de la police, lorsque l'administration s'est assurée de la fermeté de leurs résolutions. Ces refuges, dirigés par des sœurs et placés sous la surveillance de dames charitables, sont en général des ouvroirs. Les pensionnaires y sont astreintes à un travail asssez dur.

III

LILLE [1]

Lille est le grand centre manufacturier du Nord ; sa population est de 178,144 habitants. Ville essentiellement industrielle, ce que sa physionomie laisse deviner à première vue à l'étranger qui la visite, sa population se divise comme dans toutes les grandes cités manufacturières, en trois classes bien distinctes. En haut, une élite de fabricants, s'occupant encore ou retirés des affaires, riches et opulents, étalant un luxe extraordinaire ; en bas, la masse des travailleurs, dont la plupart vivent au jour le jour et dont beaucoup sont misérables ; entre les deux, les commerçants, les bourgeois, qui sont relativement à

(1) C'est M. le Dʳ Bécour qui a bien voulu me fournir les renseignements relatifs à l'état de la prostitution à Lille.

leur aise. Lille est une préfecture de premier ordre, il s'y trouve donc un nombreux personnel de fonctionnaires et de magistrats, et sa garnison, assez importante, est ordinairement de 4,000 hommes.

Dans de telles conditions, la prostitution publique et la prostitution clandestine devaient nécessairement acquérir un développement considérable, que favorise encore le voisinage de Roubaix et de Tourcoing. Les jeunes gens de ces deux villes manufacturières assez tristes et assez maussades, viennent s'amuser à Lille ; beaucoup y entretiennent des maîtresses, et l'argent qu'ils y dépensent facilement ajoute une cause de démoralisation de plus à celles qui existaient déjà.

Le service des mœurs qui fonctionne à Lille est calqué sur celui de Paris ; il ne présente rien de particulier dans ses parties essentielles ; il est divisé en deux sections : l'une administrative, s'occupant de l'inscription, de la radiation et de la surveillance des filles, de la répression de la prostitution clandestine ; l'autre médicale, s'occupant de la visite sanitaire.

Les prostituées inscrites isolées sont soumises à quatre visites par mois ; ces visites ont lieu dans les dispensaires installés à cet effet dans divers quartiers de la ville ; les filles de maison ont également à subir une visite hebdomadaire : cette visite peut être faite à domicile.

Quatre médecins, qui touchent chacun une indemnité de 1,000 fr. par an, sont attachés au service du dispensaire ; ils sont nommés pour trois ans ; lorsque leur mandat est expiré, ils sont remplacés par d'autres médecins, suivant un tableau de roulement, et sont placés dans d'autres postes médicaux de l'administration municipale, tels que la vérification des décès et des naissances, par exemple.

Chaque médecin, quand il vient au dispensaire pour y procéder à la visite des femmes inscrites, est accompagné d'un agent de police. Lorsqu'il reconnaît qu'une femme est atteinte d'une maladie vénérienne ou syphilitique, il la retient.

La visite terminée, l'agent qui lui a été adjoint conduit directement les femmes contaminées à l'hôpital Saint-Sauveur, où elles sont admises dans un service spécial ; elles ne peuvent quitter l'hôpital que lorsqu'elles ont été guéries de leurs accidents contagieux ; la règle et la surveillance sont, du reste, très sévères à Saint-Sauveur.

Le nombre des filles inscrites isolées est considérable à Lille ; celui des filles en maison diminue tous les ans, avec le nombre des maisons. Il n'y a plus aujourd'hui que six lupanars ; quatre d'entre eux sont situés rue de l'A. B. C.; les deux autres, rue Frénelet. La disparition des maisons de tolérance est éminemment regrettable à Lille, puisqu'elle témoigne d'une augmentation de la prostitution clandestine et par conséquent d'une démoralisation croissante de la population ouvrière.

Si les maisons de tolérance perdent peu à peu leur clientèle, c'est que celle-ci trouve ailleurs, et à meilleur compte, le plaisir qu'elle y cherchait. Les petits débits de boissons, les cafés borgnes, les estaminets louches se sont multipliés à Lille, depuis la loi sur la liberté des cabarets. Ce ne sont pas des brasseries à femmes, comme à Paris, luxueuses et confortables, où la débauche s'encadre dans un décor moyen âge ou renaissance qui lui prête un certain charme. Non pas ; ces cabarets sont d'ignobles bouges pour la plupart, où l'on vend de la bière, des alcools et du vin, plus ou moins frelatés. Ils sont desservis par une ou deux femmes qui se prostituent aux clients. Si la propriétaire du débit est veuve ou si elle n'est pas mariée, elle s'abandonne également aux consommateurs. C'est dans une arrière-boutique, dans un cabinet noir, quelquefois dans une chambre au premier étage que se font les passes.

Ces cabarets, qui sont les véritables repaires de la prostitution clandestine, sont fréquentés par les ouvriers qui y viennent dépenser follement le salaire d'une semaine de travail, par les militaires, par les rôdeurs ; les filles y viennent également, attirées par les débitants, qui ont besoin d'achalander leur établissement. Ai-je besoin de dire que les femmes que l'on trouve dans ces estaminets sont presque toutes malades, et que celles qui ne le sont pas ne peuvent échapper longtemps à une contamination certaine. La police est malheureusement impuissante et ne peut sévir contre ces débits, s'il ne se produit pas de scandales.

Aux débauchés et aux prostituées d'un rang plus élevé, les maisons de passe offrent un asile convenable. Il y a un certain nombre de ces maisons à Lille. Du reste, comme dans toutes les villes populeuses, beaucoup d'hôtels de catégorie inférieure ne se soutiennent qu'en servant de maison de passe et de rendez-vous. Dans quelques grands hôtels, même, on ne refuse pas les femmes.

Beaucoup de prostituées clandestines travaillent ; elles sont servantes dans les cabarets et les cafés, lingères, modistes, couturières, chanteuses dans les cafés-concerts, figurantes au théâtre, et surtout ouvrières dans les manufactures. D'autres ne vivent uniquement que du prix de leur prostitution, sans qu'on puisse pour cela les ranger dans la classe des femmes entretenues, des *horizontales*. Celles-ci, qui mènent un train de vie agréable, sont entretenues soit par des Lillois, soit plutôt par des personnes riches de Roubaix ou de Tourcoing, qui espèrent ainsi pouvoir mieux dérober leurs fredaines à l'attention publique.

Les prostituées n'habitent pas dans un quartier spécial ; les filles de troisième ordre seules logent dans de petites ruelles sombres et nauséabondes. Clandestines ou soumises, elles ont presque toutes un souteneur ; le souteneur de Lille ressemble à celui de Paris ; généralement jeune, sans profession connue, c'est un ouvrier gouapeur qui préfère la paresse au travail, un mauvais drôle qui devient facilement voleur et qui ne reculerait pas devant un assassinat. Ces individus exercent tous les métiers, ils volent des chiens pour les revendre après, se font receleurs et se chargent de procurer des femmes aux maisons de tolérance et aux cabarets louches. Ils échangent souvent leurs femmes entre eux et se les vendent même réciproquement. La police les surveille, car elle en connaît la plupart ; ils attendent, en effet, à la porte des dispensaires le résultat de l'examen de leurs *marmites*, qu'ils y ont accompagnées.

Ils sont difficiles à prendre ; ils excipent, lorsqu'ils sont arrêtés, d'un semblant de métier ; on en condamne parfois pour vagabondage ; mais en général ils sont assez adroits pour échapper à une condamnation et, du reste, les prisons de la ville regorgeant de fraudeurs et de voleurs, on ne saurait où les enfermer.

Les causes générales de la prostitution étant partout les mêmes, je n'y insiste pas. Mais il y a, à Lille, quelques causes locales dont je dois dire quelques mots.

C'est d'abord l'augmentation du nombre des cabarets ; la loi sur la liberté des débits de boissons a été d'un effet désastreux au point de vue de la moralité. Non seulement la multiplicité de ces établissements est une tentation perpétuelle pour l'ouvrier, mais elle oblige encore les propriétaires de ceux d'entre eux qui ne font pas leurs affaires, à recourir à des moyens inavouables pour se relever. A Lille, le nombre considérable de débits qui ne vivent que par la prostitution en est la meilleure preuve ; les patrons engagent leurs servantes à se prostituer, et les mettent à la porte, si elles s'y refusent.

La crise commerciale et industrielle qui sévit depuis plusieurs années permet difficilement aux femmes de trouver un travail suffisamment rémunérateur ; à Lille, les effets de cette crise se font cruellement sentir, et bon nombre de filles ont été ainsi précipitées dans la débauche.

La promiscuité dans les manufactures a pour conséquence fatale d'abaisser la moralité ; les petites filles de 14 à 15 ans y sont continuellement en contact avec les ouvriers ; elles écoutent, sans sourciller, les conversations les plus obscènes et, bientôt déflorées, elles finissent par tomber au ruisseau.

La syphilis et les maladies vénériennes, dont les femmes inscrites et surveillées ne sont pas atteintes dans une proportion inquiétante, sévissent au contraire fortement parmi les prostituées clandestines. Il n'y a donc pas lieu de s'étonner que les médecins des hôpitaux de Lille et ceux de la ville constatent une augmentation de la syphilis dans toutes les classes de la société.

IV

LYON (¹)

D'après le dernier recensement, Lyon compte 376,613 habitants ; sa garnison est en moyenne de 19,000 hommes. Sa population, sa situation géographique, son importance politique en font la seconde ville de France.

L'état actuel de la prostitution dans l'agglomération lyonnaise offre un réel intérêt à qui veut l'étudier à fond ; on se tromperait étrangement, en croyant qu'il est identique à celui que l'on observe à Paris ou dans toute autre grande ville ; les habitudes mêmes, le genre de vie de la masse des travailleurs lyonnais lui donnent un cachet particulier, et l'on est étonné de trouver tant de prostituées à Lyon, quand on se souvient que le département du Rhône est un des départements placés les plus bas sur l'échelle de la criminalité.

Le service des mœurs, comme d'ailleurs tous les autres services de police, est placé sous la haute direction du secrétaire général de la préfecture spécialement chargé de l'administration de la police. Cette disposition n'existe qu'à Lyon ; elle a été prise en 1878, lorsque la mairie centrale fut rétablie. Le préfet du Rhône dut abandonner alors au maire les fonctions municipales dont il était investi au même titre que le préfet de la Seine. Mais, par mesure d'ordre et pour ne pas laisser à la responsabilité du maire, personnage absolument indépendant de l'Etat, le soin d'assurer l'ordre matériel dans une ville considé-

---

(1) **M. Augagneur**, professeur agrégé à la faculté de médecine de Lyon, a bien voulu m'aider de ses renseignements pour la rédaction de ce chapitre.

rée comme peu disciplinée, les services de la police furent maintenus sous la direction du préfet. Celui-ci délègue ses pouvoirs à l'un de ses deux secrétaires généraux, qui prend le nom de secrétaire général pour la police. L'autre est le secrétaire général pour l'administration. Le secrétaire général pour la police a les mêmes attributions que le préfet de police, à Paris.

La juridiction préfectorale n'est pas limitée au point de vue de la police, à la commune de Lyon seulement ; elle s'étend sur presque toutes les communes suburbaines : Villeurbanne, Oullins, La Mulatière, Caluire, Cuire, Saint-Rambert, l'île Barbe, le camp de Sathonay font partie de ce que l'on est convenu d'appeler, en langage administratif, l'agglomération lyonnaise. Le service des mœurs, qui est une des branches de l'administration policière, exerce donc son action dans la même étendue.

Le service des mœurs se divise en trois sections : 1° le service actif, qui s'occupe de la surveillance ; 2° le service de contrôle ou administratif ; 3° le service médical : le secrétaire général pour la police est le chef direct et supérieur du service sanitaire ; il a sous ses ordres un chef de division, des chefs de bureau, des inspecteurs et des agents des mœurs.

Le système de l'inscription, de la radiation, de la surveillance, des punitions appliquées pour infraction au règlement est identique à celui qui fonctionne à Paris. Les punitions, qui varient de trois jours à trois semaines de prison, sont subies à la maison de correction de Saint-Paul. Cette maison est une prison et n'a rien de commun avec l'hôpital où l'on soigne les vénériennes malades.

La visite est obligatoire, une fois par semaine, pour toute fille inscrite. En cas de doute le médecin visiteur peut ajourner la fille qui lui paraît suspecte et lui ordonner de revenir au dispensaire dans deux ou trois jours, pour y subir une visite supplémentaire ; elle devra, dans ce cas, s'abstenir de tout rapport.

Le dispensaire est situé au centre de la ville ; il est desservi par sept médecins titulaires, nommés, sans concours, directement par le préfet ; la plupart d'entre eux ont été internes à l'Antiquaille ; leurs honoraires sont de 2,000 fr. par an.

Les visites se font toutes au dispensaire, même celles des filles de maison. Le Dr Jeannel exprimait, en 1874, le regret que les médecins fussent obligés de procéder à la visite de ces filles, dans les établissements mêmes de prostitution. Le règlement de police prescrit aujourd'hui aux maîtresses de maison d'amener leurs pensionnaires au dispensaire. Ces visites sont gratuites en principe ; aux visites du matin, les prostituées ne sont astreintes à aucune rétribution ; toutes pourraient y venir ; mais ces visites gratuites ne sont fréquentées que par la classe la plus basse des filles isolées. Toutes les femmes de maison, toutes les isolées qui ont quelque aisance viennent subir leur visite à midi ; on exige d'elles, à cette heure, une certaine rétribution, et elles la payent volontiers, car elles se séparent ainsi de la tourbe des prostituées de dernière catégorie. Ce n'est pas le système de la rétribution facultative, tel qu'il existe à Bordeaux ; c'est un système analogue, mais il en diffère en ce que la rétribution exigée des filles est uniforme ; il produit, lui aussi, de bons résultats, diminue l'encombrement et opère le classement naturel et spontané des prostituées.

Lorsqu'une fille est reconnue malade à la visite, elle est retenue ; à l'issue de la visite toutes les femmes malades

sont immédiatement dirigées sur l'hôpital de l'Antiquaille
où les vénériennes sont soignées. Elles entrent dans un
service spécial, dirigé par un des chirurgiens-majors de cet
hôpital. Comme à Lyon les concours pour les fonctions de
médecin et de chirurgien de chaque hôpital sont spéciali-
sés suivant la nature des affections qui y sont traitées, le
chef du service des vénériennes a donc, par cela même,
une compétence indiscutable. Il jouit d'un autre côté d'une
liberté très grande ; nommé au concours par l'administration des hospices, il est complètement indépendant de
l'administration préfectorale ; il garde ou renvoie ses
malades, quand il le juge convenable, sans avoir de rapports d'aucune sorte avec la police. Il est donc au-dessus
de tout soupçon de connivence et il acquiert ainsi sur ses
malades une autorité incontestable ; elles savent que s'il
ne leur permet pas de quitter l'hôpital, c'est uniquement
dans leur intérêt, et elles se soumettent volontiers à ses
décisions.

Les maisons de tolérance sont peu nombreuses à Lyon,
eu égard au chiffre de la population : il y en a 23; depuis
vingt années leur chiffre a considérablement diminué; la
plupart de celles qui ont disparu avaient fait de mauvaises affaires. Il existe deux maisons dans la rue des Tem-
pliers, deux dans la rue de l'Arbre-sec, deux dans la rue
Longue ; la rue Stella, la rue Neuve, la rue de la Monnaie,
la rue des Anges, la rue Luizerne, la rue de l'Ours, la rue
de l'Arbalète, en comptent une chacune. Il y a une maison à
Perrache, deux à Lyon-Vaise, trois à la Croix-Rousse et
quatre à la Guillotière.

Les règlements et arrêtés qui régissent l'exploitation
de la tolérance sont pareils à ceux de Paris.

En 1864, il y avait 42 maisons de tolérance à Lyon; il

n'y en avait plus que 28, en 1878. Le nombre des filles de maison n'a pas diminué dans les mêmes proportions ; il était de 235 en 1878 il est encore de 229 en 1885. Le chiffre des filles isolées a, au contraire, subi une notable augmentation ; de 331 en 1878, il est arrivé à 690 en 1885;

La prostitution clandestine a pris, dans ces dernières années, un développement considérable. Elle s'exerce par les mêmes procédés que dans toutes les grandes villes et qu'à Paris, notamment.

Les filles entretenues, qui constituent le demi-monde lyonnais, sont très nombreuses ; elles ont souvent un hôtel, des équipages et une livrée ; très élégantes, elles mènent une vie désœuvrée ; quoiqu'elles n'appartiennent nominalement qu'à un seul amant, elles sont, en réalité, presque toujours en rapport avec plusieurs hommes ; elles se recrutent parmi les artistes des théâtres, parmi les demoiselles de magasin, parmi les femmes déclassées qu'un scandale ou un divorce retentissants ont mis au ban de la société mondaine.

Elles ne sont jamais dangereuses pour la santé publique, et si elles étaient malades, elles se soigneraient rapidement et énergiquement.

On ne saurait dire la même chose de deux autres catégories de filles clandestines qui sont, au contraire, un péril constant pour la santé publique : je veux parler des *pseudo-ouvrières* et des *filles de brasserie.*

Les premières sont des tisseuses, des femmes occupées aux travaux accessoires du tissage des soies, dévideuses, lisseuses, ourdisseuses, metteuses en main, ou des demoiselles de magasin. Leur travail peu rémunérateur ne leur permet pas de satisfaire les goûts de toilette, la soif de plaisir, qu'une éducation défectueuse ou les mauvais exemples leur ont fait contracter ; elles prennent un amant ; cet amant est ou bien un employé de leur âge ou bien leur patron lui-même. Mais ces liaisons sont éphé-mères ; le premier amant parti, elles se donnent à un autre ; quelques-unes finissent par se marier après avoir passé plusieurs années dans cet état de demi-prostitu-tion ; l'immense majorité de ces filles va grossir le nombre des véritables prostituées, soit qu'elles s'élèvent, par un coup de chance, à la situation de filles entretenues, soit qu'au contraire, et c'est le cas le plus fréquent, elles descendent jusqu'à la prostitution la plus banale. Elles entrent alors comme servantes dans une brasserie ou dans un débit à femmes, ou bien elles sont obligées de se sou-mettre à l'inscription.

Ces filles, moitié ouvrières, moitié prostituées, sont presque toutes malades ; malpropres, peu soigneuses de leur personne, elles diffusent les affections vénériennes avec la plus grande facilité. C'est par elles que la majeure partie des jeunes employés, des étudiants malades a été con-taminée. On les rencontre dans les bals de deuxième et de troisième ordre, en hiver ; pendant la saison d'été elles fréquentent les bals des fêtes foraines de la ville et de la banlieue. Ce sont essentiellement des *prostituées du dimanche*.

Les filles de brasserie sont à Lyon, comme à Paris, une des plaies de la santé publique. Les brasseries à femmes se sont multipliées d'une façon étonnante depuis quelques années ; ce sont de véritables nids à syphilis. Dans les brasse-ries d'un certain rang, les filles ne jouent que le rôle d'*invi-teuses*. Elles doivent pousser les clients à la consommation, mais il ne leur est pas permis de se prostituer à eux dans quelque cabinet attenant à l'établissement. Après la fermeture de la brasserie, elles recouvrent leur liberté et elles en profitent pour emmener dans leur domicile particulier qui bon leur semble. Très peu de ces femmes ont un amant en titre ; presque toutes sont de véritables filles publiques ; naturellement elles ne sont pas inscrites et ne subissent aucune visite.

Les brasseries à femmes dans lesquelles les filles de salle se prostituent aux consommateurs dans une pièce attenant et appartenant à la maison, et qui reçoivent une clientèle relativement relevée, sont peu nombreuses ; il y a souvent cinq, six femmes et plus dans ces maisons, qui ne diffèrent des lupanars ordinaires que parce qu'elles ne sont pas surveillées.

Mais les débits de vins, les cabarets borgnes dont la clientèle se recrute parmi les ouvriers et les soldats et dans lesquels les servantes se prostituent, sont au contraire innombrables. Chacun de ces bouges est desservi par une ou deux filles, qui reçoivent en moyenne huit ou dix hommes par jour ; ces filles sont quelquefois inscrites, mais c'est une exception. Ces établissements sont surtout situés dans les quartiers ouvriers, autour des camps et dans le voisinage des casernes ; elles y propagent l'infection.

Les magasins interlopes sont rares à Lyon ; ils sont du reste activement surveillés ; par contre les maisons de passe sont nombreuses ; elles fonctionnent au grand jour et s'adressent à une clientèle relativement choisie. La police ne les inquiète jamais, quoiqu'elle sache parfaitement que a plupart des femmes qu'on y trouve ne sont pas inscrites. Beaucoup de ces maisons, à cause même de la catégorie de femmes qui les fréquentent, sont éminemment dangereuses.

Les tableaux suivants donnent d'intéréssants détails sur l'état sanitaire des prostituées, soumises et insoumises, à Lyon, depuis 21 ans.

ANNÉES	FILLES SOUMISES				FILLES CLANDESTINES			
	Nombre des filles inscrites	Nombre des visites	Nombre des cas de maladies	Proportion des malades par 100 filles	Nombre des clandestines arrêtées	Nombre des visites	Nombre des cas de maladies	Proportion des malades par 100 filles
1867	659	22191	402	5,08	337	748	190	56,37
1868	722	30605	465	5,00	331	826	171	46,09
1869	775	31709	521	5,5	394	939	188	47,6
1870	738	32326	624	7,08	324	422	96	29,6
1871	777	25325	1082	11,3	627	1216	305	48,6
1872	757	32915	1010	11,4	579	1123	273	46,6
1873	742	30648	821	9,18	631	1224	444	70,3
1874	728	28659	611	7,00	630	811	313	49,6
1875	645	25741	487	6,25	547	823	266	48,6
1876	651	25275	588	7,52	369	508	235	63,6
1877	604	23158	595	8,2	326	499	230	63,9

On voit, par ce tableau, qu'en 1867 l'état sanitaire des prostituées lyonnaises était meilleur qu'en 1877, et que chaque fois que la proportion des maladies vénériennes augmente ou diminue chez les prostituées clandestines, elle subit les mêmes fluctuations chez les filles soumises.

Les chiffres ci-contre, que je dois comme les précédents à l'obligeance de M. le Dr Giraud, président de la commission médicale chargée du service du dispensaire, sont encore plus explicites.

ANNÉES	FILLES EN MAISON						FILLES ISOLÉES						FILLES CLANDESTINES					
	Nombre moyen des inscrites	Nombre moyen des visites	Nombre des malades	Moyenne par 100 visites	Nombre des journées d'hôpital	Moyenne des journées d'hôpital par malade	Nombre moyen des inscrites	Nombre moyen des visites	Nombre des malades	Moyenne par 100 visites	Nombre des journées d'hôpital	Moyenne des journées d'hôpital par malade	Nombre des arrestations	Nombre des visites	Nombre des malades	Moyenne par 100 visites	Nombre des journées d'hôpital	Moyenne des journées d'hôpital par malade
1878	239	9644	218	2,41	5429	24.90	331	14163	377	2,66	8640	22,91	310	413	165	39,95	8972	54,37
1879	206	10394	255	2,48	7530	30,25	305	15538	307	1,95	9666	32,79	536	704	285	40,85	10332	35,61
1880	212	11007	270	2,44	7115	26,52	396	15214	310	2,02	9608	32,18	416	636	167	26,49	10514	62,91
1881	207	10867	227	2,08	7469	32,29	386	14647	241	1,64	7550	33,07	229	401	101	25,18	5957	58,57
1882	209	11133	218	1,95	6116	28,10	465	15127	249	1,63	7295	29,84	230	236	104	45,44	6181	60,62
1883	206	10171	147	1,43	5207	37.11	511	15591	168	1,07	4687	27,82	304	325	96	29,03	5191	57,35
1884	223	10665	115	1,07	4576	42,4	588	16012	146	0,91	6445	45,02	385	374	99	27,17	4526	47,22
1885	229	11124	114	1,02	4132	36,75	690	16010	106	0,65	5732	60,17	272	252	54	21,44	3645	67,19

Le nombre des visites a augmenté depuis sept ans : la surveillance dont les filles inscrites sont l'objet, l'attention que les médecins du dispensaire portent à l'examen des prostituées ont porté leurs fruits : la moyenne des malades est tombée de 2,41 (en 1878) à 1,02 (en 1885) chez les filles de maison pour 100 visites et de 2,66 (en 1878) à 0,65 (en 1885) pour 100 visites chez les isolées.

Chez les filles clandestines, la diminution des maladies vénériennes paraît suivre la même gradation ; mais comme on n'a que le contrôle des arrestations, il est plus difficile de tirer des chiffres contenus dans cette statistique des conclusions fermes ; le chiffre des filles arrêtées est, en effet, insignifiant eu égard à la masse des insoumises ; néanmoins, il est permis d'en tirer au moins cet enseignement que chez les clandestines arrêtées la proportion des malades, qui était en 1875 de 39,98 par 100 visites, n'est plus en 1885 que de 21,44 par 100 visites.

L'on a du reste, dans les statistiques militaires, un excellent moyen de contrôle. Le règlement qui prescrit aux militaires contaminés de révéler le nom et l'adresse de la femme avec laquelle ils ont pris la maladie, est en vigueur à Lyon. Je ne sais s'il y donne des résultats plus pratiques que dans les autres garnisons de France ; toujours est-il que les statistiques militaires, corroborées par le témoignage des médecins de l'armée, tendent à prouver que Lyon est, de toutes les garnisons du territoire, celle où les maladies vénériennes font le moins de ravages dans l'armée.

La surveillance de la prostitution clandestine ne paraît plus être aussi énergique et aussi active, à l'heure qu'il est, que par le passé. Les arrestations d'insoumises sont moins nombreuses ; les propriétaires des brasseries à femmes, les patronnes des maisons de passe ne sont pas inquiétés. Il est inadmissible, cependant, que la police puisse ignorer ce qui se passe dans ces établissements et que les femmes qui s'y livrent à la prostitution sont presque toutes syphilitiques. Les choses en sont venues à ce point que M Augagneur a pu écrire le 7 janvier 1888, dans la *Province médicale,* les lignes suivantes qui n'ont pas été contredites : « La surveillance ne s'exerce guère, à Lyon, que dans les maisons de tolérance, de jour en jour moins nombreuses. Les filles libres sont déjà beaucoup moins soumises, et la prostitution clandestine jouit d'une telle liberté, que le mot de complicité vous vient presque fatalement à l'esprit. »

V

MARSEILLE (1)

A toutes les époques de son histoire, Marseille a joui d'une réputation déplorable au point de vue de la moralité et de l'extension de la prostitution. Cette célébrité de mauvais aloi, elle la possède encore aujourd'hui.

Ville essentiellement maritime et commerciale, elle est envahie par une foule de négociants et de spéculateurs de toute nature ; les innombrables navires qui viennent jeter l'ancre dans son port, où l'on voit flotter tous les pavillons du monde, débarquent incessamment des étrangers, des marins affamés de plaisirs et avides de jouissances. La prospérité de l'industrie et du commerce

(1) Les chiffres cités dans ce chapitre sont empruntés à l'ouvrage du Dr *Mireur (la Prostitution à Marseille.* Paris, Dentu, 1882) et au livre du Dr *Jeannel (de la prostitution dans les grandes villes au* xix° *siècle.* J.-B. Baillère et fils, 1874).

marseillais, l'admirable situation de la vieille cité pho-
céenne qui en fait un immense entrepôt, ont naturellement et nécessairement amené le développement de la
ville. Sa population s'accroît dans des proportions inusi-
tées, chez nous du moins ; elle était de 109,483 individus
en 1821 ; de 167,872, en 1846 ; de 233,817 en 1856 ; elle
est aujourd'hui de 362,983 âmes ; Marseille est donc bien
près de devenir la seconde ville de France, car elle n'a
plus que 13,000 habitants de moins que Lyon.

En même temps que la population augmente, la ville s'est
transformée ; Marseille n'est plus aujourd'hui la ville mal
percée, nauséabonde, aux rues étroites et sombres, qu'on
trouve dépeinte dans les livres datant seulement d'une
quarantaine d'années. Le soleil inonde ses places et ses
boulevards, son port est assaini, et elle a pris peu à peu
la physionomie d'une grande ville moderne, élégante et
coquette.

Mais à mesure que la ville se transformait en s'agrandissant, la prostitution y grandissait et s'étendait avec
elle. Tous ces étrangers, Italiens, Grecs, Levantins, Espa-
gnols, Algériens que leurs intérêts commerciaux attirent
à Marseille, apportent avec eux une influence démoralisatrice évidente. Ils ont le besoin, inné à leur race, des
jouissances faciles ; riches et pour la plupart célibataires,
ils sèment l'or à pleines mains ; leur comptoir fermé, ils
n'ont d'autre souci que de s'amuser et de passer gaiement
leurs heures de liberté. D'un autre côté, les goûts de luxe
augmentaient dans la partie indigène de la population
avec sa richesse.

De belles toilettes, des bijoux, des parties fines, l'attrait
d'une vie de paresse et d'oisiveté, n'est-ce pas là tout ce
qu'il faut pour séduire et corrompre des femmes qui n'ont

que peu de disposition pour le travail, auxquelles leur situation modeste ne permet pas de satisfaire des goûts dispendieux, et que, d'ailleurs, les ardeurs et les exigences du tempérament provençal prédisposaient d'avance à la séduction.

Aussi le nombre des prostituées nées dans la ville même, dans le département des Bouches-du-Rhône ou dans les départements voisins, forme-t-il une proportion considérable dans la masse des filles soumises de Marseille. Sur les 3,584 filles inscrites au bureau des mœurs de 1872 à 1882, 2,706 étaient nées en France, et parmi celles-là 996 étaient originaires des Bouches-du-Rhône ou des départements voisins. Les 878 autres étaient nées à l'étranger. Au point de vue de leur nationalité celles-ci se décomposaient ainsi :

Italiennes.	342
Espagnoles	219
Suissesses.	128
Allemandes	93
Autrichiennes	40
Belges	26
Anglaises	13
Hollandaises	7
Américaines du Sud . .	3
Russes.	3
Tunisiennes	2
Turques	1
Américaines du Nord . .	1
Total.	878

La proximité de l'Espagne et de l'Italie, voire de la Suisse, explique suffisamment pourquoi tant de femmes, originaires de ce pays, viennent échouer au bureau des mœurs de Marseille. Un fait digne de remarque c'est l'absence presque totale des orientales parmi les filles soumises. On n'en trouve guère plus parmi les prostituées clandestines.

La masse totale des prostituées clandestines peut être évaluée à 4,500 environ. Marseille et le département des Bouches-du-Rhône en fournissent une bonne partie, plus grande en proportion que celle qu'elles donnent à la prostitution inscrite.

Marseille est depuis longtemps dotée d'un service des mœurs.

C'est en 1878 que fut mis en vigueur le *Règlement général* qui y régit aujourd'hui la prostitution et qui remplace les arrêtés et ordonnances de 1821 et de 1855.

Ce règlement est précédé de considérants dont je crois utile de détacher les suivants :

. . . .

« Considérant que la prostitution isolée a pris, en ces derniers temps, des proportions qu'il importe de réduire et que la répression de ces dangereux abus nécessite des mesures qui n'ont pas été prévues ;

Considérant que si l'autorité municipale a le désir de réprimer avec rigueur tout ce qui peut porter atteinte aux bonnes mœurs, à la tranquillité des habitants et à la salubrité publique, en ce qui concerne les prostituées, elle doit également tenir compte, dans la mesure du possible, des circonstances qui ont pu occasionner cette situation, surtout pour ce qui regarde les filles mineures étrangères à la localité, signalées comme se livrant notoirement à la débauche ; qu'il faut, en ce cas, prévoir des moyens de répressions compatibles avec les devoirs d'humanité, l'intérêt des familles absentes et les prescriptions de la loi.

Et, attendu que la prostitution ne peut être considérée par l'autorité comme un état régulier, existant légalement, susceptible d'autorisation et encore moins de privilège, mais bien comme un mal qu'on ne peut empêcher et qu'on est obligé de tolérer pour éviter des dangers pires, il n'en résulte pas moins que les conséquences de cette tolérance imposent des mesures d'Administration, souvent onéreuses, auxquelles l'autorité ne peut se soustraire et qu'elle doit exécuter le mieux possible ; »

. . . . , ...

Ce préambule, conçu en d'excellents termes, est suivi de la teneur de l'arrêté. Je ne transcrirai pas dans leur entier les 36 articles du règlement marseillais ; je ne veux citer que ceux qui présentent quelque intérêt, soit parce qu'ils donnent une idée de l'état local des choses, soit parce qu'ils contiennent une disposition nouvelle :

. . . .

ARTICLE 3. — L'inscription a lieu par une décision du Maire, sur un rapport du commissaire central, soit que la fille elle-même la demande, soit qu'elle soit proposée par une maîtresse de maison ou qu'elle soit requise par le commissaire central ; en ce dernier cas, s'il y a lieu, il sera dressé un procès-verbal, établissant la prostitution habituelle et relatant les dires de la femme en ses moyens d'opposition. Il ne pourra être fait usage des formules imprimées pour la rédaction de ce document, qui, le cas échéant, devra accompagner les propositions du commissaire central.

Un supplément d'enquête sur les causes motivant l'inscription sera ordonné par M. le Maire, s'il le juge nécessaire ; et, assisté du commissaire central et de l'inspecteur des mœurs, il entendra la femme en ses moyens de défense ainsi que les témoins que cette dernière voudrait faire interroger contradictoirement. Ces témoins seront désignés à l'avance pour que des renseignements puissent être recueillis sur leur moralité.

Afin de multiplier toutes garanties d'impartialité, si le Maire maintient sa décision, il sera indiqué à la femme qui en fait l'objet, les moyens d'en appeler à une autre juridiction, c'est-à-dire devant le tribunal de simple police, à la barre duquel elle serait traduite pour contravention au présent arrêté, et où elle a le droit de fournir la preuve qu'elle peut avoir été inscrite indûment.

ARTICLE 5. — Toute fille arrêtée sous prévention de prostitution clandestine sera conduite au dispensaire et sera visitée dans les 24 heures par le médecin de service.

Si, après la visite du médecin, elle est reconnue atteinte d'une maladie vénérienne, elle sera conduite sans délai à l'hôpital de la Conception pour y être traitée jusqu'à entière guérison et sera inscrite d'office. A sa sortie de l'hôpital, elle sera admise, si elle le réclame, aux moyens de défense prescrits en l'article 3, pour obtenir sa radiation.

ARTICLE 6. — Lorsque le service des mœurs se trouvera en présence d'une fille mineure, il en sera rendu compte immédiatement au commissaire central, qui procédera avant tout à une minutieuse enquête sur la situation des parents, des protecteurs ou des tuteurs légaux. Toutes les démarches possibles seront tentées pour rapatrier

la mineure en son pays d'origine, ou pour la placer sous la sauvegarde des ayants droit, afin de la soustraire aux conséquences de la
prostitution. Si, malgré la diligence de ces démarches, l'autorité
administrative ne peut parvenir à ce but, et, le cas échéant, après
avoir saisi M. le procureur de la République pour obtenir une mesure judiciaire sous prévention de vagabondage, et que la fille
mineure persiste à se livrer à la prostitution clandestine, elle sera
définitivement inscrite dans la catégorie des isolées et assujettie à
toutes les prescriptions inhérentes à la situation de fille soumise.

ARTICLE 9. — Toute fille publique, soustraite ou non soustraite,
qui sera trouvée en flagrant délit de racolage, troublant l'ordre ou
se faisant remarquer par une tenue provoquante, sera conduite
devant le Commissaire central de police ou devant le commissaire de
police de permanence qui la retiendra au violon municipal jusqu'à
la prochaine visite, et conformément aux dispositions de notre décision en date du 2 février 1874, elle pourra y être gardée plusieurs
jours par mesure disciplinaire.

ARTICLE 11. — Il est défendu aux filles publiques d'habiter un autre
quartier de la ville que celui où elles sont tolérées par l'Administration municipale.

ARTICLE 12. — Aucune maison de prostitution ne sera tolérée dans les
rues de commerce, ni au voisinage des établissements publics, des
casernes, des maisons d'éducation et des édifices consacrés au culte.
Aucune maison publique ne pourra être tolérée ailleurs que dans
le périmètre compris entre les rues de la Reynarde, à l'est ; la rue
Radeau, à l'Ouest ; les rues de la Loge et Lancerie au Sud, et la rue
Caisserie au Nord, dans le 2ᵉ arrondissement de police.

ARTICLE 17. — Les maîtresses de maison sont tenues d'acquitter la
taxe prescrite pour la catégorie dans laquelle leur maison est rangée
pour les visites sanitaires, sous peine de retrait immédiat de leur
tolérance.

ARTICLE 20. — Sont considérées comme maisons clandestines ou de
passes, celles où les filles publiques amènent habituellement des
hommes pour se livrer à la débauche, dans des chambres qu'elles
louent à l'heure ou à la nuit.

ARTICLE 21. — La tenue des maisons de passes est interdite.

ARTICLE 26. — Chaque médecin est indépendant de ses collègues et
ne doit de rapports qu'à l'autorité compétente.

ARTICLE 30. — Toutes les filles publiques sont assujetties à la
visite une fois par semaine.

Elles sont divisées en quatre catégories :

Celles de la 1ʳᵉ catégorie doivent payer 3 francs par visite ;
Celles de la 2ᵉ catégorie doivent payer 2 francs par visite ;
Celles de la 3ᵉ catégorie doivent payer 1 franc par visite ;
Et celles de la 4ᵉ catégorie seront visitées gratuitement.

Les filles de la 1re catégorie passent la visite le vendredi et le samedi;
Celles de la 2e catégorie le mardi et le mercredi ;
Celles de la 3e catégorie le lundi ;
Celles de la 4e catégorie le lundi.

Article 34. — Celles reconnues malades par le médecin de service seront immédiatement conduites à l'hôpital de la Conception pour y être traitées jusqu'à guérison.

Les filles isolées sont bien moins nombreuses que les filles en maison. Ce fait est particulier à Marseille où, loin de diminuer, le nombre des maisons de tolérance a, au contraire, augmenté : il était de 87 en 1869 et de 89 en 1882 ; ce chiffre n'a guère varié depuis. La rue de l'Amandier en a 12 ; la rue Lanternerie, 13 ; la rue Saint-Laurent, 11 ; la rue Bouterie, 15 ; la rue de la Reynarde, 8 ; la rue de Bourgogne, 7 ; la rue Ganderie, 7 ; la rue Figuier-de-Cassis, 5 ; la rue Coin-de-Reboul, 5 ; la rue de l'Araignée, 3 ; la rue Vivaux, 1 ; la rue Ventomagy, 1 ; toutes ces maisons sont situées dans le périmètre fixé par l'arrêté municipal ; une seule maison qui se trouve rue de la Guirlande est en dehors de ce périmètre ; elle jouit d'une autorisation de tolérance ancienne et l'administration n'a pas exigé son déplacement. Beaucoup de ces lupanars sont installés avec un luxe dont les établissement parisiens similaires ne peuvent donner qu'une lointaine idée. Quelques-uns occupent de vieux hôtels, ayant appartenu jadis à l'aristocratie marseillaise.

485 prostituées soumises habitaient en maison, en 1882 ; le nombre des filles soumises isolées n'était que de 247.

Les filles de maison jouissent à Marseille de la même liberté qu'à Paris : la maîtresse de maison ne peut les retenir, lorsqu'elles veulent s'en aller. La moyenne des filles inscrites est annuellement de 700 environ ; ce chiffre est peu élevé, eu égard à la population de la ville ; il permet de conclure que le nombre des prostituées clandestines doit être très élevé ; cependant le Dr Mireur pense qu'il n'y a guère plus de 4,000 à 5,000 filles insoumises à Marseille.

La police des mœurs dépend de la police municipale ; elle est dirigée par un inspecteur, qui a sous ses ordres un sous-inspecteur, un secrétaire et vingt agents. Le traitement de l'inspecteur est de 2,000 francs par an. Les agents n'ont pas d'uniforme. Le bureau des mœurs est situé, rue de la prison, au dispensaire. L'inspecteur est chargé de la partie administrative du service, c'est-à-dire de l'inscription, de la radiation, de la surveillance et de la punition des filles soumises ; il est chargé également de réprimer la prostitution clandestine.

Les filles soumises qui se sont rendues coupables d'une infraction au règlement peuvent être punies de deux façons différentes ; lorsqu'une prostituée a été arrêtée, elle est conduite au bureau des mœurs ; si l'arrestation a eu lieu de jour, elle y est immédiatement interrogée et, selon les cas, retenue ou relaxée. Les filles retenues sont enfermées au *violon municipal*. Si l'arrestation a eu lieu de nuit, la fille est conduite directement au violon, d'où elle est extraite le lendemain matin pour comparaître devant l'inspecteur qui la relâche ou la retient. Les filles condamnées à quelques jours d'emprisonnement subissent cette peine au violon ; là, dans une pièce irrégulière, de 10 m. de long sur 5 m. de large, fermée par une porte verrouillée munie d'un judas grillé, s'entassent pêle-mêle toutes les prostituées détenues ; deux fenêtres grillées laissent pénétrer la lumière dans ce réduit infect ; un lavabo et une latrine, se faisant vis-à-vis, en occupent deux coins ; un lit de camp en bois s'étend de chaque côté de la porte ; il y a souvent quinze et vingt femmes en même temps dans cette salle qui suffirait à peine à en contenir huit ou dix.

Règlementairement les femmes enfermées au violon ne doivent recevoir comme nourriture que du pain et de l'eau ; elles sont autorisées à se procurer, en payant, des aliments qu'une commissionnaire, spécialement attachée à ce service, va chercher au restaurant voisin ; cette même femme peut aussi se rendre au domicile des détenues et leur rapporter le linge et les objets de toilette dont elles peuvent avoir besoin, et surtout des couvertures pour se garantir du froid, car les lits de camp de l'administration ne se composent que d'une planche de bois.

Les femmes enfermées au Dépôt, à Paris, sont donc dans une situation bien autrement meilleure.

Le second mode de répression est la mise en contravention ; on prend note, au bureau des mœurs, de toutes les contraventions relevées contre une fille soumise ; quand leur nombre a atteint un certain chiffre, le dossier de la femme est remis, avec un rapport, au tribunal de simple police qui prononce suivant les cas, la gravité des faits et l'état de récidive de la délinquante, l'amende ou l'emprisonnement ; la peine est alors subie à la prison des Présentines.

Le service du dispensaire est confié à huit médecins-inspecteurs, ayant chacun 1,200 fr. d'honoraires par an, et à un médecin adjoint sans traitement fixe ; ces médecins sont nommés par le Préfet, sur une liste de présentation dressée par le Maire.

Les visites ont lieu une fois par semaine au dispensaire pour les filles isolées, à domicile pour les filles de maison. L'inspection porte sur les organes génitaux, l'anus, la bouche, le pharynx, les mains, la région inguinale et sur la peau. L'emploi du speculum est obligatoire.

Toute femme reconnue malade est retenue au dispensaire, si c'est une isolée, et dirigée après la visite sur l'hôpital de la Conception ; si elle est en maison, la matrone devra la conduire, immédiatement après la visite, au bureau des mœurs, d'où elle sera transférée à l'hôpital.

Le règlement de police intérieur pour les salles des prostituées vénériennes à l'hôpital de la Conception est à peu près semblable à celui des autres hôpitaux similaires. Il en diffère cependant par un point. Généralement les vénériennes ne sont astreintes à aucun travail pendant leur séjour à l'infirmerie ; le règlement de l'hôpital de la Conception dit formellement dans son article 8 :

Les femmes dont l'état de santé permettra un travail manuel seront occupées dans les ouvroirs à des ouvrages de couture, pour le confectionnement des vêtements nécessaires aux établissements hospitaliers. Il leur sera alloué, à titre d'encouragement, une rétribution conformément au tarif suivant :

Façon d'un bonnet. . .	dix centimes.
— d'une chemise . .	cinquante centimes.
— d'un jupon. . . .	cinquante centimes.
— d'une robe. . . .	un franc.
— d'une capote. . .	un franc vingt-cinq centimes.
— d'un pantalon. . .	cinquante centimes.
— d'une veste. . . .	cinquante centimes.

Le prix de la façon des objets confectionnés leur sera payé comptant contre la livraison.

Ainsi donc, à Marseille, les vénériennes sont astreintes à un travail manuel ; c'est une exception qu'il fallait constater.

On a vu que l'administration a maintenu la taxe des isolées dans le nouveau règlement ; elle divise les filles isolées en quatre catégories, et elle se base, pour cette répartition, sur la toilette, sur la tenue, sur l'élégance de la fille qui se soumet à l'inscription ; car c'est au moment de son inscription que l'inspecteur lui désigne le jour où elle devra passer sa visite. La taxe est une mesure immorale et illégale. Telle qu'elle est exigée à Marseille, elle a l'inconvénient d'exciter les prostituées à la débauche pour payer l'administration, si elles manquent d'argent ; l'engagement entre la prostituée et l'administration a beau être volontaire, il n'en prend pas moins aux yeux de la fille le caractère d'une obligation, et les prostituées n'auraient-elles pas le droit de dire que l'administration a mauvaise grâce de les empêcher d'exercer leur métier puisqu'elle trouve que leur argent est bon à prendre ?

Les maisons de tolérance sont de même assujetties à une rétribution pour les visites sanitaires; la taxe est proportionnée à l'installation, au luxe, au genre de clientèle de la maison.

Les filles qui manquent à leur visite sont qualifiées de *soustraites* et recherchées par la police.

En 1871 sur 32,930 visites (filles soumises et clandestines) il y a eu 556 malades
   1874   35,261 — (—   —) — 639 —
   1877   34,138 — (=   —) = 522 =
   1881   34,436 — (—   —) — 677 —

La proportion des malades est donc et de beaucoup, plus forte qu'à Paris.

Les deux tableaux ci-contre, se rapportant l'un aux filles soumises, l'autre aux clandestines, font encore davantage ressortir la fréquence des maladies vénériennes et de la syphilis à Marseille.

FILLES SOUMISES

ANNÉES	Total des inscriptions	TOTAL DES VISITES	MALADES			TOTAL DES MALADES
			Syphilis ou chancre simple	Vaginite Uréthrite Catarrhe utérin	Végétations — Affections parasitaires	
1871	772	32.673	248	179	28	455
1872	790	35.468	241	194	28	463
1873	808	33.493	227	138	21	386
1874	892	34.437	135	167	27	379
1875	800	35.802	346	327	37	710
1876	795	34.558	202	267	29	498
1877	689	33.798	162	175	15	352
1878	715	31.993	172	102	24	298
1879	664	30.126	180	192	31	403
1880	661	32.878	201	182	36	419
1881	648	34.050	266	223	39	528

FILLES CLANDESTINES

ANNÉES	TOTAL DES VISITES	MALADES			TOTAL DES FILLES MALADES	Total des filles reconnues saines
		Syphilis ou chancre simple	Vaginite Uréthrite Catarrhe utérin	Végétations — Affections parasitaires		
1871	257	26	79	6	111	146
1872	700	45	193	16	254	446
1873	710	45	164	7	216	494
1874	824	44	206	10	260	564
1875	528	27	94	6	127	401
1876	319	27	113	8	148	162
1877	340	41	122	7	170	170
1878	231	36	125	12	173	58
1879	281	42	64	14	120	161
1880	424	37	118	13	168	256
1881	386	39	109	11	149	237

Les filles soumises paraissent être plus souvent atteintes de syphilis et de chancre simple que les clandestines ; chez celles-ci au contraire, les affections inflammatoires du vagin sont infiniment plus fréquentes.

En 1871, il y avait 1 fille soumise malade sur 71,80 visitées et 1 clandestine malade sur 2,54 visitées
    1874, — 1 — 98,62 — 1 — 3,16
    1877, — 1 — 95,99 — 1 — 1,10
    1880, — 1 — 78,46 — 1 — 2,52
    1881, — 1 — 64,48 — 1 — 2,59

L'efficacité de la réglementation est donc prouvée une fois de plus.

La prostitution clandestine se recrute à Marseille parmi les domestiques, les ouvrières et les demoiselles de boutique. Le goût du luxe, les mauvais exemples, une première séduction suivie d'un rapide abandon sont les principales causes qui précipitent ces malheureuses dans la débauche. Il y a environ de 4,000 à 5,000 filles clandestines à Marseille ; les filles entretenues, menant grand train, tiennent le haut du pavé de la prostitution clandestine ; elles constituent le demi-monde marseillais. Les autres racolent dans les cafés, sur les promenades ou vont exercer leur métier dans les nombreuses maisons clandestines qui, quoique défendues, fourmillent dans la ville.

Les brasseries à femmes, les débits de vins et de boissons où l'on favorise la prostitution pullulent à Marseille, dans les environs du port surtout. Là vit, en effet, une population spéciale d'ouvriers, de matelots, de marins de toutes nationalités ; les rôdeurs, les malfaiteurs s'y donnent rendez-vous : c'est dans cette tourbe immonde, ramassis de vauriens venus des quatre coins du monde, que les filles choisissent leurs amants de cœur ; l'on ne saurait s'étonner dès lors de la férocité proverbiale des souteneurs marseillais.

Bien que les maladies vénériennes sévissent plus fortement à Marseille que dans les autres grandes villes du territoire, la garnison paraît être, au contraire, une des moins éprouvées de France, sous ce rapport. Faut-il chercher l'explication du fait dans l'existence de nombreuses maisons de tolérance ? Les soldats ont, en général, une préférence pour ces maisons; or, la surveillance dont elles sont l'objet, met évidemment les hommes qui les fréquentent dans de meilleures conditions que ceux qui ont à faire à des clandestines. Quoi qu'il en soit, sur un effectif de 4,600 à 4,800 hommes, il y a eu, en 1875 455 vénériens dont 60 syphilitiques; en 1878, 326 vénériens, dont 64 syphilitiques et en 1881, 333 vénériens dont 45 syphilitiques; la proportion moyenne des vénériens a été de 1875 à 1881 de 70 par 1000 hommes d'effectif; en France, la proportion d'ensemble pour toute l'armée est annuellement de 100 à 110 pour 1,000 ; c'est donc, ainsi que le dit le Dr Mireur, un avantage de près de 40 °/₀ en faveur de la garnison de Marseille.

VI

ALGER [1]

Alger, la capitale de notre belle colonie africaine est une ville de 65,227 habitants. L'état actuel de la prostitution est intéressant à étudier dans cette cité moitié française, moitié arabe, qui est le siège de l'administration supé-

[1] Les renseignements sur l'état de la prostitution à Alger m'ont été obligeamment fournis par M. le Dr Faure, médecin du dispensaire à Alger.

rieure et de l'Algérie, d'un grand commandement militaire, qui a une garnison considérable, un port important, et que le mouvement incessant des étrangers venus de France, d'Espagne ou de l'intérieur des terres dote d'une animation extraordinaire.

Sous le climat dont jouit la ville, dans un pays où les filles indigènes sont nubiles à treize ans, où les passions empruntent aux ardeurs du soleil une intensité extraordinaire, l'administration devait se préoccuper naturellement de la question de la prostitution. Les mœurs locales, faciles à l'excès, les éléments divers et souvent mauvais dont se compose la population, lui en faisaient un impérieux devoir. Aussi existe-t-il depuis longtemps à Alger un service des mœurs chargé de surveiller la prostitution et d'en réprimer les scandales. Ce service est placé sous la direction de la police générale ; les inspecteurs qui y sont affectés portent le nom d'agents des mœurs et ils sont choisis avec le plus grand soin parmi les fonctionnaires de police les plus zélés, les plus intelligents et les plus actifs : ils sont d'une honnêteté à toute épreuve. C'est, en effet, la qualité dominante qu'on recherche en eux.

Le dispensaire municipal de salubrité, annexé au bureau des mœurs est dirigé par trois médecins qui sont de service chacun pendant une semaine ; ils remplissent leurs fonctions délicates avec tout le zèle et toute l'attention dont ils sont capables. Les visites ont lieu tous les jours.

Le bureau des mœurs surveille la prostitution tolérée, c'est-à-dire les filles inscrites isolées et les maisons de tolérance ; il procède à l'inscription et à la radiation des prostituées ; il a le droit de leur infliger des punitions.

Son organisation est du reste copiée sur celle du bureau des mœurs de Paris, à cette seule différence près que les visites ne sont pas gratuites. Les filles acquittent une taxe à cet effet.

La moyenne annuelle des inscriptions est de 500 au moins.

Alger possède un grand nombre de maisons de tolérance : on en compte vingt-neuf et elles se divisent naturellement en plusieurs catégories.

Les quartiers qui leur sont plus particulièrement affectés sont la rue Katarouggil où l'on en compte six ; la rue Kermimouth, où il y en a trois ; la rue Barberousse, où il y en a trois également, la rue des Maugrebins, où il y en a deux.

Par contre, il n'existe dans la ville ni maison de passe avérée, ni brasseries à femmes telles qu'on les connaît à Paris ; mais il y a de nombreux garnis, et avec la vie facile que l'on mène en Algérie, il est aisé pour un débauché de trouver des lieux de rencontre et de rendez-vous.

La prostitution clandestine est très prospère à Alger. Elle se recrute non seulement parmi les ouvrières habitant ou nées dans la ville, mais aussi parmi les nombreuses étrangères venues de France et d'Espagne, presque toujours avec l'idée bien arrêtée de faire métier de leur corps. Cependant, malgré l'accroissement de la prostitution clandestine, le nombre des maisons de tolérance n'a pas diminué depuis une dizaine d'années.

Les filles inscrites sont, comme partout, sujettes à un règlement disciplinaire.

Les peines qu'elles encourent pour avoir commis une infraction à ce règlement ou manqué à leurs visites consistent en un redoublement de surveillance et en une sévère réprimande. La peine de l'emprisonnement ne paraît pas être, à Alger, d'une application courante. On n'inflige quelques jours de *Geôle* qu'aux femmes qui ont commis une infraction grave ou qui sont en état de récidive.

On a renoncé, également, à demander aux militaires contaminés le nom et l'adresse de la femme avec laquelle ils ont eu des rapports. Cette mesure n'avait jamais servi, à Alger, qu'à mettre en évidence la fausseté des déclarations ou l'ignorance absolue des soldats sur l'origine de leur infection.

Les causes de la prostitution sont, à Alger, les mêmes qu'en Europe. L'affaiblissement continu de la morale et des mœurs, les mauvais principes, les exemples pervers y aident puissamment; la misère, l'insuffisance des salaires, la position précaire dans laquelle se trouvent les jeunes filles abandonnées à elles-mêmes font le reste.

Il y a cependant une cause particulière à l'Algérie dont il faut dire quelques mots et dont l'omission rendrait le tableau de la prostitution à Alger forcément incomplet. La jeune fille arabe, nubile à douze ou treize ans, quelquefois déflorée à huit ou neuf ans, est mariée à un être grossier et brutal qui ne la considère que comme un objet de plaisir. Habitué, dès l'enfance, à regarder la femme comme un être inférieur, l'Arabe ne peut avoir pour elle le moindre respect. De plus, la polygamie inscrite dans la loi, la promiscuité dans laquelle vivent sous la tente les femmes légitimes et les servantes, la facilité du divorce ont encore contribué à abaisser le niveau moral. Une femme arabe qui a obtenu le divorce ou contre laquelle il a été prononcé, quitte son mari ; elle se retire dans sa famille ou chez un proche parent ; elle doit y vivre tout le temps qui s'écoulera jusqu'à son nouveau mariage et qui ne saurait être inférieur à neuf mois ; mais elle y est libre, nul ne la surveille ; elle peut aller et venir à sa guise et elle profite de cette liberté pour se livrer à la prostitution clandestine, ce dont elle ne se cache pas du reste.

Elle se prostitue souvent par besoin, quelquefois pour donner satisfaction à ses sens qui commandent en maîtres sous le soleil d'Afrique.

Il existe, en second lieu, en Algérie des tribus entières dont les femmes et les filles font de la prostitution un métier lucratif. Les Ouled-Naïl sont les plus célèbres. Leurs filles, renommées pour leur beauté, partent en longues caravanes, se rendent à Alger, à Constantine, à Bou-Saada, à El-Aghouat, à Biskra, etc., où leurs places sont marquées d'avance soit dans les maisons de tolérance, soit dans des tentes dressées en dehors des villes. Elles restent loin de leur tribu pendant trois ou quatre ans ; puis lorsque le produit de leur prostitution a formé un pécule assez rond, elles rentrent chez elles et s'y marient.

Enfin, il faut tenir compte de l'attraction, irréfléchie et irrésistible sans doute, mais nettement constatée qui pousse les femmes indigènes dans les bras des Européens. Comment expliquer cette attraction ? Est-ce la curiosité, l'amour du changement, du nouveau qu'il en faut accuser ? Je ne le pense pas ; je crois qu'il faut plutôt y voir un élan naturel de la femme indigène ; elle sent qu'elle vaut mieux que ce qu'a fait d'elle une loi religieuse et politique que les siècles ont rendue plus lourde encore ; elle a besoin de s'affranchir d'un despotisme odieux et brutal ; elle espère trouver et elle trouve, en effet, chez le moins civilisé des Européens un peu de ce respect de la femme qui est inconnu aux hommes de sa race. La civilisation et le christianisme l'ont inculqué à tout Européen, et le pire débauché ne peut s'en affranchir complètement.

Il ne faut pas s'étonner, après cela, qu'il y ait, parmi les filles publiques, un grand nombre d'indigènes. La prostitution clandestine en compte également beaucoup dans ses rangs ; la chute de celles-ci est singulièrement favorisée par les habitudes locales.

Les bains jouent un grand rôle dans l'existence du peuple arabe. Tous ceux qui ont quelque peu voyagé en Algérie connaissent les « hammams », et ont cherché dans ces étuves un repos bienfaisant. Les femmes indigènes en font un large usage, et cependant ces bains sont une cause certaine et effective de démoralisation pour elles ; non pas que les servantes ou les masseuses fassent entrer furtivement des hommes dans l'établissement, cela n'arrive jamais. Mais il s'y glisse une foule de proxénètes, entremetteuses et procureuses qui par leurs mauvais conseils, par leurs promesses fallacieuses, par l'appât de quelque bijou, finissent par entraîner une foule de malheureuses dans l'abîme.

Ces proxénètes agissent aussi bien pour le compte des Arabes ou des Maures que pour celui des Européens ; on les paye, elles n'en demandent pas davantage ; la plupart ne cherchent, du reste, de recrues que pour la prostitution clandestine. Quelques-unes cependant sont les intermédiaires directes des maisons de tolérance.

Les femmes indigènes, Mauresques ou Arabes, forment donc la majorité des prostituées à Alger ; les Françaises se trouvent en minorité parmi les filles inscrites ; les Espagnoles, au contraire, fournissent le plus fort contingent après les indigènes.

L'Espagne est plus près de l'Algérie que la France ; la misère y est plus grande, car les inondations, la famine y sont choses fréquentes. En outre, l'Espagnole est plus indolente, plus paresseuse que la Française du Midi ; le travail lui répugne ; elle aime mieux demander à la prostitution la possibilité de mener une vie oisive et un bien-être relatif que ne pourrait lui donner un labeur honnête et assidu.

Les Italiennes et les Maltaises figurent également pour une bonne part sur les registres du bureau des mœurs. Mais, fait digne de remarque et qui est tout à l'honneur de cette race israélite tant décriée et tant vilipendée en Algérie, il n'y a pas de juive inscrite au dispensaire.

Au point de vue de la fréquence et de la gravité des maladies vénériennes, de la syphilis surtout, Alger paraît être dans d'excellentes conditions.

La syphilis ne progresse pas à Alger, elle diminue ou du moins elle a une tendance manifeste à rester stationnaire. Or, si dans une ville aussi importante, dans une ville où le mouvement des étrangers est incessant, où la garnison est constamment maintenue à un effectif élevé, la syphilis qui est une maladie essentiellement virulente et transmissible reste stationnaire, on est en droit d'affirmer qu'elle diminue.

Il n'y a jamais plus de six syphilitiques sur cent filles inscrites ; il y en a neuf environ sur cent insoumises.

C'est aux efforts constants, à l'attention soutenue des médecins du dispensaire, énergiquement secondés par le bureau administratif, que ces résultats doivent être attri-

bués. Il faut ajouter, cependant, que la syphilis n'offre, en
Algérie, ni la gravité ni les conséquences variées et mul-
tiples qu'elle acquiert et entraîne sous d'autres latitudes.
Il en paraît être de même des autres maladies vénériennes.

Les blennorhagies vaginales ou utérines sont commu-
nément simples : prises au début et énergiquement traitées, elles guérissent rapidement et radicalement.

Le chancre, n'importe de quelle nature, est presque
inconnu au dispensaire : il est ordinairement importé du
dehors et ne résiste que très rarement à un traitement
approprié. Depuis vingt-sept ans que le Dr Faure est
attaché au dispensaire d'Alger, il n'a jamais vu un chancre devenir phagédénique.

L'excellence de l'état sanitaire des prostituées à Alger
justifie donc l'observation que M. Faure se plaît à répéter : *Les femmes publiques, à Alger, loin d'infecter ceux
qui les approchent, sont au contraire contaminées par eux.*

La civilisation européenne, qui a pris peu à peu la
place de la vieille civilisation arabe, a profondément modifié l'aspect du pays. Mais si elle lui a apporté d'incontestables bienfaits, elle n'a pas su la préserver des vices
et des abus enracinés dans la mère-patrie. C'est ainsi
qu'elle a amené le souteneur en Algérie.

Plus que n'importe où ailleurs, les souteneurs sont dangereux à Alger, où ils se recrutent dans la lie de la population européenne ; très peu de souteneurs sont indigènes.

La police ne veut même pas surveiller un métier qu'elle
ne saurait tolérer ; elle traque les souteneurs partout où
elle les rencontre, elle les arrête dès qu'elle les a reconnus. La procédure suivie à leur égard est simple et expé-
ditive ; on les expulse hors du pays, avec défense d'y
revenir, sans miséricorde, et au plus vite.

DE LA PROSTITUTION EN ALLEMAGNE

I

BERLIN (1)

Berlin est depuis un siècle la ville la plus riche et la plus importante de l'Allemagne du Nord. Capitale d'un grand royaume, elle a vu sa population s'accroître tous les ans en même temps que sa prospérité. L'étonnante fortune des Hohenzollern, dont la monarchie a fini par absorber les deux tiers de l'ancienne Confédération germanique, la reconstitution de l'Empire d'Allemagne au profit de la Prusse devaient exercer une influence prépondérante sur le développement de la capitale du nouvel empire. Le chiffre de ses habitants s'est augmenté dans des proportions surprenantes ; il était d'un peu plus de 300,000 en 1857, et de 702,000 en 1874 ; il est aujourd'hui de 1,280,000 (avec la garnison).

Mais en s'agrandissant, en se développant, Berlin n'a pas échappé au sort commun de toutes les grandes capitales. La richesse croissante de la population, l'immigration des provinciaux et des campagnards qui espéraient y faire facilement fortune, la cherté des loyers, des denrées alimentaires et des objets de première nécessité qui en est la conséquence, l'insuffisance des salaires, l'encombrement des carrières y ont hâté la démoralisation.

L'indemnité de guerre, payée par la France, n'a nullement profité à la masse de la population allemande ; à l'enivrement de la victoire a succédé une désillusion pro-

---

(1) Le docteur A. Baer a bien voulu me communiquer les renseignements admininistratifs et statistiques sur l'état de la prostitution à Berlin.

fonde, et la crise économique dont souffrent depuis bientôt quinze ans tous les États de l'Europe n'a pas épargné l'Allemagne. A Berlin, notamment, le contre-coup s'en est fait cruellement sentir. De tous ceux que des promesses fallacieuses, des réclames retentissantes, l'espoir d'une fortune rapide, le désir du travail même y avaient attirés, bien peu ont vu leur rêve se réaliser ; quelques-uns s'en sont retournés chez eux ; la plupart sont restés, vivant au jour le jour, guettant une occasion et sont allés grossir les rangs de cette foule gouailleuse et frondeuse que l'on rencontre dans les faubourgs de toutes les grandes villes.

La population de Berlin se divise en plusieurs classes dont chacune a une physionomie spéciale et qui sont séparées par des lignes de démarcation nettement tranchées. Le monde de la cour et des fonctionnaires, le monde officiel en un mot, solennel et gourmé, n'a que des rapports lointains avec la bourgeoisie. Les mœurs de celle-ci, longtemps patriarcales, se sont singulièrement relâchées. Le monde de la finance et des affaires, le monde israélite forment autant de sociétés distinctes qui n'ont que de rares points de contact avec les autres. Les professeurs de l'Université, les savants sont répandus un peu partout ; il en est de même des officiers auxquels leur épaulette donne accès dans les cercles officiels comme elle les fait fêter dans la société bourgeoise.

Au-dessous de cette élite, la classe commerçante et ouvrière mène une existence laborieuse, mais où s'infiltrent peu à peu des éléments démoralisateurs. Au dernier degré de l'échelle sociale s'agite une populace de vauriens, de rôdeurs, de filles et d'ivrognes qui, si l'on en excepte le *Mob* de Londres, n'a sa pareille dans aucune autre capitale.

La prostitution trouve dans cette population aux éléments divers de nombreuses adeptes et de non moins nombreux auxiliaires. Les causes qui poussent les jeunes filles à se prostituer sont, à Berlin, la misère, la mauvaise éducation, le goût du luxe, l'appât du plaisir ; les conditions sociales y jouent également un grand rôle. Les jeunes filles y sont de bonne heure abandonnées à elles-mêmes, qu'elles s'occupent de travaux à l'aiguille, qu'elles soient employées dans un magasin ou qu'elles soient ouvrières dans une fabrique. Ces jeunes filles, leur journée finie, sont désœuvrées ; elles ne savent où passer convenablement leur soirée ; elles fréquentent donc les cafés chantants, les bals, où elles font de mauvaises connaissances qui les entraînent fatalement vers la prostitution. A plusieurs reprises on a demandé la création, à Berlin, de lieux de réunion où les jeunes filles, abandonnées à elles-mêmes, pourraient trouver après leur souper quelque honnête récréation ; mais jusqu'ici, et quoique cette mesure sauverait bien des femmes de la prostitution, rien n'a été fait pour cela. La présence d'une garnison nombreuse et des étudiants de l'Université, l'affluence des étrangers, la quantité de célibataires qui habitent la ville, ajoutent une cause de plus à toutes celles que j'ai déjà citées.

On ne saurait être surpris, par conséquent, de l'extension que la prostitution, et la prostitution clandestine surtout, a prise depuis une dizaine d'années à Berlin.

La prostitution a été de tout temps surveillée à Berlin ; on a même, à diverses époques, tenté de la supprimer complètement. L'impossibilité de cette mesure radicale a été reconnue par l'administration, en même temps que la nécessité d'accorder une certaine tolérance, sous la surveillance de la police, à la prostitution. Cette surveillance a été nettement édictée par le réglement de police du 18 Décembre 1850 ; elle a pour but de sauvegarder la santé, la moralité et la sécurité publiques. Le règlement de 1850 a été modifié le 10 Octobre 1876, par un arrêté de la présidence royale de police ; cet arrêté porte le titre suivant :

« *Polizeiliche Vorschriften zur Sicherung der Gesundheit, der œffentlichen Ordnung und des œffentlichen Anstandes.* » c'est-à-dire : *Prescriptions de police pour assurer la santé, l'ordre et la moralité publics.*

Cette réglementation, qui ne diffère pas d'une façon essentielle de celle de 1850, attribue la surveillance de la prostitution au *service des mœurs* qui est une section de la présidence de police, et qui est également chargé de la répression de la prostitution clandestine. Les deux principales fonctions de ce service consistent dans la visite médicale des femmes qui se livrent à la prostitution et dans celle des femmes qui sont enfermées dans les maisons d'arrêt ou de correction et dans les prisons.

La visite sanitaire a été le mobile dominant de la réglementation ; pour qu'elle pût être réalisée, il fallait que les prostituées fussent dans l'obligation de s'y soumettre ; leur inscription s'imposait donc avec une absolue nécessité.

Toute femme qui peut être convaincue de s'adonner à la prostitution est inscrite et soumise à la surveillance du bureau des mœurs ; elle n'en sera relevée, elle ne sera rayée en un mot, que lorsqu'il est prouvé qu'elle a renoncé à son existence déréglée, et pris un métier qui lui permette de gagner honorablement sa vie, ou qu'elle se marie et que sa conduite ultérieure justifie la mesure de radiation dont elle demande le bénéfice.

L'inscription oblige les femmes soumises à se présenter une fois par semaine, à un jour et à une heure fixés d'avance, au bureau des mœurs pour y subir la visite. L'examen médical, qui ne doit jamais être fait au domicile de la prostituée, porte sur les parties génitales, la bouche, le pharynx, la langue et l'anus ; l'emploi du speculum est obligatoire. Le résultat de la visite est inscrit, par le médecin visiteur, sur un registre spécial à chaque femme, appelé *livre des mœurs (Sittenbuch)* conservé au bureau des mœurs ; toute prostituée reconnue malade est dirigée aussitôt sur l'hôpital de la Charité ; on ne retient pas les femmes syphilitiques seulement, mais encore toutes celles qui sont atteintes d'un écoulement contagieux ou même douteux, de chancres mous, de bubons, de condylomes ou de gale.

Les prostituées clandestines arrêtées le soir sont amenées le lendemain au dispensaire et soumises à l'examen médical ; celles qui sont reconnues atteintes de syphilis sont également envoyées à l'hôpital de la Charité.

Les visites, pour les filles inscrites comme pour les insoumises, sont absolument gratuites.

Le service du dispensaire était confié jusqu'en 1877 à deux médecins. En 1877 leur nombre fut porté à quatre ; aujourd'hui, six médecins sont chargés des visites sanitaires.

Le chiffre des inscriptions a considérablement augmenté depuis 1870, d'abord parce que le nombre des prostituées s'est accru avec la population, et, en second lieu, parce que depuis 1876 la police procède à une surveillance plus énergique.

En 1870, le nombre des inscriptions était de 1,606
En 1875,   —   —   —   2,241
En 1880,   —   —   —   3,186
En 1881,   —   —   —   3,266
En 1882,   —   —   —   3,900
En 1883,   —   —   —   3,769
En 1884,   —   —   —   3,724
En 1885,   —   —   —   3,598

L'arrêté de police du 10 Octobre 1876 soumet donc les filles inscrites à une visite hebdomadaire; il leur impose encore la plupart des obligations mentionnées dans les arrêtés de police qui régissent la matière, ailleurs.

Les contraventions au règlement, l'absence aux visites surtout, sont punies, d'après les paragraphes 361, art. 6, et 362 du Code pénal allemand, d'un emprisonnement de six semaines au plus; la femme condamnée peut être, après l'expiration de sa peine et pendant deux ans au maximum, internée dans une maison de correction ou employée à des travaux d'intérêt public.

La peine de l'emprisonnement a été appliquée, pour absence aux visites :

En 1882 à 777 filles sur 3,767 inscrites (moyenne mensuelle)
En 1883 à 665 filles sur 3,927 inscrites   —
En 1884 à 380 filles sur 3,741 inscrites   —
En 1885 à 276 filles sur 3,731 inscrites   —

Eu égard à l'état sanitaire des prostituées soumises, la rigueur avec laquelle le service des mœurs tient à l'observation du règlement de police paraît porter ses fruits. Le nombre des cas de syphilis observés au dispensaire diminue notablement depuis 1883; les chiffres suivants en font foi :

	1880	1881	1882	1883	1884	1885
Total des filles inscrites au 31 Décembre.....	3186	3266	3900	3769	3724	3598
Sur ce nombre ont été reconnues syphilitiques...	1116	1133	1285	1055	886	814

Il n'existe pas de maisons de tolérance à Berlin ; le paragraphe 180 du Code pénal allemand interdit l'ouverture et l'exploitation d'une maison de débauche. Le législateur n'a certainement pas prévu qu'en inscrivant cette disposition dans la loi, il créerait un état de choses mille fois plus déplorable que celui qu'il voulait empêcher. Les maisons de tolérance peuvent être condamnées au point de vue de la morale absolue, mais la prostitution clandestine n'est-elle pas moins condamnable? Entre ces deux alternatives, n'aurait-il pas mieux valu choisir la moins dangereuse pour la santé et pour la sécurité publique ?

La prostitution clandestine a pris un développement considérable à Berlin. La police le sait, et elle fait de son mieux pour la réprimer ; mais ses efforts restent stériles ; elle étend cependant sa surveillance sur environ 2,000 garnis habités par des prostituées clandestines, sur environ 800 débits de vin ou de boissons desservis par des femmes, sur environ 232 bals et salles de danse, théâtres, cafés-chantants *(Tingel-Tangel)*, cafés, etc.

En 1882, le service des mœurs a fait arrêter 12,220 clandestines ; 11,269, en 1883 ; 11,157 en 1884 ; 12,450 en 1885.

Le chiffre des filles soumises ne peut donner une idée même approximative de l'extension que la prostitution a prise à Berlin ; le nombre des arrestations de prostituées clandestines en donne une notion un peu plus claire ; de l'avis des personnes que leur situation met à même de juger la situation en parfaite connaissance de cause, on peut évaluer, sans craindre de dépasser la vérité, à 30,000 environ les femmes qui, dans la capitale prussienne, tirent de la prostitution leur unique moyen d'existence.

La prostitution clandestine revêt à Berlin les mêmes formes qu'à Paris et ailleurs ; elle s'exerce dans les brasseries et les débits de boissons, qui ne sont que des maisons de tolérance déguisées ; dans les bals, dans les magasins interlopes, dans les maisons de passe. Lorsque la police ferme un de ces établissements, il en surgit d'autres à côté.

Les souteneurs se recrutent parmi la lie de la population. Le nom sous lequel on les désigne le plus volontiers est celui de *Louis*. Fainéants, féroces, voleurs et assassins, ils ne le cèdent en rien à leurs collègues de Paris ou de Londres. Lorsque la police réussit à s'emparer d'eux, ils sont déférés aux tribunaux et condamnés à un emprisonnement sévère, pour excitation à la débauche.

Malgré cette énorme proportion de prostituées clandestines, dont la plupart échappent à une surveillance effective, les affections vénériennes ne semblent pas sévir sur les filles insoumises avec la même intensité que dans d'autres grandes villes. On en jugera par le tableau suivant :

ANNÉES	NOMBRE DES VISITES CHEZ LES FILLES SOUMISES	NOMBRE DES MALADES	0/0	NOMBRE DES VISITES CHEZ LES INSOUMISES	NOMBRE DES MALADES	0/0
1880	67.635	1147	1,6	12.711	297	2,30
1881	736.98	1147	1,5	10.332	299	2,90
1882	89.782	1262	1,4	11.697	344	2,90

Les chiffres ci-dessus tendraient à démontrer en effet que le nombre des clandestines malades ne serait que double de celui des filles soumises malades; on ne peut tirer cependant de cette statistique aucune conclusion ferme, vu l'énorme disproportion qui existe entre la masse totale des prostituées clandestines et la somme des arrestations.

Le chiffre des filles soumises atteintes de maladies vénériennes était en 1874 de 2,25 $^{o}/_{o}$; il y a donc une amélioration sensible de ce coté.

Du reste les statistiques militaires, faites sans parti pris et basées sur des chiffres toujours exactement connus, sont l'élément d'appréciation le plus précieux que l'on ait dans ces questions. Dans toutes les villes de garnison de l'Allemagne, les soldats atteints d'affections vénériennes sont tenus de faire connaître, au médecin de leur corps, le nom et l'adresse de la femme qui les a contaminés; les renseignements ainsi obtenus sont transmis au bureau de police, qui fait vérifier leur exactitude et procède s'il y a lieu, à l'arrestation de la femme incriminée. A l'encontre des militaires des autres nations, les soldats allemands donnent en général des indications véridiques sur l'origine de leur mal.

La garnison de Berlin comptait :

En 1869, 5,6 syphilitiques sur cent hommes d'effectif.
En 1872, 5,0 — — —
En 1875, 3,4 — — —
En 1878, 4,0 — — —
En 1881, 4,02 — — —
En 1882, 3,90 — — —
En 1883, 3,20 — — —
En 1884, 2,90 — — —
En 1885, 2,30 — — —

Le nombre de syphilitiques a donc été sans cesse en diminuant depuis 1878, sauf une augmentation insignifiante en 1881 ; or, quand on se souvient qu'il n'existe pas à Berlin de maisons de tolérance et que les soldats et les sous-officiers s'adressent de préférence aux prostituées clandestines, parmi lesquelles il faut nécessairement compter les domestiques des maisons bourgeoises, on est bien forcé de convenir que l'état sanitaire des insoumises est plus satisfaisant à Berlin qu'ailleurs.

La syphilis n'augmente pas, dans tous les cas ; on est plutôt porté à croire qu'elle diminue. Les chiffres suivants, empruntés aux comptes rendus sanitaires des sociétés de secours mutuels des corps de métiers de Berlin, en sont une nouvelle preuve :

En 1870 sur 69,169 sociétaires hommes, il y a eu 4,664 syphilitiques
En 1875 — 9,574 — — 4,727 —
En 1880 — 83,113 — — 2,715 —
En 1882 — 89,102 — — 6,124 —
En 1883 — 92,531 — — 5,713 —
En 1884 — 175,539 — — 5,637 —
En 1885 — 195,724 — — 8,327 —

Cette statistique, aussi rigoureuse que les statistiques militaires, est d'autant plus intéressante qu'elle se rapporte exclusivement à une population civile et ouvrière, à laquelle la modicité de ses ressources ne permet pas de s'adresser à des prostituées de marque.

II

HAMBOURG (1)

Hambourg est le grand port de commerce de l'Allemagne: il s'y fait un trafic considérable. Le mouvement des voyageurs, des marins, des étrangers, des émigrants est immense et incessant. La garnison est nombreuse; et la ville elle-même, sans parler de la population flottante, est habitée par 410,176 individus.

De plus, Hambourg jouissait, il n'y a pas bien longtemps encore, d'un renom de galanterie très justifié. La prostitution y était chez elle; la provocation à la débauche, débordant le seuil des maisons, était maîtresse du trottoir et dans aucune autre ville, non seulement en Allemagne, mais même en Europe, les mœurs n'étaient plus indulgentes. Les voyageurs qui ont visité la vieille cité hanséatique, il y a trente ans, se souviennent de certaines de ses rues, où à toutes les fenêtres, à toutes les portes, des femmes exhibaient aux passants leurs torses nus jusqu'à la ceinture et les poursuivaient de leurs agaceries. Les choses ont changé depuis et si la ville y a gagné en décence et en salubrité, elle y a nécessairement perdu au point de vue du pittoresque et de l'originalité.

L'administration de l'ancienne ville libre hanséatique avait à plusieurs reprises édicté des règlements de police

____

(1) Les renseignements contenus dans ce chapitre m'ont été obligeamment fournis par M. Moeck, inspecteur de la police à Hambourg.

pour réprimer les scandales de la prostitution. Ces règlements de 1807 et 1811 (celui-là promulgué pendant l'occupation française) et de 1834 ont été remplacés en 1886 par un nouvel arrêté de police que je transcrirai tout à l'heure.

Le service des mœurs, placé sous l'autorité du directeur de la police, procède à l'inscription des prostituées, à leur radiation, aux visites sanitaires, à la punition de celles qui auraient contrevenu aux règlements.

La taxe est conservée dans cet arrêté ; les filles sont tenues de verser tous les quinze jours une certaine somme à la *caisse des maladies* ; les honoraires des médecins, les frais d'hospitalité sont payés avec le produit de ces contributions ; une autre caisse, dite *caisse de voyage*, alimentée également par un versement bi-mensuel exigible de toute fille inscrite, sert à assurer le rapatriement des prostituées que l'administration juge utile de renvoyer dans leur pays.

Voici le texte de l'arrêté de 1886 :

Règlement de police des femmes placées sous le contrôle de la police des mœurs

§ I

Il leur est défendu :

a. De loger dans d'autres maisons que celles qui ont été autorisées par la police des mœurs ;

b. De partager leur logement avec un homme ou avec une femme qui ne serait pas soumise au contrôle de la police des mœurs, d'avoir des domestiques féminins âgées de moins de vingt-cinq ans, et de garder chez elles des enfants, qu'ils soient à elles ou à des étrangers dès qu'ils ont atteint l'âge d'aller à l'école, ou des personnes qui n'auraient pas l'âge adulte ;

c. De permettre l'accès de leur logement à des hommes âgés de moins de vingt ans, et surtout d'avoir avec eux des rapports sexuels ;

d. De se livrer à du bruit, à des disputes ou à des rixes et de les tolérer chez elles ;

e. De se faire remarquer des passants depuis leur logement, en se montrant aux fenêtres, en les appelant, en frappant aux carreaux, ou en éclairant la chambre d'une façon qui attire les regards ; (les fenêtres doivent être munies de vitres dépolies au rez-de-chaussée et de rideaux aux étages supérieurs, de telle sorte qu'il soit impossible d'y voir du dehors) ;

f. De se montrer dans des costumes indécents ou voyants, surtout dans des robes très décolletées ;

g. De quitter leur logement entre deux et cinq heures après-midi, sans autorisation spéciale de la police, du 1er Mars au 30 Septembre ;

h. De se montrer aux environs de la Bourse, à la Bourse même, au Jungfernstieg, sur les promenades du Rempart, du Port, et des bords de l'Alster ; de circuler après 11 heures du soir et de séjourner après 11 heures du soir à Altona ;

i. De se promener en voiture découverte ;

k. De fréquenter d'autres bals publics que ceux dans lesquels le propriétaire les tolère, avec l'assentiment de la police, à savoir : le *Ballhaus* (Neustadt Neustrasse), le *Bal Geerz*, (Altst. Fuhlentwiete n° 10), l'*Alcazar* et l'*Elbhalle* (St-Paul) ;

l. De se montrer au 1er et au 2e rang ainsi qu'au parquet du théâtre de la ville ; au 1er rang, au parquet et dans les loges de parquet du théâtre de Thalie ; au *théâtre Carl-Schultze*, sauf au parquet numéroté ; à la Centralhalle, au Concordia-théâtre en général, comme aussi aux premières places des autres théâtres ; de se montrer aux représentations et aux amusements publics, à la Kunsthalle, aux jardins botanique et zoologique ;

m. De se servir, dans les établissements de bains, d'autres cabinets que ceux arrangés pour une seule personne et surtout d'entrer dans les piscines ;

n. D'aborder des hommes dans la rue, de les provoquer par des signes ou d'autres gestes, ou de les molester d'une façon quelconque ;

o. De fréquenter les demeures des personnes soupçonnées de proxénétisme ou de plaisanter avec des hommes dans les hôtels, sur les places publiques ou dans la rue ;

p. De fréquenter les débits de boissons situés près de leurs domiciles éventuels, les concerts et cafés chantants de la Langenreihe (St-Paul), de la Reeperbahn et du Spielbudenplatz ; le pavillon de l'Elbe ; le jardin public de Klett (Wexstrasse n° 5).

§ 11

Ces femmes doivent se faire visiter tout d'abord par le médecin en chef et puis après, deux fois par semaine, régulièrement par le médecin visiteur commissionné par l'administration de la police, dans leur logement et si celui-ci ne se prêtait pas à un examen, dans le local affecté à cet effet par la police des mœurs, et aux époques fixées.

Elles doivent déclarer, aussitôt qu'elles se sont aperçues qu'elles sont atteintes d'une maladie syphilitique ou autre, cette affection au médecin visiteur et, s'il n'est pas là, au bureau des mœurs.

Si le médecin, après examen, décide leur transfert à l'hôpital, elles doivent s'y rendre aussitôt pour se faire guérir, munies du certificat du médecin.

La déclaration d'un changement de domicile ou d'un départ de Hambourg, doit être faite de 9 à 10 heures du matin au bureau des mœurs et au bureau des étrangers.

En général elles doivent se conformer, pour leur conduite, aux indications des employés de la police et pour leur santé, pour la propreté de leur corps surtout, aux instructions du médecin visiteur; elles doivent aussi se procurer les instruments prescrits par le médecin pour sa visite, et les tenir dans un état constant de propreté.

§ III

Pour couvrir les frais résultant de leur vie désordonnée, elles ont à payer une cotisation fixée selon les besoins éventuels par l'administration, à la caisse des *maladies des filles soumises*, placée sous le contrôle de la police des mœurs.

Ces contributions sont prélevées tous les quinze jours.

§ IV

Afin d'avoir toujours les moyens d'assurer le rapatriement des filles, il existe une *Caisse de Voyage*, administrée par la police des mœurs; les filles doivent verser tous les quinze jours, vingt pfennings.

§ V

S'il est prouvé qu'une fille est revenue au bien et qu'elle gagne honorablement sa vie, le contrôle exercé sur elle peut être modifié ou même absolument supprimé.

§ VI

Les contraventions à ce règlement sont punies d'après les paragraphes 361, art. 6 et 362 du Code pénal, et d'après le Code local du 23 Avril 1879, concernant les rapports de l'administration avec la justice et la compétence de la direction de police.

Hambourg, 1er novembre 1886.

La direction de la Police.

Le nombre des filles soumises à cette réglementation est de 900 environ ; elles sont toutes isolées ; il n'existe pas à Hambourg, comme presque partout en Allemagne d'ailleurs, de maisons de tolérance. Celles qui s'y trouvaient ont été fermées après 1866, lors de l'annexion de l'ancienne république à la Prusse.

Les prostituées se recrutent dans la ville d'abord et à Altona ; beaucoup viennent des provinces avoisinantes : Holstein, Hanovre, Brunswick, Prusse, ou des duchés d'Oldenburg et de Mecklenburg ; quelques-unes enfin sont étrangères, Anglaises, Autrichiennes, Belges, Françaises, etc.

Les causes de la prostitution sont identiques à celles qui la favorisent dans les autres grandes villes ; ce sont la coquetterie, l'amour des chiffons, la paresse, la misère, l'insuffisance des salaires, etc. Il faut y ajouter, pour Hambourg, l'affluence des étrangers qui souvent jettent l'or à pleines mains et des matelots heureux de dépenser en quelques jours d'orgie les économies d'une année. Enfin les prostituées se recrutent parmi les femmes que les étrangers ont amenées avec eux et qu'ils abandonnent souvent dès qu'ils ont débarqué.

C'est surtout dans le faubourg Saint-Paul que la prostitution s'exerce sur une vaste échelle : c'était autrefois le seul quartier de la ville où elle fut tolérée. Il est habité par les ouvriers du port et par les marins, et l'on y rencontre une foule de gens sans aveu. Il est donc naturel d'y trouver un centre de prostitution qui emprunte à la sauvagerie et à la grossièreté des mœurs des habitants de ce quartier un caractère particulier.

A côté de la prostitution tolérée, réglementée par la police, s'étale la prostitution clandestine qui revêt mille formes différentes. Beaucoup de filles qui servent dans les brasseries, les débits de boissons et les bars se livrent à la prostitution. La police n'ignore pas qu'un certain nombre de femmes (cinq cents environ) se livrent habituellement à la prostitution clandestine, chaque fois qu'elles en trouvent l'occasion, tout en ayant des occupations régulières et rémunératrices. Comme il n'existe pas plus de maisons de passe à Hambourg qu'il n'existe de maisons de tolérance, c'est dans des hôtels garnis, dans des débits de boissons ou dans les terrains vagues que les prostituées clandestines entraînent les clients, quand elles ne peuvent les recevoir chez elles.

Les clandestines ne sont, nécessairement, soumises à la visite que lors de leur arrestation.

Les visites sanitaires des filles soumises se font, en général, à domicile; en parcourant l'arrêté de police qui les concerne, on aura vu, non sans une certaine surprise, qu'elles sont tenues de se procurer à leurs frais les speculums et autres instruments dont le médecin a besoin pour son examen. Les visites n'ont lieu au dispensaire que si le local occupé par la fille est insuffisant ou mal éclairé; les visites des clandestines ont toujours lieu au dispensaire.

Les visites ne sont pas gratuites, ainsi que je l'ai fait remarquer déjà. Chaque prostituée inscrite verse tous les quinze jours une certaine somme au bureau des mœurs dans une caisse spéciale, dite de *maladie*, administrée par le directeur du bureau des mœurs et sur laquelle on prélève les frais exigés par le service du dispensaire.

Cinq médecins sont attachés au dispensaire.

En 1886, on a soigné à l'hôpital général 2,179 malades atteints d'affections vénériennes; sur ce nombre, il y avait 1,008 hommes, 73 de plus qu'en 1885.

467 malades étaient atteints de blennorhagie, soit
46,3 °/₀.

288 malades étaient atteints de chancre induré ou de
syphilis secondaire, soit 28,5 °/₀.

141 malades étaient atteints de chancres mous, soit
13,9 °/₀.

Le tableau suivant montre de quelle manière ces individus ont pris leur maladie :

	A HAMBOURG		A ALTONA	AILLEURS
	Avec des filles soumises	Avec des clandestines		
Sur 467 individus atteints de blennorhagie, ont pris la maladie. . . .	260 soit 55,7 °/₀	64 soit 13,7 °/₀	80 soit 17 °/₀	63 soit 13,5 °/₀
Sur 288 syphilitiques, ont pris la maladie. . . .	133 soit 46,2 °/₀	33 soit 11,5 °/₀	66 soit 23 °/₀	56 soit 39,4 °/₀
Sur 141 individus atteints de chancres mous, ont pris la maladie. . . .	82 soit 58 °/₀	16 soit 11,3 °/₀	23 soit 19,8 °/₀	15 soit 10,6 °/₀

Pendant la même année, 1,073 femmes étaient traitées
dans le service des maladies vénériennes ; 99 de ces malades étaient venues d'elles-mêmes à l'hôpital ; les autres
y avaient été envoyées par le bureau des mœurs ; on
comptait parmi celles-ci 101 rôdeuses ou clandestines,
70 femmes publiques venues du dehors, 63 filles inscrites
depuis un ou deux mois seulement, et 395 filles soumises
depuis un certain laps de temps à la surveillance administrative.

Sur les 99 femmes entrées volontairement à l'hôpital, il

y avait 57 cas de syphilis secondaire, 9 cas de syphilis tertiaire, 16 cas de blennorhagie, 7 cas de chancres mous et enfin 10 cas d'affections non contagieuses des organes génitaux.

Les 101 prostituées clandestines présentaient les maladies suivantes : syphilis secondaire, 54 ; syphilis tertiaire, 3 ; blennorhagie, 33 ; chancres mous, 3 ; maladies non contagieuses des organes génitaux, 3.

Parmi les 70 prostituées venues du dehors, il y en avait 31 affectées de syphilis secondaire ; sur les 63 filles inscrites depuis un ou deux mois, 19, et sur les 395 filles inscrites depuis un certain temps, 145 étaient atteintes d'accidents secondaires.

La fréquence des maladies chez les 528 prostituées traitées à l'hôpital était la suivante :

339	entrèrent à l'hôpital	1	fois dans l'année.
131	—	2	—
36	—	3	—
18	—	4	—
2	—	5	—
1	—	6	—
1	—	7	—

30 filles, dont 20 manifestement syphilitiques, étaient enceintes : 8 seulement, parmi les filles syphilitiques, mirent au monde des enfants sains ; les autres avortèrent ou donnèrent le jour à des enfants morts ou qui moururent peu après l'accouchement.

Sur les 10 prostituées non syphilitiques, 3 avortèrent ; 3 eurent des accouchements prématurés ; 4 seulement menèrent leur grossesse à bon terme et donnèrent le jour à des enfants bien portants.

Les chiffres ci-dessus, quelque intéressants qu'ils soient,

ne permettent pas de juger en parfaite connaissance de cause la valeur du système prophylactique appliqué à Hambourg. Mais il est possible toutefois d'en tirer certaines conclusions qui tendraient à prouver que là, comme partout, les prostituées clandestines sont les grandes propagatrices de la vérole.

En effet, sur 101 prostituées clandestines, 57 étaient syphilitiques ; c'est plus de la moitié ; sur les 528 filles soumises, 295 étaient syphilitiques ; c'est également plus de la moitié ; à première vue, on serait donc autorisé à dire que la réglementation et l'inspection sanitaire sont absoment inefficaces à Hambourg.

Mais il faut ajouter aux 101 rôdeuses envoyées à l'hôpital par la police des mœurs, les 99 femmes qui y sont entrées volontairement, dont 66 étaient atteintes d'accidents syphilitiques, et qui sont évidemment des clandestines ; la proportion est dès lors de 123 cas de syphilis sur 200 femmes, c'est-à-dire de 61,5 %.

D'un autre côté, sur 528 filles soumises, il n'y a eu que 295 syphilitiques, c'est-à-dire 55,37 %. La différence est donc manifestement à l'avantage des filles inscrites ; et encore faudrait-il défalquer de ce chiffre de 528, les 70 prostituées venues du dehors et dont 31 étaient atteintes de la vérole, et ajouter probablement au chiffre des clandestines un certain nombre des 345 femmes vénériennes qui n'ont été comptées dans aucune des catégories que j'ai mentionnées.

Malgré cela, lorsqu'il se reporte au tableau ci-dessus, il reste dans l'esprit d'un observateur impartial quelques doutes sur l'efficacité de la réglementation, telle qu'elle est pratiquée à Hambourg.

Partout, en général, les médecins des hôpitaux spéciaux

constatent que la plupart des hommes atteints d'affections vénériennes ou syphilitiques ont été contaminés par des insoumises. A Hambourg, la majeure partie des individus qui sont entrés dans les services spéciaux de l'hôpital général ont été contaminés par des filles soumises. Il y a là une contradiction apparente qui mérite qu'on s'y arrête.

Je crois que l'on peut en donner les raisons suivantes : Les visites des filles soumises se font à domicile : elles sont pratiquées dans des conditions défectueuses et le contrôle sanitaire est moins rigoureux que si ces visites étaient faites au dispensaire. De plus, les individus qui entrent dans les services spéciaux de l'hôpital général s'adressent de préférence aux filles soumises ; les militaires, au contraire, ont plus volontiers des rapports avec les clandestines ; ils sont soignés à l'hôpital militaire et ne figurent pas dans les chiffres ci-dessus.

Les individus qui appartiennent aux classes plus élevées de la société et qui, eux aussi, fréquentent les clandestines plutôt que les filles soumises, n'entrent pas à l'hôpital lorsqu'ils sont malades et se font soigner chez eux.

Telles sont les raisons qu'il faut invoquer pour ramener les chiffres ci-dessus à leur juste valeur. Il n'en est pas moins vrai que le système pratiqué à Hambourg ne rend pas les services que l'on est en droit d'en attendre, puisque la proportion des femmes syphilitiques est de beaucoup supérieure à celle que l'on trouve ailleurs.

III

STRASBOURG [1]

Strasbourg a aujourd'hui 104,500 habitànts. Capitale de l'Alsace-Lorraine, elle est la résidence du Statthalter, du commandant d'un corps d'armée et le siège du gouvernement ; elle a une garnison considérable, elle possède une Université assez suivie ; de nombreux Allemands y ont immigré depuis que l'Alsace a été annexée à l'empire d'Allemagne et sa cathédrale, unique au monde, y attire constamment les étrangers.

Les Alsaciennes ont eu de tout temps la renommée de jouir d'un tempérament ardent ; au siècle dernier on disait d'elles qu'elles avaient *la complexion amoureuse.* Elles n'ont pas, que je sache, tout à fait volé leur réputation. Avant la guerre de 1870, les jeunes fonctionnaires et les militaires qui avaient séjourné quelque temps à Strasbourg, emportaient des jours qu'ils y avaient passés le plus charmant souvenir. Tous répétaient à l'envi que c'était une ville de mœurs faciles, d'amusement et de plaisir, et les regrets qu'ils éprouvaient, en lui disant adieu, ne venaient pas seulement de ce qu'ils étaient obligés de quitter une population au caractère ouvert et franc, dont ils avaient su apprécier la cordiale et gracieuse hospitalité.

La présence d'une forte garnison et de nombreux étudiants, la création d'une école du service de santé militaire qui comptait de 400 à 450 élèves n'avaient pas peu

____

(1) Les renseignements contenus dans ce chapitre sont pour la plupart dus à M le docteur A. Wolff, professeur de syphiligraphie à l'Université.

contribué au relâchement progressif des mœurs, qui se traduisait surtout par une augmentation incessante de la prostitution clandestine.

La police des mœurs, qui avait été une des préoccupations constantes des magistrats de l'ancienne République de Strasbourg, y était organisée en 1870 sur le modèle de celle de Paris. Cette organisation n'a pas été modifiée par le nouvel état de choses.

Le service des mœurs est placé sous la direction du chef de la police municipale et basé sur le règlement préfectoral du 20 novembre 1855 et sur le supplément d'arrêté du 20 novembre 1856.

Ces règlements sont à peu près identiques au règlement de police de Paris. Je crois bon, néanmoins, de transcrire quelques paragraphes de l'arrêté du 20 novembre 1856 qui présentent un réel intérêt.

. . . .

Article 4. — Les femmes inscrites d'office sont celles qui se livrent notoirement à la prostitution. Cette notoriété pourra être acquise par divers faits et notamment dans les circonstances suivantes :

La fréquentation des filles soumises ;

La rencontre en récidive dans un lieu de débauche ;

L'arrestation en récidive sur la voie publique pour conduite contraire aux mœurs, comme provocation, propos et actes licencieux ;

La communication du mal vénérien ;

La domesticité dans une maison de prostitution jusqu'à l'âge de quarante cinq ans.

L'inscription d'office sera prononcée, s'il y a lieu, par M. le Préfet, sur le vu de l'avis de M. le Commissaire central.

Article 5. — Pourra être soumise à l'inspection du médecin des mœurs, toute femme ou fille non inscrite qui sera surprise, même pour la première fois, en compagnie de filles publiques ou dans un lieu de débauche ; celle qui tiendra sur la voie publique une conduite contraire aux mœurs, ou qui sera logée dans une maison mal famée.

Si la femme visitée dans les cas précités est reconnue saine, elle sera mise en liberté, et ne sera soumise qu'en cas de récidive.

Article 10. — Les femmes en maison et isolées peuvent obtenir la faveur d'être visitées à leurs frais, à domicile ou dans le cabinet du médecin. Celles qui voudraient profiter de cette faveur en feront la demande à M. le Commissaire central, qui demeure chargé de l'accorder ou de la retirer à l'occasion.

Article 11. — Les visites ordinaires faites dans les dispensaires et les autres visites, ou visites inopinées, dans quelque endroit qu'elles aient lieu, sont gratuites.

Les visites extraordinaires, et celles des femmes ou filles autorisées à être visitées ailleurs que dans les dispensaires, sont à la charge des maîtres de maison de tolérance ou des femmes isolées.

Le médecin du dispensaire est autorisé à réclamer pour les visites ordinaires passées à domicile ou dans son cabinet, une rétribution qui ne pourra excéder 2 francs, et pour les visites extraordinaires à domicile ou dans son cabinet, une rétribution qui ne pourra excéder 3 francs. »

Le système adopté pour les visites était donc un système mixte : aujourd'hui toutes les visites des filles isolées se font au dispensaire ; les filles de maison, si la patronne en fait la demande, peuvent être visitées à domicile.

Le service des mœurs se divise en deux sections : la section administrative, avec son personnel de commis et d'inspecteurs, chargée des inscriptions, des radiations, des arrestations, des punitions, et la section médicale ou du dispensaire, dont deux médecins assurent le fonctionnement.

Les visites ont lieu une fois par semaine pour les filles isolées et deux fois par semaine pour les filles de maison. Chaque examen porte sur les parties génitales, sur la bouche, la langue, le pharynx ; il est toujours fait usage du speculum ; on examine avec soin les muqueuses, le canal et l'orifice de l'urèthre, les glandes de Bartholin, la région anale. On palpe la région inguinale et l'on exige des filles qu'elles viennent à la visite sans pantalon, de sorte que la peau peut être examinée sur une grande surface.

Les visites sont gratuites le lundi ; elles sont sujettes à une taxe les autres jours de la semaine.

Il y a à Strasbourg sept maisons de tolérance ; leur nombre est resté stationnaire depuis quelques années ; il y en avait 27 en 1856, et en 1870 il en restait encore une quinzaine ; on les trouvait dans la rue de la Soupe-à-l'Eau, le long du quartier de la Finkmatt, dans la rue des Pécheurs, dans la rue des Bateliers, dans la rue des Jardins, c'est-à-dire dans le voisinage immédiat des casernes. Celles de ces maisons qui n'ont pas disparu ont continué à occuper les anciens locaux.

Dans les autres villes d'Allemagne il n'existe pas de maison de tolérance ; Strasbourg bénéficie, sous ce rapport, de son organisation passée.

L'administration allemande n'a pas supprimé les lupanars qui existaient lors de l'annexion, mais elle n'encourage pas l'ouverture de nouvelles maisons de tolérance ; La police ne tolère pas les maisons de passe. Il y a bien une maison de ce genre, dans la ville ; mais sa propriétaire a déjà été poursuivie plusieurs fois et dès que l'administration a eu les preuves de l'industrie à laquelle elle se livrait.

Les brasseries à femmes, dans le sens parisien du mot, n'existent pas à Strasbourg. Mais toutes les brasseries de la ville, à de rares exceptions près, sont desservies par des femmes. Ces bonnes ou filles de brasserie restent rarement honnêtes ; elles ne sont pas cependant forcées par leur patron à pousser les clients à la consommation et elles ne boivent pas avec eux. Avant 1870, ces filles étaient presque toutes nées en Alsace ; depuis l'annexion, elles se recrutent surtout en Allemagne. Dans les brasseries fréquentées exclusivement ou en majeure partie par les

Allemands, ce sont des filles originaires du grand-duché de Bade, de la Bavière, du Wurtemberg ou de la Prusse Rhénane qui servent les clients. Il suffit de les avoir vues, pour se convaincre qu'elles exercent la prostitution clandestine. Leurs bijoux, leurs toilettes, leur coiffure provocante en font foi, et leurs œillades et leurs gestes ne laissent subsister aucun doute à ce sujet.

La prostitution clandestine se recrute parmi les ouvrières, les domestiques, les servantes de brasseries ; les artistes de cafés-concerts s'y adonnent également. Les mœurs allemandes facilitent du reste, sans le vouloir, les écarts des domestiques. Dans un grand nombre de familles il est d'usage de donner aux bonnes une clef de la maison ; leurs gages sont un peu moins élevés, mais leur liberté, en revanche, est plus grande. Leur ouvrage fini, ces filles peuvent sortir et rentrer librement.

Le soir, les rues de Strasbourg sont assez désertes. En opposition avec ce qui a lieu dans d'autres grandes villes, la vie s'y éteint vers onze heures. Les magasins sont fermés, la circulation est à peu près nulle et il n'est pas rare de rencontrer à cette heure, tendrement enlacés, des groupes dans tous les endroits sombres et écartés.

Les prostituées de Strasbourg se divisent, au point de vue de leur origine, en Alsaciennes et en Allemandes; un grand nombre des premières sont nées dans la ville ou dans la banlieue ; les Allemandes viennent surtout des états limitrophes; enfin, l'on compte quelques belges et quelques françaises.

La misère, l'insuffisance des salaires, l'amour du luxe et les goûts de paresse, telles sont les principales causes de la prostitution en Alsace-Lorraine ; il faut y ajouter une première séduction qui n'a rien d'extraordinaire eu égard au tempérament particulier des Alsaciennes et des Allemandes, et, pour Strasbourg même, à l'existence de nombreux bals publics et de guinguettes, fréquentés surtout par des militaires ; or l'uniforme, quel qu'il soit, a toujours eu pour les filles du peuple, un attrait irrésistible.

Les souteneurs ne sont passibles d'aucune peine, à Strasbourg ; c'est aux filles que la police s'en prend, quand elle s'aperçoit qu'elles ont un souteneur ; l'administration leur enjoint de s'en séparer et si elles passent outre, elles sont expulsées.

Les rapports de la garnison avec les prostituées sont surveillés ; les militaires sont obligés de fournir, aux médecins de leur corps, les nom et adresse de la femme qui les a contaminés ; les médecins transmettent au bureau des mœurs les indications qu'ils ont pu obtenir en y ajoutant le genre de maladie et le lieu de l'infection. La police arrive, de cette façon, à découvrir des prostituées clandestines qui auraient pu longtemps encore échapper à sa surveillance. Ce système de délation paraît donner de bons résultats à Strasbourg, comme à Berlin. Il y a donc lieu de supposer que, à l'encontre des faits observés ailleurs, les soldats allemands donnent des renseignements plus consciencieux que les militaires belges, français ou autrichiens.

Il est à remarquer aussi que les soldats, ici comme ailleurs, préfèrent avoir des rapports avec les filles clandestines qu'avec les prostituées inscrites.

La syphilis diminue à Strasbourg et sa diminution est toujours en rapport avec la plus ou moins grande efficacité des mesures de répression adoptées vis-à-vis de la prostitution clandestine. Cette coïncidence est surtout curieuse lorsqu'on n'envisage que les cas d'infection signalés parmi les militaires. Leur fréquence diminue en même temps que le chiffre des clandestines arrêtées augmente. L'administration applique, du reste, les règlements de police plus sévèrement qu'autrefois, surtout eu égard aux insoumises.

Toute clandestine arrêtée passe à la visite; si elle est reconnue malade elle est conduite à l'hôpital, par un agent de la police, en même temps que les filles inscrites qui ont été trouvées malades à la visite du jour; les femmes ainsi amenées à l'hôpital y sont internées et elles n'en peuvent sortir, sous aucun prétexte, jusqu'à ce qu'elles soient guéries de leurs accidents contagieux.

Le nombre des clandestines arrêtées a constamment progressé à partir de 1879; depuis 1884 seulement, il a baissé d'une façon assez notable, et tout porte à croire que cette diminution est due à ce que beaucoup de prostituées clandestines ont quitté une ville inhospitalière pour elles; on en avait arrêté en effet 3,288 dans l'espace de six années.

ANNÉES	FILLES CLANDES-TINES ARRÊTÉES	FILLES CLANDES-TINES MALADES	POURCENTAGE
1879	527	404	77 0/0
1880	594	471	79 0/0
1881	530	393	74 0/0
1882	555	365	64 0/0
1883	613	340	55 0/0
1884	479	257	53 0/0

Sur ces 3,288 femmes arrêtées, il y a donc eu 2,230 femmes malades, ce qui fait un total de 67 %. Sur 46,800 visites faites pendant le même laps de temps sur les filles inscrites, on n'a constaté que 785 fois l'existence d'une maladie vénérienne, soit une proportion de 1,67 %.

On a soigné de 1879 à 1884 à l'hôpital 160 hommes vénériens et 799 femmes vénériennes ; en calculant la proportion d'après la population civile (les soldats étant dirigés sur l'hôpital militaire) évaluée à 96,000 habitants, on trouve 1,67 vénériens pour 1,000 hommes et 8,22 vénériennes pour 1,000 femmes.

Le tableau ci-joint montre quelle a été la fréquence des maladies vénériennes soignées à l'hôpital civil de 1874 à 1884 ; le nombre des malades a été très variable, pour les deux sexes ; ce tableau est surtout intéressant en ce qu'il fait toucher du doigt la diminution de fréquence du chancre mou chez l'homme et chez la femme ; les maladies non contagieuses : balanite, phimosis, condylômes, herpès, ne sont pas comprises dans ce tableau.

Mais pour se rendre compte plus exactement de la proportion des hommes contaminés, il faut s'adresser aux statistiques militaires. Les visites régulières de santé faites par les médecins régimentaires, la présence presque constante des soldats contaminés à l'hôpital militaire, la force numérique à peu près égale des garnisons d'avant 1870 et d'aujourd'hui donnent à ces statistiques toute leur valeur.

FRÉQUENCE DES MALADIES VÉNÉRIENNES SOIGNÉES A L'HOPITAL DE STRASBOURG

De 1874 à 1884

	1874		1875		1876		1877		1878		1879		1880		1881		1882		1883		1884	
	H.	F.	H.	F.	H.	F.	H.	F.	H.	F.	H.	F.	H.	F.	H.	F.	H.	F.	H.	F.	H.	F.
Syphilis......	96	143	46	152	56	187	103	229	82	254	79	353	71	289	58	215	87	204	57	185	76	202
Chancres mous	22	86	20	63	29	80	19	129	16	202	41	157	32	163	48	145	36	90	15	71	1	0
Blennorhagies	77	121	76	147	41	134	43	320	57	445	100	473	74	522	113	486	74	363	86	282	78	263
Total......	195	350	142	362	125	401	255	673	155	901	220	983	177	974	219	846	197	657	158	538	155	465

Le pourcentage des maladies vénériennes, qui a été de 1850 à 1869 de 9,4 % chez les militaires, est tombé de 1871 à 1884 à 5,1 %. Ce chiffre résulte des statistiques suivantes :

ANNÉES	0/0	ANNÉES	0,0	ANNÉES	0/0
1850	12,8	1860	6,3	1876	5,2
1851	10,5	1861	9,3	1877	4,7
1852	9,3	1862	7,7	1878	5.2
1853	4,9	1868	13,35	1879	4,0
1854	9,4	1869	13.35	1880	2,7
1855	10,1	1871	12,6	1881	3,2
1856	10,9	1872	8,7	1882	3,6
1857	8,7	1873	4,4	1883	2,2
1858	7,7	1874	7,5	1884	2,2
1859	6,9	1875	4,9		

Parmi les grandes garnisons allemandes, Strasbourg tient un rang relativement favorable au point de vue des affections vénériennes. La diminution de ces maladies, depuis 1879, a surtout coïncidé avec un redoublement de sévérité de la part de la police vis-à-vis des prostituées clandestines. Il est clair que la suppression des maisons de tolérance, qui a été demandée à plusieurs reprises, amènerait une recrudescence des maladies vénériennes. En effet, en 1856 il y avait à Strasbourg 269 prostituées inscrites, dont 156 en maison ; la proportion des hommes infectés était de 1,30 %; de 1873 à 1877 il y avait en moyenne 203 filles inscrites dont 45 en maison seulement ; la proportion des hommes malades a été pendant ces quatre années de 2,05 %.

Loin de vouloir amener peu à peu la suppression des bordels, l'administration devrait donc en favoriser l'établissement ; j'ajoute que les filles inscrites syphilitiques présentent, toutes, des formes atténuées de la vérole.

Les chiffres cités plus haut ne donnent que la proportion des militaires contaminés, qui ont pris leur maladie à Strasbourg ; les médecins militaires ne transmettent à la police aucun renseignement sur les recrues malades qui sont arrivées au corps, déjà contaminées.

Dans la population civile (96,000 individus) il y a eu de 1874 à 1884, 1,2 °/₀ malades hommes atteints de syphilis ; pendant la même période sur 3,633 soldats vénériens, il y a eu 1,035 syphilitiques, c'est-à-dire 12,8 °/₀. Le rapport des syphilitiques aux vénériens est d'un tiers ; pour les femmes il n'est que de un septième : car 931 femmes seulement, sur 7,155 vénériennes, étaient atteintes de syphilis.

Le nombre élevé des soldats syphilitiques eu égard aux femmes vérolées s'explique par plusieurs raisons : Beaucoup de militaires arrivent au corps, déjà infectés ; le commerce sexuel d'une population mâle jeune, vigoureuse et assez oisive est plus actif que celui de la population civile dont il faut défalquer tout d'abord les vieillards et les gens mariés ; enfin la même femme infecte plusieurs hommes et les soldats ont assez l'habitude d'avoir des rapports avec la même femme, les uns après les autres.

Il existe à Strasbourg deux maisons de refuge, l'une protestante, l'autre catholique, où les prostituées repentantes peuvent trouver un asile. La maison protestante est dirigée par des diaconesses, la maison catholique par des sœurs ; dans toutes les deux, on garde les filles jusqu'à ce que l'on soit sûr de leur retour durable au bien ; alors on les place comme domestiques, ou on tâche de les marier.

La règle de ces maisons est assez sévère ; aussi les évasions ne sont-elles pas chose exceptionnelle, pour le refuge catholique surtout, où la discipline est rigoureuse et où l'on admet les prostituées, sans s'être assuré auparavant de preuves sérieuses de leur repentir.

DE LA PROSTITUTION EN ANGLETERRE

I

LONDRES (¹)

« C'est dans Londres surtout qu'il faut étudier la prostitution anglaise. C'est là son centre naturel. Dans cette cuve immense, où ses éléments se rassemblent de tous les points du Royaume-Uni, incessamment elle fermente et bouillonne, jusqu'à déborder. »

Ces lignes que le Dr Richelot mettait, en 1857, en tête de son étude sur la prostitution en Angleterre, anexée à la deuxième édition de l'ouvrage de Parent-Duchâtelet, ne paraissent-elles pas écrites d'hier? De récents scandales, des révélations qui ont fait sursauter le monde civilisé n'ont-ils pas démontré que, loin de décroître, la démoralisation augmentait d'année en année à Londres et que s'il est possible de jeter encore sur cette gangrène un voile d'hypocrisie, le mal n'en est pas moins profond ni moins envahissant.

Il suffit, d'ailleurs, de s'être promené une fois, le soir, dans la capitale britannique, dans Regentstreet, dans Waterlooroad, Waterlooplace, Haymarket, le Quadrant, etc., pour être convaincu que nulle part au monde la prostitution ne s'affiche avec autant de cynisme, que nulle part elle ne s'étale avec autant d'insolence ; il n'y a pas de ville, si dissolue soit-elle, qui puisse offrir un pareil spectacle.

Mais bien qu'il soit possible de toucher le vice du doigt,

---

(1) Quelques-uns des renseignements contenus dans ce chapitre sont dus à l'obligeance de M. Treherne Norton, médecin de Saint-Mary Hospital, à Londres.

bien qu'on se heurte à tous moments à la provocation la plus éhontée, il est difficile de présenter un tableau exact de la prostitution à Londres. Toutes les données manquent à la fois, et il n'est au pouvoir d'aucune administration de fournir des chiffres ou une statistique de quelque valeur.

Il serait puéril, par exemple, de vouloir fixer même approximativement le nombre des prostituées qui exercent leur métier dans cette ville immense, ou plutôt dans cette série de villes juxtaposées qui composent l'agglomération londonienne. A la fin du siècle dernier la population de Londres n'était que de un million d'habitants. Le nombre des prostituées y était évalué à cinquante mille environ, par le D\u02b3 Colquhun. M. Chadwick, en 1853, M. Mayne, en 1856, ont estimé l'un à sept mille, l'autre à dix mille le chiffre des prostituées vivant à Londres, dans le ressort de la police métropolitaine; la Cité, où cette police n'exerce aucune juridiction, étant naturellement exceptée.

L'évaluation du D\u02b3 Colquhun paraît exagérée; celles de MM. Chadwick et Mayne sont en tous cas beaucoup trop optimistes; la police de la Cité, après une enquête approfondie, a porté à quatre-vingt mille le nombre des prostituées vivant dans toute l'étendue de la capitale; mais Londres s'est agrandie depuis cinquante ans, sa population est aujourd'hui de près de cinq millions d'individus, et l'on est en droit de conclure, d'après les chiffres précédents, dont le dernier surtout a pour lui l'autorité de Ryan et de Talbot, que le nombre total des filles publiques et des individus des deux sexes vivant de la prostitution peut être estimé à près de cent mille actuellement.

La prostitution a donc pris, dans la capitale de l'Angleterre, des proportions formidables dont aucune autre ville du monde ne peut donner une idée.

Quelles sont les causes de l'extension d'un mal que la pruderie anglaise essaye encore de nier, mais sur les progrès alarmants duquel elle ne saurait abuser personne ?

Ces causes sont locales et générales : parmi les causes générales, j'entends la misère, le goût du luxe, la paresse, l'ignorance, etc., qui ont en Angleterre, comme en France, comme partout, une influence manifeste sur le développement de la prostitution ; mais cette influence, quelque active qu'elle soit, est moins néfaste et fait moins de victimes que celle exercée par les causes locales, dues aux mœurs et aux habitudes anglaises elles-mêmes. Celles-ci jouent dans l'accroissement de la prostitution en Angleterre, et à Londres en particulier, un rôle prépondérant; ce sont elles qui poussent fatalement des milliers de jeunes filles à leur perte ; ce sont elles qu'il faut surtout étudier.

La plus importante de ces causes est certainement la liberté absolue, sans restrictions, dont la prostitution a joui jusqu'en 1864, en Angleterre, et dont elle jouit de nouveau à peu près sans limites. Filles publiques et entremetteuses n'y étaient sujettes qu'au droit commun. L'inviolabilité du domicile, inscrite parmi les prérogatives les plus sacrées des citoyens, ne permettait aucune perquisition dans les maisons de débauche, du moment que la paix publique n'y était pas troublée ; la police ne pouvait y pénétrer que si deux citoyens patentés, dont on exigeait par avance près de 2,000 francs de caution, avaient déposé une plainte entre ses mains.

Est-il nécessaire de dire que, grâce au chiffre élevé de la garantie pécuniaire réclamée aux plaignants, le nombre de ces descentes de police était absolument insignifiant!

Rien n'empêchait donc les proxénètes de continuer tranquillement leur métier, et la liberté laissée à la prostitution a non seulement amené fatalement son extension, mais ainsi qu'on le verra tout à l'heure, son association intime avec le vol et le trafic éhonté, presque public, des jeunes vierges qui a pris à Londres un développement inouï.

L'organisation même de la société anglaise est une puissante cause de démoralisation. Les divers éléments dont elle se compose sont divisés en castes ou en classes nettement tranchées. La terre n'est pas morcelée, comme dans presque tous les pays du continent ; le sol est aux grands propriétaires fonciers, appartenant presque tous à la noblesse et il est maintenu dans leurs familles par le droit d'aînesse. A côté de cette aristocratie du nom et de la naissance, la plus riche du monde, l'essor merveilleux de l'industrie britannique en a créé une autre ; celle des grands industriels, des grands négociants, des grands manieurs d'argent, des grands armateurs ; l'une et l'autre vivent dans l'opulence et dépensent sans compter. La classe moyenne et bourgeoise, travailleuse et économe, est relativement aisée ; elle a sa part de la richesse nationale dont elle a été le principal auteur et qu'elle continue à accroître par tous les moyens ; elle a conservé quelques-unes des vertus qui ont fait sa fortune et que n'a pas su garder la classe ouvrière, infiniment plus nombreuse. Sans esprit d'ordre et de conduite, la plupart des familles ouvrières vivent au jour le jour : qu'il vienne un moment de crise, elles sont plongées dans la plus affreuse misère. Dans les grandes villes surtout le paupérisme a pris une extension formidable ; des milliers d'individus ne vivent que d'aumônes, de métiers louches

ou d'industries interlopes, dont le produit suffit à peine
pour les empêcher de mourir de faim.

On retrouve à Londres, délimitées avec une extraordinaire netteté, ces différentes couches sociales. Le luxe le
plus insensé y règne en haut, la misère la plus effroyable
y sévit en bas. L'accroissement extraordinaire de la population de Londres n'est pas dû seulement au grand
nombre des naissances et à l'annexion successive des
paroisses avoisinantes qui étend de plus en plus le périmètre de la ville. Elle est due aussi à une immigration
incessante. Bien plus que toute autre capitale, Londres
exerce sur les habitants de la province une attraction
irrésistible. Riches ou besogneux, ils y accourent en foule,
les uns pour y dépenser joyeusement leurs revenus, les
autres pour y chercher fortune ou pour y cacher à tous
les regards une existence d'opprobre et de misère. Ce
sont ces derniers qui sont de beaucoup les plus
nombreux. Les campagnes se dépeuplent au profit de la
capitale, et c'est justement dans cette masse d'immigrés,
misérable, affamée et d'année en année plus considérable
que les agents actifs de la prostitution viennent chercher
les recrues dont ils ont besoin.

Il existe à Paris bien des coins inexplorés, à peine connus des gens les plus charitables, où végète une population indigente luttant contre le froid et contre la faim.
Quel que soit le degré de misère où elle est réduite, il ne
saurait être comparé à ce que l'on voit dans des quartiers
entiers de Londres.

Là vivent, entassés dans des chambres ou dans des
réduits sombres et infects, des milliers d'individus. Les
familles anglaises, les plus pauvres surtout, sont très nombreuses : il n'y a qu'une chambre par ménage ; le père,

la mère et les enfants couchent parfois dans le même lit. La promiscuité des sexes est devenue une habitude et considérée presque comme une chose naturelle. Si par hasard, les parents couchent seuls dans leur lit, les enfants, filles et garçons, dorment pêle-mêle sur le même grabat ; il ne s'agit pas seulement de gamins en bas âge, mais de jeunes gens et de jeunes filles de quatorze, quinze et même seize ans. Les enfants grandissent ainsi, perdant toute notion de pudeur et de chasteté ; du reste, cette promiscuité n'est pas limitée aux seuls membres de la famille; des parents éloignés, des apprentis, et, ce qui est plus étonnant, des locataires partagent souvent la même chambre et s'entassent dans des lits insuffisants.

Quelle surveillance effective des parents même bien intentionnés peuvent-ils exercer sur leurs filles, dans ces conditions? Est-il étonnant qu'elles succombent, avant l'heure, aux attentats des étrangers avec lesquels elles sont journellement en contact, ou qu'elles soient violées par leurs frères, par leur père lorsqu'il rentre chez lui en état d'ivresse.

Le goût des alcools est, en effet, prononcé à tous les degrés de l'échelle sociale, en Angleterre. Dans la classe pauvre, l'ivrognerie est la règle ; le père, la mère, fréquentent les tavernes, les *Palais du Gin*, et y emmènent les enfants. Peu à peu l'ivresse exerce sur ces malheureux ses ravages habituels ; les parents s'injurient et se battent; ils désertent leur travail, s'ils se livraient encore à une occupation quelconque : mais pour satisfaire leur passion, pour manger, pour payer le loyer de leur misérable taudis, ils ont besoin d'argent : ce sont les enfants qui en procurent au ménage; on les envoie tendre la main dans les rues de la ville, quelquefois on leur apprend à voler. Il faut, quand ils rentrent au logis, que filles et garçons n'y reviennent pas les mains vides. Un beau soir, écœurée de la vie qu'elle mène, dégoûtée de l'enfer de la maison paternelle, craignant d'être battue parce que sa récolte de la journée n'a pas été fructueuse, la fille ne revient pas ; elle a prêté l'oreille aux conseils de quelque proxénète, elle est irrémédiablement perdue.

Ce défaut de surveillance, à l'âge où les enfants ont plus que jamais besoin de sollicitude, est général dans les familles anglaises. Les jeunes gens et les jeunes filles y jouissent d'une liberté qu'on ne leur accorde pas ailleurs. Dans les classes pauvres et ouvrières on abandonne de bonne heure les enfants à eux-mêmes ; ils vont à l'école ou à leur travail, on ne s'occupe pas d'eux ; qu'ils rentrent à l'heure dite, et tout est bien.

Dans les classes aisées et riches les jeunes filles sont un peu plus surveillées ; mais le *flirtage* leur est permis. C'est une affaire de nuances, je le veux bien, de milieu social ; mais ce qui n'est qu'une innocente coquetterie au haut de l'échelle sociale, devient libertinage au bas.

Beaucoup d'enfants, enfin, sont absolument délaissés, soit qu'ils aient quitté la maison paternelle, soit qu'ils aient été abandonnés par leurs parents. Ils errent à travers les rues de Londres sans asile et sans pain ; ils sont ramassés par les malfaiteurs et les rôdeurs qui prostituent les filles et enseignent le vol aux garçons.

A ces causes locales il convient d'ajouter l'insuffisance de la rémunération du travail des femmes. A Londres leur salaire est dérisoire eu égard à la cherté des objets de première nécessité. Une ouvrière a peine à subvenir à ses besoins les plus pressants avec le produit de son aiguille. La raison de cette dépréciation réside-t-elle dans la concurrence, dans l'encombrement, dans l'avidité des intermédiaires, dans la participation des hommes aux travaux qui devraient être réservés aux femmes seules, peu importe. Cette dépréciation existe à un degré bien plus élevé que chez nous, et elle amène un grand nombre de jeunes femmes à demander à la débauche le supplément de ressources qu'un travail, même acharné, ne saurait leur procurer.

Il est très rare que des jeunes filles appartenant à la bourgeoisie ou à l'aristocratie deviennent des prostituées. Leur éducation, la surveillance plus active dont elles sont l'objet, les principes d'honneur et de moralité qu'on leur a inculqués dès l'enfance les préservent en général d'une chute aussi profonde. Mais les classes riches de la population londonienne contribuent puissamment à la démoralisation du peuple. Le luxe qu'elles étalent avec complaisance, les fêtes qu'elles donnent mettent une sourde envie au cœur des prolétaires. Les filles pauvres, en regardant passer les femmes entretenues, les horizontales dans leurs brillants équipages, se demandent si l'honneur et la vertu valent bien la peine de mener une existence misérable, et s'il n'est pas préférable d'en faire bon marché, pour être riches à leur tour. Quand une fille se pose une question pareille, la réponse qu'elle y fait elle-même n'est pas douteuse ; elle est mûre pour la prostitution.

Ces faits, pourtant, se passent dans toutes les grandes villes; ils ne sont pas particuliers à Londres et je n'en ai parlé que parce qu'ils y revêtent un caractère plus accentué. L'influence démoralisatrice des classes riches s'exerce d'une autre façon, bien plus fâcheuse, et elle tient au caractère britannique lui-même. Positif d'esprit et de cœur, l'Anglais n'a ni le temps ni la patience de préparer ses plaisirs ; comme le dit fort bien le Dr Richelot, il faut qu'on les lui prépare. Lorsque ses sens ou son imagination lui commandent, il obéit brutalement, il ne se donne pas le temps de chercher, il faut qu'il soit servi sur l'heure. Il a de l'or, il payera ce qu'on lui demandera, mais il exige du nouveau et il veut qu'on lui épargne toute peine et tout ennui.

Cette particularité du tempérament anglais a donné naissance à une industrie odieuse, dont le développement paraît fantastique. Il y avait là matière à spéculation et Dieu sait si les Anglais laissent échapper une occasion de ce genre. Le proxénétisme, cynique et éhonté, a donc été élevé à Londres à la hauteur d'une industrie admirablement outillée et singulièrement lucrative. Ne trouvait-il pas à Londres les éléments nécessaires à sa fortune, les hommes riches, dépensant sans compter, et que leur situation obligeait à toutes sortes de précautions mystérieuses d'un côté, et de l'autre des enfants, des jeunes filles abandonnées ou mal surveillées, mourant de faim et que leur mauvaise éducation n'avait que trop préparées à écouter les plus perfides conseils.

Les prostituées de Londres se divisent en plusieurs classes. La première comprend les filles qui ont un domicile particulier, qui vivent chez elles, dans une situation plus ou moins aisée. C'est dans cette catégorie qu'il faut ranger les femmes entretenues, les « *mistresses* » qui dans une ville comme Londres se comptent par un chiffre très élevé. Beaucoup de ces femmes, que je comparerai volontiers à nos demi-mondaines, ont leur hôtel, leurs chevaux et de nombreux domestiques.

La vie qu'elles mènent ne diffère en rien de celle de nos horizontales.

Au-dessous de celles-là, mais toujours dans la même catégorie, on rencontre les filles qui vivent dans leurs meubles, ou dans un garni ; leur situation est plus modeste ; elles n'ont pas d'amant attitré, elles raccrochent le soir, dans les rues, au théâtre, dans les « *music halls* », ou dans les bals ; elles ne donnent lieu, en général, à aucune scène de désordre ou de scandale ; elles sont trop intéressées à passer inaperçues. Du reste, la police use de procédés paternels à l'égard des prostituées qui encombrent les trottoirs des rues les plus élégantes ; les policemen lorsqu'ils s'aperçoivent que les provocations dont il est l'objet ennuient un passant, se contentent d'engager les filles à s'adresser à un autre individu. Ils ne pourraient, en effet, intervenir que si l'individu molesté se plaignait et que sa plainte donnât lieu à un attroupement.

La seconde catégorie comprend les filles qui vivent dans les « *brothels* ». Les brothels de Londres n'ont qu'une vague ressemblance avec nos maisons de tolérance. Ce sont plutôt des maisons de passe ; les femmes qui y habitent se répandent le soir par la ville, racolent dans les rues, dans les parcs, dans les tavernes, etc., et ramènent leur galant au « brothel ». Ces établissements sont situés un peu partout ; ce sont à proprement parler des hôtels garnis, mal famés ; on en distingue deux genres différents ; dans certains brothels, le propriétaire fournit aux femmes le logement, la nourriture, les vêtements ; elles lui remettent l'argent qu'elles gagnent, et dont il ne leur doit nul compte ; dans d'autres, les filles sont de simples locataires, payant une certaine somme, débattue d'avance, par jour pour leur logement et leur nourriture. Certaines de ces maisons qui s'adressent à une clientèle riche et élégante, sont meublées avec un grand luxe ; d'autres sont simplement confortables ; la plupart sont des bouges infects. En 1864, un recensement officiel fixait le nombre des brothels à 1332 ; en admettant que chaque brothel ne renfermât que trois femmes, le Dr Vintras estime à 3,996 le chiffre des prostituées vivant dans ces mauvais lieux. Mais ce total me paraît au-dessous de la vérité ; la police ne connaît pas et ne peut connaître tous les brothels de Londres et le chiffre de trois femmes par maison est certainement trop minime.

Il faut ranger dans la troisième catégorie toutes les filles qui n'ont pas, à proprement parler, de demeure fixe. Ces femmes vivent dans des « *hells* » (en ers), dans des tavernes, dans des *bars,* où elles conduisent les hommes qu'elles ont raccrochés, ou dans d'ignobles hôtels garnis où elles sont entassées les unes sur les autres, pêle-mêle avec les rôdeurs et les voleurs de profession. Beaucoup d'entre elles n'ont même pas d'asile ; celles-là, après avoir erré toute la journée à travers l'immensité de Londres, passent la nuit dans les squares et les parcs, dans les terrains vagues, dans les maisons en construction.

Les filles qui font partie de cette troisième catégorie sont infiniment plus nombreuses que les deux autres ; on peut évaluer leur chiffre à plus de trente mille.

Les prostituées de la première classe sont en général majeures ; dans les deux autres catégories il y a énormément de filles mineures.

Enfin il existe à Londres quelques maisons de tolérance copiées sur le modèle de nos lupanars. Elles ont été établies par des Françaises ou des Belges, mais comme elles ne répondent pas à des habitudes locales, il n'y a pas lieu de supposer que leur création soit le signe ou le prélude d'une modification de l'état actuel de la prostitution en Angleterre.

Il n'y a pas, à proprement parler, de brasseries à femmes à Londres ; elles sont remplacées par des tavernes, des *hells* (enfers), des débits de boissons où tout est organisé en vue de la débauche. Les servantes de ces établissements se prostituent aux consommateurs ; mais ils servent surtout de maisons de passe aux prostituées errantes ; elles y amènent des hommes, les font boire et boivent avec eux ; les rapports ont lieu dans des pièces dépendant du débit ; on peut aisément se figurer le tableau que doivent présenter ces tavernes avec leur population de souteneurs, de rôdeurs et de filles, ivres de gin et de whisky.

Les prostituées de Londres ne résistent pas longtemps à l'horrible vie qu'elles mènent. Les excès alcooliques, les privations, les mauvais traitements ruinent de bonne heure leur santé. Un grand nombre d'entre elles sont syphilitiques ; mal soignées, elles succombent aux accidents consécutifs à la vérole ; la phtisie, les affections aigües des voies respiratoires en emportent un grand nombre. Beaucoup d'entre elles enfin, écœurées et dégoutées de la vie, cherchent dans le suicide la fin de leurs souffrances.

Et pourtant, si misérables et si malheureuses qu'elles soient, elles font vivre tout un monde de proxénètes et de souteneurs. Les patrons ou les patronnes des brothels, s'ils ne se livrent pas eux-mêmes aux proxénétisme, ont besoin d'intermédiaires pour le recrutement de leur personnel. Les pourvoyeurs ne leur manquent pas, et ceux-ci sont passés maîtres dans leur métier.

Un grand nombre de filles publiques sort de ces bouges infâmes de Saint-Giles, de White-Chapel, de la Cité, de Westminster, etc. Celles-là n'ont pas besoin d'être savamment corrompues ; nées de voleurs et de filles publiques, elles ont toujours vécu dans une atmosphère de vice ; elles ont assisté aux plus ignobles orgies, on peut dire d'elles qu'elles sont nées pour la prostitution ; elles entrent dans les brothels à l'âge de 12 ou 15 ans, soit qu'elles y suivent volontairement les proxénètes qui ont été les chercher, soit qu'elles aient été adroitement enlevées, soit encore qu'elles aient été louées ou vendues par leurs parents.

Les jeunes ouvrières, les femmes mariées, les veuves qui sont dans l'impossibilité de suffire avec le seul produit de leur travail deviennent également la proie des proxénètes. Ces femmes les circonviennent et finissent par leur faire prendre le chemin d'un mauvais lieu.

Dès lors elles ne travailleront plus que pour la forme et elles finiront rapidement par rouler jusqu'à la débauche la plus crapuleuse.

C'est au détriment des enfants surtout que s'exerce le proxénétisme ; les mineures sont cotées à des prix très élevés. Les révélations de la *Pall-Mall gazette* sur ce qu'on est convenu d'appeler les scandales de Londres ont fait la vérité sur ce point. Une jeune vierge se paye couramment de 500 à 3,000 francs et quelquefois plus. Je ne m'appesantirai pas sur les moyens odieux employés par les proxénètes pour se procurer constamment de nouvelles victimes. Les vols d'enfants sont chose courante : quelques femmes ont acquis, sous ce rapport, une habileté et une dextérité étonnantes. D'autres ne volent pas de petites filles ; elles les attendent, quand elles vont à l'école ; elles leur inspirent confiance, leur promettent des friandises, et réussissent à les attirer chez elles ou à les mener dans une maison de prostitution ; elles ne s'adressent pas exclusivement aux enfants pauvres, les filles de la bourgeoisie même sont ainsi débauchées.

La proxénète n'opère pas toujours par elle-même ; elle a souvent des agents actifs. Ce sont des jeunes filles de 16 à 18 ans, déjà prostituées, qui vont à travers la ville, modestement vêtues, et qui abordent les jeunes filles qu'elles rencontrent sous un prétexte quelconque. Celles-ci sont sans défiance, elles se lient facilement ; leur nouvelle amie les engage à l'accompagner au théâtre ou à la promenade ; elle fait miroiter à leurs yeux la promesse d'une place dans un atelier ou dans un magasin et finit par les entraîner dans un « *brothel* ».

Ce sont encore des boutiquiers peu scrupuleux qui affichent une annonce dans laquelle ils demandent des ouvrières auxquelles ils donneraient la table et le logement ; des jeunes filles se présentent chez eux ; si elles sont jeunes et jolies elles sont acceptées ; au bout de quelques jours, sous le couvert d'une commission, on les envoie dans un mauvais lieu, où elles sont prostituées.

Quelle que soit l'étendue de Londres et le chiffre de sa population, il était impossible que la prostitution y trouvât des éléments suffisants pour ses exigences. La clientèle des proxénètes et des « *brothels* » demande incessamment du nouveau ; on ne peut présenter à un débauché qui paye grassement deux fois la même fille ; aussi les malheureuses victimes de ce commerce ignoble ne restent-elles jamais longtemps dans les mêmes établissements. Les patrons se les repassent de l'un à l'autre ; à chaque changement elles descendent un peu plus bas, jusqu'à ce qu'enfin malades, flétries avant l'âge, elles soient brutalement jetées à la porte sans asile et sans ressources : elles vont alors grossir la tourbe de ces filles qui croupissent dans les bas-fonds de Londres et qui deviennent les auxiliaires des voleurs et des assassins.

Les proxénètes et les patrons des maisons de débauche
ont donc des agents spéciaux dont la mission est de voya-
ger soit en Angleterre soit sur le continent. Ces agents
sont nombreux, intelligents et bien rétribués ; ils se présentent jusque dans les familles, sous le masque de courtiers d'importantes maisons de commerce ; ils engagent
des jeunes filles comme lingères, couturières, brodeuses
ou modistes ; ils leur promettent un salaire élevé, ils versent même entre leurs mains les appointements d'un premier trimestre. Ils présentent à ces jeunes filles une
espèce de traité ; elles croient de bonne foi signer au bas
de l'engagement honorable qu'on leur a lu ; elles n'ont en
réalité souscrit qu'à leur infamie. Aussitôt embauchées,
elles partent pour Londres où elles sont livrées à la débauche, de gré ou de force.

D'autres agents battent le pavé des salles d'attente des
gares de chemins de fer ; ce sont en général des femmes
qui ont cette spécialité ; elles ont promptement dévisagé
les jeunes filles qui arrivent pour se placer. Elles s'offrent
pour les piloter dans la grande ville, pour leur faciliter
les occasions de trouver de l'ouvrage, pour les loger en
attendant : on devine le reste.

Je ne cite que pour mémoire les agences interlopes de
placement dont les annonces s'étalent un peu partout, et
qui livrent directement aux patrons des brothels les malheureuses qui s'adressent à elles.

Toutes ces filles ainsi racolées par les proxénètes et les
entremetteurs ne succombent pas de leur plein gré. Des
enfants même luttent longtemps avant de s'abandonner.
Quelquefois la persuasion, les caresses, les cajoleries ont
raison des résistances ; mais il est des cas, où elles
échouent absolument. La force est rarement employée

cependant ; on préfère recourir à des moyens plus sûrs ,
on feint de céder, on promet à la jeune fille de lui rendre
sa liberté, le lendemain ; mais on lui sert un breu-
vage narcotique quelconque qu'elle absorbe sans défiance,
elle s'endort et elle se réveille prostituée. A partir de ce
moment, elle est perdue ; les liqueurs fortes qu'on lui
fait absorber, la pensée qu'elle est seule et sans appui
dans une ville immense, la honte même, la maintiennent
dans la maison où elle est entrée.

Ces malheureuses, grandes ou petites, sont livrées à un
certain nombre d'hommes par jour ; beaucoup, dans les
brothels infimes et dans les tavernes qui sont organisées
pour la débauche, ont jusqu'à vingt rapports dans les
24 heures.

Les souteneurs des prostituées de Londres sont extrê-
mement dangereux. Presque tous voleurs de profession,
ils ne reculent pas devant un meurtre. Ils se rassemblent
surtout dans ces quartiers de Saint-Giles, de White-Chapel,
de Fleet ditch, etc., que j'ai déjà décrits. Leur apprentissage se fait de bonne heure ; ils sont initiés au vol,
par les vieux voleurs ou par les logeurs eux-mêmes.
Dans beaucoup de maisons garnies on n'admet que des
enfants ; filles et garçons y sont couchés pêle-mêle ; les
petites filles y sont admises comme maîtresses attitrées
de gamins de 12 ou 15 ans ; les uns et les autres sont
dressés à voler ; les logeurs achètent aux garçons les provisions qu'ils rapportent ; les petites filles volent pour
procurer de l'argent aux gamins qui vivent avec elles. Le
prix de ces logements varie de deux à six sous, la nuit.

Les garçons élevés à cette école deviennent des souteneurs, dès qu'ils ont acquis l'âge et la force nécessaires ;
la férocité des souteneurs de Londres est proverbiale.

Nombre d'hommes, attirés par les prostituées dans une maison mal famée ou dans un endroit écarté deviennent les victimes de ces chenapans qui les dépouillent et les assassinent. Ces crimes restent, la plupart du temps, impunis ; lorsque les cadavres de ces malheureux, entraînés par les flots de la Tamise, attirent l'attention de la police, il est trop tard pour que l'enquête puisse aboutir à un résultat.

Qu'ont fait le gouvernement et l'autorité municipale pour remédier à un état de choses aussi alarmant? Presque rien. On a multiplié les *Workhouses* ou maisons de travail et d'abri pour les pauvres, on a multiplié les sociétés de tempérance, les prédications ; on n'a pas osé attaquer le mal en face. On a étendu sur toutes ces horreurs un voile d'hypocrite indifférence, et l'Angleterre a continué à jouir, de par le monde, du renom de la nation la plus morale de la terre.

Les choses auraient pu rester longtemps ainsi, si la progression effrayante des maladies vénériennes n'avait attiré l'attention des médecins, des hygiénistes et des administrateurs éclairés. La syphilis sévissait cruellement aussi bien parmi la population civile que dans l'armée et dans la marine. Holland, en 1864, admettait que 1,652,500 individus des deux sexes contractaient annuellement la vérole, dans le Royaume-Uni. Les pouvoirs publics s'émurent et dans cette même année 1864 la Chambre des Communes et la Chambre des Lords votèrent le *Contagiouses Diseases prevention Act*, qui soumettait la prostitution à la réglementation officielle dans un certain nombre de villes de garnison ou de stations maritimes. Londres ne fut pas comprise dans la réglementation, pas plus qu'Edimbourg, Dublin, Glasgow ou

Manchester. Ce qui a fait reculer l'administration devant une mesure pareille, c'est évidemment l'énormité des frais qui résulteraient annuellement de son application. Car il ne faudrait pas moins de trois millions par an pour la seule ville de Londres, pour le service des dispensaires et l'entretien des malades dans les hôpitaux; il aurait fallu créer des établissements nouveaux. Dans beaucoup d'hôpitaux de Londres, en effet, les vénériens ne sont pas admis; il n'y a qu'un hôpital spécial ou *Lock Hospital*, pour les malades de ce genre. *Guy's Hospital* et *Saint-Bartholomew's Hospital* ont des salles de vénériens; le docteur Lutaud portait à 500 le nombre de lits affectés aux maladies vénériennes en 1886, dans tous les hôpitaux de la capitale. Ce chiffre est absolument ridicule eu égard à la quantité des filles syphilitiques (on peut l'évaluer de 15 à 20,000 environ) qui circulent dans la ville et au nombre des hommes qu'elles peuvent contaminer.

Les Acts avaient produit d'excellents résultats partout où ils étaient appliqués; j'en parlerai avec plus de détails dans la notice consacrée à Portsmouth; mais leur abrogation a été décidée le 21 Avril 1883 par le Parlement.

La campagne activement menée par les clergymen, par la ligue des femmes anglaises, par Miss J. Buttler avait réussi; la loi de réglementation fut abrogée parce qu'elle reconnaissait officiellement la prostitution, parcequ'elle était attentatoire à la liberté des femmes. Les médecins, les moralistes et les personnes sensées, en général, n'ont pu que déplorer la disparition de mesures qui avaient produit d'excellents résultats partout où elles furent appliquées, non seulement parmi les troupes de terre et de mer, mais encore dans la population civile des stations soumises aux Acts.

Il a fallu qu'un journal, la *Pall-Mall Gazette*, fît le jour sur les turpitudes journalières de Londres pour rappeler au gouvernement qu'il était de son devoir de veiller à la santé et à la sécurité publiques. Que les révélations de la feuille anglaise aient eu un but de réclame ou qu'elles aient été dictées par un sentiment d'humanité facile à comprendre, peu importe. Le scandale qu'elles ont provoqué a été aussi douloureusement ressenti en Angleterre qu'il a profondément ému l'Europe. Il a eu pour conséquence de faire voter par les Chambres, presque sans opposition, deux lois répressives : l'une pour protéger les mineures, l'autre pour arriver à supprimer les brothels.

Voici le texte de ces lois :

I. — Quiconque engage ou essaye d'engager une femme ou une fille dans les possessions de la Reine ou en dehors, à devenir une prostituée commune ;

II. — Quiconque engage ou essaye d'engager une femme ou une fille à quitter le Royaume-Uni ou quitter son lieu de séjour habituel, pour devenir l'habitante d'un *brothel*, dans les possessions de la Reine ou au dehors, soit qu'il prévienne ou non la femme ou la fille de son intention, sera coupable de délit et passible d'un emprisonnement de deux ans au maximum, avec ou sans travail forcé.

III. — Quiconque, par menace ou intimidation, engage ou essaye d'engager une femme ou une fille à avoir un rapport sexuel illégal, dans les possessions de la Reine ou au dehors, avec lui-même ou avec un autre homme ;

IV. — Quiconque, par faux prétextes ou autres moyens subversifs, engage une femme ou une fille à avoir un rapport sexuel illégal avec lui-même ou avec un autre homme (ce paragraphe ne devra pas s'appliquer si la femme et la fille savent que ce rapport est illégal) ;

V. — Quiconque pousse une jeune fille de moins de 21 ans à entrer dans un *brothel*, avec l'intention qu'elle aura un rapport sexuel avec lui-même ou avec d'autres, à la condition qu'elle ne sache pas que cette maison soit un *brothel* ou la dépendance d'un *brothel*, sera passible de deux ans de prison au maximum, avec ou sans travail forcé.

VI. — Quiconque, illégalement ou charnellement, connaît une fille âgée de moins de 12 ans, sera coupable de crime et passible de la servitude pénale de cinq ans à perpétuité, ou d'emprisonnement de deux ans au maximum, avec ou sans travail forcé.

VII. — Quiconque connaît ou tente de connaître illégalement ou charnellement une jeune fille âgée de plus de 12 ans et de moins de 15 ans sera coupable de délit, et sera passible d'un emprisonnement de deux ans au maximum, avec ou sans travail forcé.

Toutefois, il sera excusé s'il prouve qu'il avait de bonnes raisons pour croire que la fille avait 15 ans ou plus.

Personne ne sera poursuivi de ce chef sans l'assentiment de l'attorney général ou du directeur des poursuites publiques, à moins que le magistrat ne juge qu'il puisse être nécessaire de s'assurer de la personne du prévenu.

VIII. — Quiconque, propriétaire ou occupant à un titre quelconque une propriété, permettra à une jeune fille de moins de 15 ans, d'entrer en contact soit avec un seul, soit avec plusieurs hommes, sera coupable de délit et sera puni de deux ans de prison au maximum, avec ou sans travail forcé.

Si un juge de paix est convaincu, à la suite d'une dénonciation faite sous serment devant lui par un parent même collatéral, un tuteur de la jeune fille ou toute personne qui, dans son opinion, agira *bona fide* au mieux des intérêts de la jeune fille, que l'acte prévu par cet article aura été commis dans un lieu dépendant de sa juridiction, il pourra donner mandat à un inspecteur ou à un officier de police pour entrer, au besoin par la force, dans ce lieu, faire toutes les enquêtes nécessaires et arrêter et amener devant la justice quiconque il soupçonnera de ce délit, ainsi que la jeune fille ; et les magistrats pourront contraindre celle-ci à paraître comme témoin.

Quiconque enlève, contre la volonté de son père ou de sa mère ou de toute autre personne ayant pouvoir légal sur elle, une jeune fille de moins de 18 ans, dans le but de lui faire avoir des rapports illégaux avec un homme, sera coupable de délit et condamné à deux ans de prison au maximum, avec ou sans travail forcé.

IX. — Si dans la poursuite pour rapt, le jury arrive à la conviction que l'accusé n'est pas coupable de crime, mais seulement d'attentat à la pudeur, l'accusé sera passible seulement de la peine affectée à ce dernier délit.

X. — La sous-section II de la 55e section de l'*Act* de la session des seconde et troisième année du règne de Sa Majesté, chapitre XLVII intitulé : *Act pour fortifier la police dans la métropole et sa banlieue*, et la section 28 de la loi sur la police des villes de 1847, sont abrogées et remplacées par les dispositions suivantes :

1° Toute prostituée commune ou promeneuse de nuit qui, dans un lieu public, dans les limites du district de la police métropolitaine, sollicite les passants dans un but de prostitution ;

2° Tout homme qui dans un lieu public importune habituellement ou avec persistance les femmes ou les jeunes filles, dans un but immoral, sera coupable de délit.

Un seul témoin ne suffira pas pour établir la preuve.

XI. — Dans tous les procès provoqués par cet *Act*, les magistrats pourront faire interdire l'accès de la salle d'audience à toutes les personnes âgées de moins de 21 ans.

XII. — Les intéressés sont exclus de cette disposition.

XIII. — *Suppression des brothels.* — Quiconque tient, gère ou aide à gérer un *brothel;*

Quiconque, locataire ou occupant d'un lieu quelconque, permet qu'il soit, en tout ou en partie, employé comme *brothel*, sera passible : 1° d'une amende de 20 livres au plus ou d'un emprisonnement de deux mois au maximum, avec ou sans travail forcé ; 2° en cas de récidive, d'une amende de 40 livres au plus ou d'un emprisonnement de trois mois au maximum, avec ou sans travail forcé. En cas de troisième poursuite, outre la pénalité ci-dessus, la personne coupable devra s'engager, avec ou sans caution, au gré de la Cour, à mener bonne conduite pendant douze mois au maximum, ou à défaut de cet engagement à trois mois d'emprisonnement, qui ne se confondront pas avec l'autre peine.

Ces lois produiront-elles les résultats que le gouvernement s'en promet ?

Les *brothels* seront-ils obligés de disparaître ? Je me permets d'exprimer les plus grandes réserves à ce sujet.

Les patrons de ces maisons seront tenus à plus de circonspection et à plus de mystère ; ils éviteront le bruit, le scandale, tout ce qui peut attirer l'attention sur eux, en un mot ; mais ils continueront, comme par le passé, à livrer à leurs clients les jeunes filles que ceux-ci leur demandent. Une loi ne change pas des habitudes aussi invétérées.

Au point de vue de la santé publique, aucune mesure n'a été prise ; les prostituées de Londres sont toujours libres de transmettre la syphilis à qui veut la prendre. La satisfaction avec laquelle l'abrogation des *Contagiouses Diseases prevention Act* a été accueillie en Angleterre, par la masse de la population, ne laisse pas supposer, que l'on reprendra bientôt quelque disposition analogue, et je ne puis que m'associer aux paroles de M. Lutaud lorsqu'il dit,

dans son Etude sur la Prostitution en Angleterre (1), que
la nation anglaise, qui a cependant marché si avant dans
la voie du progrès sanitaire, semble impropre à l'application des mesures de nature à compromettre la liberté
individuelle sans présenter des compensations suffisantes
en faveur de la santé publique.

II

LIVERPOOL (2)

Les villes de garnison et les ports de mer ont de tout
temps exercé une attraction irrésistible sur les prostituées.
Liverpool, avec ses 552,425 habitants, avec son port
immense et sa population flottante de marins qui n'est
jamais inférieure à 40 ou 50,000 individus n'échappe pas à
la loi commune. Aussi les prostituées y ont-elles toujours
été fort nombreuses, et quoiqu'il soit impossible d'en
savoir le chiffre exact, on peut l'évaluer sans exagération
à plus de 4,000.

Ces 4,000 filles publiques sont toutes des clandestines ;
il n'existe pas en effet à Liverpool de service des mœurs ;
nulle réglementation n'y oppose un frein salutaire à
l'accroissement et à l'exercice de la prostitution ; le *Contagiouses Diseases prevention Act*, qui plaçait sous le régime
de la réglementation onze stations navales et militaires,
ne s'appliquait pas à Liverpool ; et même dans le cas
contraire, la loi due à l'initiative de lord Clarence Paget

(1) *Annales d'Hygiène publique et de Médecine légale.* III° série, t. **XV**
année 1886. Paris, J.-B. Baillière et fils.
(2) Les renseignements sur la prostitution à Liverpool m'ont été gracieusement fournis par le D\u1d63 Lowndes, médecin de la police et du Lock-Hospital
à Liverpool.

ayant été abrogée en 1886, la prostitution n'y serait pas moins affranchie, aujourd'hui, de toute entrave.

Comme il ne peut donc être question ici que de prostitution clandestine, je ne saurais donner des chiffres exacts, dans bien des cas.

Les prostituées de Liverpool se divisent en deux grandes classes : les filles isolées et les filles en maison. Il existe, en effet des lupanars dans les villes d'Angleterre ; ces *brothels* sont tolérés tacitement par la police, quoique depuis 1886 une loi les interdise absolument et bien que cette tolérance ne lui confère en retour ni le droit d'y pénétrer à toute heure, ni surtout celui de faire visiter les pensionnaires quand elle le juge convenable ; mais leur existence sauvegarde jusqu'à un certain point les apparences ; malheureusement, elle n'empêche pas les rues d'être en tous temps encombrées de filles publiques.

En 1853, 1123 prostituées furent arrêtées et condamnées à Liverpool, pour avoir causé du désordre et du scandale sur la voie publique ; au point de vue de leur origine ces femmes se répartissaient ainsi :

Filles nées à Liverpool	295	soit	26,3 0/0
— en Angleterre	208	—	18,5 0/0
— en Irlande	497	—	44,2 0/0
— en Écosse	43	—	4,3 0/0
— dans le pays de Galles	52	—	4,7 0/0
— dans l'Ile de Man	15	—	1,3 0/0
— à l'étranger	8	—	0,7 0/0

Les Irlandaises fournissaient donc un contingent énorme à la masse des prostituées de la ville : elles appartenaient aux catégories les plus basses de la prostitution, et vivaient dans les *brothels* les plus dégoutants, fréquentés par les innombrables nègres que le mouvement du port amène ou retient à Liverpool, et qui exercent les métiers de cuisinier ou de garçon à bord des navires, de matelot ou de manœuvre.

Les choses n'ont pas changé depuis, au contraire ; et l'on peut s'étonner à bon droit du nombre de prostituées que l'Irlande fournit à Liverpool et à l'Angleterre, quand on sait que chez elles, malgré la misère et les difficultés inextricables où se débat la population de cette île malheureuse, les Irlandaises restent vertueuses.

Quoiqu'il n'y ait pas, à proprement parler, de loi ou d'arrêté qui réprime efficacement la provocation, la police a à sa disposition un certain nombre d'*Acts* et de *Bills*, qui lui permettent de sévir contre des scandales trop multipliés ; c'est ainsi que le *Vagrant - Act* (loi contre les Vagabonds) a été plusieurs fois appliqué, pour nettoyer la voie publique à Liverpool ; on a, d'autre part, pu procéder à l'arrestation, au nom de règlements de police locaux, des femmes qui faisaient du tapage dans la rue. Malheureusement ces arrestations n'empêchent pas les femmes de recommencer, quand elles sont remises en liberté ; le tableau suivant montre à quel point les récidives sont fréquentes :

ANNÉES	TOTAL DES FILLES ARRÊTÉES	NOMBRE DES ARRESTATIONS	CONDAMNATIONS	
			Total des filles	Total des condamnations
1880	1981	5084	1600	3657
1881	1852	4586	1562	3538
1882	2118	5488	1916	4789
1883	2374	5544	2060	4666
1884	2291	5366	1975	4487
1885	2275	5279	1992	4372

C'est un fait connu que le nombre des prostituées arrêtées pour leur conduite scandaleuse sur la voie publique est aujourd'hui deux fois plus considérable que celui des filles que la police sait pertinemment habiter dans la ville ; beaucoup de prostituées résident en effet aux environs de Liverpool et n'y viennent que pour exercer leur métier ; de plus, on n'arrête que les femmes qui font le plus de scandale ; et comme un grand nombre de filles n'occasionnent jamais de désordre et partant ne sont pas inquiétées, on est en droit de considérer le chiffre de 4,000 prostituées, donné plus haut, plutôt au dessous qu'au dessus de la vérité.

En 1885, 2,890 arrestations furent opérées par application du *Vagrant-Act ;* elles donnèrent lieu à 2,383 condamnations et à 507 ordonnances de non lieu : ces chiffres se rapportent aux arrestations et non pas aux individus.

5,279 arrestations, portant sur 2,275 filles, furent opérées dans la même année pour conduite scandaleuse sur la voie publique ; il y eut 4,372 condamnations, réparties sur 1,992 personnes.

Il existait en 1884, 502 *brothels* à Liverpool ; leur chiffre est tombé à 440 en 1885 ; dans l'intervalle, la police en avait fermé un certain nombre, à cause des désordres qui s'y produisaient. A côté de ces *brothels*, il y a des maisons de passe et de rendez-vous, où les filles ne sont pas à demeure ; quoi qu'elles soient moins nombreuses que les *brothels* il est difficile d'en donner même un chiffre approximatif, la police n'ayant aucun renseignement exact sous ce rapport.

Au point de vue de leur situation, on peut diviser les prostituées en filles isolées et en filles en maison, ainsi que je l'ai dit plus haut.

Les filles isolées sont presque toutes des prostituées huppées ; maîtresses des riches négociants de la ville, femmes entretenues, elles habitent leur propre maison, située presque toujours dans un des faubourgs de la ville ; riches ou au moins à l'abri du besoin, bien habillées, elles ont souvent reçu une éducation soignée ; elles sont généralement intelligentes ; elles ne font, de la journée, œuvre de leurs dix doigts. On peut ranger dans la même catégorie les prostituées qui travaillent, qui sont demoiselles de magasin, caissières, modistes, etc, qui ne s'adonnent que le soir à la prostitution, mais qui ne raccrochent pas dans la rue et y passent inaperçues. Malgré leur bien-être, et en dépit de toutes les circonstances favorables au milieu desquelles elles vivent les femmes de cette classe sont souvent atteintes de maladies vénériennes ; elles éprouvent une grande répugnance à entrer à l'hôpital où elles seraient confondues avec la tourbe des prostituées, et elles se font soigner chez elles.

Les filles en maison se subdivisent en deux catégories. La première comprend les prostituées élégantes, qui habitent les *brothels* situés dans les rues tranquilles et d'aspect respectable ; ces *brothels* sont eux-mêmes installés dans des maisons d'apparence sérieuse ; on les trouve surtout dans le centre de la ville ; ils y forment des rues entières, assez longues ; on pourrait dire qu'ils y constituent un quartier spécial ; beaucoup de ces filles sont malades, et elles sont d'infatigables propagatrices de la vérole ; dans certaines de ces maisons, elles ne sont que les locataires du tenant ; elles lui remettent une certaine somme pour leur loyer et pour leur entretien. Dans les autres, les filles sont tenues de donner tout l'argent qu'elles gagnent au patron, qui leur fournit en retour la chambre, la nourriture et les vêtements. Le système des maisons de tolérance, tel qu'il existe en France, a été appliqué à Liverpool dans quelques maisons : il n'a pas réussi. Les femmes de cette catégorie fréquentent les petits théâtres, les bals, les concerts ; elles sont adonnées à l'ivrognerie. Lorsqu'elles sont malades, et la plupart d'entre elles sont contaminées, elles se font soigner à l'hôpital ou si elles n'ont pas les vêtements et les objets nécessaires que la règle de l'hôpital impose à toute entrante, elles demandent leur admission dans un *Workhouse.*

La deuxième catégorie des filles en maison comprend les prostituées qui se trouvent dans les *brothels* infects de la région septentrionale de la ville, à Toxteth Park, ou dans les quartiers du sud. Ces quartiers font partie de ce que l'on a appelé, avec tant de justesse, le *Liverpool mal-propre*, et ils sont également le rendez-vous des voleurs et des gens sans aveu. Les filles de cette classe sont des ivrognes endurcies, absolument dégradées, auxquelles les hommes qu'elles reçoivent font subir des traitements bar-bares ; il n'est pas rare qu'elles soient assassinées avec une férocité inouïe ; elles sont elles-mêmes tellement lasses et dégoûtées de leur vie, qu'elles commettent par-fois un meurtre, pour se faire arrêter et condamner : la pendaison leur paraît plus douce que l'enfer dans lequel elles vivent et dont elles ne peuvent sortir. Ai-je besoin de dire que ces filles sont toutes contaminées, et qu'elles propagent la syphilis dans des proportions effrayantes.

Quoique vivant en maison, toutes ces prostituées se répandent, le soir, dans les rues de la ville ; les plus belles, les plus animées sont celles qu'elles recherchent de préférence ; la police procède de temps en temps au nettoyage des voies les plus infestées, mais le scandale, un instant réprimé, renaît bientôt.

Il n'y a pas de pénalité spéciale contre les souteneurs ; ceux-ci se recrutent dans la lie de la population ; ce sont des rôdeurs de la pire espèce, des voleurs, des assassins ; la police les surveille et elle les arrête lorsqu'ils troublent la paix de la rue.

Les causes de la prostitution à Liverpool semblent être la précocité des instincts sexuels chez l'homme ; l'énorme proportion de célibataires qui habitent la ville et les habitudes d'intempérance si fréquentes en Angleterre, même dans les classes riche et moyenne ; la misère, la paresse et l'amour des plaisirs, le goût de la toilette, la domesticité, la promiscuité dans les ateliers, le défaut de surveillance de la part des parents.

Quand on parcourt les rues de Liverpool le soir, on est frappé de la quantité de filles mineures qui se livrent à la prostitution ; la majeure partie de ces malheureuses ont été envoyées dans la rue par leurs parents pour y demander l'aumône ou y vendre quelques menus objets : mal surveillées, peu instruites, elles ne savent et ne peuvent pas résister aux obsessions d'un débauché ou aux conseils d'une proxénète : elles se perdent sans retour. En un mot, comme le dit le Dr Lowndes, ces jeunes filles deviennent des prostituées parce qu'elles n'avaient réellement pas la chance de devenir autre chose.

J'ajoute qu'à Liverpool, comme partout en Angleterre, les proxénètes sont constamment à la recherche de petites filles, pour les besoins de leur clientèle.

Les lois qui répriment la prostitution sont peu nombreuses et peu effectives. Je transcris le paragraphe suivant de la loi de Victoria (5 et 6, c. 106, sec. 149) :

« Toute prostituée habituelle ou rôdeuse de nuit, qui stationnera où se promènera dans la rue ou sur une place publique, dans le but de se prostituer ou qui par ses sollicitations incommoderait les habitants et les passants, est passible d'une amende de 40 schellings au plus. »

Cette disposition législative reste à peu près à l'état de lettre morte, car les filles qui encombrent les trottoirs, reconnaissant de loin les policemen à leur uniforme ont le temps de se sauver ou d'adopter une tenue décente ; si la police emploie des agents en bourgeois, tout le monde réclame au nom de la liberté individuelle.

Malgré les paragraphes qui, dans différentes lois du royaume, visent les propriétaires de *brothels* ces industriels sont peu inquiétés. La police agit, lorsqu'elle intervient, au nom d'arrêtés locaux, surtout au nom du *Vagrant-Act*. Il y a d'étranges contradictions dans les codes anglais : c'est ainsi qu'une loi défend de tenir un *brothel*, mais une autre loi, reconnaissant implicitement l'existence de ce genre de maisons, interdit aux personnes qui tiennent un *brothel* de loger ou de nourrir des voleurs et des gens soupçonnés de ne vivre que du produit des vols.

La syphilis et les maladies vénériennes doivent, dans ces conditions, faire de grands ravages parmi la population sédentaire et flottante de la ville ; il serait étonnant qu'il en fût autrement. Les malades atteints d'affections vénériennes sont traités dans des salles spéciales des hôpitaux généraux, ou dans des hôpitaux spéciaux ; la création de ces salles ou de ces hôpitaux a été reconnue nécessaire. Dans toutes les grandes villes anglaises, et surtout dans les ports de mer, on les a nommés des *Lock Hospitals* ou *hôpitaux fermés*. L'hôpital spécial de Liverpool a été ouvert en 1834 ; il contient cinquante lits. Les chiffres suivants en donnent le mouvement dans ces dernières années :

ANNÉES	HOMMES	FEMMES	TOTAL
1874	312	144	456
1875	295	172	467
1876	336	150	486
1877	326	141	467
1878	391	183	574
1879	319	215	531
1880	333	291	624
1881	362	280	642
1882	352	287	639
1883	321	252	573
1884	405	195	600
1885	294	187	481

Les malades y entrent librement, à moins d'être des marins étrangers venus sur des navires étrangers ; mais ils peuvent aussi sortir quand ils le veulent, quoique cependant on fasse tout ce qui est possible pour les retenir jusqu'à la complète guérison des accidents contagieux.

Le nombre des femmes malades a beaucoup augmenté depuis quelques années, quoiqu'il y ait sous ce rapport des fluctuations inévitables ; la plupart d'entre elles sont des prostituées ; le nombre des jeunes filles, victimes de viols, est assez considérable : les gens du peuple s'imaginent, en effet, qu'il suffit d'avoir des rapports avec une vierge pour se guérir d'une affection vénérienne, et cette horrible superstition est la cause d'une foule de viols et d'attentats criminels.

Beaucoup de malades des deux sexes ont été admis dans les *salles fermées* des *Workhouses* de Liverpool ; ne pouvant plus gagner leur vie en se livrant à la débauche, les prostituées entrent dans ces établissements ou on leur assure des locaux spéciaux ; celles qui sont contaminées entrent à l'infirmerie ; les hommes, atteints de maladies vénériennes, sont également dirigés sur l'infirmerie à leur entrée dans le *Workhouse*. Le nombre des malades des deux sexes traités dans ces conditions, dans les dernières années, est donné par le tableau ci-dessous :

ANNÉES	HOMMES	FEMMES	TOTAL
1880	165	285	453
1881	289	322	611
1882	273	387	660
1883	267	414	681
1884	337	426	763
1885	348	368	716

Mais le nombre des personnes traitées à l'hôpital ou dans les infirmeries communales n'est qu'une faible partie de la masse totale des malades. L'énorme majorité des vénériens se fait soigner en ville. D'après les observations du Dr Lowndes et de ses confrères, jamais la syphilis n'a été plus fréquente à Liverpool que dans ces dernières années. Voici du reste la statistique des décès, attribués à la syphilis, survenus à Liverpool depuis 1874.

ANNÉES	HOMMES	FEMMES	TOTAL	ENFANTS AU DESSOUS DE UN AN
1874	50	42	92	77
1875	42	28	70	60
1876	47	33	80	66
1877	40	31	71	65
1878	33	34	67	61
1879	37	38	75	62
1880	43	46	89	67
1881	32	29	61	40
1882	33	40	73	59
1883	36	44	80	67
1884	34	41	75	57
1855	33	50	83	70

Ces chiffres sont éloquents : ils n'ont pas besoin de commentaires. Ne peut-on donc espérer, qu'éclairés enfin par l'expérience, les pouvoirs publics ne mettent un terme à une situation aussi déplorable?

III

PORTSMOUTH [1]

La prostitution a été longtemps abandonnée à elle-même à Portsmouth, comme partout en Angleterre ; aucune surveillance n'entravait le commerce des filles publiques : prostituées et proxénètes y jouissaient du droit commun. La police n'avait le droit de pénétrer dans un *brothel* que si l'ordre y était troublé ou lorsque deux contribuables déposaient une plainte contre un tenant-maison de débauche, sous leur propre responsabilité ; les provisions qu'ils étaient tenus de verser entre les mains de la justice avant même qu'il ne fût donné suite à l'affaire, montaient à un tel chiffre (près de deux mille francs) que les plaintes devenaient de plus en plus exceptionnelles.

Grâce à l'inertie et à l'impuissance de l'administration, la prostitution se développait de plus en plus et la syphilis faisait chaque jour de nouvelles victimes. A Portsmouth, ville de 128,000 habitants, grand port de guerre et siège d'une garnison importante, la démoralisation faisait de rapides progrès. Les soldats, les marins attiraient tout naturellement une foule de prostituées, qui s'ajoutant au nombre déjà respectable de celles qui

[1] Je dois à l'obligeance du Dr B.-H. Munby, médical Officer of Healths Department, Portsmouth, les renseignements contenus dans ce chapitre.

étaient originaires de la ville même, inondaient les places, les rues et les quais, et rendaient, à la nuit tombante, la circulation presque impossible sur les trottoirs.

La prostitution s'exerçait dans les maisons de débauche, les *brothels* qui, le soir venu, envoyaient au dehors leurs pensionnaires avinées ; dans les *bars* et les débits de boissons, où le gin et le wisky coulaient à flots ; dans les bouges infects qui avoisinent le port, dans les terrains vagues. Des prostituées de tout âge, des enfants à peine pubères et des vieilles édentées, s'y abandonnaient aux soldats, aux marins, aux ouvriers, et à cette population interlope de vauriens et de rôdeurs que l'on rencontre dans toutes les villes anglaises, dans les ports de mer surtout. C'est dans ces bas-fonds de la société que les prostituées trouvaient leurs souteneurs qui les faisaient bientôt devenir les complices de leurs vols et de leurs assassinats.

A côté de cette débauche crapuleuse, la prostitution élégante étalait son luxe et son confort. Les femmes entretenues, habitant leur maison, ayant des domestiques et des voitures, faisaient naître l'envie et la jalousie dans le cœur des filles honnêtes, vivant misérablement de leur travail, et ces exemples pernicieux précipitaient leur chute.

La santé publique souffrait, à Portsmouth comme ailleurs, d'un état de choses aussi alarmant. La syphilis faisait des progrès effrayants dans l'armée et dans la marine. Dans les hôpitaux civils, le nombre des vénériens augmentait sans cesse.

Devant les réclamations des médecins, devant les objurgations de la presse qui se faisaient jour jusque dans l'enceinte du Parlement, le gouvernement se décida enfin, en 1864, à décreter le *Contagiouses Diseases prevention Act*, ou *Loi de prophylaxie contre les maladies contagieuses*. Mais quoique la réglementation eût donné, dans les grandes villes du continent, d'excellents résultats, il ne put se décider à l'appliquer à toute l'étendue du Royaume-Uni. La réglementation fut limitée à onze stations navales et militaires, dans le but d'arrêter le développement de la syphilis dans les armées de terre et de mer. Complété en 1866, cet acte fut étendu en 1869 à trois nouvelles localités. Les quatorze stations soumises à la réglementation étaient : Devenport et Plymouth, *Portsmouth*, Chatham et Scheerness, Woolwich, Aldershot, Windsor, Thorncliffe, Colchester, Winchester, Douvres, Canterbury, Maidstone, Cork et Cunagh.

La réglementation était exclusivement basée sur les visites médicales ; ces visites formaient la clef de voûte du système dont l'inscription n'était que le corollaire. En effet les articles 15 et suivants des *Acts* s'expriment ainsi :

Art. 15. — Lorsque le surintendant de police aura fait connaître à la justice, par serment, qu'il y a présomption suffisante qu'une femme résidant dans l'une des places auxquelles le décret est applicable, ou dans un rayon de six milles autour de ces places, se livre à la prostitution publique, le juge de paix peut adresser à cette femme un ordre de comparution.

Art. 16. — Le juge peut ordonner que cette femme sera soumise à un examen sanitaire périodique. L'ordre sera communiqué au médecin visiteur qui indiquera l'heure et le lieu des visites.

Art. 17. — Les femmes qui se livrent à la prostitution peuvent se soumettre elles-mêmes aux visites sanitaires périodiques par un engagement signé d'elles et légalisé par le surintendant de police.

. . . .

Art. 20. — Si, à la suite de la visite sanitaire, la femme est reconnue atteinte de maladie contagieuse, elle devra être enfermée dans un hôpital spécial ; si elle refuse de s'y rendre, elle y sera forcée sur l'ordre du surintendant de police agissant d'après le certificat du médecin visiteur.

Art. 28. — Toute femme soumise aux visites sanitaires périodiques par ordre de la police et qui refuse ou néglige de s'y rendre ou qui s'absente, toute femme détenue à l'hôpital pour y être traitée, qui s'évade ou qui refuse de se soumettre aux règlements de l'hôpital, est coupable d'offense envers le décret, et par jugement sommaire, devient passible d'emprisonnement avec ou sans travail forcé.

. . . .

Art. 36. — Dans les stations soumises aux décrets, les propriétaires ou principaux locataires des habitations, qui ayant lieu de croire qu'une femme se prostitue et qu'elle est atteinte d'une maladie contagieuse, excitent ou favorisent son commerce de débauche, sont coupables d'offenses envers le décret et passibles d'une amende de 20 livres ou d'un emprisonnement de six mois, sans préjudice des peines encourues pour avoir tenu une maison de débauche.

Les visites étaient hebdomadaires ; les femmes malades détenues à l'hôpital ne pouvaient en sortir qu'après guérison ; l'article 36 permettait de poursuivre les maîtres et maîtresses de « brothels » dont l'une ou l'autre des pensionnaires au moins était atteinte d'une affection vénérienne. Les effets de la réglementation se firent bientôt sentir. Dans chacune des stations soumises, la proportion des vénériens et des syphilitiques diminuait progressivement dans l'armée et dans la marine.

Tout portait à croire que le gouvernement, éclairé par l'expérience, étendrait peu à peu l'autorité des décrets non seulement aux autres villes de garnison, mais à toutes les villes du royaume. Et pourtant il n'en fut rien.

L'opinion publique, avec laquelle le gouvernement est toujours forcé de compter, s'était émue de l'innovation tentée par lui. Les meetings se multipliaient : une vaste association, couvrant tout le pays de ses ramifications se forma parmi les femmes anglaises. Les duchesses et les pairesses, comme les simples bourgeoises, voulurent faire partie de la ligue qui, sous le nom de « *The ladies national association for the repeal of contagious diseases*

acts » réclamait pour les prostituées le retour au droit
commun. Cette association, par ses brochures, ses meetings,
ses prédications, par son journal *(the Schield)*, entretint
une agitation toujours croissante et parvint en 1873 à
faire présenter à la Chambre des Communes une proposition tendant à l'abrogation de la réglementation. La proposition fut rejetée, mais l'association ne perdit pas courage et continua à mener résolument sa campagne. En
1879, elle réussit à faire présenter aux Communes une
nouvelle proposition d'abrogation ; cette fois-ci, elle fut
prise en considération ; la Chambre nomma une commission d'enquête qui ne déposa ses rapports qu'en 1882 ;
l'un de ses rapports, favorable au maintien des *Acts*,
émanait de la majorité de la commission ; l'autre qui demandait la suppression de la réglementation, était émis
par la minorité ; dans sa séance du 23 avril 1883 la
Chambre des Communes décida, en se prononçant en
partie en faveur du rapport émanant de la minorité de la
commission, que l'exécution des *Acts* serait partiellement
suspendue. La lutte entre les partisans et les adversaires
de la réglementation continua dès lors plus ardente : il
s'agissait pour les uns de regagner le terrain perdu, pour
les autres de parfaire leur victoire. Cette victoire fut complète, car le 20 mars 1886 les Communes votèrent l'abrogation des *Acts* à une majorité de 245 voix contre 131, et
la Chambre des Lords ratifia leur décision quinze jours
après.

Dès lors, la réglementation avait vécu. Les médecins,
les hygiénistes, les administrateurs, les philanthropes
sérieux furent consternés par le verdict du Parlement. Le
terrain, si péniblement gagné, était perdu définitivement.
Les prostituées étaient redevenues libres non seulement

de faire ce qu'elles voulaient, mais encore d'infecter qui les approchait.

A Portsmouth, les choses sont revenues rapidement à l'état où les décrets de 1864-66 les avaient trouvées. Le Dr Mundy n'hésite pas à dire que l'immoralité y est devenue plus grande et plus effrayante que jamais ; le nombre des prostituées a augmenté, le nombre des mineures s'adonnant à la débauche est plus considérable; les *brothels*, les maisons de passe, les brasseries à femmes pullulent ; les femmes publiques ne peuvent plus être arrêtées que si elles causent du désordre dans la rue ou en vertu du « *Vagrant-Act* »; si elles sont malades, qu'elles soient venues de leur plein gré à l'hôpital ou qu'elles y aient été amenées à la suite de leur arrestation, personne ne peut s'opposer à leur sortie, quand elles la réclament fermement.

Aucune pénalité spéciale ne peut leur être appliquée.

La syphilis et les maladies vénériennes, dont l'extension paraissait enrayée un moment, ont repris leur marche envahissante. L'augmentation du nombre des militaires et des marins admis dans les hôpitaux, comme atteints d'affections syphilitiques et vénériennes, recommence à prendre des proportions inquiétantes; les médecins civils constatent une recrudescence de la syphilis dans leur pratique hospitalière comme dans leur clientèle particulière.

Est-ce là le résultat auquel voulait arriver la ligue des femmes anglaises ? Il n'y a vraiment pas lieu de les en féliciter !

Le nombre des Anglais résidant aux Indes nous fait penser qu'on lira avec intérêt un exposé rapide de la législation qui régit la prostitution dans la grande colonie anglaise.

Lorsque le gouvernement promulgua les *Contagiouses Diseases prevention Acts*, il décida qu'en dehors des onze stations de la métropole ces *Acts* seraient également appliqués dans les colonies et notamment aux Indes. Les villes de Calcutta, de Madras et de Bombay y furent soumises à partir du mois de Septembre 1869; peu à peu la mesure fut étendue à d'autres villes importantes de la colonie.

Les effets salutaires de la réglementation ne tardèrent pas à se manifester. Les maladies vénériennes subirent une diminution considérable ; la garnison et les prostituées étaient moins atteintes ; les hôpitaux civils recevaient moins de vénériens. De 1859 à 1869 il était entré à l'hôpital militaire de Calcutta 328,2 soldats pour 1,000 hommes d'effectif; de 1869 à 1879, la proportion n'était plusque de 112,7 pour 1,000 hommes d'effectif.

Malgré ces résultats inespérés, les *Acts* furent abrogés pour Calcutta, le 1er Janvier 1885. En 1883 déjà, sur l'initiative du Dr Cunningham, commissaire sanitaire du gouvernement des Indes, certains *Lock Hospitals* avaient été tranformés en dispensaires gratuits. Neuf mois après cette transformation, l'amélioration de l'état sanitaire, si péniblement obtenue, disparaissait. En 1870 il y avait eu 1773 admissions au Lock Hospital de Calcutta; en 1883 il n'y en avait plus que 80 ; mais en 1885 il y en eut 251.

En 1884, 30 °/₀ des soldats de la garnison étaient atteints d'affections vénériennes et 1,400 vénériens avaient été traités dans les hôpitaux.

Le 1er janvier 1885, parut une nouvelle ordonnance qui fermait de rechef les *Lock Hospitals* d'un certain nombre de villes de garnison. Le 29 Avril 1886, le chirurgien général de l'armée écrit que les maladies vénériennes ont été plus nombreuses dans les stations où il n'y a pas de *Lock Hospital*; l'augmentation a été de 140 °/₀₀ dans les villes où ces hôpitaux ont été fermés; mais elle s'est fait sentir également dans les villes où ils étaient restés ouverts; pour celles-là, l'accroissement des cas d'affections vénériennes a été de 38 °/₀₀ ; ce fait prouve d'une façon péremptoire que les villes où la réglementation avait été abolie ont contaminé celles où elle avait été maintenue.

Au 1ᵉʳ Janvier 1888, Madras et Bombay étaient les seules villes, aux Indes, qui fussent encore soumises aux *Acts*. Le 5 Juin 1888, le Parlement anglais, sur la proposition de M. Mac Laren abrogea, à l'unanimité, les *Contagiouses Diseases prevention Acts* pour les Indes. Il ne pouvait faire moins pour la grande colonie anglaise qu'il n'avait fait pour la métropole, et il ne faut s'étonner que d'une chose, c'est que cette mesure éminemment regrettable n'ait pas été prise plus tôt.

DE LA PROSTITUTION EN AUTRICHE-HONGRIE

I

VIENNE (¹)

Vienne, qui compte aujourd'hui 1,169,000 habitants, a parmi les villes de l'Allemagne et de l'Autriche une physionomie toute particulière. Son nom seul évoque dans l'esprit le plus prosaïque l'image d'une capitale où la joie et le plaisir règnent en maîtres. La facilité de ses femmes est presque aussi proverbiale que leur beauté, et bien des gens s'imaginent que là-bas, sur les bords du Danube, la vie est un enchantement perpétuel des sens, doucement bercés aux sons d'une valse de Strauss ou de Suppé.

Si la réalité ne répond pas absolument au rêve, il faut avouer, cependant, que Vienne n'a pas complètement usurpé sa réputation. Le tempérament particulier de la population viennoise, le mélange des races qui s'y coudoient, l'influence adoucie, mais manifeste, de l'Orient qui s'y fait sentir, le luxe que déploient la cour, l'aristocratie et la riche bourgeoisie, la misère des classes pauvres, tout, en un mot, contribue à activer une démoralisation que notre civilisation raffinée ne saurait enrayer.

La prostitution trouve donc un terrain admirable pour son développement, et comme dans toutes les grandes villes, c'est la prostitution clandestine qui s'accroît surtout, et dans des proportions formidables.

(1) N'ayant pu obtenir, malgré mes démarches, de renseignements directs sur la prostitution dans la capitale de l'empire austro-hongrois, j'ai emprunté la plupart des données de ce chapitre à l'article de M. Vaquez : la Prostitution et la Syphilis à Vienne (*Bulletin Médical, 5 et 8 février 1888*).

Avant 1873, il n'existait pas de service des mœurs à Vienne. Celui qui fonctionne en ce moment mérite à peine ce nom. Avant 1873, la loi permettait d'emprisonner les prostituées; toute femme suspecte, toute proxénète pouvait être enfermée dans une maison de répression, c'est-à-dire condamnée aux travaux forcés, et soumise à l'examen médical; elle était consignée dans un hôpital, si elle était reconnue malade. Naturellement, il était absolument défendu d'ouvrir une maison de tolérance. Ce système de répression, véritablement draconien et par cela même peu efficace, avait amené une extension inouïe de la prostitution. Sur 546,000 habitants que comptait Vienne en 1873, on estimait le chiffre des prostituées à 15,000; la syphilis augmentait et malgré les protestations des hygiénistes, des professeurs de l'Université, malgré les réclamations des conseillers municipaux de Vienne, malgré une enquête même, faite à la Chambre des députés, l'administration restait inactive.

Et cependant le mal était grand, puisque, à Vienne, le nombre des naissances illégitimes s'élevait à 509 sur 1000, tandis qu'il n'est à Paris que de 284 pour 1000.

En 1873, enfin, une loi, reconnaissant de fait l'existence de la prostitution bien que la police n'en veuille point convenir, instituait la réglementation administrative et sanitaire. De nombreux décrets ont été rendus depuis, les uns renforçant, les autres diminuant l'action de la loi de 1873.

En 1875 et en 1878 paraissent les décrets sur les attributions des médecins sanitaires qui seront désormais reconnus et choisis par la police.

En 1881, un autre décret empêche et punit la provo-

cation qui rayonne autour des écoles, des lycées, des
asiles et des églises.

En 1885, une nouvelle loi empêche la provocation scandaleuse sur la voie publique et spécifie que la possession
du livret n'assure pas l'impunité à la fille à laquelle on
l'a délivré; la police peut déférer la prostituée aux tribunaux dans ce cas, et dans les cas où elle deviendrait
insoumise. Cette loi, qu'on appelle la loi *contre le Vagabondage,* spécifie en outre des peines sévères contre les
prostituées insoumises et vagabondes.

De nombreuses lois de police ont été dirigées également contre la prostitution clandestine : sans parler de
celle de 1870 qui visait les tentatives d'embauchage pour
la prostitution faites sous le masque d'offres d'emplois
pour les femmes sans travail, on en rendit une nouvelle,
en 1874, qui poursuivait la prostitution faite à domicile
au moyen de femmes et d'enfants qui venaient offrir des
marchandises de toutes espèces, et celle faite dans les
brasseries et les débits de boissons par les servantes ou
les filles de salles; en 1876 et en 1879 des lois de police
proscrivent le proxénétisme, l'industrie des entremetteuses, et les maisons de tolérance.

Enfin, en 1878, une loi, dont l'application a été bien
vite abandonnée d'ailleurs, prescrivait aux malades soignés dans les hôpitaux de dénoncer, en donnant leur
nom et leur adresse, les filles insoumises qui les avaient
contaminés.

Ce ne sont là que les lois et arrêtés les plus importants parmi ceux qui ont été promulgués et mis en vigueur
dans les dernières années.

L'opinion publique a favorablement accueilli l'innovation réalisée par l'administration : les médecins et les

hygiénistes en escomptaient d'avance le bénéfice qui en résulterait pour la santé publique. On verra tout à l'heure qu'ils ont dû reconnaître que leurs espérances étaient mal fondées.

Je vais examiner maintenant quel est le mécanisme de la réglementation à Vienne.

L'inscription forme la base de ce système; il divise donc naturellement les prostituées en filles soumises et en filles clandestines, et le service des mœurs est dès lors tenu de surveiller la prostitution soumise et de réprimer la prostitution clandestine.

Les filles soumises sont inscrites sur leur demande ou d'office, lorsqu'elles sont notoirement connues pour ne vivre que de leur débauche. L'inscription se fait devant et par le commissaire de police de l'arrondissement; la femme inscrite reçoit un livret « *Gesundheitsbuch* » qui équivaut à la *carte* en usage à Paris et ailleurs; pour enlever à ces livrets leur cachet particulier, le décret de 1873 stipule que les femmes condamnées à des peines infamantes ou placées sous la surveillance de la police auront également un livret de santé.

Quand les femmes ont été inscrites, on leur désigne le commissariat de police duquel elles dépendront dorénavant et le médecin chez lequel elles devront se rendre pour subir leurs visites; on leur fait connaître les obligations qu'elles contractent par l'inscription et dont la principale est la visite sanitaire.

Les visites sont bi-hebdomadaires; quarante-deux médecins établis dans les différents quartiers de la ville, sont désignés pour le service; ils sont nommés au choix parmi ceux dont la position est la moins brillante; il y a peu d'années encore, on ne choisissait, pour ces postes éminemment délicats, que des médecins qui avaient passé deux ans au moins, comme internes ou chefs de clinique, dans un service spécial de maladies vénériennes. Il est certain qu'ils offraient plus de garanties, au point de vue scientifique ; mais l'augmentation forcée du nombre des médecins rendit bientôt cette sélection impossible et l'administration ne tient plus compte aujourd'hui de ses premiers errements.

Les visites se font au domicile du médecin, au domicile de la femme ou dans un local spécial. Chaque médecin fait par jour un nombre d'examens qui ne peut dépasser soixante ; chaque prostituée paye directement au médecin le prix de son examen : ce prix est de 1 ou 2 francs ; les femmes qui ne veulent ou ne peuvent pas payer sont examinées gratuitement au commissariat de police.

Toutes les semaines, les médecins sont tenus de faire un rapport détaillé au commissaire.

Lorsque la prostituée est reconnue saine, le médecin inscrit sur le livret avec la date de la visite, le mot *Gesund* (saine) et sa signature ; si elle est malade il retient le livret qu'il fait parvenir à la police, et invite la femme à se rendre immédiatement dans l'un des trois hôpitaux de la ville, où elle sera admise d'urgence. La prostituée malade, ainsi que le fait observer M. Vaquez, est donc traitée en malade et non en condamnée ; elle peut choisir l'hôpital et le service qu'elle préfère, et elle y est traitée comme les autres malades.

Une prostituée malade ne peut sortir de l'hôpital qu'avec son livret, c'est-à-dire après sa guérison ; mais quoique aucune loi n'empêche les filles publiques de quitter l'hôpital quand elles le veulent, elles y restent, en général, aussi longtemps que le médecin le juge convenable ; elles savent, en effet, qu'en sortant malgré l'avis du médecin, elles sont considérées comme des réfractaires, comme des insoumises, et passibles des peines qu'édicte la loi contre les prostituées qui se soustraient aux visites médicales.

La nature de ces punitions est subordonnée à celle de l'infraction commise et à sa répétition. Les filles soumises qui n'ont pas commis de délit ne sont sujettes qu'au droit commun ; toute vexation en dehors des mesures prises par la police pour la surveillance de la prostitution est interdite par la loi. Mais en cas d'insoumission, c'est la police qui applique les premières peines, consistant en un emprisonnement de quelques jours : s'il y a récidive dans l'année et si la punition doit être aggravée, la fille inscrite coupable d'insoumission est déférée aux tribunaux ; elle peut être condamnée à la réclusion dans une maison de correction, aux travaux forcés, ou au bannissement.

La prostitution clandestine, qui s'exerce sur une vaste échelle à Vienne, y revêt les caractères les plus divers : elle se fait dans les cafés et les brasseries, dans les maisons de passe, dans les établissements de bains, dans les arrière-boutiques de ces magasins de parfumerie, de bijoux et de gants, qui sous le nom de *Galanterie waaren handlungen* pullulent dans la capitale autrichienne. La provocation est partout : les entremetteuses envoient des jeunes femmes et des petites filles vendre des bouquets et mille objets divers dans les rues, autour des cafés ; elles les envoient à domicile offrir toutes sortes de marchandises. Les artistes des cafés concerts et des petits théâtres se livrent presque toutes à la prostitution clandestine.

J'ai déjà parlé des arrêtés pris par la police pour

mettre un terme à cet état de choses éminemment déplorable; ces arrêtés sont-ils mal conçus ou mal compris ? sont-ils mal exécutés? en tous cas ils ne paraissent pas avoir, jusqu'ici, produit de résultats sensibles. La faute en est peut-être à l'organisation même du service des mœurs. Il n'existe pas, ainsi qu'on a pu le voir, de bureau spécial et central des mœurs; chaque commissaire de police d'arrondissement est le chef d'un bureau des mœurs particulier ; dans chacun de ces bureaux un employé, qui est ordinairement le plus âgé, est chargé de la police des mœurs; les agents de police, aidés de deux inspecteurs par arrondissement, veillent à l'exécution des règlements; lorsque ces agents ont arrêté une femme insoumise, elle est amenée au bureau de police, réprimandée et punie, s'il y a lieu, de quelques jours de prison ; en cas de récidive ou si la peine doit être plus sévère, elle est déférée à la justice ; mais les tribunaux paraissent être trop indulgents, pour que leurs arrêts puissent avoir une réelle efficacité.

L'unité de direction, si nécessaire en pareille matière, manque donc dans la répression de la prostitution clandestine comme aussi dans la surveillance des filles soumises, à Vienne. Chaque commissaire de police peut agir dans son arrondissement comme il l'entend ; aussi la mise en livret n'est-elle pas faite régulièrement ; la prostitution clandestine n'est pas assez uniformément punie ; les filles soumises échappent trop souvent à la punition qu'elles encourent par leur insoumission même ; les filles soumises, trop fréquemment appelées chez le médecin, se débarrassent des obligations que leur impose leur livret ; les commissaires de police, enfin, voulant faire croire qu'ils administrent un arrondissement particulièrement moral, n'y répriment la prostitution qu'à leur corps défendant.

Les conséquences d'un pareil système ne sauraient être douteuses : le commerce des entremetteuses est plus florissant que jamais, la provocation s'étale à tous les coins de rue, et la syphilis ne diminue pas. Les prostituées clandestines sont celles qui la propagent le plus, et parmi celles-ci, les ouvrières et les domestiques. Les servantes, femmes de chambre ou cuisinières, même celles qui sont placées dans les familles les plus respectables, s'adonnent à la débauche ; leurs amants sont en général des militaires.

Le docteur Hermann donne au point de vue de la fréquence des maladies vénériennes une statistique intéressante ; il a recherché combien il y avait de malades parmi les femmes qui se faisaient inscrire pour la première fois et qui étaient des prostituées clandestines : il a trouvé que sur 410 femmes nouvelles inscrites en 1880, il y avait 119 vénériennes, c'est-à-dire 29 °/₀ ; en 1881, sur 318 femmes nouvelles inscrites, il y avait 102 vénériennes, soit 32 °/₀. En examinant en même temps 1,582 filles inscrites depuis quelque temps il ne trouva que 221 vénériennes, soit 13,9 °/₀ en 1880, et sur 1,339 anciennes examinées en 1881, que 221 vénériennes soit 16 °/₀.

En 1880, il est entré à l'hôpital pour maladies vénériennes 1,509 clandestines et 468 filles soumises ; en 1881, 1,518 clandestines et 487 soumises ; en 1884, 1,200 clandestines et 395 soumises.

De l'avis des médecins les plus compétents, la syphilis grave devient plus rare, mais en général la vérole a persisté avec la même fréquence.

Elle semble sévir assez fortement dans l'armée austro-hongroise ; de 1870 à 1884, sur une moyenne annuelle de 261,631 soldats, 18,324 hommes (soit 70 °/₀) étaient atteints de syphilis ; dans la garnison de Vienne la proportion des syphilitiques s'est chiffrée de 1870 à 1882, par 56 individus sur 1,000, dans celle de Pesth, par 91 sur 1,000, dans celle de Temesvar, par 33 sur 1,000, dans celle d'Inspruck, par 93 sur 1,000.

II

BUDAPEST (¹)

La ville de Budapest, qui s'étage sur les deux rives du Danube, est la capitale du royaume de Hongrie ; elle est peuplée de 430,000 habitants. Elle est célèbre par les monuments qui rappellent son glorieux passé historique, par son pont hardi jeté sur le fleuve qui sépare la vieille Buda de la ville plus moderne de Pesth, par la beauté de ses femmes. Les Chambres et le gouvernement hongrois y ont leur siège. Placée sur la grande route de Paris et de Vienne à Constantinople, elle est visitée annuellement par une foule d'étrangers qu'y attirent et y retiennent l'aménité courtoise et l'hospitalité bienveillante de ses habitants.

Dans une ville de cette importance, où la population est composée de tant d'éléments divers, où les Hongrois se mêlent aux Autrichiens, aux Turcs, aux Serbes, aux Allemands, où des colonies française, italienne, russe, roumaine, etc., se sont formées peu à peu, la prostitution devait trouver un terrain favorable à son extension.

(1) Je dois à l'obligeance de M. le Dᴿ Rozsaffy Alajos, médecin en chef de la police gouvernementale de Budapest, les renseignements statistiques, administratifs et hygiéniques contenus dans cette notice.

Elle y emprunte au caractère national, auquel les vins généreux de Tokay semblent avoir communiqué leur ardeur capiteuse, un cachet oriental dont les exigences de la civilisation moderne n'ont pu entièrement dépouiller la vieille capitale du Royaume de Saint-Etienne, une physionomie particulière et curieuse.

Ce sont les conditions mêmes qui favorisent la prostitution à Budapest qui en ont nécessité l'active surveillance. Cette surveillance est exercée par un bureau des mœurs, placé sous la dépendance de la police gouvernementale, dont une section est chargée de l'administration de ce bureau. Le service administratif est dirigé par un conseiller de police ; le service du dispensaire est placé sous les ordres du médecin en chef de la police.

Le service des mœurs a été réorganisé en 1885. La section administrative est chargée de l'inscription des filles publiques, de leur surveillance et de la répression de la prostitution clandestine ; elle applique aux contrevenantes les peines édictées par le règlement.

Le service du dispensaire est confié à un certain nombre de médecins, dits *médecins de police*. Les visites ont lieu deux fois par semaine, elles sont payantes. Les prostituées isolées payent deux francs par visite : les filles en maison payent un franc.

Les prostituées inscrites isolées sont bien moins nombreuses que celles qui vivent dans les maisons de tolérance. La situation de Budapest est donc analogue à celle de Marseille. En effet, la moyenne annuelle des inscriptions est de sept à huit cents ; sur ce nombre, cinq cents filles environ entrent en maison. L'administration favorise l'extension des maisons de tolérance ; elle se rend parfaitement compte qu'il est plus facile ainsi de surveiller l'état sanitaire des filles et que la multiplicité des maisons publiques est le meilleur moyen d'empêcher l'accroissement de la prostitution clandestine.

Il existe 55 maisons de tolérance à Budapest, actuellement; leur nombre augmente d'année en année. Quelques-unes de ces maisons sont fort élégantes et ne s'adressent qu'à une clientèle choisie.

Je crois qu'il est sans intérêt de transcrire dans son ensemble le règlement de police de Budapest, il suffit d'en résumer certaines parties, pour donner une idée de l'esprit dans lequel il est conçu.

Le service des mœurs est placé dans les attributions du préfet de police. C'est lui qui statue sur les demandes qui sont adressées à l'administration pour l'obtention d'une tolérance ou le déplacement d'une maison; mais il faut qu'il s'entende, au préalable, avec l'administration municipale et qu'il lui demande son avis sur l'emplacement de la maison; si l'administration municipale émet un avis conforme, l'autorisation est accordée, en admettant que le préfet n'ait pas de motifs pour la refuser. Si au contraire l'administration municipale se trouve en désaccord avec l'administration préfectorale, la question est portée devant le ministre de l'intérieur qui décide en dernier ressort. Lorsqu'un tenant-maison s'est rendu coupable d'une contravention au règlement, c'est encore le préfet de police qui prononce la fermeture temporaire ou définitive de son établissement; le tenant-maison peut porter sa réclamation devant le ministre de l'intérieur, mais il faut, pour cela, que l'ordre préfectoral ait déjà reçu son exécution.

Il est défendu aux maîtres de maison d'avoir plus de quinze et moins de cinq femmes chez eux; il ne leur est pas permis de louer des chambres à des filles ou femmes qui ne seraient pas leurs pensionnaires.

Les maisons publiques ne peuvent être établies que dans des rues latérales, et de telle façon qu'aucune partie de la ville en soit surchargée; on n'en tolère pas dans les rues où il existe une école ou une église, et si une école ou une église venait à être construite dans une rue où existe un bordel, celui-ci devrait être immédiatement transféré ailleurs.

Les tenant-maisons ne peuvent avoir chez eux des filles âgées de moins de dix-sept ans, ou des femmes qui n'auraient pas été inscrites; chaque fois qu'une femme entre dans une maison de tolérance, la patronne est tenue de la conduire au bureau de la police, où elle est inscrite sur un registre spécial, après avoir été visitée par le médecin de service.

Toute prostituée qui désire entrer en maison ou changer d'établissement doit être visitée au préalable par le médecin en chef de la police; si elle est reconnue saine, la préfecture de police lui délivre un *permis* ou renouvelle le *permis* qu'elle avait déjà. Ce permis, qui équivaut à la carte, doit être renouvelé tous les deux mois; il contient les noms et le signalement de la fille, son âge, sa nationalité, sa demeure, et un extrait du règlement concernant les obligations que l'inscription lui impose ; au verso, se trouve le certificat du médecin en chef, déclarant avoir examiné la fille au moment de la délivrance ou du renouvellement du permis ; enfin, les permis doivent contenir également la photographie de l'intéressée.

Les peines édictées par le règlement de police contre les tenant-maisons sont sévères ; ceux qui se sont rendus coupables d'une infraction à l'arrêté de police sont passibles d'une amende de cinq à cinquante florins (10 à 100 francs) ; ils peuvent en outre être condamnés à un emprisonnement de 1 à 5 jours. En cas de contraventions répétées, et s'il y a moins de deux ans que la dernière punition a été encourue, la tolérance leur est définitivement retirée.

La peine de l'amende n'est pas appliquée aux filles qui contreviennent aux obligations que le règlement leur impose : elles sont passibles d'un emprisonnement de trois à trente jours.

Les filles isolées sont sujettes aux mêmes dispositions que les filles de maison ; elles ne peuvent changer de logement sans la permission de l'administration et il est défendu aux propriétaires d'avoir plus d'une fille dans un même logement.

Les filles isolées sont astreintes à deux visites par semaine au moins ; les filles en maison sont en outre tenues de se faire visiter journellement par le propriétaire de la maison ; lorsqu'une fille de maison est malade, elle doit aussitôt, sur l'ordre du médecin de police, se rendre à l'hôpital ; le médecin lui a, auparavant, retiré son permis ; il y inscrit la maladie dont elle souffre ; il garde ce permis chez lui et avise le directeur de l'hôpital de l'arrivée de la malade ; le propriétaire de la maison de tolérance reçoit en même temps une feuille qu'il doit faire signer par le médecin de l'hôpital où il a conduit sa pensionnaire, après que celle-ci a été reçue dans son service.

Cette feuille et le permis de la malade sont renvoyés dans les 24 heures à la préfecture de police, par les soins du médecin en chef.

Si c'est une fille isolée qui est reconnue malade, on procède de la même façon ; seulement la préfecture de police, en recevant le permis de la fille par l'entremise du médecin en chef, envoie un inspecteur à l'hôpital, pour s'assurer que la fille y est réellement entrée.

Il est défendu à toute fille soumise de se faire soigner à domicile, si elle est atteinte d'une affection vénérienne ou syphilitique; l'obligation d'entrer à l'hôpital est absolue.

En sortant de l'hôpital, les filles reçoivent une feuille, dite *de délivrance*, qu'elles doivent aussitôt apporter au bureau du médecin en chef de la police; elles sont soumises à une nouvelle visite, avant que l'administration ne leur renouvelle leur permis.

L'arrêté de police est donc sévère; mais on verra plus loin que cette sévérité même a porté ses fruits.

La prostitution clandestine est, elle aussi, énergiquement réprimée. Les maisons de passe sont interdites; le commerce des proxénètes est poursuivi et rigoureusement puni par les lois. Malgré cette sévérité, cependant, la prostitution clandestine n'a pas été vaincue. Elle s'exerce un peu plus dans l'ombre qu'ailleurs, peut-être, mais elle n'en fait pas moins de nombreuses recrues. On retrouve à Budapest les demi-mondaines, richement entretenues, dont le luxe et la vie de dissipation sont d'un si pernicieux exemple pour les jeunes filles des classes laborieuses, et les clandestines plus besoigneuses qui ne diffèrent des filles soumises que parce qu'elles ne sont pas inscrites.

Bien que l'arrêté de police de 1885 défende la tenue de maisons de passe, il en existe quelques-unes.

Il convient d'assimiler aux maisons de passe certains établissements de bains chauds dont les cabinets sont meublés de divans moelleux et qui servent de refuge à la prostitution clandestine. Ces bains sont bien connus des débauchés de la ville ; les commissionnaires, les cochers, les garçons d'hôtel ou de restaurant se chargent d'y adresser les étrangers.

Le baigneur demande à son client si, après être sorti de l'eau, il ne désire pas avoir une compagne ; lorsque la réponse est affirmative, la porte du cabinet livre bientôt passage à une jeune fille, généralement jolie, qui se prête à toutes les fantaisies.

Certaines de ces maisons de bains sont desservies par des femmes ; ce sont alors de véritables maisons de prostitution clandestine, car ce ne sont évidemment pas des filles inscrites et soumises qu'on y rencontre.

Grâce à la surveillance exercée par l'administration, à la fréquence et à la bonne tenue des visites, les maladies vénériennes diminuent à Budapest. La proportion des filles soumises, atteintes d'affections contagieuses est de 11 %. Les filles de maison figurent dans ce total pour une proportion de 8 % ; les filles isolées, pour celle de 3 %. Le nombre des clandestines malades est plus considérable.

En consultant les registres des entrées dans les hôpitaux, on constate que le nombre des malades atteints de syphilis subit, depuis 1885, une diminution nettement accentuée. Les médecins de la ville déclarent unanimement qu'ils voient, dans leur clientèle particulière, beaucoup moins de syphilitiques qu'avant la mise en vigueur de l'arrêté de police. C'est là un résultat hygiénique de premier ordre dont il faut hautement féliciter l'administration de police de Budapest.

Les militaires de la garnison sont, eux aussi, soumis à une inspection sanitaire hebdomadaire par les médecins de leurs régiments respectifs. Ceux qui sont atteints de syphilis sont tenus de déclarer et de nommer la personne qui leur a communiqué la maladie ; les déclarations, recueillies par le médecin et transmises par lui à la section des mœurs, sont pour la plupart du temps mensongères. La garnison de Budapest comprenait en moyenne 91 syphilitiques sur 1,000 hommes de 1870 à 1882 ; ce chiffre était relativement élevé ; depuis 1885, la proportion est moins forte, sans que je puisse citer cependant des données exactes.

Les causes de la prostitution sont les mêmes dans la capitale de la Hongrie que partout ailleurs : la misère, la paresse, les mauvais exemples, la mauvaise éducation, une séduction première bientôt suivie d'abandon, le libertinage amènent chaque année un certain nombre de recrues à la prostitution.

Il faut tenir compte, en plus, du tempérament particulier de la race hongroise.

Les prostituées de Budapest sont en majeure partie originaires de la ville même ou, en tout cas, de la Hongrie ; les autres sont Autrichiennes et surtout Viennoises, Allemandes, Françaises, Polonaises ; on compte quelques Roumaines et quelques femmes nées dans les provinces turques ou soumises autrefois à l'autorité du Sultan.

Les souteneurs sont inconnus à Budapest ; il n'existe donc pas de législation spéciale à leur égard. Les prostituées inscrites, se trouvant sous la protection de la police, n'ont pas besoin de souteneurs. Le Dr Rozsaffy dont la compétence est hors de doute, constate l'extrême rareté des crimes ou des vols commis par des prostituées. Il en donne comme raison que les prostituées ne subissent pas, comme dans les autres grandes villes, l'influence de gredins qui les forcent à voler pour subvenir à leurs besoins.

Les prostituées clandestines paraissent, elles aussi, affranchies de ces dangereux parasites; elles ne sont pas protégées par les autorités, cependant.

Cette absence de souteneurs, dans une ville de près de 450,000 âmes et dont la population est mêlée de tant d'éléments divers, est assurément un fait intéressant, et je dirai plus, presque unique au monde.

III

TRIESTE (1)

Trieste, qui d'après le recensement de 1886 est peuplée de 152,093 habitants, sans compter la garnison, est le grand port de l'Autriche-Hongrie. Sa population est aux trois quart de race italienne; le quatrième quart se compose d'Autrichiens et d'Allemands, d'Illyriens, de Grecs et de Levantins immigrés. La garnison est assez considérable.

La situation géographique de la ville, la présence des nombreux ouvriers de son port, le mouvement incessant des matelots et des étrangers, la force numérique de la garnison, les éléments hétérogènes qui contribuent à former sa population sédentaire impriment à la prostitution, à Trieste, un cachet particulier.

Elle est soumise à certaines réglementations qui n'empêchent pas, du reste, la prostitution clandestine de progresser et de prospérer.

Le service des mœurs est placé sous la dépendance de la police municipale; deux médecins y sont attachés; ce

(1) C'est à M. le D' Georges Nicolich, médecin en chef de l'hôpital de Trieste, que sont dus les renseignements contenus dans ce chapitre.

nombre paraît bien insuffisant eu égard à la population et au total des filles inscrites. Il y aurait certainement quelques améliorations à effectuer de ce chef, comme aussi dans les autres branches du service qui paraît avoir un caractère quelque peu suranné.

Le bureau administratif du service des mœurs procède à l'inscription, à la radiation, à la punition des filles ; quoique la taxe ait été établie et conservée pour les visites sanitaires, le système des amendes n'existe pas comme pénalité ; les filles qui se sont rendues coupables d'une infraction au règlement, d'absence à leurs visites, de scandales publics, etc., sont punies d'un emprisonnement dont la durée varie de deux jours au moins à quatorze jours au plus.

La moyenne des inscriptions est de deux cents par an ; les filles inscrites se déplacent volontiers ; elles s'en vont et disparaissent, soit qu'elles aillent se fixer ailleurs, dans des villes plus ou moins éloignées où elles se font inscrire à nouveau, soit qu'elles suivent un amant qui quitte lui-même la ville. Le chiffre des prostituées soumises n'est donc jamais bien élevé. En 1885, par exemple, il n'était que de 437.

Sur ces 437 femmes inscrites en 1885, 259 entrèrent à l'hôpital comme atteintes de maladies vénériennes ; ce serait là une proportion formidable, si l'on n'ajoutait tout de suite que dans ces 259 entrées les mêmes femmes figurent plusieurs fois. En prenant comme moyenne qu'une femme entre trois fois par an à l'hôpital, on n'a plus que 86 malades sur 437 femmes inscrites. C'est encore une proportion fort respectable, et supérieure à celle que l'on observe dans la plupart des villes du continent.

Les visites sanitaires se font chaque quatrième jour au

dispensaire ; elles ne sont pas gratuites. Les prostituées remettent directement au médecin qui les visite le montant de ses honoraires, fixé par un tarif. L'administration n'alloue aucun traitement aux médecins du dispensaire, la taxe payée par les filles leur en tient lieu.

Cette taxe varie suivant la condition ou la catégorie des filles, car, à Trieste comme ailleurs, elles se divisent en plusieurs classes. Les prostituées infimes, les pierreuses payent 30 soldi, soit 0 fr. 60 c. par visite : c'est la taxe la plus basse ; le tarif s'élève ensuite peu à peu, suivant le rang que les filles s'assignent elles-mêmes, jusqu'à un florin, soit deux francs, que payent les plus huppées.

Il y a, dans l'acquitement de cette taxe, quelque chose qui répugne à nos habitudes. Recevoir, de la main à la main, douze sous d'une prostituée qu'on vient d'examiner minutieusement au speculum, n'est-ce pas sacrifier un peu de la dignité et de l'autorité que le médecin doit toujours conserver ?

Quelque minime que puisse être sa rétribution, il me semble qu'il vaudrait mieux, qu'elle fût payée au médecin par l'administration ; que celle-ci prélève une taxe sur les filles inscrites, si ses ressources ne lui permettent pas de les faire visiter gratuitement, rien de mieux ; mais qu'elle ne force pas le médecin à la réclamer lui-même. Et, si la fille qui vient à sa visite n'a pas la somme nécessaire, faudra-t-il la renvoyer sans l'avoir examinée ; voit-on un médecin, chargé d'un service public aussi important, obligé de tenir un compte des sommes qui peuvent lui être dues par celles-là mêmes qu'il est tenu de surveiller ? Il faut espérer que la municipalité de Trieste, qui a déjà fait beaucoup pour l'assainissement de la ville et pour le bien-être de la population dont les intérêts lui sont confiés, finira par reconnaître que des pratiques pareilles sont incompatibles avec la dignité professionnelle.

Il y a trente-quatre maisons de tolérance à Trieste ; elles sont gérées par des tenants responsables et autorisés par la police. Loin de diminuer, le nombre de ces maisons a augmenté depuis une dizaine d'années, comme à Budapest. C'est là un fait qu'il faut noter, devant la disparition lente et graduelle des maisons de tolérance que l'on constate partout ailleurs, et en face de l'accroissement de la prostitution clandestine.

Celle-ci s'exerce largement à Trieste ; il y existe de nombreuses brasseries, desservies par des femmes aux mœurs faciles ; dans le quartier du port surtout, on compte une foule de bars et de débits de boissons qui ne sont que des maisons de passe et des lupanars déguisés ; les filles qui en font le service s'y prostituent aux consommateurs ; les prostituées, inscrites ou clandestines, y établissent leur quartier général ou y amènent les hommes qu'elles raccrochent. La surveillance dont tous ces établissements sont l'objet est peu active et pourrait être beaucoup plus efficace.

Les prostituées clandestines sont fréquemment arrêtées ; en 1885, les inspecteurs de service ont arrrêté 314 filles clandestines sur lesquelles 195 ont été reconnues atteintes de maladies vénériennes ; c'est une proportion de près de 65 %. On conçoit sans peine quel danger ces femmes font courir à la santé publique.

Elles se recrutent parmi les ouvrières, les lingères, les modistes, les couturières, etc. Comme partout, c'est la paresse, l'amour du luxe et de la toilette, l'insuffisance des salaires qui poussent les filles honnêtes à la prostitution. La présence de la population spéciale du port, des ouvriers, des matelots vient ajouter son appoint à ces causes générales. Les marins, sevrés pendant de longs mois de tout plaisir, viennent dès leur entrée au port dissiper leurs économies dans les bordels et dans les cabarets borgnes. Les filles savent qu'ils jettent l'argent sans compter, quand ils sont ivres surtout : elles accourent à la curée.

Grâce à la colonie étrangère, les prostituées comptent un certain nombre de filles venues des pays voisins, et jusque du Levant, dans leurs rangs. Les unes ont été amenées par des courtiers ou des entremetteuses ; les autres ont suivi un amant qui les a bientôt abandonnées ; quelques-unes sont venues d'elles-mêmes, espérant trouver dans le milieu spécial du port une vie facile et un gain assuré.

Les prostituées clandestines ont de nombreux rapports avec la garnison ; il est d'observation courante que les soldats les fréquentent plus volontiers que les filles inscrites. Aussi un règlement militaire prescrit-il aux soldats de faire connaître au médecin du corps auquel ils appartiennent le nom et l'adresse de la femme qui les a contaminés. Ce règlement, dont on s'est promis beaucoup de bien à l'origine, ne fait que confirmer ici ce qui arrive partout où il a été mis en vigueur. Ou bien le soldat contaminé donne de faux noms et de fausses adresses, ou bien il ignore le nom de la femme avec laquelle il a eu des rapports ; ce n'est qu'exceptionnellement qu'il donne une indication exacte et sérieuse.

La syphilis paraît plutôt diminuer de fréquence à Trieste. Le Dr Nicolich a eu l'obligeance de me communiquer le chiffre des entrées à l'hôpital (section des vénériens) dont il est le médecin en chef, depuis 1880. Il semble qu'il y ait eu une aggravation en 1881 et en 1882 ; mais depuis 1883 la diminution des entrées est sensible.

HÔPITAL DE TRIESTE : SECTION DES VÉNÉRIENS		
Années	Entrées. — Hommes	Entrées. — Femmes
1880	622	592
1881	711	632
1882	671	658
1883	708	557
1884	531	434
1885	557	330
1886	523	393

En 1886, il y a donc eu 200 entrées de moins à l'hôpital pour les femmes qu'en 1880 ; il n'y en a eu que 100 de moins pour les hommes. On remarquera que les hommes sont atteints en plus grand nombre que les femmes ; ce résultat tient à plusieurs causes. D'abord il peut entrer, et il entre certainement à l'hôpital des gens venus du dehors et déjà infectés ; ensuite la même femme contamine beaucoup plus souvent plusieurs hommes qu'un homme n'infecte plusieurs femmes.

Quand on pense avec quelle facilité une femme peut avoir des rapports avec 4, 6 et 10 hommes par jour, on ne s'étonne plus de voir le nombre des hommes malades supérieur à celui des femmes ; on serait en droit de trouver même ce nombre très peu considérable si l'on ne savait que tous les hommes infectés ne se font pas soigner à l'hôpital et que la majeure partie même s'en tient éloignée.

Le petit tableau ci-dessus montre qu'en 1881 où il y eu 40 femmes malades de plus qu'en 1880, il y a eu également 87 hommes malades de plus qu'en 1880, et que dans les années suivantes la diminution des maladies vénériennes chez les femmes a eu constamment pour conséquence la diminution de ces mêmes maladies chez les hommes; l'année 1883 seule fait exception ; mais comme les années 1881 et 1882 avaient été marquées par une recrudescence des affections vénériennes chez les femmes, il faut admettre que l'effet de la contagion s'est fait sentir encore une année après chez les hommes, quand déjà l'état sanitaire des prostituées était devenu meilleur.

La police surveille les souteneurs ; elle leur applique, quand les circonstances le permettent, l'article 512 du code pénal autrichien.

DE LA PROSTITUTION EN BELGIQUE

I

BRUXELLES [1]

On a souvent écrit et répété que Bruxelles était un Paris en miniature : on y retrouve la même langue, les mêmes habitudes et presque les mêmes institutions. Les monuments y ont un air « déjà vu » qui surprend agréablement, et le Parisien brusquement transporté dans la capitale de la Belgique, ne s'y trouve nullement dépaysé. La prostitution devait donc avoir à Bruxelles et elle a en effet de nombreux points de ressemblance avec celle de Paris ; d'autant plus que la distance entre les deux villes est peu considérable et que les prostituées, les filles clandestines surtout, la franchissent volontiers.

Presque toutes les villes de Belgique ont une police des mœurs bien organisée ; si dans quelques localités plus ou moins importantes, comme Saint-Nicolas, Arlon, Lierre, Nivelle, Héristal, l'administration municipale a supprimé la réglementation de la prostitution dans ces dernières années, aucune des grandes villes belges n'a cru prudent d'entrer dans la même voie ; à Bruxelles, notamment, le conseil communal dans sa séance du 14 Mars 1887 a voté au contraire un nouveau règlement relatif au service des mœurs, et l'Académie de Médecine de Belgique a le 29 Octobre de la même année, par un vote solennel, reconnu l'impérieuse nécessité, au point de vue de la prophylaxie

(1) Les renseignements contenus dans ce chapitre sont dus à l'obligeance de M. le Dr Mœller, membre libre de l'Académie de médecine de Bruxelles.

des maladies vénériennes, d'une réglementation de la prostitution.

Le service des mœurs est actuellement placé sous la direction d'un commissaire adjoint inspecteur qui en surveille la partie policière et administrative et de l'inspecteur du service d'hygiène de la ville qui en surveille la partie médicale. Le dispensaire est desservi par deux médecins et chaque fille subit deux visites par semaine.

Le nouveau règlement de police est surtout intéressant parce qu'il est le plus récent de tous ceux qui régissent en ce moment la prostitution. On pouvait espérer qu'il tiendrait compte des exigences de la science et de la vie modernes, et qu'il romprait avec certaines habitudes du passé qui n'ont plus leurs raisons d'être aujourd'hui. Ces espérances n'ont pas été complètement réalisées.

Voici la teneur de ce règlement :

Le Conseil communal,

Considérant que le règlement sur la prostitution actuellement en vigueur ne contient pas toutes les dispositions dont l'expérience a fait connaître la nécessité et qu'il y a lieu de pourvoir, par des mesures plus complètes, à tout ce qui concerne cette partie importante de la police administrative ;

Vu les art. 78 et 96 de la loi du 30 mars 1836,

Ordonne :

SECTION PREMIÈRE

Des filles publiques, de leur inscription et de leur radiation

ARTICLE 1er. — Sont réputées filles publiques toutes filles ou femmes qui se livrent notoirement ou habituellement à la prostitution.

Elles sont divisées en deux catégories :

1º Les filles de maison, c'est-à-dire celles qui sont à demeure fixe dans des maisons de débauche tolérées par l'Administration ;

2º Les filles éparses, c'est-à-dire celles qui ont un domicile particulier.

ARTICLE 2. — Les unes et les autres sont tenues de se faire inscrire au dispensaire établi à cet effet, et où il y aura pour chaque catégorie un registre distinct.

L'agent-inspecteur désigné pour tenir les écritures dressera des listes séparées de ces inscriptions pour chacune des divisions de police.

Article 3. — L'inscription d'une fille publique aura lieu, soit sur sa demande, soit d'office. L'inscription d'office sera ordonnée par le Collège des Bourgmestre et Echevins.

S'il s'agit d'une fille mineure, l'inscription définitive n'aura lieu qu'après que son père et sa mère ou son tuteur auront été avertis et invités à user des moyens que leur donne leur autorité pour la détourner de la prostitution et la faire rentrer dans la bonne voie ; s'il s'agit d'une femme mariée, le mari sera également averti.

Dans l'un comme dans l'autre cas, la prostituée sera soumise aux visites sanitaires et aux autres mesures de police avant même que le père et la mère ou le mari aient répondu à l'avertissement.

Toute fille inscrite d'office aux contrôles de la prostitution pourra présenter ses observations au Collège. L'officier de police délégué au service des mœurs est tenu d'en prévenir l'intéressée.

Article 4. — Toute fille publique non inscrite sera mandée au bureau de police ou au dispensaire pour y être entendue ; elle sera inscrite, s'il y a lieu, conformément aux art. 2 et. 3.

Celle qui n'aura pas obtempéré au premier appel pourra être punie des peines établies par l'article 50 ci-après.

Les filles étrangères seront toujours interrogées et mises au courant du règlement dans leur langue maternelle, et à l'aide de l'interprète agréé par le Collège.

En aucun cas, l'interrogatoire ne pourra se faire en présence d'une personne étrangère à l'Administration. Il sera tenu un procès-verbal de cet interrogatoire, que signeront l'officier de police, le traducteur et la fille en cause.

Article 5. — L'enregistrement de toute fille publique indiquera son numéro d'inscription, son nom, ses prénoms, son âge, le lieu de sa naissance et sa demeure, son dernier domicile, sa profession antérieure et les causes qui l'ont entraînée à se livrer à la prostitution.

Les passeports, actes de naissance et autres pièces constatant l'état civil des filles inscrites seront déposés au dispensaire. Chaque fille aura son dossier particulier, lequel contiendra toutes les pièces qui la concernent.

Article 6. — Après son inscription, chaque fille recevra un extrait du règlement et un carnet dont le Collège déterminera la forme et le prix.

Article 7. — Il est strictement défendu aux filles inscrites de se prêter leur carnet ; elles doivent toujours en être nanties et doivent l'exhiber à toute réquisition des fonctionnaires et agents de la police. Lorsqu'elles perdent leur carnet, elles doivent en demander un autre.

Article 8. — Tout propriétaire ou locataire qui, 15 jours après un avertissement du Collège, louera, sous-louera ou continuera à louer ou à sous-louer une maison, partie de maison ou chambre, à une ou plusieurs femmes inscrites sur les registres de la prostitution sera passible des peines comminées par l'art. 50 du nouveau règlement.

ARTICLE 9. — Toute fille publique en maison ou éparse qui voudra changer de demeure, sera tenue préalablement d'en faire la déclaration au dispensaire, qui en informera immédiatement le bureau de la population. Elle subira alors une visite extraordinaire.

La déclaration à faire par les filles publiques et mentionnée ci-dessus, ne dispense pas les personnes qui les logent des obligations que l'ordonnance de police du 8 juillet 1867 impose à tous ceux qui louent des appartements. Ces obligations sont indiquées aux art. 7 et 8 de l'ordonnance précitée.

ARTICLE 10. — Les filles de maison seront toujours libres d'en sortir, en se conformant toutefois au prescrit de l'article précédent.

Le tenant-maison qui sera convaincu d'avoir mis obstacle au départ d'une fille sera puni du maximum des peines comminées ci-après, sans préjudice de peines plus graves, en cas de séquestration ou de détention illégale.

ARTICLE 11. — Aucune fille éparse ne pourra demeurer chez un débitant de boissons ou de tabacs.

ARTICLE 12. — Il est interdit aux filles publiques de tenir ou d'exploiter des débits de boissons ou de tabacs.

ARTICLE 13. — Il est défendu aux prostituées éparses de demeurer à deux ou à plusieurs dans la même habitation, sauf autorisation.

ARTICLE 14. — Lorsqu'une fille publique inscrite désirera obtenir sa radiation, elle devra en faire la demande au Collège des Bourgmestre et Echevins, lequel statuera comme il appartiendra.

La radiation aura lieu d'office en cas de mort ou de mariage.

ARTICLE 15. — La radiation sera opérée de telle manière que toute trace d'inscription disparaisse.

SECTION II

Des maisons de débauche

ARTICLE 16. — Aucune maison de débauche ne pourra être établie sans en avoir obtenu la tolérance du Collège des Bourgmestre et Echevins. Cette tolérance ne sera consentie qu'à titre essentiellement précaire et révocable.

Les maisons de l'espèce seront divisées en trois classes.

Les tenants-maison de débauche ne pourront louer leurs maisons en appartements. Les maisons de débauche n'auront à l'extérieur aucun signe apparent quelconque qui puisse attirer l'attention du public.

ARTICLE 17. — Toute personne qui demandera à pouvoir établir une maison de prostitution devra désigner la classe dans laquelle

REUSS. Prost.   35

elle veut que sa maison soit rangée en conformité des articles 16 et 36. La demande contiendra, en outre, l'obligation et l'engagement de se soumettre aux dispositions du présent règlement et aux mesures qui seront arrêtées par le Collège pour en assurer l'exécution.

ARTICLE 18. — Aucune maison de prostitution ne pourra être ouverte avant qu'il ait été constaté par les agents de l'Administration communale que la maison et ses dépendances se trouvent dans des conditions de salubrité convenables.

ARTICLE 19. — La femme mariée n'obtiendra une tolérance pour ouvrir une maison de débauche qu'avec l'assentiment de son mari.

ARTICLE 20. — La tolérance pour tenir maison de prostitution ne passe aux héritiers ou aux ayants-cause de ceux qui l'ont obtenue que moyennant l'assentiment préalable du Collège des Bourgmestre et Echevins.

ARTICLE 21. — Aucune maison de débauche ne pourra s'établir dans les rues d'un passage fréquent, à proximité des maisons d'éducation, d'établissements publics ou d'édifices consacrés aux cultes.

ARTICLE 22. — Il est expressément défendu aux prostituées éparses de conduire ou de recevoir des hommes ailleurs que dans leurs demeures connues de la police. Elles devront exhiber leur carnet si ceux qu'elles reçoivent chez elles leur en font la demande.

ARTICLE 23. — Toute provocation à la débauche de la part des tenants-maison ou de leurs subordonnés est expressément défendue.

ARTICLE 24. — Le libre accès des maisons de débauche devra être livré à toute heure du jour et de la nuit aux agents de police.

ARTICLE 25. — Il est expressément défendu d'ouvrir dans les maisons de prostitution des salles communes en vue d'y débiter des comestibles ou des boissons.

ARTICLE 26. — Lorsqu'une maison clandestine de prostitution sera signalée au Collège des Bourgmestre et Echevins, celui-ci fera procéder à une enquête administrative pour s'assurer du fait, et ordonnera s'il y a lieu, l'inscription des femmes au nombre des prostituées. Le tenant-maison sera déféré aux tribunaux.

ARTICLE 27. — Lorsqu'il résultera d'un jugement rendu en exécution de l'article précédent, que la prostitution clandestine s'exerce dans un établissement, tel que restaurant, hôtel, maison de logement, café, estaminet, débit de tabac et autres, le Collège des Bourgmestre et Echevins pourra le faire fermer.

ARTICLE 28. — Les tenants-maison de débauche ne pourront admettre chez eux aucune fille publique sans en avoir fait au dispensaire la déclaration préalable. Ils sont obligés de donner à la police les noms, les prénoms et l'âge des femmes qu'ils ont à leur service.

ARTICLE 29. — Les femmes des tenants-maison ou leurs concubines, et, en général, toute femme non inscrite au contrôle des femmes publiques et qui est employée à un titre quelconque dans une maison de débauche, pourront être astreintes à subir les visites médicales, si leur conduite fait présumer qu'elles se prostituent.

ARTICLE 30. — Il est interdit aux filles publiques et aux tenants-maison de prostitution d'employer des mineurs comme domestiques, journaliers ou commissionnaires.

ARTICLE 31. — Il est également interdit aux mêmes personnes de tenir, même momentanément, dans les maisons, appartements ou chambres où elles exercent leur commerce, aucun enfant âgé de plus de quatre ans.

ARTICLE 32. — Il y aura dans chaque maison de débauche, un registre coté et paraphé par le fonctionnaire qui sera désigné par le Collège des Bourgmestre et Echevins. Le tenant-maison y inscrira les noms, prénoms, l'âge, le lieu de naissance et le dernier domicile de chaque femme qui habitera sa maison, la date de son entrée et de sa sortie, ainsi que l'indication du lieu où elle aura déclaré se rendre en partant.

Le registre sera remis chaque année au dispensaire, où il sera détruit.

Lorsqu'un tenant-maison voudra renvoyer une femme, ou lorsque celle-ci voudra changer de demeure, il sera obligé d'en donner immédiatement avis au dispensaire et de faire connaître, en même temps, le lieu où cette femme aura déclaré vouloir se rendre.

Les vêtements, linge, bijoux et généralement tout ce qui appartient aux femmes qui voudront quitter la maison, ne pourront être retenus sous aucun prétexte.

ARTICLE 33. — Les filles de maisons de débauche seront logées, nourries, habillées et entretenues aux frais des tenants-maison chez qui elles habitent.

Lors de l'entrée d'une fille, il sera dressé par le tenant-maison, en présence de la fille, un inventaire, en double, des objets d'habillement qu'elle apporte. Cet inventaire sera visé, dans les 48 heures, par l'officier de police chargé du service des mœurs, qui remettra l'un des doubles à la fille, après que celle-ci aura reconnu l'exactitude de ce document.

Ces objets ne serviront, pendant son séjour, que pour autant qu'elle y consente. Ils lui seront rendus à sa sortie, ainsi que ceux qu'elle pourrait avoir acquis de ses deniers. Ces effets seront, dans les 24 heures, portés sur le même inventaire et soumis au même *visa*.

ARTICLE 34. — Les filles de maison pourront sortir seules et librement aussi souvent qu'elles le voudront.

Le tenant-maison convaincu d'avoir d'une façon quelconque entravé ou restreint la liberté de sortie de ses pensionnaires, sera signalé immédiatement au Collège.

ARTICLE 35.— Une rétribution sera payée par les tenants-maison de débauche ; le produit en sera destiné à couvrir les dépenses auxquelles donneront lieu les mesures sanitaires.

ARTICLE 36. — Cette rétribution est payable par anticipation entre les mains du receveur communal.

Elle est fixée comme suit :

MAISONS DE 1re CLASSE

Pour 1 à 5 filles, 100 francs par mois.
— 6 à 10 — 150 —

Et ainsi de suite, 50 francs en plus par série indivisible de cinq filles.

MAISONS DE 2e CLASSE

Pour 1 à 5 filles, 50 francs par mois.
— 6 à 10 — 75 —

Et ainsi de suite, 25 francs en plus par série indivisible de cinq filles.

MAISONS DE 3e CLASSE

Pour 1 à 5 filles, 25 francs par mois.
— 6 à 10 — 37 francs 50 cent.

Et ainsi de suite, fr. 12,50 en plus par série indivisible de cinq filles.

En aucun cas, la rétribution ne pourra être restituée.

SECTION III

Mesures générales de police

ARTICLE 37. — Toute provocation à la débauche est formellement interdite sur la voie publique ; il est notamment défendu aux filles publiques :

1° De se montrer aux portes et aux fenêtres de leurs maisons ;

2° D'attirer les hommes par paroles, chants, cris, gestes ou signes quelconques dans leur habitation ou dans un autre lieu ;

3° De signaler aux passants leur maison ou leur chambre par un éclairage brillant ou par un moyen quelconque de nature à attirer l'attention ;

4° De sortir de chez elles dans un état peu décent ou même d'être vêtues de façon à provoquer du scandale ;

5° De provoquer du désordre sur la voie publique et d'y tenir des propos obscènes ;

6° D'accoster ou de suivre les hommes sur la voie publique, de leur adresser la parole ou de les appeler par gestes ;

7° De stationner dans la rue, de s'y promener de long en large sur un espace restreint ;

8° De s'arrêter ou de se promener à deux ou à un plus grand nombre ;

9° De fréquenter des souteneurs ou de circuler avec eux ;

10° D'entrer dans les théâtres, salles de concert et de bal, cafés, cabarets, estaminets et autres lieux de réunion ou débits de boissons ;

11° De circuler dans le Parc, dans les squares et autres jardins publics et, à partir du coucher du soleil, dans les galeries Saint-Hubert, les passages de la Monnaie, du Nord, du Parlement et du Commerce, et dans les lieux de circulation similaires à désigner par le Collège des Bourgmestre et Echevins ;

12° De se trouver sur la voie publique après minuit et demi ;

13° De commencer ou d'entretenir des relations, en quelque lieu que ce soit, avec des jeunes gens de moins de 18 ans.

Les filles qui contreviendraient aux dispositions ci-dessus seront immédiatement arrêtées et conduites au dépôt communal, sans préjudice de poursuites ultérieures.

ARTICLE 38. — Les fenêtres des maisons de débauche et celles des appartements habités par des prostituées éparses seront toujours garnies de persiennes ou de rideaux épais placés à demeure.

SECTION IV

Mesures sanitaires

ARTICLE 39. — Les filles publiques subiront deux visites sanitaires par semaine. Elles pourront, s'il y a nécessité, être soumises à des visites supplémentaires.

ARTICLE 40. — Les filles des maisons de débauche et les filles éparses pourront se faire visiter à leur domicile, s'il est jugé convenable, moyennant le payement d'une somme de cinq francs qui devra être versée le 1er de chaque mois.

Cette somme ne pourra, en aucun cas, être restituée.

La visite médicale devra se faire dans une chambre fermée. Aucune personne autre que le médecin ne peut être présente à cette visite. Quand les filles ne parleront qu'une langue étrangère, le médecin pourra se faire accompagner dans la maison de tolérance par un traducteur juré, aux frais de l'exploitant.

ARTICLE 41. — Les bureaux du dispensaire sont ouverts tous les jours, les dimanches et fêtes exceptés, depuis neuf heures du matin jusqu'à trois heures de l'après-midi.

Les visites sanitaires s'y feront aux heures fixées par le Collège.

ARTICLE 42. — Le service sanitaire est confié à des médecins visiteurs, lesquels sont chargés des visites tant ordinaires qu'extraordinaires.

ARTICLE 43. — Il est expressément défendu aux médecins-visiteurs de recevoir aucune rétribution ou émolument pour tout ce qui concerne le service sanitaire, soit des tenants-maison de débauche, soit des filles publiques.

Il leur est également défendu de traiter à domicile les tenants-maison, leurs servantes ou les filles qui s'y trouvent, quelle que soit la maladie dont ils seraient atteints.

ARTICLE 44. — Le médecin consignera sur le carnet des femmes publiques la date de chaque visite.

En outre, il tiendra, sur des registres déposés au dispensaire et dans chaque maison de débauche, note de l'état sain, malade ou douteux de chaque femme visitée, ainsi que des infractions au service sanitaire. Ces déclarations seront revêtues de sa signature.

ARTICLE 45. — Toute femme reconnue atteinte d'une affection syphilitique ou de toute autre maladie contagieuse sera immédiatement envoyée en traitement à l'hôpital, et celle dont l'état serait douteux sera envoyée en observation jusqu'à ce que son état de santé ou sa maladie soit bien constaté.

ARTICLE 46. — Lorsque la guérison d'une femme publique autorisera sa sortie, elle sera immédiatement mise en liberté. Son ancien carnet lui sera rendu, à moins qu'elle ne préfère en prendre un nouveau.

ARTICLE 47. — Les femmes publiques et les tenants-maison de débauche sont tenus d'obtempérer aux ordres des médecins. Ceux qui insulteraient ces derniers d'une manière quelconque pourront être arrêtés immédiatement et conduits devant un officier de police ; ils seront punis conformément aux dispositions de l'article 50.

Toute prostituée qui sera convaincue d'avoir employé quelque ruse ou quelque fraude pour tromper les médecins sur son état de santé encourra *le maximum* des peines de police.

ARTICLE 48. — Les tenants-maison de débauche sont responsables de l'exactitude des femmes à se présenter à la visite.

ARTICLE 49. — Les tenants-maison de débauche seront tenus de se conformer aux prescriptions du Collège des Bourgmestre et Echevins, concernant les moyens préservatifs, tant pour les filles que pour les individus admis près d'elles.

SECTION V

Dispositions pénales

ARTICLE 50. — Indépendamment et sans préjudice des peines portées par le code pénal, par les lois et réglements généraux et locaux de police, les contraventions aux dispositions du présent règlement seront punies d'une amende de 5 à 25 francs et d'un emprisonnement de 1 à 7 jours, séparément ou cumulativement, selon les circonstances et la gravité du fait.

Le maximum et le cumul de ces peines pourront être appliqués dans les cas de récidive.

En outre, le Collège pourra toujours prononcer la révocation temporaire ou définitive de la disposition qui tolère la maison de débauche.

SECTION VI

Personnel chargé du service de police de la prostitution

ARTICLE 51. — Le personnel chargé du service spécial de la prostitution est composé de : Un commissaire-adjoint-inspecteur de police, un agent spécial et cinq agents-inspecteurs.

SECTION VII

Dispositions générales

ARTICLE 52. — Le présent règlement sera publié et affiché dans les formes ordinaires.

Des exemplaires de ce règlement resteront constamment affichés, par les soins et sous la responsabilité des tenants-maison de débauche, dans toutes les chambres de ces maisons.

Ces exemplaires devront être placés sous verre, dans un cadre, aux frais des tenants-maison, et fixés de manière à ce qu'on puisse aisément en prendre lecture.

Disposition finale

ARTICLE 53. — Les ordonnances du 13 Août 1877 et 28 Avril 1878 sont abrogées.

Fait en séance du Conseil communal de Bruxelles, le 14 Mars 1887.

Par le Conseil,	Le Conseil,
Le Secrétaire,	BULS.
A. DWELSHAUVERS.	

Pris pour notification

Bruxelles le 31 mars 1887.

Par ordonnance :	La Députation permanente :
Le Greffier provincial,	*Le Président,*
BARBIAUX.	VERGOTE.

Proclamé et affiché à Bruxelles le 7 et le 8 avril 1887.

Par le Collège :	
Le Secrétaire,	Le Collège des Bourgmestre et Echevins.
A. DWELSHAUVERS.	BULS.

Dans la séance du 12 avril 1887, le Collège des Bourg-mestre et Echevins adoptait enfin et prescrivait certaines mesures propres à assurer l'exécution du règlement voté le 14 mars 1887, mesures autorisées par la loi, mais qui n'étaient pas de nature à figurer dans un règlement public.

Je ne juge pas qu'il soit utile de donner dans leur entier ces dispositions supplémentaires ; elles ont rapport, dans les articles 3, 4 et 5 du paragraphe premier, aux prostituées clandestines ; elles complètent la teneur de l'article 4 du règlement.

Il y est dit notamment que les procès-verbaux et rapports rédigés à la charge d'une fille clandestine, ainsi que les observations qu'elle a fournies lors de sa comparution, seront transmis à la 4ᵉ division administrative pour examen. Celle-ci soumettra ensuite l'affaire au Collège qui ordonnera, s'il le juge nécessaire, l'inscription de la fille ; cette décision sera notifiée dans le plus bref délai à l'intéressée par l'officier de police chargé du service de la prostitution ; elle sera soumise immédiatement à la visite.

Toute femme ou fille non inscrite, signalée comme s'adonnant à la débauche et surprise se livrant publiquement à la prostitution, sera arrêtée immédiatement, interrogée et envoyée à la visite.

L'article 10 du paragraphe II divise les maisons de tolérance en trois classes, savoir : 1° celles dont le tarif est fixé à 5 francs et au delà ; 2° celles dont le tarif est fixé de 2 à 5 francs ; 3° celles dont le tarif est fixé à moins de deux francs. Tout individu qui sollicite une tolérance, devra désigner la classe dans laquelle il désire que sa maison soit rangée et indiquer les prix qu'il compte exiger.

Le paragraphe III de l'arrêté du 12 avril 1887 s'occupe des visites sanitaires ; il stipule dans l'article 15 que toute femme publique qui aura négligé de se rendre à la visite sera immédiatement arrêtée et conduite au dispensaire, sans préjudice des peines établies par l'art. 50 du règlement du 14 mars 1887 ; si son absence à la visite est motivée par une maladie accidentelle qui la retienne à la chambre, elle sera visitée gratuitement à domicile. L'article 27 porte que les prostituées qui auront obtenu la faveur de se faire visiter à domicile, devront personnellement effectuer au dispensaire le versement de la somme due de ce chef. Cette somme sera payée par anticipation et dans les cinq premiers jours de chaque mois, faute de quoi la faveur accordée serait retirée. Dans les cinq jours suivants l'officier inspecteur chargé du service des mœurs fera verser à la caisse communale la totalité des sommes ainsi perçues, en produisant des états justificatifs à l'appui.

Le transport des filles publiques, tant au dispensaire qu'à l'hôpital, devra être effectué en voiture fermée, d'après l'article 28 du paragraphe IV.

Lorsqu'on lit attentivement le nouveau règlement de police de Bruxelles on est frappé de la continuelle intervention du Collège des Bourgmestre et Echevins qu'il stipule. C'est sûrement pour éviter le reproche de livrer la répression de la prostitution à l'arbitraire d'un seul homme que cette intervention, qui existait déjà dans le règlement précédent, a été maintenue ; il aurait mieux valu, pourtant, confier la répression à un seul fonctionnaire responsable, délégué par l'administration communale et dont les pouvoirs, nettement délimités, n'auraient pu être discutés.

Les visites sont gratuites pour les prostituées lorsqu'elles viennent au dispensaire ; elles sont payantes lorsqu'elles ont lieu à domicile ; auparavant toutes les visites étaient soumises à une taxe, il y a donc progrès sous ce rapport.

Mais je ne comprends pas que l'on ait continué à soumettre les tenants-maison à un impôt proportionné au nombre de femmes qu'ils logent chez eux et aussi excessif que celui auquel on les astreint. L'acquittement de ces droits semble légitimer, et légitime certainement aux yeux de ces industriels, leur ignoble profession ; il vaudrait mieux supprimer la tolérance que de l'accorder à ces conditions, d'autant plus que cet impôt, qui ne peut être restitué en aucun cas, a l'air d'une avance faite à l'administration et revêt un caractère fiscal indéniable.

L'intervention incessante de l'officier de police dans les démêlés personnels des femmes et des maîtres ou maîtresses de maison de tolérance, ne me paraît pas plus heureuse. Obliger un magistrat à contresigner l'inventaire des nippes d'une prostituée qui entre en maison, c'est déjà beaucoup ; mais lui ordonner en outre d'apposer son visa sur cet inventaire, chaque fois que la fille aura ajouté un bonnet ou une paire de bas à sa garde robe, c'est aller trop loin : il a certainement des occupations plus sérieuses à remplir et son temps vaut mieux que cela.

Le service du dispensaire, par contre, est bien organisé ; l'obligation, pour les filles inscrites de subir deux visites par semaine est une sauvegarde pour la santé publique. L'impossibilité où se trouve toute prostituée malade, soumise ou insoumise, de quitter l'hôpital avant la complète guérison des accidents contagieux, en est une autre, non moins sérieuse.

De 1881 à 1886 la moyenne annuelle des prostituées inscrites a été de 363 ; ce chiffre, qui est peu considérable pour une ville peuplée de 438,843 habitants, représente la totalité des femmes qui ont passé par la prostitution pendant l'année. Il faut tenir compte des mutations par radiation, disparition ou départ, et des arrivées. Ces mutations sont incessantes : un seul exemple suffira pour montrer quelle est leur importance : au 1er janvier 1885 il n'y avait plus que 92 prostituées inscrites sur les registres, alors que en 1884, 388 personnes avaient en réalité passé par la prostitution tolérée.

Il y a sept maisons de tolérance à Bruxelles ; trois d'entre elles sont situées rue Saint-Laurent ; une rue du Colombier ; une rue du Pachéco ; une rue du Persil ; une rue du Coude. Le nombre de ces maisons tend à diminuer, comme presque partout, au fur et à mesure que la prostitution clandestine gagne du terrain. Jusque dans ces derniers temps, les tenants-maison de tolérance avaient le droit de vendre des boissons et des comestibles. Leurs établissements avaient donc la plus grande analogie avec nos maisons à estaminet.

Mais les Chambres belges viennent de voter une loi sur l'ivresse ; cette loi contient un article, répété du reste dans le règlement de police, qui défend expressément de vendre des boisons et des comestibles dans les maisons de tolérance. Cette interdiction portera un coup mortel à ces maisons et entraînera leur fermeture prochaine et graduelle ; car la plupart des maîtresses de maison n'arrivaient à vivre que par les bénéfices réalisés sur les consommations qu'on servait chez elles. Il faut regretter que cette loi sur l'ivresse, conçue et votée dans un excellent esprit, aboutisse à un tel résultat, car c'est la prostitution clandestine seule qui profitera de la disparition des maisons de tolérance.

Avant la mise en vigueur du nouveau règlement, il existait, à côté des maisons de tolérance, un certain nombre de maisons de passe quasi officielles : la police connaissait leur existence, les surveillait et les tolérait jusqu'à un certain point ; tant qu'un scandale ne nécessitait pas son intervention, elle n'avait pas à agir. Le nouveau règlement supprime ces maisons ; il n'a malheureusement conservé au service des mœurs aucune action effective sur le nombre incalculable d'estaminets, de débits de boissons et de cigares, de bars, de magasins de parfumerie, de ganterie, de modes qui servent de refuge à la prostitution clandestine, et dont la diminution des bordels et la suppression des maisons de passe va encore augmenter le trafic.

Il est difficile d'évaluer le chiffre total des prostituées clandestines de Bruxelles ; il est certainement de plusieurs milliers dans la ville même ; on peut le fixer à 8,000 environ pour toute l'agglomération bruxelloise. La prostitution clandestine s'exerce comme à Paris et par les mêmes moyens ; les proxénètes, les marchandes à la toilette, les entremetteuses de toute sorte se chargent de l'alimenter. Les demi-mondaines, qu'on appelle à Bruxelles des *femmes huppées*, tiennent le haut du pavé ; derrière elles on retrouve toutes les catégories de clandestines que j'ai décrites à Paris, jusque, et y compris, l'immonde pierreuse.

Les souteneurs sont absolument libres en Belgique ; le règlement de police défend aux filles inscrites de les fréquenter et de sortir avec eux ; mais c'est la seule disposition qui y ait été prévue à leur égard : aucune restriction n'est apportée à l'exercice de leur métier.

Les causes de la prostitution sont nombreuses. Les principales sont la misère, souvent effrayante en Belgique, à la suite des grèves qui se répètent avec une régularité

désespérante ; la difficulté pour les jeunes filles de se
marier ou de se placer convenablement ; la séduction et
l'abandon qui la suit fatalement ; le relâchement du sentiment religieux ; l'influence des mauvais romans et des
journaux à feuilletons immoraux, des théâtres et des
spectacles licencieux ; l'amour immodéré de la toilette, les
mauvais exemples ; l'immigration des filles de la campagne
dans les villes ; le dégoût du travail ; la liberté néfaste
laissée aux bureaux de placement ; enfin, la multiplicité
des cafés-concerts, des lieux de plaisir, des fêtes publiques,
des foires et des kermesses surtout.

L'état sanitaire des prostituées parait être relativement bon, à Bruxelles. Sur une moyenne de 363 filles
inscrites, il y a eu en 1881, 125 malades ; en 1882, 110 ;
en 1883, 77 ; en 1884, 52 ; en 1885, 32 ; en 1886, 52. La
diminution rapide des maladies à partir de 1883 est
certainement digne de remarque.

Le tableau suivant donne le chiffre des maladies constatées chez les prostituées inscrites résidant à Bruxelles,
chez celles inscrites ailleurs et venues pour se faire soigner
à Bruxelles, et chez les clandestines arrêtées.

| | PROSTITUÉES ENVOYÉES A L'HOPITAL | | |
ANNÉES	Inscrites à Bruxelles	Inscrites ailleurs et venues à Bruxelles	Clandestines
1881	161	27	35
1882	150	27	44
1883	112	20	39
1884	79	20	15
1885	58	22	22
1886	71	25	20
MOYENNE PAR ANNÉE	105,7	24,0	29,2

La différence entre ces chiffres et ceux que j'ai cités plus haut tient uniquement à ce qu'un certain nombre de filles inscrites sont entrées plusieurs fois à l'hôpital dans la même année.

Les maladies vénériennes ont diminué notablement à Bruxelles. La syphilis tend également à diminuer, quoique dans une proportion bien moins accentuée; les formes graves de la syphilis sont incontestablement plus rares qu'auparavant.

Pour s'assurer de la diminution effective des maladies vénériennes, il suffit de comparer le tableau ci-dessus avec la statistique suivante que je copie dans le livre de Parent-Duchâtelet (t. II. p. 739). Cette statistique s'étend sur 11 années :

| | PROSTITUÉES ENVOYÉES A L'HOPITAL | |
Années	Filles inscrites	Clandestines
1846	323	58
1847	519	125
1848	532	157
1849	498	123
1850	365	98
1851	306	56
1852	379	76
1853	256	89
1854	297	59
1855	223	53
1856	136	50

La moyenne pendant ces onze années est de 349 filles inscrites et de 85,81 clandestines ; comme elle n'est plus actuellement que de 105,7 pour les premières et de 29,2 pour les secondes, elle a diminué des deux tiers pour l'une et l'autre catégorie.

Je sais bien que, pour les clandestines, on n'a, en fait de

donnée certaine, que le nombre de ces femmes admises
à l'hôpital. Mais s'il est à présumer que beaucoup d'entre
elles se font soigner chez elles, il n'en est pas moins permis de constater que les affections vénériennes ont singulièrement diminué de fréquence depuis quarante ans,
dans la capitale belge.

Les militaires, à Bruxelles, ont de nombreux rapports
avec les prostituées et notamment avec les clandestines.
C'est en Belgique que l'on a, pour la première fois, pris
un arrêté enjoignant aux militaires de faire connaître
l'endroit où ils ont été contaminés et les nom et adresse
de la femme à laquelle ils attribuent leur maladie.

Le 21 décembre 1842, M. Vleminckx, inspecteur général du service de santé, prescrivait, en effet, par une circulaire adressée à tous les chefs de service des établissements sanitaires de l'armée :

1º Que nul vénérien ne pourra être traité dans les casernes, quelque légère que puisse être son affection.

2º Que tout vénérien entrant à l'hôpital sera interrogé par les chefs
de service sur le nom et le domicile de la femme publique qu'il
présumera lui avoir donné son mal. Ces indications seront immédiatement adressées par leurs soins à MM. les commandants de place
pour qu'ils puissent les porter à la connaissance de l'autorité communale.

3º Qu'une punition soit infligée au vénérien qui refusera de déclarer quelle est la femme publique avec laquelle il a contracté
l'affection dont il est porteur.

4º Qu'on punisse également celui qui aurait caché ou tardé à
déclarer son mal. Qu'on affranchisse au contraire de toute distinction afflictive ou humiliante, le soldat qui, dès les premiers symptômes, aurait déclaré sa maladie au médecin du corps auquel il
appartient.

5º Enfin, que les médecins des hôpitaux militaires s'efforcent
d'établir les relations les plus étroites avec les hommes de l'art pré-
posés aux visites des femmes publiques ; qu'ils les engagent à visiter
le plus souvent possible les salles des militaires vénériens afin
d'apprendre de la bouche des malades les renseignements dont ils
peuvent avoir besoin dans l'intérêt de la santé publique.

Ce règlement est toujours en vigueur : le médecin en chef de l'hôpital militaire de Bruxelles envoie chaque jour au dispensaire un bulletin indiquant les nom et prénoms du militaire entré, atteint de syphilis, son grade, et le corps auquel il appartient, le genre de la maladie qu'il a contractée, le lieu de l'infection, l'époque de la contamination, le domicile et le signalement de la femme qui lui a donné la maladie.

Dans une seconde colonne de ce bulletin, le médecin du dispensaire inscrit que la femme lui est connue, ou non ; il envoie le bulletin à la division de police qui recherche la femme, la fait arrêter et amener à la visite. Le médecin inscrit alors, sur le même bulletin, le résultat de sa visite et le renvoie à la direction de la police qui le communique à la place.

Quoique les renseignements fournis par les militaires soient souvent défectueux, incomplets ou erronés, le règlement paraît rendre de bons services ; car on a constaté que le nombre des affections vénériennes diminuait dans l'armée belge et que les cas étaient moins graves.

J'emprunte à l'intéressante étude que le D^r Mœller a faite sur ce sujet quelques renseignements complémentaires.

Pendant la période de 1868 à 1885, les moyennes maxima et minima des maladies vénériennes pour toute l'armée belge ont été pour 1,000 hommes :

	MOYENNES	MAXIMA	MINIMA
Maladies vénériennes en général. .	70,6	103,4	49,8
Maladies non syphilitiques.	59,5	88,6	42,5
Maladies syphilitiques	11,1	15,9	7,2

Si l'on divise la période 1870-1885 en deux parties on a les différences suivantes :

	MOYENNES	MOYENNES	DIFFÉRENCES
	1870-77	1878-1885	
Maladies vénériennes en général. .	77,3	59,9	— 17,4
Maladies non syphilitiques.	66,0	49,8	— 16,1
Maladies syphilitiques.	11,3	10,1	— 1,3

Il y a donc pour toute l'armée une diminution de 17,4 °/oo pour les maladies vénériennes en général, de 16,1 °/oo pour les maladies non syphilitiques et de 1,4 °/oo pour la syphilis, depuis 10 ans.

Les maladies non syphilitiques ont subi une diminution graduelle, non interrompue depuis 1868. La syphilis au contraire, grâce aux oscillations que sa marche a subies, est restée à peu près stationnaire.

La garnison de Bruxelles se compose d'un effectif variable ; elle atteignait le chiffre de 6,624 hommes en 1868-1869 pour tomber à 2,970 hommes en 1874 et remonter à 5,132 hommes en 1885. La marche des maladies vénériennes dans cette garnison est curieuse à étudier ; grâce à la précision des chiffres ci-dessous, on constate facilement combien l'état sanitaire des militaires, au point de vue spécial qui m'occupe, est plus satisfaisant qu'il y a vingt ans.

Ne faut-il pas en conclure que la réglementation de la prostitution est une mesure utile et nécessaire et porter l'amélioration de l'état sanitaire à l'actif de la police et des médecins du dispensaire ?

ANNÉES	GARNISON DE BRUXELLES	MALADIES VÉNÉRIENNES	PAR 1,000 SOLDATS
1868-1869	6,624 hommes	706	106,5
1870	3,247 —	455	140,1
1871	3,122 —	386	123,6
1872	3,256 —	361	110,8
1873	3,122 —	325	104,1
1874	2,970 —	314	105,7
1875	3,516 —	318	90,4
1876	3,911 —	328	83,8
1877	4,352 —	300	68,9
1878	4,089 —	360	88,0
1879	4,005 —	373	93,1
1880	4,263 —	296	69,4
1881	4,296 —	241	56,1
1882	4,016 —	214	53,2
1883	4,475 —	248	55,4
1884	5,258 —	267	48,8
1885	5,132 —	221	43,1

La diminution, très sensible, porte surtout sur les maladies non syphilitiques.

Les huit années de 1870 à 1877 donnent une moyenne de 105,9 vénériens; les huit années de 1878 à 1885, une moyenne de 63,4; il y a donc une diminution de 42,5.

La garnison de Bruxelles est la huitième, au point de vue du nombre des vénériens, sur la liste des quatorze villes de garnison de la Belgique, avec une moyenne de 84,7 % pour la période de 1868-69 à 1885.

Il est donc permis de conclure de ces chiffres que la réglementation telle qu'elle existe à Bruxelles rend de réels services : les visites sont nombreuses; on examine dans les maisons non seulement les filles, mais encore les femmes non mariées ou hors de puissance maritale qui les tiennent, les servantes, etc. ; dans toutes les chambres des maisons de prostitution, devaient se trouver, d'après l'article 13 de l'ancien règlement, un flacon contenant une solution de soude caustique (une partie de lessive de soude à 3° sur 20 parties d'eau distillée) un flacon d'huile fraîche, le tout bien étiqueté ; du linge blanc et deux vases remplis d'eau fraîche.

Le nouveau règlement est muet là-dessus ; j'accorde que c'eût été faire de la prophylaxie rudimentaire et cependant je ne puis m'empêcher de penser que ce petit flacon d'huile et cette solution caustique ont peut-être empêché bien des gens d'emporter de la maison de tolérance un souvenir trop cuisant.

III

ANVERS [1]

Entrepôt du commerce maritime de la Belgique et d'une partie du continent, forteresse de premier ordre défendue par une garnison considérable, Anvers, la seconde ville du royaume, a aujourd'hui 185,480 habitants.

La prostitution, comme dans toutes les cités populeuses et commerçantes, s'y étend chaque jour davantage. Elle y trouve un terrain favorable à son développement grâce aux nombreux ouvriers occupés aux travaux du port, aux militaires de la garnison, aux marins qui débarquent incessamment et aux étrangers que leur affaires amènent dans la ville.

Aussi l'autorité communale avait-elle pris depuis long-

(1) Les renseignements relatifs à Anvers sont dus à l'obligeance de M. le Dr Victor Desguin.

temps des mesures effectives pour réprimer les écarts de la prostitution ; ces mesures devenant cependant insuffisantes, le collège des Bourgmestre et Echevins élabora le 26 février 1852 un nouveau règlement de la prostitution, celui-là même qui à part quelques modifications de détail, est encore en vigueur aujourd'hui ; le 19 mars 1852 un nouvel arrêté complétait la réglementation par l'adoption de certaines dispositions autorisées par la loi qui sont de nature à ne pouvoir figurer dans un règlement soumis à la publicité.

La réglementation est à peu près identique à Anvers et à Bruxelles ; il n'y a donc aucun intérêt à transcrire l'ordonnance de 1852 et son arrêté complémentaire. Je dirai seulement que la police tolère les maisons de prostitution où les femmes sont à demeure fixe et les maisons de passe ou de rendez-vous, où les prostituées isolées sont admises, mais où il n'est pas permis aux tenants d'avoir des filles à demeure ; qu'elle soumet à la visite toute patronne de maison de tolérance ou de passe non mariée ou hors de puissance maritale, âgée de moins de cinquante ans ; enfin, que le collège des Bourgmestre et Echevins est tenu de faire procéder à une enquête lorsqu'on lui a signalé une maison de passe clandestine, et de prononcer la fermeture de cette maison, si les faits sont prouvés ; les femmes trouvées dans la maison sont arrêtées, soumises à la visite et inscrites d'office sur les contrôles des filles publiques.

Le service des mœurs est dans les attributions du Commissaire de police en chef, qui en confie la direction à un Adjoint-Inspecteur ou à un Adjoint-Commissaire ; celui-ci s'occupe de toute la partie administrative ; le service du dispensaire est assuré par deux médecins dont l'un a le titre d'inspecteur et l'autre celui de visiteur. Les visites doivent avoir lieu cinq fois par mois, c'est-à-dire de six en six jours pour les femmes en maison ; en réalité elles ont lieu tous les cinq jours, c'est-à-dire six fois par mois. Les filles isolées ou *éparses* comme ont les appelle à Anvers, sont visitées tout les huit jours ; les femmes de maison sont visitées à domicile, les éparses au dispensaire ; exceptionnellement elles peuvent subir leur visite dans les maisons de tolérance, avec l'assentiment des maîtres ou maîtresses de ces maisons. Ces mesures sont en usage depuis plus de vingt ans ; la différence dans le nombre des visites pour les deux catégories de filles s'explique par la difficulté très grande que l'on aurait à amener, régulièrement et à des intervalles plus rapprochés, les éparses au dispensaire.

Les visites ne sont pas gratuites ; les filles isolées payent 0 fr. 25 par visite, les filles en maison 0 fr. 85 ; mais ce sont les patrons qui acquittent la taxe pour elles. C'est l'inspecteur chargé du service des mœurs qui fait la recette de ces rétributions ; il en rend compte au Collège des Bourgmestre et Echevins qui en règle l'emploi.

La moyenne des inscriptions est de 185 par année : sur ce nombre, 100 prostituées entrent en maison ; les autres sont des isolées ; au moment de leur inscription les prostituées reçoivent un livret ; on leur fait connaître, en même temps, les obligations que l'inscription leur impose ; il leur est défendu notamment de sortir de chez elles dans une tenue indécente ou en état d'ivresse ; de se montrer aux portes et aux fenêtres de leurs maisons ; de circuler à la place Verte, au port et aux bassins, au jardin botanique, à la promenade des glacis, à la pépinière, et dans la cité ; d'occuper aux théâtres, cirques, concerts ou divertissements publics, d'autres places que celles qui leur sont assignées par la police.

Les infractions au règlement sont punies, indépendamment des peines portées par le Code pénal, par les lois et règlements généraux et locaux de police, d'une amende de 5 à 15 francs et d'un emprisonnement de 1 à 15 jours séparément ou cumulativement. Le maximum et le cumul de ces peines seront toujours appliqués dans le cas de récidive.

Il y a treize maisons de tolérance, et une seule maison de passe à Anvers. L'une d'elles est située rue Pierre-Pot, les autres sont toutes dans la rue de l'Écluse, à côté et en face les unes des autres ; le nombre des maisons de prostitution diminue ; en 1887, cinq maisons se sont fermées ; c'est moins l'extension de la prostitution clandestine qu'il faut accuser de cette disparition que l'exécution de la loi du 16 août 1887, qui défend aux tenants-maison de servir à boire et à manger dans leur établissement.

La prostitution clandestine s'exerce sur une vaste échelle à Anvers. Les éléments divers qui concourent à former sa population doivent nécessairement avoir une influence prédominante sur l'accroissement de ce genre de prostitution. Les brasseries à femmes, assez nombreuses, les débits de boissons, les cabarets interlopes, les bouges infects fréquentés par les ouvriers du port, lui offrent des refuges propices. Les patrons de ces établissements attirent les prostituées chez eux pour achalander leur boutique et prostituent à leur clientèle les jeunes filles qu'ils ont embauchées comme servantes.

Les causes de la démoralisation et de la prostitution sont ici ce qu'elles sont ailleurs ; la principale en est toujours inhérente à l'état actuel de la société, dans lequel la femme, abandonnée à ses seules ressources, ne trouve pas le moyen de pourvoir elle-même et convenablement à sa subsistance.

La police d'Anvers n'est pas suffisamment armée contre les souteneurs ; ceux-ci se recrutent en général parmi les ouvriers étrangers que la paresse et la débauche éloignent du travail, parmi les matelots ivrognes et brutaux qui préfèrent aux fatigues d'une traversée et d'une vie aventureuse, l'oisiveté que leur procure un ignoble métier. Lorsque le service des mœurs a mis la main sur un souteneur, l'inspecteur en réfère à l'administration de la sûreté publique ; si l'individu arrêté est étranger, ce qui est presque toujours le cas, son expulsion est prononcée.

L'état sanitaire des prostituées inscrites paraît être excellent à Anvers. Le nombre des malades atteint à peine, à chaque visite, le total de 1/2 %. Il n'en est pas de même pour les prostituées clandestines : la proportion des vénériennes est chez elles de 20 %.

La syphilis a une légère tendance à diminuer de fréquence. Les résultats obtenus par la réglementation à Anvers ne sont pas pour surprendre, quand on songe à la multiplicité des visites sanitaires. Outre les six visites mensuelles faites habituellement dans les maisons, le médecin-inspecteur ordonne et fait lui-même des contre-visites imprévues ; à l'approche des fêtes communales, du carnaval, etc., on procède à des examens supplémentaires ; on fait des visites extraordinaires chaque fois que les tenants-maison ou la police les réclament. Les femmes malades sont dirigées sur l'hôpital Sainte-Elisabeth d'où elles ne peuvent sortir que complètement guéries de leurs accidents contagieux, et il est expressément défendu aux femmes vénériennes de se faire soigner à domicile. On écarte, de cette façon, la diffusion des affections contagieuses.

La santé des militaires de la garnison devait se ressentir des mesures prophylactiques adoptées. Cette garnison est en moyenne de 10,000 hommes ; elle est de beaucoup supérieure à celle des autres villes du royaume. De 1868 à 1885 cette garnison a présenté une moyenne de 70,9 vénériens pour 1,000 hommes d'effectif (0,3 pour 1,000 de plus que la moyenne de toute l'armée belge), un maximum de 95,6 °/oo en 1871 et un minimum de 56,4 °/oo en 1874. Les huit années de 1870 à 1877 ont donné une moyenne de 71,6 °/oo ; les huit années de 1878 à 1885, une moyenne de 70,20 °/oo, c'est-à-dire une diminution de 1/4 °/oo.

Anvers est à un excellent rang dans l'ordre des garnisons belges, considérées au point de vue du chiffre proportionnel des maladies vénériennes ; la nomenclature ci-jointe, empruntée comme les chiffres que je viens de citer au D^r Mœller, en fait foi.

1 Diest . . .	119,1	vénériens p. 1,000 h.	8 Bruxelles .	84,7	vénériens p. 1,000 h.
2 Liège . . .	117,5	—	9 Louvain . .	84,4	—
3 Gand . . .	101,7	—	10 Ostende . .	83,1	—
4 Malines . .	100,2	—	11 Bruges . . .	73,9	—
5 Namur . .	95,4	—	12 Ypres . . .	73,8	—
6 Termonde	95,2	—	13 Anvers . .	70,9	—
7 Beverloo .	90,0	—	14 Arlon . . .	46,8	—

A Anvers, comme partout en Belgique, les soldats malades sont tenus de faire connaître le nom et l'adresse de la femme à laquelle ils attribuent l'origine de leur affection vénérienne ; il est rare que les renseignements donnés soient conformes à la réalité.

DE LA PROSTITUTION EN ESPAGNE

MADRID (¹)

La capitale de l'Espagne a une population de 477,500 âmes. La prostitution y est depuis longtemps soumise à une surveillance et à une réglementation effectives. Le nombre considérable des habitants, l'affluence des étrangers, la force imposante de la garnison, les influences du climat, les mœurs locales et l'exubérance du tempérament espagnol, telles sont les causes qui favorisent admirablement l'extension de la débauche et de la prostitution et qui en ont rendu la surveillance absolument nécessaire. Jusqu'en 1877, la police des mœurs était basée sur le règlement du 5 novembre 1865. Ce règlement contenait des paragraphes remarquables par leur netteté, l'article 20 par exemple :

« Il est défendu aux prostituées de fréquenter les lieux publics et les promenades aux heures de l'affluence du public, de se faire reconnaître pour ce qu'elles sont, et de causer du scandale par leur présence. Il leur est de même défendu de se montrer dans les rues dans un costume qui puisse les faire remarquer ou qui les distingue des femmes honnêtes ; de se réunir plus de deux, de s'arrêter pour causer avec des hommes, de se tenir sur leur porte ou à leur fenêtre pour attirer les passants, et de commettre tout autre acte susceptible d'offenser la décence et la morale publiques. »

Mais il prescrivait aux médecins chargés des fonctions sanitaires, des obligations peu en harmonie avec leur mission ; ces médecins étaient tenus de procéder à la visite

(1) Les renseignements sur Madrid ont été transmis très obligeamment par M. le Dʳ Sanz-Bambino.

des filles de maison, d'inspecter les maisons au point de vue des conditions hygiéniques, et d'arrêter toute femme non inscrite trouvée dans la maison de tolérance ou toute femme inscrite reconnue malade. Les médecins ne sont pas des agents de police; ils doivent à l'administration le concours qu'ils peuvent lui donner, c'est-à-dire le concours de leur science et de leur expérience, rien de plus; il est extraordinaire même que l'on ait pu songer un instant à les investir de fonctions policières contre lesquelles leur honneur professionnel même devait protester.

Le médecin en chef du dispensaire, qui était revêtu du même caractère policier, avait en outre mission de proposer au gouverneur les amendes et les peines qu'il jugeait nécessaires pour réprimer les fautes qu'il reconnaissait dans le service, de quelque nature qu'elles fussent. Le règlement de 1865 transformait donc les médecins en vulgaires inspecteurs de police.

L'arrêté du 5 novembre 1865 a été rapporté et remplacé le 1er juillet 1877 par une nouvelle ordonnance, qui a réorganisé le service de surveillance et le service sanitaire.

Le bureau des mœurs, appelé *Service spécial d'hygiène pour la prostitution*, est placé sous les ordres immédiats du préfet de police de la capitale; il se divise en deux sections, l'une administrative qui s'occupe de l'inscription, de la radiation, de la surveillance et de la punition des filles, l'autre médicale qui est chargée des visites et du contrôle sanitaire.

Les médecins du dispensaire sont au nombre de treize; il y a neuf titulaires et quatre surnuméraires; ils sont placés sous les ordres d'un médecin en chef. Les visites ne sont pas gratuites; les femmes inscrites sont en effet obligées de s'abonner au dispensaire, au moment de leur inscription; elles versent tous les mois une certaine somme , fixée d'avance , dans une caisse spéciale.

Les infractions au règlement sont punies par des amendes qui varient de 10 francs à 500 francs ; ce dernier chiffre me paraît un peu exagéré et je me demande si l'on trouve à Madrid beaucoup de filles soumises capables de payer une somme pareille. La peine d'emprisonnement n'est appliquée que lorsque la fille n'a pu s'acquitter de son amende ; la durée en varie de deux à quinze jours.

Le produit des amendes ainsi que les droits perçus pour les visites sanitaires, pour les cartes, sont versés dans une caisse spéciale, destinée à subvenir aux frais de personnel et de matériel nécessités par le service.

Le système de la taxe imposée aux prostituées pour des visites sanitaires auxquelles elles ne peuvent se soustraire, à moins de payer une amende ou d'être punies d'emprisonnement, est un système immoral ; les prostituées, une fois qu'elles l'ont acquittée, restent convaincues qu'elles ont payé une patente et qu'elles ont acquis ainsi le droit légitime d'exercer leur métier ; l'administration paraît du même coup tolérer la prostitution moyennant une rétribution qu'elle fixe arbitrairement, et se déconsidère dans l'opinion publique. Elle est déshonorée tout entière, ainsi que l'écrit M. Jeannel, lorsque quelqu'un des nombreux agents subalternes qu'elle emploie devient accessible à la corruption et laisse fléchir au poids de l'or l'autorité dont il est dépositaire.

Le nombre des femmes inscrites est d'environ 1,000 par an ; le nombre des visites est à peu près de 5,000 par mois ; la même femme serait donc examinée cinq fois par mois, c'est-à-dire tous les six jours en moyenne. Mais ce chiffre de 5,000 visites comprend les examens médicaux des filles soumises et ceux des prostituées clandestines arrêtées ; il est donc plus juste d'admettre que les filles inscrites subissent une visite tous les huit ou tous les dix jours.

La proportion des filles soumises malades est de dix pour cent; celle des filles clandestines malades est de soixante-quinze pour cent. La différence entre ces deux chiffres prouve une fois de plus que la visite sanitaire est la meilleure sauvegarde contre les maladies vénériennes. La syphilis semble d'ailleurs, diminuer d'intensité et de fréquence dans la capitale espagnole.

On compte à Madrid environ cent cinquante maisons de tolérance ; les filles soumises qui y vivent sont placées sous la dépendance des matrones, responsables devant la justice des faits scandaleux qui peuvent se passer dans leur établissement. Le nombre de ces maisons tend à décroître depuis une dizaine d'années; la prostitution clandestine augmente depuis la même époque, en même temps que s'élève le nombre des filles isolées vivant dans un logement particulier.

Il existe dans la ville une quarantaine de maisons de passe, surveillées par l'administration, et un certain nombre de cafés et de débits de boissons desservis par des femmes d'une moralité douteuse; ces établissements ne sont pas tolérés par l'administration; elle ne peut pas s'opposer à leur ouverture, mais elle les surveille et les ferme, dès qu'elle les prend en défaut.

La police surveille également les souteneurs; quoique le code n'ait pas édicté de peine spéciale contre eux, elle ne se fait pas faute de les arrêter au moindre scandale.

Les règlements militaires ne contiennent aucune disposition qui enjoigne aux soldats contaminés de donner au médecin du corps auquel ils appartiennent des renseignements sur la femme qui leur a communiqué la syphilis, et qu'il transmettrait ensuite au service spécial d'hygiène. Le projet d'une ordonnance de ce genre est à l'étude, mais il n'est pas encore sorti des cartons administratifs.

Aux mobiles qui poussent dans tous les pays les jeunes filles pauvres vers la prostitution, c'est-à-dire à la misère, à l'encombrement des carrières réservées aux femmes, à l'amour du luxe et de la toilette, aux goûts de paresse et d'oisiveté, viennent s'ajouter d'autres causes que l'on ne trouve guère qu'en Espagne.

Les révolutions successives qui ont bouleversé ce malheureux pays, en ont du même coup abaissé la moralité. Les situations particulières les mieux établies en ont été ébranlées. En face de cette instabilité des fortunes, le commerce et l'agriculture ont été délaissés. La soif des emplois rémunérateurs a fait se ruer tout un peuple vers des fonctions administratives pour l'octroi desquelles les bassesses et les compromissions n'ont pas été ménagées. Mais la durée de ces fonctions ne survit pas à la chute du ministre ou du gouvernement dont on les tient ; la misère, un moment conjurée, reparaît d'autant plus noire et plus terrible qu'on avait cru s'en sauver un moment. C'est elle, précisément, qui jette dans la prostitution un grand nombre de femmes qui ne voient que ce suprême moyen de lui échapper.

Elles n'ont pas, pour se défendre, une instruction convenable ; car leur éducation a été rudimentaire et ne saurait constituer une sauvegarde suffisante contre les exigences d'un tempérament ardent, les conseils perfides et l'horreur de la pauvreté (1).

(1) Au moment où paraît cette étude, une commission spéciale d'administrateurs nommée par le gouverneur de Madrid et de médecins élabore un nouveau règlement de police ; je désire de tout cœur qu'il soit plus libéral que celui de 1877.

DE LA PROSTITUTION EN ITALIE

I

Le 20 juillet 1855, M. Ratazzi, ministre de l'intérieur du roi Victor-Emmanuel, faisait publier à Turin un règlement concernant la police des mœurs, applicable non seulement à la capitale, mais à toutes les provinces du royaume du Piémont et de Sardaigne ; en 1860, un nouvel arrêté compléta celui de 1855. L'un et l'autre ont été inspirés par le Dr Sperino (de Turin). Au fur et à mesure que les États de Victor-Emmanuel s'arrondissaient, la réglementation de la prostitution s'étendait avec eux : elle fut appliquée finalement à toute l'Italie.

La police des mœurs, telle qu'elle a fonctionné jusque dans ces derniers jours en Italie, était copiée dans ses lignes essentielles sur celle de Paris. Elle avait pour mission de surveiller les prostituées et de s'assurer de leur état sanitaire.

Les filles étaient donc inscrites et elles recevaient une carte : l'inscription leur imposait certaines obligations dont la principale était de venir régulièrement aux visites sanitaires ; en outre, elles étaient sujettes à la surveillance du bureau des mœurs. Le bureau des mœurs, *Uffizio sanitario*, était dirigé par un délégué du chef de la sûreté publique qui avait également la haute main sur les *syphilicômes* ; toutes les villes importantes du royaume

(1) Une partie des détails contenus dans cette notice est puisée dans l'intéressante communication faite à la Société française d'hygiène, le 9 mars 1888 par son secrétaire général. M. le Dr de Pietra-Santa ; les autres sont dus à l'obligeance du Dr C. Pini, de Florence.

avaient leur office sanitaire, le nombre des médecins et des agents attachés à cet office variant avec l'importance de la localité.

Les médecins attachés aux syphilicômes étaient nommés pour trois ans : au bout de ce temps ils pouvaient être confirmés pour une nouvelle période de trois ans, dans leurs fonctions, par décret du ministre de l'intérieur. Les honoraires de ces médecins étaient assez maigres. Le décret du 15 février 1860 stipule en effet qu'ils ne pourront, en aucun cas, dépasser 2,000 francs.

Les prostituées reconnues malades à la visite devaient être dirigées sur les *syphilicômes,* ou sur un hôpital dans les villes où il n'y a pas de syphilicôme. Les syphilicômes, analogues aux *Lock hospitals* anglais, étaient des établissements gouvernementaux administrés par d'anciens fonctionnaires des prisons ou par des médecins ; le service médical était assuré par des médecins qui avaient le droit de tenir les malades séquestrées jusqu'à leur guérison. Il existait au 1er janvier 1888, 20 syphilicômes d'Etat, dont 13 installés dans des bâtiments spéciaux et 7 dans les annexes des prisons. Quelques villes ont fondé en outre des syphilicômes municipaux.

L'Italie est peuplée d'environ 29,000,000 d'habitants ; le chiffre des filles inscrites est évalué à 10,000 environ, par an ; quant au nombre des prostituées clandestines, on ne saurait le fixer même approximativement. Le chiffre de 50,000, donné par quelques auteurs, est évidemment au dessous de la vérité.

Le docteur de Piétra-Santa donne la statistique suivante, à propos des filles inscrites :

ANNÉE 1881 (10,422 filles inscrites)

AGE :		ÉTAT-CIVIL :	
De 17 à 20 ans. . .	2,953	Nubiles	8,393
De 20 à 30 ans. . .	5,456	Mariées	1,358
De 30 et au delà . .	2,013	Veuves	671
Total. . . .	10,422	Total. . . .	10,422

PROFESSIONS ANTÉRIEURES :		CAUSES DE LA PROSTITUTION :	
Femmes de la bourgeoisie.	262	Par séduction de l'amant .	1,653
Filles de magasin . . .	2,165	Par séduction des maîtres ou patrons	927
Ouvrières	2,333	Par perte des parents ou soutiens naturels. . .	2,933
Femmes de la campagne.	2,033	Pour soutenir des enfants ou des parents . . .	393
Domestiques	3,629	Par vice et dépravation .	2,752
Total. . . .	10,422	Par luxe	698
		Pour causes diverses (indéterminées)	1,066
		Total. . . .	10,422

ANNÉE 1875 (9,098 filles inscrites)

DEGRÉ D'INSTRUCTION

Illettrées	7,625
Lettrées	1,473
Total. . . .	9,098

Ces statistiques tendent à prouver que 80 % des filles inscrites sortent des basses classes de la population, et que les causes et les mobiles qui poussent les Italiennes à la prostitution sont les mêmes qu'ailleurs.

Les prostituées en maison sont plus nombreuses que les filles isolées ; en 1881 il y avait 6,643 filles en maison et 3,779 filles isolées.

Ces chiffres sont absolument en harmonie avec ceux que

je dois à l'obligeance du Dr Cartenio Pini, de Florence, et que je reproduis dans le tableau suivant :

NOMBRE DE FILLES INSCRITES au 31 octobre 1866				PROPORTION		
	Filles saines	Filles en traitement	Total	POPULATION	Filles inscrites par 100,000 habit.	Filles malades par 100 filles inscrites
Anciennes provinces . . .	764	313	1077	4,079,678	26	29
Lombardie	515	193	708	3,026,533	23	29
Emilie, Marches, Ombrie . .	610	229	889	3,522,904	25	31
Toscane.	364	60	424	1,815,243	23	14
Royaume de Naples . . .	2455	864	3319	7,060,618	27	27
Sicile.	694	260	954	2,223,476	43	27
Total. . . .	5412	1959	7371	21,728,452		
Moyenne.					34	27

En 1866, en effet, la population de l'Italie était moins élevée qu'elle ne l'est aujourd'hui ; et les États du Pape ne faisaient pas alors partie du royaume ; de plus la Vénétie ne figure pas sur ce tableau.

Le système de la taxe fait partie intégrante de la réglementation de 1860 ; il a été généralisé en Italie ; non seulement les filles inscrites devaient payer une rétribution variant de 0 fr. 50 à 1 fr. 50 par visite, suivant leurs ressources et leur état social, mais les patrons et les patronnes des maisons de tolérance étaient tenus d'acquitter une taxe ou pour mieux dire un impôt variant de 40 à 600 fr. suivant la catégorie et la classe dans lesquelles leur établissement était placé. Les maisons étaient, en effet, divisées en deux catégories : la 1re catégorie, comprenant les maisons de tolérance proprement dites, est divisée en trois classes ; il y a dans toute l'étendue du royaume 617 établissements de ce genre. La 2ᵉ catégorie, dans laquelle sont uniquement comprises les maisons de passe, compte 502 établissements.

Le montant de ces diverses taxes rapportait annuellement à l'État 600,000 francs. Cette somme figurait au budget du ministre de l'intérieur, et servait à payer en partie les dépenses d'entretien et de personnel des offices sanitaires et des syphilicômes. Ces dépenses se montent annuellement à 1,600,000 francs.

J'ai déjà dit ce que je pensais de la taxe perçue sur la prostitution ; je n'y reviendrai pas.

La réglementation de la prostitution a eu de tous temps de nombreux adversaires en Italie. Quoiqu'elle ait donné, comme partout, de bons résultats, quoique les hygiénistes et les médecins aient pu constater que là où les visites étaient bien faites et les arrêtés de police bien appliqués, la syphilis diminuait de fréquence et d'intensité, le gouvernement nomma en 1887 une commission royale chargée d'examiner les résultats de la réglementation aux points de vue juridique, moral, administratif et judiciaire ; cette commission a été amenée à conclure que la réglementation est la négation de la dignité humaine ; que le système de protection et d'oppression inauguré par l'État ne diminuait pas les excitations publiques à la débauche et qu'il réglementait ce que ses lois n'admettent pas ; que le règlement pervertit ceux qui ont charge de l'appliquer et que par les abus qu'il provoque, il jette la déconsidération sur un service public qui a besoin de l'estime d'un chacun ; que le règlement n'a de prise que sur les prostituées inscrites et que la prostitution clandestine et la haute prostitution lui échappent.

Les conclusions de la commission royale étaient donc défavorables à la réglementation en vigueur. Les statistiques militaires semblaient prouver d'ailleurs qu'elle est inefficace; en 1866, le chiffre proportionnel des maladies syphilitiques dans l'armée était de 6,6 $^o/_{oo}$ de la force moyenne des effectifs; en 1887 il était de 6,3 $^o/_{oo}$.

Le nombre des visites médicales était trop restreint; les syphilicômes laissaient beaucoup à désirer et on n'y envoyait même pas toutes les femmes qui devaient y entrer.

Le règlement de 1860 avait résisté aux attaques multiples dont il était l'objet; tout portait à croire que son abrogation n'aurait pas lieu de sitôt. La commission royale de 1887 avait bien élaboré un nouveau projet que les professeurs Pallizzani et Tommasi-Crudeli ont complété dans un important mémoire : ces deux projets sont beaucoup plus libéraux que l'arrêté de 1855-1860 ; ils réglementent la prostitution, mais ils suppriment l'inscription; ils s'efforcent surtout d'atteindre la prostitution clandestine et de sauvegarder, autant que faire se peut, la liberté individuelle; ils tiennent compte, enfin, des exigences de la science et de l'hygiène modernes.

Le 29 mars 1888, le gouvernement faisant droit aux réclamations formulées par la commission et adoptant ses conclusions, abolissait la réglementation de la prostitution dans toute l'étendue du royaume. Voici le texte du décret royal :

Décret royal du 29 mars 1888 (n° 5332) abolissant toutes les dispositions relatives aux syphilicômes.

Humbert I,
Par la grâce de Dieu et la volonté nationale, roi d'Italie.
Sur la proposition du président du Conseil, ministre et secrétaire d'Etat pour les affaires intérieures,
Ouï le conseil des ministres,

Après avis conforme du Conseil d'Etat ;

Avons décrété et décrétons :

ARTICLE 1er. — Les décrets royaux du 2 septembre 1871, n° 465 et 466 et le règlement général des syphilicômes, y relatif, sont et demeurent abrogés.

ARTICLE 2. — Des décrets ministériels fixeront le délai à partir duquel les syphilicômes devront être fermés et les dispositions nouvelles qui devront assurer à l'avenir la guérison et la prophylaxie des maladies vénériennes et syphilitiques, et la police des mœurs.

ARTICLE 3. — On appliquera aux personnes employées actuellement dans les syphilicômes, la loi du 11 octobre 1863 n° 1500 et le règlement approuvé par décret royal du 25 octobre de la même année n° 1527.

Ordonnons, etc.

Donné à Rome, le 29 mars 1888.

HUMBERT.   CRISPI.

Ce décret souleva naturellement dans le camp des partisans de la réglementation une opposition assez vive. Supprimer les syphilicômes, c'était supprimer toute surveillance ; du moment où l'administration policière ne pouvait plus obliger les filles malades à se soigner et les retenir jusqu'à leur guérison complète elle n'avait plus aucun pouvoir sur elles. La réglementation tombait d'elle-même.

M. Villa se fit, à la Chambre des Députés, l'interprète des inquiétudes qui assiégeaient les hygiénistes ; il posa, dans la séance du 14 Avril 1888, une question au ministre de l'intérieur à propos du décret sur les syphilicômes.

M. Crispi lui répondit avec la verve un peu mordante qui caractérise son talent oratoire. Je résume brièvement son discours :

M. Crispi rappelle que le décret royal abrogeant l'institution des syphilicômes sera suivi de la promulgation de deux règlements, l'un relatif à la police des mœurs, l'autre au traitement des femmes affectées de syphilis et que la majorité de la commission nommée en 1887 pour étudier le système actuellement en vigueur, s'est prononcée pour l'abrogation de la réglementation tandis que la minorité demandait l'établissement d'un système mixte. Il a nommé en conséquence, une nouvelle commission à laquelle il a communiqué tous les documents existant au ministère de l'intérieur, les enquêtes déjà faites et même les projets de règlements qui étaient à l'étude. Il est convaincu que le règlement du 15 février 1860 ne répond plus aux exigences de la civilisation actuelle ; grâce aux prescriptions qu'il édicte, les prostituées sont traitées comme des esclaves. Les syphilicômes sont des prisons, dans lesquelles les prostituées sont forcées d'entrer quand elles sont malades, et de demeurer jusqu'à ce qu'elles soient guéries, et pourtant ce n'est pas leur faute si elles sont contaminées. C'est contre un tel état de choses, contre de tels abus que s'élève M. Crispi et pour compléter le décret du 29 mars 1888 il compte édicter deux règlements, l'un relatif à la police des mœurs, l'autre au traitement de la syphilis.

« La pensée qui a présidé à la confection de ces règlements, dit M. Crispi, est la suivante : Pleine et entière surveillance par l'autorité publique de la moralité des mœurs, traitement des maladies vénériennes non pas forcé mais presque obligatoire, puisque j'impose aux tenants-maison l'obligation de pourvoir à la guérison de leurs pensionnaires malades. Cette disposition pouvant être insuffisante, tout agent ou fonctionnaire de l'administration publique sera autorisé à faire des visites sanitaires dans ces maisons, et d'y pénétrer avec un ou plusieurs médecins pour s'assurer de l'état de santé des pensionnaires. Les fonctionnaires publics ont en outre le droit de fermer les maisons de tolérance chaque fois que, pour raison de santé ou pour tout autre motif, l'autorité publique pense qu'elles constituent soit un péril soit un scandale pour la société.»

« M. Crispi annonce la constitution d'une société de patronage, chargée de prêter assistance aux malheureuses qui désirent renoncer à une vie de prostitution ; il termine en rappelant à la Chambre que l'action du décret royal n'est pas immédiate, que les syphilicômes resteront ouverts provisoirement, et que des décrets ministériels ultérieurs fixeront, suivant les lieux et les circonstances, la date à laquelle ces établissements devront être fermés. En attendant le règlement à venir relatif au traitement et à la prophylaxie de la syphilis, M. Crispi annonce que tous les hôpitaux seront dotés d'une section spéciale pour les maladies vénériennes ; là où on se heurterait à des difficultés ou à des impossibilités matérielles, on établirait une station spéciale, sans parler du traitement à domicile tel qu'il est prévu par le chapitre VI du budget du ministère de l'intérieur. »

Ainsi donc, dans le projet élaboré par M. Crispi, les offices sanitaires et les syphilicômes sont abolis ; dans les grands centres ils seront remplacés par des hôpitaux spéciaux, où aucune prescription hygiénique et prophylactique ne sera négligée ; partout on créera des dispensaires publics et gratuits, dotés d'une consultation ; les femmes, les hommes et les enfants pourront s'y faire soigner gratuitement.

M. Crispi se félicite d'une réforme à laquelle il est fier d'attacher son nom. L'avenir seul dira si cette réforme était aussi opportune et aussi ardemment désirée qu'il le croit.

En attendant, de nombreuses protestations s'élèvent déjà contre le nouvel état de choses que vient d'inaugurer le décret du roi Humbert. Les esprits sages et éclairés, vraiment soucieux du bien public, redoutent la fermeture des syphilicômes. Quelque défectueuse qu'ait été leur organisation, ils présentaient une garantie sérieuse pour la société, à cause de l'obligation faite aux filles de se soumettre à la visite, et de l'impossibilité où elles étaient de sortir du syphilicôme avant leur guérison. L'établissement de dispensaires, de services spéciaux dans les hôpitaux et surtout l'idée de confier aux patrons des maisons de tolérance le soin de veiller à la guérison de leurs pensionnaires ne saurait rassurer au même point ceux qui ont souci de la santé publique. Le Dr Profeta, professeur de clinique des maladies cutanées et syphilitiques à Palerme, est de ce nombre; il ne saurait approuver, ainsi qu'il l'a dit dans une conférence publique le 13 Juin 1888, la fermeture des syphilicômes; il rend justice aux sentiments qui ont fait agir M. Crispi, mais il est persuadé que sa tentative n'aura pas les résultats qu'il en espère et il la compare familièrement à un coup d'épée dans l'eau.

L'agitation causée par le décret du 29 Mars 1888 ira certainement en grandissant; il est à désirer qu'elle ait des résultats féconds et que le gouvernement, éclairé par les discussions qui s'élèvent d'un bout à l'autre du royaume, reconnaissant qu'il est allé trop loin, finira par se rallier à un système de réglementation qui, moins rigoureux que celui qu'on vient d'abroger, donnera satisfaction aux légitimes revendications des savants qui parlent au nom de l'intérêt public.

J'aurais désiré faire suivre cette étude générale de l'examen des conditions particulières de la prostitution dans les principales villes de l'Italie. Mais si j'ai pu avoir des renseignements précis sur Naples, et quelques données seulement sur Florence, l'appel que j'avais adressé à Turin, à Milan, à Rome est resté sans réponse.

I

FLORENCE (1)

Florence, qui a eu pendant sept années l'honneur d'être la capitale du royaume d'Italie, est peuplée de 167,112 habitants. La prostitution n'y avait pas pris avant cette époque un développement plus considérable que dans n'importe quelle autre ville d'Italie ; mais depuis 1864, époque à laquelle le roi Victor-Emmanuel transféra le siège de son gouvernement dans la vieille cité toscane, jusqu'au moment où Rome devint, en 1871, la capitale du nouveau royaume, la prostitution y prenait d'année en année plus d'extension ; à partir de 1872 ce mouvement ascensionnel s'arrêta, et aujourd'hui le nombre des filles publiques de Florence et redevenu à peu près ce qu'il était avant 1864.

Je regrette de ne pouvoir donner la moyenne des filles inscrites par année à Florence, car les chiffres que je donnerai tout à l'heure y gagneraient en valeur.

Florence est nécessairement dotée d'un syphilicôme fortement organisé. Jusqu'en 1874, il était desservi par quatre médecins ; le nombre des visites effectuées par eux augmentait nécessairement avec le nombre des prostituées, et le chiffre maximum des visites a été atteint en 1871, avec 31,158 visites. Depuis 1864, le nombre des prostituées

---

(1) Les chiffres reproduits dans cette notice sont dus à M. Cartenio Pini, médecin du syphilicôme de Florence.

ayant sensiblement diminué, il n'y a plus que trois médecins attachés au syphilicôme.

De 1869 à 1884, il a été procédé à 385,681 visites régulières au syphilicôme sans compter les visites régulières faites dans les bordels, les domiciles particuliers et les visites extraordinaires.

Le tableau ci-dessous donne des détails très intéressants sur les différentes affections dont étaient atteintes les prostituées qui ont été traitées au syphilicôme.

TABLEAU STATISTIQUE *des cas de maladies vénériennes et syphilitiques traités au syphilicôme de Florence du 1er Janvier 1869 au 31 Décembre 1884.*

Années	Total des malades traitées au syphilicôme	Chancres mous	Blennorhagies vaginale et uréthrale	Syphilis constit.	Affections utérines	Végétations	Abcès des grandes lèvres	Adénites inguinales	TOTAL des visites
1869	424	186	98	56	61	9	13	1	21.303
1870	508	262	94	62	67	10	10	3	26.034
1871	556	261	99	89	61	21	23	2	31.158
1872	523	278	101	75	35	17	14	3	29.555
1873	439	244	84	50	43	9	7	2	29.457
1874	372	209	47	49	50	10	6	1	29.861
1875	347	218	38	43	30	10	7	1	30.111
1876	303	210	14	39	17	12	7	4	30.130
1877	241	162	21	30	14	4	9	1	26.697
1878	229	162	13	23	15	5	5	6	21.784
1879	231	159	15	25	22	2	6	2	19.154
1880	224	131	25	29	25	10	4	0	19.938
1881	199	113	14	35	24	5	8	0	18.832
1882	155	107	9	14	10	6	6	3	17.969
1883	250	156	18	34	24	12	6	0	16.478
1884	307	177	20	25	50	24	11	0	17.220
	5308	3035	710	678	548	166	142	29	385.681

Il y a donc eu, dans l'espace de 16 ans, 5,308 filles

atteintes de maladies contagieuses à Florence. Les syphilitiques figurent dans ce total dans une proportion de
12 3/4 °/₀ ; les femmes atteintes de blennorrhagie, dans
une proportion de 13 °/₀ et les femmes atteintes de chancres
mous, dans celle de 57 °/₀.

La syphilis semble diminuer à Florence de fréquence et
d'intensité ; de 1869 à 1873 la moyenne des femmes reconnues atteintes de syphilis était de 66,4, par an ; de 1880 à
1884 elle n'est plus que de 25,4 par an. Il est vrai que
dans cette dernière période le nombre des visites est
tombé d'une moyenne de 26,000 à celle de 18,000 environ ;
mais, tout en tenant compte des circonstances, il n'en faut
pas moins faire remonter à la rigueur de l'administration
et au zèle des médecins du syphilicôme une bonne partie
de l'amélioration de l'état sanitaire des prostituées.

Toutes les affections vénériennes, prises en bloc, béné-
ficient du reste d'une atténuation marquée ; on s'en convaincra en se reportant au tableau statistique que j'ai
donné plus haut.

Je ne saurais dire quel est le chiffre des prostituées
clandestines qui exercent plus ou moins ouvertement
leur métier à Florence. A première vue, on peut dire qu'il
doit être considérable. Leur état sanitaire paraît s'être
amélioré également depuis dix-huit ans.

En 1870, 170 filles clandestines ont été visitées pour
la première fois au syphilicôme ; sur ce nombre, 59
étaient malades, ce qui fait une proportion de 34 °/₀ ;
d'après les registres du syphilicôme se rapportant aux
années 1884, 1885 et 1886, le nombre des clandestines
soumises à la visite durant ce laps de temps a été de
228, parmi lesquelles on trouva 88 malades, c'est-à-dire
une proportion de 30 °/₀.

Ainsi donc, de 1884 à 1886, la proportion des filles clandestines malades était de 30 %, celle des filles soumises malades n'étant que de 1,64 %.

L'amélioration de l'état sanitaire, au point de vue des affections vénériennes et syphilitiques, n'est pas particulière du reste à Florence. Toute la Toscane en bénéficie. Cette province figurait dans la statistique de 1866 pour un total de quatorze prostituées malades sur cent inscrites ; il est certain que si on refaisait le même calcul aujourd'hui on trouverait un total bien inférieur à celui de 1866 puisque, à Florence même, la ville de beaucoup la plus importante de la région, la proportion des filles inscrites malades n'est plus que de 1,64 %.

Quoi que l'on pense de l'organisation des syphilicômes, on ne saurait que regretter la disparition d'une institution qui a donné de tels résultats.

II

NAPLES (1)

Quoique Naples soit déchue de son ancien rang de capitale et qu'elle ne soit plus qu'une simple préfecture, elle n'en est pas moins restée une des villes les plus importantes et les plus intéressantes de l'Italie. Elle a aujourd'hui 992,398 habitants.

L'étude de l'état de la prostitution y est particulièrement attachante ; car cette ville où affluent les étrangers, grâce à son climat admirable, à sa position sur la Méditerranée, à la proximité du Vésuve, à la splendeur de son horizon,

____

(1) C'est à M. le prof. Patamia, de Naples, que sont dus les renseignements contenus dans ce chapitre.

à ses monuments, a de tout temps joui, au point de vue de la moralité, d'une célébrité de mauvais aloi.

Est-il besoin de rappeler que la syphilis fut d'abord appelée en France le *Mal napolitain*, en souvenir de l'épidémie de vérole qui décima l'armée de Charles VIII pendant son séjour à Naples et qu'elle emporta avec elle, la répandant partout sur son passage. Il est vrai que les Italiens prétendaient que c'étaient précisément les soldats du roi de France qui avaient apporté la maladie à Naples et ils lui donnèrent le nom de *Mal français*.

Quoi qu'il en soit, il me semble difficile de dénier à Naples son renom d'une ville aux mœurs faciles. Courbée sous le joug d'une autorité despotique, éloignée des affaires, persuadée que tout écart serait sévèrement et cruellement réprimé, la partie jeune et vivante de la population napolitaine n'a eu, pendant des siècles et jusque dans ces derniers temps, d'autre occupation, d'autre émonctoire que le plaisir et la débauche ; et cette soif de plaisirs, cette débauche étaient favorisées par le gouvernement qui se rendait fort bien compte qu'il n'est pas de meilleur moyen pour asservir et abêtir une population énergique, active et remuante que de la jeter vers les jouissances sensuelles.

Il faut ajouter à ce facteur puissant de démoralisation, l'indolence naturelle et la paresse de la classe moins fortunée, le peu de besoins matériels qu'éprouve cette catégorie d'individus, qui se contentent d'un peu de macaroni et de fruits secs pour toute nourriture et d'un abri précaire pour dormir ; l'influence d'un soleil ardent qui fait circuler plus chaud le sang dans les veines, la promiscuité fâcheuse dans laquelle vivent les pauvres, les ouvriers, les lazzarone, et que favorisent encore les fêtes religieuses ou civiles, les processions et les pèlerinages.

Enfin la présence des ouvriers du port, des marins, de la garnison et le mouvement des étrangers exercent, comme partout, une action décisive sur la progression de la prostitution, au point de vue de la clandestinité surtout.

Naples est aujourd'hui dotée d'un service des mœurs régulier, appelé comme partout en Italie *Ufficio Sanitario.* Ce service fonctionne d'après un règlement calqué sur celui de Bruxelles, le *Regolamento sulla Prostituzione.*

La section administrative du bureau des mœurs s'occupe de l'inscription, de la radiation et de la répression ; elle est secondée, pour la section médicale, par onze médecins attachés à l'Office sanitaire et par les trois médecins de l'hopital des maladies vénériennes ou *Syphilicôme.*

Le nombre des femmes inscrites est de 400 en moyenne, par an. Les filles soumises se divisent en femmes isolées ou en femmes de maison. Il y a deux visites par semaine pour les filles soumises.

Les prostituées soumises isolées sont divisées en trois classes et subissent leurs visites au dispensaire ; les filles de première classe payent un franc par examen ; leurs visites ont lieu le Lundi et le Jeudi ; celles de seconde classe payent cinquante centimes par visite et viennent se faire examiner le Mardi et le Vendredi. Les visites des filles de la troisième classe sont gratuites et ont lieu le Mercredi et le Samedi.

Beaucoup de filles, celles de la première classe surtout, obtiennent la permission de se faire visiter à domicile ; elles ont alors à acquitter un franc cinquante centimes par examen.

Les visites des filles en maison se font dans la tolérance même et se payent un franc.

La pénalité, sanction des condamnations encourues pour infraction au règlement, à la décence, ou absence aux visites, est l'emprisonnement. L'inspecteur sanitaire fixe la durée de la peine ; il a le droit d'infliger aux délinquantes un emprisonnement variant de un à quinze jours.

Il y a 78 maisons de tolérance à Naples ; leur nombre est resté à peu près stationnaire depuis une dizaine d'années; il existe évidemment des maisons de passe; mais à Naples la police ne les tolère pas ; elle ignore leur existence et ne peut intervenir que lorsqu'elle est saisie de plaintes nettement formulées.

Les brasseries à femmes sont inconnues.

La prostitution clandestine est très florissante ; elle se recrute parmi les ouvrières, les lingères, les domestiques; elle est surtout alimentée par la misère. Dans la classe pauvre, les parents vendent plusieurs fois la virginité de leurs filles. Celles-ci, après avoir satisfait à maintes reprises la cupidité de leur père ou de leur mère, finissent par se lasser et se prostituent à leur seul profit. Quelques-unes arrivent d'emblée à l'inscription, la plupart deviennent des clandestines.

Dans une population aussi paresseuse et aussi corrompue, l'industrie du souteneur devait rencontrer un terrain tout préparé ; en effet, les souteneurs abondent à Naples, et malgré le danger que leur existence peut faire courir aux étrangers surtout, la pénalité ne semble pas être bien déterminée à leur égard. Il leur est interdit d'entrer dans les maisons de tolérance ; mais ils y pénètrent, malgré le règlement, et ils y font quelquefois du scandale. Dans ce cas, la police ferme temporairement la maison ; en cas de récidive, elle en prononce la clôture définitive.

Parmi les filles soumises, on compte environ 149 véné-

riennes par an ; c'est donc une proportion de 3 %/₀ ; la proportion des clandestines malades est plus forte ; elle est de
8 %/₀ eu égard au nombre des insoumises arrêtées.

La syphilis ne subit pas d'aggravation à Naples ; elle a
plutôt une tendance à diminuer de fréquence et d'intensité.
En tous cas les filles inscrites sont moins infectées que les
filles clandestines, et chez elles la syphilis revêt toujours
un caractère plus atténué.

Nota. — Le décret du 29 mai 1888, en prononçant la fermeture des syphilicômes, met fin à l'organisation actuelle ;
mais il m'a paru digne d'intérêt d'exposer avec quelques
détails le fonctionnement du service des mœurs tel qu'il
existait encore au commencement de l'année 1888 à Naples,
d'autant plus que ce service était, sauf certaines modifications locales, presque identique dans toutes les grandes
villes d'Italie.

DE LA PROSTITUTION DANS LES PAYS-BAS

I

AMSTERDAM [1]

Amsterdam est la capitale commerciale et le grand entrepôt de la Hollande ; elle est peuplée de 524,536 habitants ; l'affluence continuelle des étrangers, l'arrivée incessante de nombreux marins et matelots, la misère et le relâchement des mœurs de la classe ouvrière, le luxe que déploient les classes aisées, le célibat auquel leur modeste situation de fortune condamne beaucoup de jeunes gens, telles étaient les causes qu'invoquaient en 1856 MM. Schneevoogt et Van Trigt dans leur étude sur la prostitution en Hollande, en faveur de l'extension de la prostitution à Amsterdam. Ces causes n'ont pas varié depuis et leur influence est même devenue plus active.

L'esprit libéral de la population néerlandaise s'est de tout temps montré défavorable à la réglementation de la prostitution : toute mesure ayant un cachet autoritaire ou arbitraire rencontrerait une opposition profonde, devant laquelle la police a toujours reculé ; aussi, à part quelques règlements à peu près inefficaces, l'exercice de la prostitution est-il libre à Amsterdam.

Comme il n'existe pas de service des mœurs, il est impossible de dire quel est le chiffre des prostituées d'Amsterdam et combien d'entre elles sont assurément atteintes de maladies vénériennes.

(1) Les renseignements sur Amsterdam sont dus à l'obligeance de M. Van Haren Noman, professeur de dermatologie et de syphilographie à Amsterdam.

La prostitution clandestine y revêt les mêmes formes que dans les autres grandes villes ; elle s'exerce sur une vaste échelle, dans les quartiers du port, chez les débitants de boissons, et dans les rues élégantes, dans les arrière-boutiques des magasins de parfumerie ou de ganterie. C'est en tenant compte de tous les masques sous lesquels elles se cachent, en se basant sur ce que l'on observe dans d'autres villes placées dans les mêmes conditions, qu'on peut évaluer approximativement la masse des pros-tituées d'Amsterdam à trois mille environ.

La Haye, Rotterdam, etc., jouissent d'un règlement municipal, calqué sur le règlement parisien, qui surveille au moins les maisons de tolérance. L'article premier de ce règlement est ainsi libellé :

Bien qu'interdite en principe, l'existence des maisons publiques pourra être tolérée par le directeur de la police à des conditions par-ticulières et sans contrevenir en rien à ia règle générale établie sur ce point.

L'administration donne donc d'une main ce qu'elle refuse de l'autre, et elle se voit dans la nécessité de tolérer ce qu'elle ne saurait empêcher.

La police n'a qu'un rôle absolument passif ; il se borne à prévenir les scandales publics, à empêcher l'entrée des filles mineures dans les maisons de tolérance, sans que toutefois elle puisse intervenir directement. Les maîtres et les maîtresses de maison, s'ils sont autorisés à tenir un débit de boisson ou un garni, n'ont qu'à observer quelques règles bien peu sévères, pour être à l'abri des tracasseries de la police.

Il y avait en 1885, 40 maisons de tolérance à Amster-dam ; il m'a été impossible de savoir si leur nombre a augmenté ou diminué depuis ; l'*Almanach Reirum* de 1888, dont j'ai parlé page 152, ne donne les adresses que de huit de ces maisons ; ce ne sont évidemment que les principales. A La Haye et à Rotterdam, les filles de maison subissent des visites ; il ne paraît pas en être de même à Amsterdam.

De nombreuses maisons de passe, des brasseries à femmes se trouvent un peu partout dans la ville ; les souteneurs y abondent et, à moins d'avoir commis un délit de droit commun pour lequel ils sont punis comme tout autre citoyen, ils ne sont pas inquiétés.

Dans de telles conditions, avec une surveillance si peu tracassière, je dirai presque si paternelle, on est autorisé à penser que les maladies vénériennes doivent sévir sur la majeure partie du personnel de la prostitution. Il n'y a pas, en effet, de visites régulières, les prostituées ne pouvant être soumises à une visite que lorsqu'elles ont été arrêtées.

Malheureusement je n'ai aucune donnée à ce sujet : je le regrette, car il eût été intéressant de se rendre compte de l'état sanitaire des prostituées d'une grande ville, port de commerce florissant, où l'exercice de la débauche ne subit aucune entrave, et où, sauf au moment de l'occupation française, la prostitution n'a jamais été soumise à une réglementation effective.

DE LA PROSTITUTION AU PORTUGAL

LISBONNE (1)

La capitale du Portugal est peuplée d'environ 300,000 individus. — Port de mer important où font escale les transatlantiques qui se dirigent vers l'Amérique du Sud, elle est en relations constantes avec le Brésil, la République Argentine, l'Uruguay et les autres États du continent américain qui se sont successivement détachés de l'Espagne ou du Portugal, mais qui n'en ont pas moins conservé des rapports suivis avec leur ancienne métropole. Le mouvement des étrangers y est donc considérable. Leur arrivée incessante, la présence de nombreux matelots, d'ouvriers de toute sorte employés aux travaux du port, d'une garnison importante, le tempérament ardent de la race portugaise ont une influence manifeste sur l'extension de la prostitution ; celle-ci a pris, en effet, un accroissement tel que les anciens règlements ont paru insuffisants à l'administration et qu'elle a dû les renforcer.

La nouvelle réglementation a été édictée le 1er Décembre 1865 ; elle porte la signature du gouverneur civil de Lisbonne et est précédée des considérants suivants :

L'expérience ayant démontré que les dispositions qui règlent la police sanitaire des femmes publiques de la ville de Lisbonne sont devenues insuffisantes pour sauvegarder les intérêts de la santé et de la morale publiques, comme il est nécessaire de modifier certaines de ces dispositions et d'en adopter de nouvelles, désirant que dans cette importante branche du service on observe la régularité et on s'entoure des garanties que cette importance même exige, je juge convenable, en l'absence d'un règlement du gouvernement, et en usant

(1) Les renseignements contenus dans ce chapitre sont dus à l'obligeance du Dr Gregorio Rodriguez Ferrandes, de Lisbonne.

des droits que me confèrent l'article 227, titre 6 du code administratif et l'article 439 du code pénal, d'arrêter ce qui suit :

èglement de police des filles publiques de la ville de Lisbonne

CHAPITRE I

Des filles publiques

Article 1er. — Sont considérées comme filles publiques toutes les femmes qui habituellement se livrent à la prostitution et en tirent leurs moyens d'existence.

§ *Unique.* — Il y a deux classes de filles publiques : 1° celles qui vivent en commun et sous la direction d'une maîtresse de maison ; 2° celles qui vivent isolées, dans un domicile particulier.

Article 2. — Toutes les filles publiques, sans distinction de classe, doivent être inscrites sur un registre spécial, déposé dans une section spéciale de la police.

§ *Unique.* — L'inscription de n'importe quelle femme comme femme publique peut être faite sur sa demande ou d'office.

Article 3. — Il ne sera admis à l'inscription aucune femme qui serait âgée de moins de 17 ans ou qui serait réclamée par ses parents.

§ *Unique.* — L'inscription aura lieu cependant s'il est prouvé que la femme se prostituait déjà avant l'âge de 17 ans ou qu'elle continue à se livrer à la prostitution, après avoir été réclamée.

Article 4. — Les femmes qui se livrent à la prostitution clandestine seront invitées à se faire inscrire sur les registres ; si au bout de 24 heures elles n'ont pas obéi à cette injonction, elles seront amenées à la police, inscrites d'office et punies de prison.

Article 5. — On inscrira sur le registre les noms, l'état civil, le lieu de naissance, la profession, les signes caractéristiques, la demeure de la prostituée, et tout autre renseignement que l'on jugera nécessaire pour certifier son identité.

§ *Unique.* — Après l'inscription, chaque femme, recevra un livret contenant toutes les indications portées sur sa feuille d'inscription et un exemplaire de l'arrêté de police auquel elle doit se soumettre.

Article 6. — Si en interrogeant une femme, on reconnaît qu'elle se livre à la prostitution tout en ignorant la gravité de sa conduite, ou pour des causes accidentelles et indépendantes de sa volonté. l'autorité agira selon les circonstances et s'efforcera de remettre cette femme dans le droit chemin.

Article 7. — Il est expressément défendu aux filles publiques de se servir de leur livret pour un autre but que celui dans lequel il leur a été donné ; elles devront le présenter chaque fois qu'elles en seront requises par les agents de la police.

§ *Unique.* — Dans le cas où une fille publique aurait perdu son livret, elle devra, dans les 24 heures, en demander un autre au service compétent, et en acquitter le prix.

ARTICLE 8. — Aucune femme inscrite ne pourra louer dans une maison sans en avoir reçu la permission de l'autorité compétente ; elle devra se soumettre aux obligations suivantes : 1° Changer de demeure, en temps opportun, si elle en a reçu l'ordre de l'autorité ; 2° Faire part, dans le délai de 24 heures, de son changement de domicile tant au bureau où elle est inscrite qu'aux bureaux de police dont ressortissent son ancienne et sa nouvelle habitation.

ARTICLE 9. — Il est expressément défendu aux femmes publiques d'habiter près des églises, des collèges et des jardins publics ; de sortir dans des costumes indécents ou en état d'ivresse et de se montrer à leurs portes ou fenêtres dans l'un ou l'autre de ces états ; de raccrocher dans les rues ou sur les places publiques ; de faire des gestes indécents ou de proférer des paroles obscènes ; de provoquer les passants en les appelant ou en leur faisant des signes ; de recevoir chez elles des enfants au dessous de 15 ans, de n'importe quel sexe ; de garder chez elles leurs fils ou des enfants au-dessus de 3 ans.

ARTICLE 10. — Aucune femme publique ne pourra s'absenter pendant plus de cinq jours sans en avoir fait la déclaration à la section de police dont elle dépend.

ARTICLE 11. — Les femmes publiques qui contreviendront aux articles 7, 8, 9 et 10 sont passibles d'une amende de 1,000 réis.

ARTICLE 12. — Toute femme publique aura le droit de se faire rayer, si elle prouve qu'elle est revenue à une vie honnête ou qu'elle quitte le royaume ; mais elle sera toujours soumise à la surveillance de la police, qui agira à son égard selon les circonstances.

ARTICLE 13. — Toute femme publique qui, après sa radiation, se livrera de rechef à la prostitution et qui ne se fera pas inscrire de nouveau, sera considérée comme prostituée clandestine.

CHAPITRE II

Des maisons de tolérance

ARTICLE 14. — Les maisons de tolérance se divisent en deux classes :

1° Les maisons de tolérance où les femmes publiques sont à demeure fixe.

2° Les maisons de tolérance, appelées maisons de passe, où les prostituées isolées se rendent pour y exercer la prostitution.

ARTICLE 15. — L'autorisation d'établir une maison de tolérance est donnée par le gouverneur civil et a un caractère essentiellement temporaire.

§ 1. — La personne qui sollicite la permission d'ouvrir une maison de tolérance devra indiquer la maison où elle compte s'établir et prouver qu'elle est dans les conditions exigées par l'article 9 titre Ier et appropriée au but auquel on veut la faire servir ; elle devra déclarer dans sa demande qu'elle se soumettra à tous les ordres qui lui seront transmis par la police touchant l'observation du règlement.

§ 2. — Les personnes qui voudront établir des maisons de tolérance de première classe devront indiquer le nombre de femmes qu'elles comptent avoir chez elles ; ce nombre sera déterminé par la police et ne pourra jamais être dépassé.

§ 3. — Dans les maisons de première classe, il y aura un registre dans lequel seront inscrites les entrées et les sorties des femmes, et toutes les notes que l'administration de la police jugera nécessaires d'y faire figurer. Les entrées des femmes malades à l'hopital y seront également portées.

ARTICLE 16. — La même personne ne pourra avoir deux ou plusieurs maisons de tolérance, même dans des quartiers différents.

ARTICLE 17. — La femme mariée, vivant avec son mari, ne pourra tenir une maison de tolérance sans le consentement, par écrit, de son mari.

ARTICLE 18. — Les propriétaires des maisons de tolérance sont tenus : 1º de se soumettre à toutes les indications hygiéniques ordonnées par les médecins chargés des visites sanitaires ; 2º de tenir leurs fenêtres fermées avec des persiennes ou autrement, de manière qu'il soit impossible de voir ce qui se passe à l'intérieur ; 3º de ne pas maltraiter les femmes qui vivent chez elles, de ne pas les injurier, de ne les molester en aucune façon et de ne leur refuser, sous aucun prétexte, le linge et les objets qui leur appartiennent ; 4º de prévenir les femmes du jour et de l'heure fixés pour la visite sanitaire, de les surveiller étroitement et de faire entrer à l'hopital toute femme malade, sans même attendre la visite ; 5º de déclarer dans les 24 heures, au bureau de police, l'entrée de toute nouvelle femme dans leur maison ; de déclarer de même la sortie, la nouvelle destination et l'adresse de toute pensionnaire qui les quitte ; 6º de s'abstenir d'exploiter la dépendance des femmes vis-à-vis d'eux, de leur prêter de l'argent à intérêts, et de toutes transactions semblables ; 7º d'interdire dans leurs maisons le jeu, les loteries, les divertissements bruyants qui pourraient incommoder les voisins, et les excès de boissons.

ARTICLE 19. — Les infractions aux prescriptions établies par les nº 4 et nº 5 de l'article précédent seront punies d'une amende de 4,000 réis et en cas de récidive d'une amende de 2,000 réis.

ARTICLE 20. — La maîtresse de maison est la première responsable des infractions au règlement commises dans sa maison ; mais cette disposition ne diminue en rien la responsabilité de la femme délinquante.

Article 21. — Lorsqu'une maîtresse de maison néglige de se conformer aux ordonnances de police, sa permission lui est immédiatement retirée ; si la maison est de première classe, les femmes seront obligées de la quitter dans les 24 heures ; cette mesure n'empêche pas les maîtresses de maison d'être en outre passibles des peines édictées contre la désobéissance aux règlements.

CHAPITRE III

Des visites sanitaires

Article 22. — Toute femme inscrite est obligée de se soumettre à une visite sanitaire, une fois au moins tous les huit jours ; cette visite est faite par les sous-délégués techniques ou par des médecins, nommés à cet effet, dans les locaux et aux jours et heures fixés. Les femmes qui manqueraient à leur visite payeront une amende de 1,000 réis.

§ *Unique.* — Les visites et les inspections auront lieu dans les dispensaires ou au domicile des femmes publiques, quand celles-ci en feront la demande et que cette demande sera accueillie. Les visites faites au dispensaire et les visites d'office sont gratuites.

Article 23. — Toute femme publique qui demanderait à être dispensée de la visite sous prétexte qu'elle va demeurer dans une maison particulière sous la protection d'un seul individu, n'aurait droit à cette dispense que trois mois après la réception de sa demande et si sa conduite ne donnait lieu, pendant ce temps, à aucune observation.

Article 24. — Il sera permis à une fille publique, par détermination du gouverneur civil prise avec la circonspection nécessaire, de subir la visite sanitaire à domicile quand elle en fera la demande, aux conditions suivantes ; 1° il faut qu'elle justifie, par un certificat médical, qu'il existe dans son logement un local approprié à la visite; 2° il faut qu'elle subisse la visite au jour et à l'heure qui lui seront désignés, sans qu'elle puisse alléguer une excuse qui l'en dispense ; 3° il faut qu'elle acquitte la rétribution qui lui sera demandée, comptée pour quatre visites chaque fois, et dont l'importance ne pourra dépasser 250 réis par visite.

§ *Unique.* — La non observation d'une de ces dispositions suffit pour que l'autorisation soit retirée à la fille publique comme à la maîtresse de maison, sans qu'elles puissent réclamer le remboursement des sommes avancées ; la femme publique réfractaire subira dès lors sa visite au dispensaire.

Article 25.— Les maîtresses de maison de tolérance de 1re classe, auxquelles la faveur de faire visiter leurs femmes à domicile aura été accordée, seront rigoureusement responsables de l'observation de l'article précédent et sujettes à ses dispositions.

Article 26. — Toute femme publique reconnue atteinte de syphilis ou d'une autre maladie contagieuse sera envoyée immédiatement à l'hôpital compétent, accompagnée d'un certificat médical indiquant la nature de la maladie.

§ *Unique*. — Les maîtresses de maison sont les premières responsables de l'entrée à l'hôpital des femmes malades qu'elles auraient chez elles.

Article 27. — Toute femme publique malade, qui désire entrer volontairement à l'hôpital, devra d'abord réclamer un certificat médical au bureau des mœurs.

Article 28. — Toutes les femmes publiques qui, complètement guéries, doivent quitter l'hôpital, seront remises à l'agent de police qui se présente tous les jours à cet effet à l'hôpital, et conduites par lui au bureau des mœurs pour que l'on prenne note de leur sortie.

Article 29. — Ce même agent conduira, s'il y a lieu, au bureau des mœurs toutes les femmes non inscrites qui auront été soignées à cet hôpital pour des affections syphilitiques.

CHAPITRE IV

Dispositions générales

Article 30. — Toute maîtresse de maison qui tiendra une maison de prostitution sans en avoir l'autorisation sera passible d'une amende de 10,000 réis et devra solliciter cette autorisation dans le délai de 48 heures. Si elle n'obéit pas à l'injonction de la police, elle sera déférée aux tribunaux et les femmes publiques vivant chez elle seront tenues de quitter la maison dans les 24 heures.

§ *Unique*. — Cette disposition s'applique également aux maisons de passe.

Article 31. — Il est expressément défendu d'exercer la prostitution dans les hôtelleries et en général dans toutes les maisons publiques qui sont placées sous la surveillance de la police.

§ *Unique*. — La permission accordée aux propriétaires ou aux gérants de ces maisons leur sera retirée immédiatement, soit temporairement, soit définitivement s'ils contreviennent aux obligations libellées dans l'article 31.

Article 32. — Les maisons de tolérance doivent toujours être surveillées par les agents de police ; ceux-ci pourront les visiter à n'importe quelle heure du jour ou de la nuit, et quand ils le jugeront nécessaire.

§ *Unique*. — Le gouverneur civil ordonnera, quand il le jugera nécessaire, des visites domiciliaires dans ces maisons afin de s'assurer si les prescriptions de l'hygiène et de la police sont bien observées.

Article 33. — Toute femme, non inscrite, qui fréquenterait les maisons de prostitution et qui y serait rencontrée, serait considérée comme une prostituée clandestine.

Article 34. — Aucune maîtresse de maison ou fille publique ne pourra prendre à son service une domestique sans le consentement du bureau des mœurs ; elle sera tenue de déclarer le nom, les prénoms, l'âge et le lieu de naissance de la domestique.

§ *Unique.* — La permission de prendre des servantes sera accordée à la condition que celles-ci seront, comme les filles inscrites, sujettes à la visite sanitaire à domicile, à moins qu'elles n'eussent plus de 45 ans ; ces visites seront gratuites.

Article 35. — Les maîtresses de maisons de tolérance, si elles n'ont pas dépassé l'âge fixé dans l'article précédent, seront soumises à la visite sanitaire, à moins qu'elles ne soient mariées. Celles qui sont mariées, mais qui ne vivraient pas avec leurs maris, seront soumises à la visite.

Article 36. — Les médecins chargés des visites à domicile devront s'acquitter de leurs fonctions avec tout le zèle et toute l'attention dont ils sont capables, en se conformant aux instructions qui leur auront été données par le bureau des mœurs.

Article 37. — Il est expressément défendu aux médecins chargés des visites à domicile de soigner les femmes malades.

Article 38. — Il est également expressément défendu aux médecins de recevoir des maîtresses de maison ou des femmes publiques une rémunération en argent.

Article 39. — Les femmes publiques qui se conduiraient mal et qui feraient du scandale près des maisons honnêtes, et qu'une première admonestation n'aurait pas corrigées, seront condamnées à quitter leur domicile et à demeurer dans des rues qui leur seront désignées, conformément à l'ordonnance du 25 Décembre 1608, § 22.

Article 40. — Toute femme publique qui serait en état de grossesse, sera tenue de rendre compte, au moment donné, du résultat de l'accouchement ; celle qui contreviendrait à cette disposition, serait remise à la justice, aux termes de la loi (livre I, titre 73 § 4) et de l'ordonnance du 12 Mars 1603 § 5.

Article 41. — Toute femme publique qui, sans cause justifiée et à l'encontre des dispositions de ce règlement, refuserait de se soumettre à la visite sanitaire, sera considérée comme malade et retenue en prison jusqu'à ce que son état ait été vérifié.

Article 42. — Toute femme publique incorrigible et dont la conduite scandaleuse deviendrait intolérable, sera renvoyée dans son pays natal. Si elle est née à Lisbonne, on lui dressera procès-verbal, et elle sera passible des peines que la loi édicté pour punir les faits dont elle s'est rendue coupable.

Article 43. — Le bureau des mœurs avertira les propriétaires qui loueront des maisons ou des chambres aux femmes publiques inscrites ou clandestines, que vu l'article 8, il est de leur devoir de faire accomplir les formalités exigées par le règlement ; dans le cas contraire, ils seront passibles des peines édictées par l'ordonnance du 15 Juin 1760 § 8.

ARTICLE 44. — Il sera attaché au bureau de la police sanitaire un nombre d'agents suffisant pour faire exécuter le règlement.

ARTICLE 45. — Les agents de la police sanitaire doivent exercer une active surveillance sur les maisons de tolérance, sur les femmes publiques inscrites et sur les prostituées clandestines, et exécuter avec diligence les ordres qu'ils recevront du bureau des mœurs.

ARTICLE 46. — Les agents de police qui par connivence ou pour tout autre motif manqueraient à leur devoir, ou qui accepteraient de l'argent ou des cadeaux des maîtresses de maison ou des femmes publiques, ou de n'importe quelle personne faisant partie d'une maison de tolérance, seront immédiatement destitués et punis des peines correspondant aux fautes commises.

ARTICLE 47. — Il sera établi une maison d'observation pour recueillir temporairement, jusqu'à ce que l'on ait pu rassembler les renseignements nécessaires, toutes les femmes qui seront dans le cas prévu par les articles 3 et 6.

ARTICLE 48. — Le produit des visites sanitaires et des amendes stipulées par ce règlement, sera appliqué au payement des dépenses de la police sanitaire de la prostitution, au traitement des médecins chargés des visites à domicile et des agents de la police sanitaire.

ARTICLE 49. — Ce règlement entrera en vigueur à partir de la date de sa publication, tous les autres règlements antérieurs demeurant abrogés.

Gouvernement civil de Lisbonne, le 1er décembre 1865.

Le gouverneur civil,
GERALDO JOSÉ BRAAMCAMP.

Si j'ai traduit ce long document, c'est qu'il m'a paru intéressant à plus d'un titre ; quoiqu'il date de plus de vingt ans, le règlement de police de Lisbonne contient certaines dispositions excellentes que l'on chercherait en vain dans des arrêtés plus modernes.

La substitution de l'amende à la prison est une mesure d'une haute sagesse ; elle existe dans les règlements de police qui régissent la prostitution dans d'autres villes du continent. La prostituée frappée d'une amende est infiniment plus punie que si on lui octroyait quelques jours de prison. Huit jours, quinze jours sont vite passés ; la

perte d'économies péniblement amassées lui est beaucoup
plus sensible, et elle évitera à l'avenir toute infraction au
règlement.

L'interdiction, pour les maîtresses de maison, de prêter
de l'argent à leurs pensionnaires mérite également d'être
signalée. Que de disputes, de mutations, de mésintelli-
gences épargnées de ce fait !

L'obligation où sont les maîtresses de maison non mariées ou hors de puissance maritale de se soumettre à la
visite, est certainement une mesure excellente.

Mais ce qui me paraît placer le règlement de Lisbonne
hors de pair, c'est l'article 28 qui oblige toutes les femmes
publiques ou inscrites, qui sortent guéries de l'hôpital où
elles ont été internées, et même les clandestines qui y
étaient entrées volontairement à se présenter devant le
bureau des mœurs ; une disposition pareille existe à Paris
pour les filles soumises seulement; mais les clandestines
sortent librement de Lourcine et des autres hôpitaux ;
c'est l'article 39 qui oblige toute femme dont la conduite
scandaleuse serait une cause de désordre et d'ennui pour
ses voisins, à aller demeurer dans une rue, à elle spécialement désignée par la police; c'est l'article 47 enfin, qui
prescrit la création d'une maison d'observation, d'un refuge
si l'on aime mieux, où sont recueillies provisoirement les
prostituées âgées de moins de 17 ans, attendant que leurs
parents les réclament, et celles dont on est certain qu'en se
livrant à la prostitution, elles ignoraient la gravité de leur
conduite, ou qu'elles ne l'exerçaient que forcées et contraintes, moralement ou physiquement. Ce refuge, qui n'a rien
d'une prison, est destiné à préserver d'une chute complète
et irrémédiable une foule de malheureuses qui ne demandent qu'à se réhabiliter en revenant à une vie honnête.

Le service des mœurs, appelé à Lisbonne *service sanitaire de prostitution* dépend du commissariat général de
police ; il est dirigé par un chef de bureau qui a sous ses
ordres quatre employés et cinq agents spéciaux ; en cas de
besoin, on lui adjoint des agents de la police civile ordinaire.
La section administrative de ce service s'occupe de l'inscription, de la surveillance et de la radiation des filles
soumises, et de la répression de la prostitution clandestine. La section sanitaire est chargée du service des dispensaires. Il y a deux dispensaires appelés Dispensaire oriental et Dispensaire occidental. Les visites ont lieu tous les
jours, elles sont gratuites. Douze médecins municipaux,
six par dispensaire, sont chargés de l'examen médical ;
les visites à domicile sont faites par trois médecins, directement nommés à cet effet par le gouverneur civil.

Le mouvement des inscriptions, dans les dernières
années, a été le suivant :

ANNÉES	INSCRIPTIONS		RÉINSCRIPTIONS		TOTAL	PROSTITUÉES			
	volon- taires	d'office	volon- taires	d'office		Dis- parues	hors circu- lation	Rayées	mortes
1875	133	47	7	11	198	142	27	23	9
1876	119	9	6	5	139	215	51	52	14
1877	160	7	13	1	181	98	30	82	29
1878	122	30	11	3	166	121	228	69	28
1879	157	35	10	2	204	108	140	63	16
1880	164	20	11	2	197	151	89	55	18
1881	164	15	7	1	187	90	20	77	22
1882	185	35	9	1	230	140	45	30	27
1883	173	26	6	»	205	106	14	84	20
1884	172	30	5	»	207	106	49	58	20
1885	138	27	13	»	178	24	10	61	25

Le nombre total des filles inscrites en circulation a constamment diminué depuis 1875. Au 31 décembre 1875, il était de 1,375 : au 31 décembre 1878, de 1,019 [*] : au 31 décembre 1880, de 780 ; au 31 décembre 1885 il n'était plus que de 759.

Au point de vue de leur origine, les prostituées de Lisbonne se recrutent presque exclusivement dans la Péninsule, ainsi que le démontre le tableau suivant :

Années	Nombre total des filles inscrites	Portugaises	Espagnoles	SUR CE NOMBRE ÉTAIENT :									
				Anglaises	Françaises	Allemandes	Autrichiennes	Suissesses	Marocaines	Indiennes ou brésiliennes	Hollandaises	Egyptiennes	Mexicaines
1879	204	121	82	1									
1880	197	120	74				1	1		1			
1881	187	112	73	2									
1882	230	152	72	1					3		1		1
1883	205	124	70	1	1			1	6	1		1	
1884	207	142	60	1		1			3				
1885	178	121	52	2					3				

Les Anglaises sont nées à Gibraltar. La proximité de la côte africaine explique suffisamment la présence de quelques filles du Maroc parmi les prostituées tolérées.

La majeure partie des filles soumises sont illettrées.

Je n'ai fait figurer dans le tableau suivant que les prostituées nées au Portugal ou en Espagne ; le nombre de celles qui sont nées hors de la péninsule étant trop peu important pour que l'on en tienne compte.

ANNÉES	PORTUGAISES INSCRITES	SUR CE NOMBRE			ESPAGNOLES INSCRITES	SUR CE NOMBRE	
		étaient enfants trouvées	savaient lire et écrire	étaient illettrées		savaient lire et écrire	étaient illettrées
1879	121	20	23	98	82	20	62
1880	120	27	18	102	74	18	56
1881	112	16	18	94	73	19	54
1882	152	28	22	130	72	19	53
1883	124	11	19	105	70	16	54
1884	142	12	23	119	60	12	48
1885	121	20	19	102	52	15	37

Les métiers qu'exerçaient les prostituées de Lisbonne avant leur inscription sont variés ; ces femmes appartiennent presque toutes à la classe ouvrière ; elles étaient cigarettières, cigarières, couturières, servantes, blanchisseuses, journalières, marchandes, charcutières, etc.

Le service des mœurs a procédé de 1876 à 1885 à 466 arrestations de prostituées clandestines dont l'arrestation n'a pas été maintenue et contre lesquelles on n'a pu prendre de mesures répressives, faute de preuves suffisantes. Les visites sanitaires ont atteint :

En 1875 un total de 45,429 dont 18,902 au disp. Orient. 17,130 au disp. Occid. et 9,397 à domicile

1876	—	43,584	16,884	—	13,080	—	13,620 —
1877	—	42,955	16,359	—	12,394	—	14,202 —
1878	—	40,043	14,635	—	12,055	—	13,323 —
1879	—	41,267	15,404	—	11,366	—	14,497 —
1880	—	36,866	15,037	—	9,933	—	14,896 —
1881	—	38,460	13,314	—	9,746	—	15,400 —
1882	—	36,906	13,394	—	10,315	—	13,197 —
1883	—	37,322	13,938	—	10,314	—	13,070 —
1884	—	37,105	14,587	—	8,962	—	13,556 —
1885	—	36,381	12,931	—	9,316	—	14,134 —

Au point de vue de la fréquence des maladies vénériennes parmi les filles soumises, la statistique suivante
me paraît intéressante à reproduire:

ANNÉES	FILLES SOUMISES ENTRÉES A L'HOPITAL					TOTAL
	Visitées au dispensaire oriental	Visitées au dispensaire occidental	Visitées à domicile	Envoyées avec un certificat de police	d'autres provenances	
1875	437	398	116	»	»	951
1876	388	496	155	»	»	1039
1877	537	510	259	»	»	1306
1878	363	495	283	197	»	1338
1879	409	393	229	273	»	1404
1880	313	236	198	375	»	1122
1881	231	202	124	239	»	796
1882	190	221	136	327	»	874
1883	219	182	143	326	»	870
1884	240	193	98	456	80	1067
1885	293	176	143	444	45	1071

Chaque prostituée reçoit au moment de son inscription
un carnet qui contient, dans son entier, le texte du règlement de 1865; à la suite du règlement, se trouve une
page sur laquelle sont consignés le nom et l'âge de la
propriétaire de ce carnet, son état civil, son lieu de naissance, sa profession, sa taille, la date de son inscription et
le numéro matricule qu'elle a sur le registre de contrôle.
Les feuillets suivants sont divisés en deux colonnes, chacune pour un mois, dans lesquelles les médecins visiteurs
inscrivent la date de leurs visites; les dernières pages,
enfin, sont destinées à recevoir des observations tant de la
part des médecins que des agents administratifs.

Il y a environ trois cents maisons de tolérance à Lisbonne;

ce nombre paraît considérable pour une ville de 300,000 habitants ; mais il faut se rappeler que les maisons de passe ou maisons de tolérance de deuxième catégorie sont comprises dans ce chiffre, et elles sont fort nombreuses.

La prostitution ne paraît pas s'exercer sur une grande échelle dans les cafés, les brasseries et les débits de boissons ; mais il existe dans la ville, une quantité d'hôtels garnis dans lesquels les femmes peuvent amener leurs galants, soit pour une heure seulement, soit pour y passer la nuit.

Les maladies vénériennes, et la syphilis en particulier, paraissent rester stationner dans la capitale du Portugal ; les éléments me manquent du reste pour discuter et trancher la question.

DE LA PROSTITUTION EN RUSSIE

SAINT-PÉTERSBOURG (1)

La Russie a un gouvernement autocratique; le czar est réellement le maître de ses sujets. Toutes les lois, tous les décrets y ont ce cachet autoritaire particulier qui fut, de tout temps, la caractéristique des régimes absolus. Toutes les branches de l'administration, tous les services publics y sont fortement organisés : partout on devine l'idée despotique qui est la pierre angulaire de l'empire moscovite.

On ne saurait donc être surpris de ce que la prostitution ait été depuis des années surveillée et soumise à une réglementation effective dans les grandes villes de la monarchie; mais c'est avec un véritable étonnement que l'on s'aperçoit, en étudiant cette réglementation, que, pour Saint-Pétersbourg au moins, elle est imprégnée d'un caractère libéral que l'on chercherait en vain ailleurs.

Les prostituées sont nombreuses dans la capitale russe; il n'en pouvait être autrement dans une ville de plus de 850,000 âmes. Elles se divisent en deux catégories : les prostituées clandestines et les filles publiques. Les premières sont infiniment plus nombreuses que les secondes. Comme dans toutes les capitales et en général dans toutes les grandes villes, il existe à Saint-Pétersbourg une aristocratie de la prostitution clandestine. Les *grandes horizontales* y sont aussi fêtées qu'à Paris. La présence de la cour, d'une noblesse riche et nombreuse, d'une garnison

---

(1) Les renseignements sur le service des mœurs à Saint-Pétersbourg sont dus à l'amabilité du Dr Bretzel.

considérable devait nécessairement favoriser le développement de la prostitution clandestine; le renom de galanterie et de générosité des grands seigneurs russes, leur préférence marquée pour l'esprit et les mœurs françaises ont contribué puissamment à jeter sur les bords de la Neva une foule d'aventurières qui espéraient y trouver une fortune. Toutes n'ont pas réussi, et si celles qui ont dû renoncer à leur rêve n'ont pas eu les moyens de revenir en France, elles sont arrivées fatalement à l'inscription.

Il se trouve en effet, parmi les prostituées clandestines et les filles inscrites de Saint-Pétersbourg, un grand nombre de françaises et d'allemandes. Les jeunes filles russes sont amenées à se prostituer pour divers motifs : la misère est certainement le principal facteur de leur démoralisation.

La décadence de la moralité, la diminution du sentiment de famille dans les classes pauvre et moyenne, les appétits sexuels auxquels l'éducation et l'instruction n'opposent pas un contrepoids suffisant sont des agents presque aussi actifs.

Le service des mœurs, tel qu'il est organisé à Saint-Pétersbourg, a pour mission de procéder à l'inscription, à la radiation et à la surveillance des filles publiques. Il fait partie du Comité de police sanitaire de la capitale, qui l'a créé et il est placé sous les ordres directs du préfet de police. La section des mœurs de ce Comité se réunit en séance tous les huit jours ; les séances sont présidées par le préfet de police en personne ou par un de ses adjoints ; les membres de droit sont l'inspecteur du Comité qui est médecin, un médecin de la ville, et le fonctionnaire de la préfecture qui est à la tête de la partie administrative du bureau des mœurs. Chaque fois que le besoin s'en fait sentir, on convoque à ces séances des personnages que leurs connaissances spéciales en médecine ou dans une autre branche de la science, mettent à même d'éclairer l'administration. Les décisions prises en commun perdent ainsi le caractère arbitraire qu'on ne manquerait pas de leur reprocher si elles émanaient du préfet de police tout seul.

Les mesures arrêtées en séance sont transmises au bureau administratif du Comité qui veille à leur exécution ; quinze ou vingt agents qui portent le nom de *surveillants* sont attachés à ce bureau ; leur devoir consiste à surveiller les filles inscrites, à les rappeler au respect du règlement, à rechercher les prostituées clandestines et à les amener devant le Comité.

A côté de ce service administratif, fonctionne le service médical confié à dix médecins, à savoir huit médecins d'Etat et deux praticiens particuliers, placés sous la direction de l'inspecteur du Comité; ces médecins sont chargés des visites sanitaires; ils sont assistés, et c'est, je crois, le seul exemple de ce genre, par un certain nombre de sages-femmes.

Les visites ont lieu pour chaque femme, suivant la catégorie à laquelle elle appartient, de deux à huit fois par mois; les filles de maison sont visitées plus souvent que les isolées. La visite se fait spécialement au Dispensaire central du Comité, et dans ses deux succursales ; en cas de besoin, les filles peuvent être visitées gratuitement dans un des hôpitaux de la ville.

Celles qui sont reconnues malades sont envoyées dans un hôpital spécial ; exceptionnellement elles peuvent être traitées, gratuitement, dans un des hôpitaux de Saint-Pétersbourg.

La loi russe contient un article qui condamne les prostituées, pour scandale, désobéissance, etc., à un mois de prison ; cet article est tombé en désuétude. L'administration a reconnu que les mesures répressives et disciplinaires demeuraient sans effet ; éclairée par l'expérience, elle a renoncé à infliger des peines qui ne servaient qu'à encombrer les prisons ; lorsqu'une fille s'est mise dans le cas d'être punie, on la fait venir, on la réprimande et on la soumet à une surveillance plus active. Les maîtres et maîtresses de maisons qui ont contrevenu aux règlements qui les concernent peuvent être punis de la suspension ou du retrait de leur tolérance.

Il existe soixante-treize maisons de tolérance à Saint-Pétersbourg ; il y a quelques années leur nombre s'élevait à 210 ; c'est à l'administration qu'il faut attribuer la fermeture de la plupart des 137 maisons publiques disparues. Quelques-unes ont fait de mauvaises affaires, et se sont fermées ; mais le nombre considérable de ces établissements en rendait la surveillance difficile, les scandales y étaient fréquents et le service des mœurs reconnaissant d'ailleurs que le chiffre des maisons de tolérance était hors de proportion avec celui de la population, en a fermé définitivement le plus grand nombre. Celles qui subsistent suffisent aux besoins de leur clientèle. Quelques-uns de ces établissements sont de véritables palais ; ceux de la dernière catégorie sont sordides.

La prostitution clandestine s'exerce dans des maisons de passe, dans une foule de bouges secrets, débits de boissons, magasins de gants et de parfumerie, établissements de bains, etc. ; la police ferme ces repaires de débauche dès qu'elle les a découverts, mais elle ne saurait les connaître tous et, du reste, il en naît d'autres tous les jours.

La moyenne annuelle des inscriptions est de 500 à 700 ; mais il m'a été impossible de savoir le chiffre total des filles inscrites.

Le nombre des prostituées atteintes de maladies vénériennes est de 98 %. Ce chiffre est formidable ; il comprend la totalité des femmes malades, qu'elles soient inscrites ou insoumises ; quoique je ne puisse donner la proportion de ces deux catégories de femmes, il m'est permis d'affirmer d'après les renseignements fournis par le D\u0072 Bretzel que les maladies vénériennes sont infiniment plus fréquentes chez les prostituées clandestines que chez les filles soumises, et qu'elles revêtent chez les premières des caractères de gravité qu'on n'observe que très rarement chez les secondes.

La syphilis paraît, malheureusement, augmenter à Saint-Pétersbourg ; le fait mérite certainement d'être constaté, puisque, dans presque toutes les villes où il existe un service des mœurs, on a officiellement constaté une atténuation, si légère fût-elle, dans la fréquence et la gravité de la vérole.

Les règlements militaires prescrivent aux soldats atteints d'une affection vénérienne de faire connaître au médecin du régiment auquel ils appartiennent les nom et adresse de la femme qui les a contaminés. L'expérience a prouvé l'inefficacité de cette mesure, la plupart des militaires donnant de fausses indications.

Ce règlement, appliqué dans toutes les grandes villes de garnison où il existe un service des mœurs, donne donc presque partout des résultats identiques. Partout on se heurte au silence, ou ce qui est pis aux mensonges des soldats. Cette unanimité de sentiments était curieuse à constater.

DE LA PROSTITUTION EN SUISSE

I

BERNE (¹)

Quoique Berne, qui n'a que 48,000 ou 49,000 habitants, ne puisse, à aucun point de vue être comptée parmi les grandes cités de l'Europe, quoique d'autres villes suisses, telles que Bâle, Zurich et Genève, aient une population plus importante, il n'est pas sans intérêt d'étudier rapidement l'état actuel de la prostitution dans la capitale de la confédération helvétique. Tel qu'il existe, en effet, le régime auquel la prostitution est soumise participe à la fois du système de la réglementation et de celui de la liberté. Réglementation pour les maisons de tolérance, liberté pour les filles isolées, tels sont les principes qui ont été adoptés et mis en usage à Berne.

Il y a quatre maisons de tolérance ; on en comptait six en 1885. Chacune de ces maisons n'a guère plus de trois à cinq pensionnaires. Leur personnel doit se renouveler assez fréquemment puisque l'on inscrit annuellement, à la police 80 à 100 prostituées environ.

Les filles de maison sont seules astreintes à l'inscription. Elles sont amenées au bureau de police par les patronnes des maisons dans lesquelles elles veulent demeurer; l'inscription les soumet à l'obligation de subir des visites périodiques ; mais, par une disposition bizarre du règlement, le médecin attaché à l'administration policière, n'est

---

(1) Les renseignements contenus dans ce chapitre sont dus à l'obligeance du Dʳ A. Christener, de Berne.

pas chargé de ces visites. Elles sont faites deux fois par
semaine et à domicile, par le médecin particulier de
chaque maison, librement choisi par les propriétaires des
bordels parmi tous les médecins patentés qui exercent
dans la ville. La police réclame cependant de ces médecins
un rapport bi-hebdomadaire sur l'état sanitaire des filles
visitées ; c'est à la suite de ces rapports que l'administration fait conduire à l'hôpital les filles qui ont été reconnues
malades.

Lorsqu'une fille quitte la maison de tolérance et revient
à la position de prostituée isolée, elle est rayée des contrôles.

Les visites sont payées par les tenants-maison, directement, au médecin qu'il ont choisi ; leur prix est peu
élevé.

A côté des prostituées qui exercent leur métier dans les
lupanars, avec la tolérance et sous la surveillance de l'administration, de nombreuses filles isolées se prostituent
clandestinement. Il n'y a pas, à Berne, de maisons de passe
ou de brasseries à femmes ; mais il y a quelques débits
de boissons dont les servantes s'abandonnent aux consommateurs ou dans lesquels les filles isolées raccrochent leurs
galants ; mais il y a des établissements de bains dans lesquels la promiscuité des sexes est possible ; mais il y a
surtout de nombreux magasins d'objets en bois sculpté,
de photographies, de ganterie, de parfumerie, dont les
arrière-boutiques servent de refuge à la prostitution
clandestine. Berne jouit même, à ce propos, d'une certaine célébrité en Suisse.

Beaucoup de filles isolées habitent en garni ; d'autres
sont dans leurs meubles. Elles se répandent le soir dans
les rues de la ville, aux alentours des hôtels qui en été

regorgent d'étrangers, sous les arcades dont la demi obscurité favorise leur commerce. Lorsque leurs allées et
venues trop importunes ont suscité quelque plainte, ou
que le scandale qu'elles causent est devenu trop criant,
la police fait procéder à une razzia et nettoyer les trottoirs.
Les filles ainsi arrêtées sont amenées au bureau de police
où le médecin attaché à l'administration et qui a encore
un certain nombre d'autres fonctions, les soumet à la
visite. Les femmes atteintes de maladies vénériennes sont
immédiatement conduites à l'hôpital; les femmes reconnues saines sont mises à la disposition du juge de l'arrondissement. Ces visites sont absolument gratuites.

Les prostituées ainsi arrêtées peuvent être condamnées
à un emprisonnement de un à trois jours et à une amende
qui ne saurait dépasser 300 francs.

Les souteneurs, car il en existe à Berne comme ailleurs,
sont passibles d'emprisonnement dans une maison de correction jusqu'à concurrence de huit mois; on ne les arrête,
en général, que pour désordre et scandale dans la rue ou
pour vagabondage. S'ils commettent un délit de droit
commun, ils sont passibles des peines appliquées à tout
autre citoyen qui se serait mis dans le même cas.

Cette réglementation, malgré les lacunes qu'elle présente, produit de bons résultats au point de vue sanitaire,
pour les filles de maison au moins ; le nombre des malades pour cette catégorie de prostituées ne dépasse pas
10 °/₀. La proportion des vénériennes, chez les filles
clandestines arrêtées et examinées par le médecin de la
police est de 25 à 33 °/₀.

La syphilis est en voie de régression depuis une dizaine
d'années.

On arriverait, je crois, à des résultats meilleurs encore

si la réglementation était étendue aux filles isolées ; on comprend très bien que l'administration recule devant l'établissement de la réglementation, là où elle n'existe pas ; on ne saisit pas le motif qui empêcherait la police de soumettre à l'inscription et à la surveillance les prostituées isolées, quand elle a déjà et depuis longtemps pris des mesures analogues à l'égard des prostituées qui vivent dans les maisons de tolérance. N'est-ce pas favoriser indirectement la prostitution clandestine, la pire propagation des maladies vénériennes, que de réserver les rigueurs administratives et l'ennui des visites aux seules femmes qui consentent à s'y soumettre et d'en affranchir les autres? Loin de favoriser la multiplication des maisons de prostitution, ce qui serait rationnel, on hâte leur disparition et on perdra ainsi tout contrôle effectif.

Je sais bien, et il paraît qu'à Berne, précisément, c'est une habitude courante, que beaucoup de prostituées clandestines se font examiner par leur médecin particulier ; l'administration ne doit pas entrer dans ces détails ; il me paraîtrait logique de sa part de ne pas trop compter sur cette bonne volonté des filles isolées, et puisqu'elle a le droit d'arrêter les prostituées qui font du scandale, de procéder au moins à l'inscription d'office de celles qu'elle saurait être malades.

II

GENÈVE (1)

Genève, qui compte avec ses faubourgs une population de 80,000 individus, est, après Zurich, la ville la plus

(1) Les renseignements sur Genève sont dus à l'obligeance de M. le Dr Dunant, prof. d'hygiène à la faculté et de M. le Dr Vincent, directeur du bureau de salubrité de Genève.

importante de la Suisse. Les nombreux touristes qui la traversent en été, les étrangers qui s'y fixent en hiver pour échapper aux rigueurs du climat du Nord, ajoutent au chiffre fixe de ses habitants un appoint considérable.

Il peut paraître assez extraordinaire que l'on parle de Genève dans une étude sur la prostitution. Cette ville n'est plus la bastille inexpugnable du puritanisme, comme au temps de Calvin; elle s'est agrandie, modernisée et la prostitution s'y est lentement, mais sûrement infiltrée. Aujourd'hui elle y est officiellement reconnue et tolérée, puisqu'il existe un bureau des mœurs et un règlement de police pour les prostituées.

Le Service des mœurs dépend à Genève du *Bureau de Salubrité*, organisé par la loi du 27 octobre 1884; il est dirigé par le médecin directeur de ce bureau, assisté d'un médecin adjoint. Il fonctionne comme le service des mœurs de Paris et un dispensaire lui est annexé; c'est le 2 mars 1885 qu'il a été inauguré.

Les visites ont lieu tous les cinq jours; elles se font au dispensaire, même pour les femmes en maison; le directeur peut rendre la visite plus fréquente, s'il le juge convenable; le speculum est toujours appliqué; l'examen porte en outre sur la bouche, l'anus, les ganglions inguinaux et la peau; les visites sont soumises à une taxe de deux francs. Les sommes que les filles versent ainsi font retour à la caisse du département de Justice et Police.

La moyenne des inscriptions est de 85 à 90 par an.

La pénalité consiste dans l'emprisonnement. Cet emprisonnement est édicté sans jugement, par mesure de police, dès qu'une femme a commis une infraction au règlement, manqué ses visites ou commis un scandale; il peut être plus ou moins long; dans le cas de faute grave et surtout de récidive, l'expulsion peut être ordonnée.

Il y a 18 maisons de tolérance, dans lesquelles se trouvent 89 femmes, dont aucune n'est d'origine génevoise ; depuis dix ans le nombre de ces maisons n'a pas changé ; l'une d'elles, qui avait été fermée par mesure administrative pour infraction au règlement, a été aussitôt remplacée par une autre. Quelques-unes de ces maisons sont très luxueuses, d'autres sont de la plus infime catégorie. Les principales sont dans la rue Neuve, dans la rue du Rhône, la rue du Pérou, la rue Tour-de-Boël.

L'industrie des brasseries à femmes n'a pas encore pénétré à Genève, mais les maisons de passe y foisonnent, ce qui n'a rien d'étonnant quand on songe au grand nombre d'étrangers qui ne peuvent ou ne veulent pas emmener dans leur hôtel des femmes aux mœurs galantes ; les magasins de gants, de cravates, de curiosités, d'articles en bois sculpté ou de photographies, si nombreux à Berne et dans les villes de la Suisse allemande, où sous le couvert d'un commerce honnête, on fait de la prostitution clandestine sont inconnus à Genève.

Mais celle-ci n'en fleurit pas moins au bord du lac Léman ; elle n'est pas, je crois, très surveillée d'ailleurs. Les quais, les ports, l'île Jean-Jacques-Rousseau, les squares sont, le soir venu, hantés par une foule de promeneuses en quête d'une aventure, qui ne sont pas toutes inscrites. Même en plein jour, elles accostent les passants et les flâneurs. Des marchants ambulants, porteurs d'une boîte en bois, offrent aux étrangers des photographies de la ville et des environs. Si l'acheteur y prend goût, s'il examine ces photographies, le marchand lui exhibe bien vite des photographies d'après nature représentant des groupes et des actes obscènes. Toutes les positions y ont passé; le curieux achète assez bon marché ces images et le marchand pousse la bonté jusqu'à lui indiquer, pour peu qu'il y tienne, l'adresse de certaines maisons où il trouvera de quoi satisfaire son imagination ou assouvir ses désirs.

Les prostituées de Genève n'ont pas, à proprement parler, de souteneurs; elles ont des amants et ne s'en cachent pas; mais ces individus exercent ostensiblement un métier; si, par hasard, ils se font nourrir par leurs maîtresses, ils ne les poussent pas sur le trottoir comme leurs pareils des autres grandes villes; ils n'exploitent pas les hommes que leurs maîtresses ont raccrochés; ils ne prennent pas parti contre la police : en un mot, ils sont soutenus plutôt qu'ils ne soutiennent. Aussi n'existe-t-il pas de pénalité contre eux.

Cependant si ces hommes font du scandale et s'il est avéré qu'ils ne vivent que des largesses de leur maîtresse, on peut les punir par un simple arrêté de police, à des peines variant de une à plusieurs semaines de prison.

La prostitution reconnaît à Genève les mêmes causes qu'ailleurs : le goût du luxe, la paresse, l'insuffisance de la rémunération du travail des femmes, la mauvaise éducation, les exemples pernicieux, la misère. L'affluence des étrangers, non seulement dans la ville, mais dans les nombreuses stations des environs, Vevey, Montreux, Clarens, Villeneuve, Evian, Amphion, Ouchy, Lausanne, etc. exerce aussi une action démoralisante sur les femmes. Il se trouve dans tous ces charmants séjours, hiver comme été, une population flottante considérable. Riches, désœuvrés, souvent jeunes et célibataires, les hommes qui vivent là vont à Genève pour s'amuser; ils y rencontrent des occasions faciles, ou ils les font naître; bien des vertus ne résistent pas à l'appât de quelques louis ; l'accroissement de la prostitution, et de la prostitution clandestine surtout, dans les villes où séjournent de nombreux étrangers a de tous temps été remarqué, et Genève ne pouvait échapper à la loi commune.

La syphilis ne semble ni progresser, ni diminuer. Elle n'a jamais eu, d'ailleurs, à Genève une gravité exceptionnelle et elle n'y a jamais été très fréquente ; voici du reste pour l'année 1885, les statistiques que le Dr Vincent, le directeur du bureau de salubrité, a publiées dans le compte rendu des travaux de ce bureau.

A. — Filles inscrites

Filles inscrites en 1885.	253
Moyenne.	85
Entrées à l'hôpital	45
En traitement au 1er janvier 1886.	5

Six femmes sont entrées deux fois.
Durée moyenne du séjour : 26 jours.

B. — Filles insoumises

Entrées à l'hôpital	8
En traitement au 1er juillet 1886.	2

Durée moyenne du séjour : 58 jours et demi.

Au point de vue des maladies observées, les femmes se répartissent de la façon suivante :

MALADIES OBSERVÉES	FILLES INSCRITES	FILLES CLANDESTINES
Affections du col	28	1
Vaginite, Vulvite, Uréthrite . . .	14	1
Bartholinite	3	0
Condylômes.	5	0
Chancres mous.	3	0
Syphilis primaire	0	0
Syphilis secondaire	6	6
Syphilis tertiaire	1	0

Eu égard à la syphilis seule, le Dr Vincent établit la proportion suivante :

Filles inscrites 17 1/2 %.

Filles insoumises 75 %.

Elle est donc tout à l'avantage de la réglementation.

En Suisse, où il n'existe pas d'armée permanente, il ne peut être question des rapports de cette armée avec les prostituées ; à Genève, les gendarmes constituent le seul élément militaire habituel de la ville ; de temps en temps, lors des manœuvres, lors des exercices de tir, de la réunion des écoles fédérales, il s'y trouve rassemblé un certain nombre de militaires ; le seul règlement qui les concerne est l'interdiction pour les maîtresses de maison de tolérance de les recevoir en uniforme dans leurs établissements.

DE LA PROSTITUTION AUX ÉTATS-UNIS D'AMÉRIQUE

La prostitution n'est pas plus surveillée aux États-Unis qu'elle ne l'est en Angleterre. Les prostituées y sont absolument libres, et ne sont assujetties ni à l'inscription ni aux visites sanitaires. Aussi les maladies vénériennes, et la syphilis en particulier, sévissent-elles cruellement dans les États de l'Union.

S'il est un pays, cependant, où la réglementation et la répression de la prostitution paraissent nécessaires, c'est bien l'Amérique du Nord. L'accroissement prodigieux de la population des États-Unis, l'arrivée continuelle d'émigrants innombrables qui viennent chercher fortune sur ces rives hospitalières et qui n'y trouvent souvent qu'une existence plus misérable que celle qu'ils avaient en Europe, l'essor inouï du commerce et de l'industrie, les conditions sociales et économiques particulières, ont fatalement amené l'extension de la prostitution. Plus que sur le vieux continent, la misère la plus noire et la plus hideuse coudoie l'opulence la plus colossale et la plus insolente. Aussi bien la misère est-elle la cause la plus efficiente de la prostitution aux États-Unis; il faut y ajouter la promiscuité dans laquelle vivent les familles d'ouvriers et d'émigrants, mais cette promiscuité n'est elle-même qu'une conséquence de leur pauvreté. La vanité, le goût du luxe, l'abandon après une première séduction, la mauvaise éducation, etc. ne viennent qu'en seconde ligne.

Le nombre des femmes s'adonnant à la prostitution est

(1) M. le Dr J. William White a bien voulu me fournir obligeamment les renseignements sur Philadelphie contenus dans ce chapitre.

de 13 à 15,000 à New-York, il est un peu plus élevé à Philadelphie. Il y a quinze ans un écrivain très sérieux estimait, après avoir minutieusement compulsé les statistiques, qu'il n'y avait pas moins de 368,000 femmes qui vivaient de la prostitution aux États-Unis. La plupart de ces prostituées étant malades, il est aisé de se rendre compte avec quelle rapidité les affections vénériennes doivent se propager.

Aussi les médecins, les hygiénistes, les administrateurs, effrayés de la proportion toujours croissante des vénériens dans les hôpitaux, demandent-ils depuis longtemps des mesures de police ou un acte législatif qui permette d'enrayer les progrès du mal. On a pu espérer un instant que les États-Unis suivraient l'exemple de l'Angleterre et que leur gouvernement, frappé des résultats que l'application du *contagiouses Diseases act* avait donnés dans les villes qui y furent soumises, prendrait l'initiative d'une réglementation analogue.

Il n'en a rien été, et depuis que le parlement anglais, sous la pression de la ligue nationale des femmes anglaises, a abrogé les ordonnances, les partisans de la liberté absolue de la prostitution ont la partie belle aux États-Unis.

Deux expériences de réglementation ont été faites pourtant, l'une à Saint-Louis, l'autre à Nashville. A Saint-Louis, la municipalité créa de toutes pièces un service des mœurs, analogue dans ses grandes lignes, à celui de Paris. Le fonctionnaire préposé à ce service avait tous les pouvoirs nécessaires pour procéder à l'inspection des prostituées, assurer leur inspection sanitaire périodique et isoler les filles malades dans un hôpital spécial. Les prostituées payaient une rétribution hebdomadaire, consacrée uniquement à l'entretien de leur hôpital. Elles étaient admises dans cet hôpital non seulement si elles étaient atteintes de maladies vénériennes, mais encore si elles souffraient de toute autre affection. Au bout de deux ans, le directeur de la police constata que le nombre des prostituées avait diminué chaque année (de 46 % dans les huit premiers mois) ; que la provocation dans la rue avait presque disparu ; qu'un nombre considérable de femmes s'était amendé ; que la prostitution clandestine avait été efficacement réprimée ; que la prostitution des mineures avait été presque complètement enrayée ; que les décès parmi les filles publiques étaient beaucoup plus rares et les maladies vénériennes beaucoup moins fréquentes.

Malgré ces résultats encourageants, la réglementation de la prostitution fut en butte aux protestations les plus violentes et les plus insensées. Le clergé se signala surtout par ses attaques véhémentes. Pour lui, réglementer la prostitution c'était reconnaître et tolérer son existence, c'était faire un pacte infâme avec Satan. Au clergé se joignirent les moralistes qui s'écriaient à l'envi que la visite sanitaire était un viol, un attentat à la pudeur des femmes que l'on forçait à se soumettre à l'examen et les femmes qui, excitées par les prédications et les conférences, organisaient elles aussi une ligue pour obtenir l'abolition du service des mœurs. Le résultat de cette campagne ne pouvait être douteux : l'arrêté qui avait donné lieu à toutes ces récriminations fut rapporté ; on le remplaça par un bill hybride de répression, qui, comme toutes les lois de ce genre, n'a que peu d'efficacité.

A Nashville, où l'on soumit la prostitution à une réglementation effectuée en 1863, 1864 et 1865 pendant que de nombreuses troupes y tenaient garnison, les effets de cette réglementation se firent non moins promptement sentir. Les prostituées y étaient soumises à la visite tous les dix jours. Le colonel Fletcher écrivait à ce sujet que la masse des maladies vénériennes avait considérablement diminué, que les prostituées, d'abord hostiles au système, s'étaient bien vite réconciliées avec lui, et qu'enfin les frais étaient nuls, les amendes et la rétribution exigées des prostituées suffisant à l'entretien de l'hôpital.

Ces deux expériences décisives ne furent pas renouvelées. Les partisans de la liberté eurent gain de cause. Ils espèrent par la distribution gratuite d'opuscules et de traités, par les prédications, par les conférences, par les processions nocturnes et diurnes enrayer la prostitution et déraciner le mal. Les chiffres suivants montrent, sans qu'il soit besoin d'y insister, de quelles illusions et de quelles chimères se nourrit l'esprit des clergymen, des missionnaires et des femmes enthousiastes qu'ils entraînent à leur suite. Le chiffre total des femmes admises au refuge de Sainte-Madeleine, à Philadelphie, en 1876 a été de 21. Or, dans cette même année, 12,000 femmes étaient signalées au directeur de la police municipale, comme vivant de la prostitution.

La prostitution à Philadelphie, de même qu'à New-York, qu'à Boston et que dans toutes les villes de l'Union, est donc nettement clandestine. Les femmes vivent isolées ou dans des maisons appelées *brothels*, comme en Angleterre. Le nombre de ces *brothels* augmente tous les ans; il peut être évalué approximativement à deux cent cinquante ou trois cents; il faut y ajouter les maisons de passe qui pullulent, les brasseries à femmes, les débits de boissons, les bars, les cafés qui ne se soutiennent qu'en favorisant la prostitution.

Faut-il s'étonner, dès lors, des ravages que fait la syphilis ? Le docteur White estime à 10 ou 12,000 la moyenne annuelle des cas de syphilis observés à Philadelphie et il pense qu'en tenant compte des formes héréditaires, on peut admettre que la population de la ville compte au moins 50,000 syphilitiques.

Pour New-York, les calculs du docteur Sturgis donnent des chiffres aussi formidables ; sur 280,536 personnes soignées gratuitement en 1873 à New-York, 12,341 étaient atteintes de maladies vénériennes, dont 5,045 de syphilis ; en tenant compte des personnes soignées à domicile, il arrive à déclarer que sur 942,292 habitants que compte New-York 61,705 seraient affectés de maladies vénériennes ; la syphilis seule figure dans ce chiffre pour 50,450 cas.

Dans l'armée et dans la marine américaines cinq hommes pour cent contractent annuellement la vérole ; dans la marine marchande on compte vingt syphilitiques pour cent.

La syphilis progresse aux États-Unis, le fait est incontestable ; si elle est plus fréquente, elle est en retour moins grave ; on observe surtout les formes bénignes et atténuées de la maladie.

Aussi les maladies vénériennes forment-elles, aux États-Unis, la principale source des bénéfices de la pratique médicale ; quelle meilleure preuve de l'intensité de l'infection des masses pourrait-on alléguer, si ce n'est la surprenante fortune des charlatans, des empiriques et des marchands de remèdes secrets, dont les affiches s'étalent sur tous les murs, dont les annonces encombrent les journaux et dont les prospectus inondent le public.

L'empressement que mettent les malades à trouver ces

empiriques s'explique jusqu'à un certain point. Beaucoup d'hôpitaux, beaucoup d'établissements charitables sont fermés au vénériens. Leur règlement est encore imbu de cet esprit puritain et méthodiste qui veut voir dans les maladies vénériennes la juste punition du péché d'incontinence et de paillardise. Pour les gens frappés de la sorte, la porte de l'hôpital reste close. Ils n'ont pas droit à un lit, à des secours dont ils priveraient des malades moins immoraux. Les médecins de ces établissements tournent, il est vrai, le règlement en admettant les vénériens s'ils sont atteints de quelque autre affection, fût-elle la plus légère. Mais beaucoup de malades, ne voulant pas s'exposer à un refus, n'essayent même pas de se présenter à l'hôpital.

Il est permis d'espérer que les divers États de l'Union, comprenant enfin que les utopies des adversaires de la réglementation ne font qu'accroître l'extension de la prostitution et de la syphilis, prendront rigoureusement en main les intérêts de la société et sauront la défendre contre un mal qui en amènerait fatalement la ruine physique et la déchéance morale.

FIN

ERRATA

Page 146 — Au lieu de : La tolérance n'est jamais donnée à la femme sous le nom de son mari, mais toujours sous son nom de fille ou sous un nom d'emprunt, lire : *la tolérance est toujours donnée à la femme sous le nom de son mari et jamais sous son nom de fille ou sous un nom d'emprunt.*

Page 147. — Au lieu de : Ces individus sont paresseux, ivrognes et voleurs, lire : *ces individus sont paresseux, ivrognes et violents.*

BIBLIOGRAPHIE.

BIBLIOGRAPHIE

BARELLA (Hipp.). De la Prostitution devant le Code pénal et les lois du pays. Discours prononcé à l'Académie de médecine de Belgique. Bruxelles 1887, F. Hayez.

BERGERET (d'Arbois). La Prostitution et les Maladies vénériennes dans les petites localités. (Annales d'hygiène publique et de médecine légale, 2e série, t. XXV, 1866.)

CARLIER (F.), ancien chef du service actif à la Préfecture de police. Etude statistique sur la prostitution clandestine à Paris de 1855 à 1870. (Annales d'hygiène publique et de médecine légale, 1871, t. XXXVI.) — Études de pathologie sociale, Les Deux Prostitutions (1860 à 1870). Paris, Dentu 1887, gr. in-8°.

COMMENGE (Dr O.). La Prostitution devant l'Académie de médecine de Belgique. Paris, Asselin et Houzeau, 1888.

CORLIEU (Dr A.). La Prostitution à Paris. Paris, J.-B. Baillière et fils, in-16, 1887.

DA CUNHA-BELLEM. Chassons la syphilis. Lisbonne, 1880.

DIDAY (Paul), médecin à Lyon, ancien chirurgien en chef de l'hospice de l'Antiquaille. Nouveau système d'assainissement de la prostitution. Paris, G. Masson, 1874, in-8. — Le péril vénérien dans les familles. Paris, Asselin, et Cie, 1881, in-12.

FOURNIER (Alfred), professeur de clinique des maladies de la peau et syphilitiques à la Faculté de médecine de Paris, membre de l'Académie de médecine. Prophylaxie publique de la syphilis, rapport fait au nom d'une commission composée de MM. Ricord, président, Bergeron, Le Roy de Méricourt, Léon Le Fort, Léon Colin et Alfred Fournier rapporteur, lu à l'Académie de médecine, dans les séances des 7 et 14 juin 1887. (Annales d'hygiène publique et de médecine légale.) Tirage à part. Paris, J.-B. Baillière et fils, 1887.

JEANNEL (Dr J.), professeur honoraire à l'Ecole de médecine de Bordeaux, De la Prostitution dans les grandes villes au XIXe siècle et de l'extinction des maladies vénériennes. Questions générales d'hygiène, de moralité publique et de légalité, mesures prophylactiques internationales, réformes à opérer dans le service sanitaire, discussion des règlements exécutés dans les principales villes de l'Europe. Ouvrage précédé de documents relatifs à la prostitution dans l'antiquité. Paris J.-B. Baillière et fils, 1868, 2e éd., Paris, 1874.

— Nouvelles études sur la prostitution en Angleterre, à l'occasion des publications de l'Association nationale des Dames anglaises pour l'abrogation des lois sur les maladies contagieuses. (Annales d'hygiène publique et de médecine légale, 2e série, t. XLIII, 1875.)

KUEHN-REICH. Vorlesungen ueber die Prostitution im 19t· Jahrhundert und die Vorbeugung der Syphilis. Zweite, vermehrte und verbesserte Auflage. Leipzig, H. Barsdorf, 1887.

LACASSAGNE (A.), professeur de médecine à la Faculté de médecine de Lyon. Les Tatouages, étude anthropologique et médico-légale. (Annales d'hygiène publique et de médecine légale, 1881, 3e série, t. V.Tiré à part avec de plus grands développements). Paris J.-B. Baillière et fils, in-8º avec fig.1881.

LECOUR (C.-J.), ancien chef de division à la Préfecture de police. Police médicale. De la prostitution et des mesures de police dont elle est l'objet à Paris au point de vue de l'infection syphilitique. (Archives générales de médecine, 1868. — La Prostitution à Paris et à Londres, 1789-1879. Paris, Asselin et Cie, 1871 ; 3e édition revue et augmentée, 1882. — De l'état actuel de la prostitution parisienne, Asselin, 1874, in-12. — La Campagne contre la Préfecture de police, envisagée surtout au point de vue du service des mœurs. Paris, Asselin et Cie, 1881, in-12.

LE PILEUR, médecin de Saint-Lazare. Prophylaxie de la syphilis. Rapport adressé à M. le Préfet de police. Paris, J.-B. Baillière et fils, 1887.

LOWNDES (Dr Fredk.-W.), surgeon to the Liverpool police and to the Lock Hospital. Prostitution and Venereal Diseases in Liverpool. London, J.-A. Churchill, 1886.

LUTAUD (Dr), médecin de Saint-Lazare. La prostitution en Angleterre. (Annales d'hygiène publique et de médecine légale, 3e série, année 1886, tome XV, pp. 414, 511.) Paris, J.-B. Baillière et fils, 1886.

MAGET (G.) médecin de la marine. La Prostitution au Japon, 1870-1873. (Annales d'hygiène publique et de médecine légale, 2e série, t. L, 1878.)

MARTINEAU (Dr L.), médecin des hôpitaux de Paris. La Prostitution clandestine. Paris, Delahaye et Lecrosnier, 1885.

MAURIAC (Dr Ch.), médecin de l'hôpital du Midi. De la contagion des maladies vénériennes dans la ville de Paris. (Annales d'hygiène publique et de médecine légale, 1882, t. VII, p. 133.) — Leçons sur les maladies vénériennes, professées à l'hôpital du Midi. p. 108 et suivantes. Du régime de la Prostitution dans la ville de Paris. Paris, J.-B. Baillière et fils, 1883.

MIREUR (Dr Hipp.). La prostitution à Marseille. Paris, E. Dentu, 1882, in-8º. — La Syphilis et la prostitution dans leurs rapports avec l'hygiène, la morale et la loi, 2e édition. Paris, G. Masson, 1888.

MOELLER (Dr). Réglementation de la prostitution. Discours prononcé à l'Académie le 27 novembre 1886. Deuxième discours prononcé à l'Académie. Troisième discours prononcé à l'Académie. Bruxelles, F. Hayez, 1887. — Les Maladies vénériennes dans l'armée belge, de 1868 à 1886. Bruxelles, F. Hayez, 1887.

NICOLE (G.) La Prostitution en Egypte. (Annales d'hygiène publique et de médecine légale, 2e série, t. L, 1878.)

Parent-Duchatelet (Dr A.-J.-B.). De la Prostitution dans la ville de Paris, considérée sous le rapport de l'hygiène publique, de la morale et de l'administration, ouvrage appuyé de documents statistiques puisés dans les archives de la Préfecture de police. Troisième édition, complétée par des documents nouveaux et des notes, par MM. Trébuchet et Poirat-Duval, suivi d'un précis hygiénique, statistique et administratif sur la Prostitution dans les principales villes de l'Europe, avec cartes et tableaux. Paris, J.-B. Baillière et fils, 2 volumes. 1857.

La première édition est de 1836. Les articles complémentaires de la 3° édition sont dus : Bordeaux à M. Venot ; Brest à M. J. Rochard ; Lyon à M. Potton ; Marseille à M. Melchior Robert ; Nantes à M. Baré ; Strasbourg à M. Strohl ; l'Algérie à M. Bertherand ; l'Angleterre à M. G. Richelot ; Berlin à M. Duca ; Berne à M. Ch. d'Erlach de Diesbach ; Bruxelles à M. J.-R. Marinus ; Christiania à M. Bœck ; Copenhague à M. Braestrup ; l'Espagne à M. Guardia ; Hambourg à M. Lippert ; la Hollande à MM. Groschneevogt et Van Oordt ; Rome à M. F. Jacquot ; Turin à M. Sperino.

Dr Cartenio (Pini). Dati statistici d'all'anno 1869 al 1887 sulle visite médiche nell malattie venereo-sifilitiche in relazione alla questione igienica. Firenze, coi tipi dei successori Le Monnier, 1887.

Pippingskœld (J.), professeur à l'université d'Helsingfors (Finlande). Quelques mots sur la Prostitution, sa définition, ses causes et sa surveillance prophylactique indispensable. Traduction. Helsingfors, 1888, in-8°.

Schrank, médecin de la police. Die Prostitution in Wien. 1886.

Sturgis (Frédéric), médecin du service des vénériennes à l'hôpital de la Charité de New-York. Réglementation et répression de la prostitution. Communication à l'Académie de médecine de New-York. (Boston medical and surgical Journal 29 mars 1883, p. 301 et Annales d'hygiène publique et de médecine légale, 3· série, 1885, t. XIII.)

Vaquez, interne des hôpitaux. La prostitution et la syphilis à Vienne. (Le Bulletin médical, 1888, n°s 10 et 11).

White (Dr William). The prevention of Syphilis reprinted from the Philadelphia Médical Times, January 14, 1882.

Wolff (Dr A.). DieVenerischen Krarkheiten und die Prostitution in Strassburg. Strassburg. G. Fischbach, 1885.

Table des matières.

TABLE DES MATIÈRES

DEUXIÈME PARTIE

FIN DE LA TABLE DES MATIÈRES

3333. — TOURS, IMP. E. ARRAULT ET Cⁱᵉ

LIBRAIRIE J.-B. BAILLIÈRE ET FILS

19, rue Hautefeuille, près du boulevard Saint-Germain.

PRÉCIS DE MÉDECINE LÉGALE
Par le Dr Ch. VIBERT
Expert près le Tribunal de la Seine
Chef des Travaux d'Anatomie pathologique au Laboratoire de
médecine légale de la Faculté de médecine.

PRÉCÉDÉ D'UNE INTRODUCTION
Par le Professeur BROUARDEL

1 vol. in-18 jés., 768 pag., avec 79 fig. et 3 pl. en chromolithographie, cart.   8 fr.

Étude médico-légale sur les blessures produites par les accidents de chemins de fer, par le Dr Ch. Vibert. 1 vol. in-8, 118 pages......   3 fr. 50

LE SECRET MÉDICAL
HONORAIRES, MARIAGE, ASSURANCES, DÉCLARATIONS de NAISSANCE, etc.
Par P. BROUARDEL
Professeur de médecine légale et doyen de la Faculté de médecine.

1 vol. in-16 (*Bibliothèque scientifique contemporaine.*)..........   3 fr. 50

LES IRRESPONSABLES DEVANT LA JUSTICE
Par le Dr A. RIANT

1 vol. in-16 (*Bibliothèque scientifique contemporaine.*)..........   3 fr. 50

PRÉCIS DE TOXICOLOGIE
Par A. CHAPUIS
Professeur agrégé à la Faculté de médecine de Lyon
Pharmacien en chef de l'hospice de l'Antiquaille.

Deuxième édition. 1 vol. in-18 jésus de viii-736 pages, avec fig., cartonné.   8 fr.

TRAITÉ DE JURISPRUDENCE
MÉDICALE ET PHARMACEUTIQUE
Par F. DUBRAC
Président du Tribunal civil de Barbezieux.

1 vol. in-8 de 800 pages...   12 fr.

De l'alcoolisme et de ses diverses manifestations considérées au point de vue physiologique, pathologique, clinique et médico-légal, par le Dr F. Lentz. 1 vol. in-8 de 567 pages.................................   10 fr.

Étude médico-légale sur l'alcoolisme. Des conditions de la responsabilité au point de vue pénal chez les alcoolisés, par le Dr Vetault. 1 vol. in-8 de 237 pages...   4 fr.

La folie érotique, par B. Ball, professeur à la Faculté de médecine. 1 vol. in-16 de 160 pages (*Petite bibliothèque médicale*).................   2 fr.

De la criminalité chez les Arabes au point de vue de la pratique médico-judiciaire en Algérie, par le Dr A. Kocher. 1 vol. gr. in-8 de 244 pages..   5 fr.

De la criminalité en France et en Algérie, étude médico-légale, par le Dr A. Bournet. 1 vol. gr. in-8 de 153 pages avec planches..........   4 fr.

La législation relative aux aliénés en Angleterre et en Écosse, par Ach. Foville, inspecteur général des établissements d'aliénés. 1 volume grand in-8 de 208 pages...   6 fr.

Juillet 1888.   ENVOI FRANCO CONTRE UN MANDAT POSTAL.   N° 419.

MANUEL COMPLET DE MÉDECINE LÉGALE

OU RÉSUMÉ

DES MEILLEURS OUVRAGES PUBLIÉS JUSQU'A CE JOUR SUR CETTE MATIÈRE
ET DES JUGEMENTS ET ARRÊTS LES PLUS RÉCENTS

PAR

J. BRIAND
Docteur en médecine.

Ernest CHAUDÉ
Docteur en droit.

ET CONTENANT UN TRAITÉ ÉLÉMENTAIRE DE CHIMIE LÉGALE

Par J. BOUIS
Professeur de toxicologie à l'École de pharmacie de Paris.

Dixième édition

2 vol. in-8 de 1700 pag., avec 5 pl. noires et coloriées et 37 fig........ 24 fr.

LES HYSTÉRIQUES

ÉTAT PHYSIQUE ET ÉTAT MENTAL, ACTES INSOLITES, DÉLICTUEUX ET CRIMINELS

Par le docteur LEGRAND du SAULLE
Médecin de la Salpêtrière.

1 vol. in-8 de 700 pages.. 8 fr.

Ouvrages de M. Ambroise TARDIEU
Professeur de médecine légale à la Faculté de médecine de Paris.

Étude médico-légale sur les blessures, comprenant les blessures en général et les blessures par imprudence, les coups et l'homicide involontaires. Paris, 1879. 1 vol. in-8 de 484 pages.. 6 fr.

Étude médico-légale sur les maladies accidentellement ou involontairement produites par imprudence, négligence ou transmission contagieuse, comprenant l'histoire médico-légale de la syphilis et de ses divers modes de transmission. Paris, 1879, 1 vol. in-8 de 288 pages........................... 4 fr.

Étude médico-légale et clinique sur l'empoisonnement (avec la collaboration de M. Z. ROUSSIN, pour la partie de l'expertise médico-légale relative à la recherche chimique des poisons). *Deuxième édition*. Paris, 1875, 1 vol. in-8 de XXI-1236 pages avec 3 planches et 4 figures.................... 14 fr.

Étude médico-légale sur l'infanticide. *Troisième édition*. Paris, 1879, 1 vol. in-8 de 372 pages, avec 3 planches coloriées.......................... 6 fr.

Étude médico-légale sur la folie. *Deuxième édition*. Paris, 1880, 1 vol. in-8 de XXII-610 p., avec 15 fac-simile d'écritures d'aliénés.................. 7 fr.

Étude médico-légale sur la pendaison, la strangulation et la suffocation. *Deuxième édition*. Paris, 1879, 1 vol. in-8 de 364 pages, avec pl.. 5 fr.

Étude médico-légale sur les attentats aux mœurs. *Septième édition*. Paris, 1878, 1 vol. in-8 de VIII-394 pages et 5 planches gravées............. 5 fr.

Étude médico-légale sur l'avortement, suivie d'une note sur l'obligation de déclarer à l'état civil les fœtus morts-nés, et d'observations et de recherches pour servir à l'histoire médico-légale des grossesses fausses et simulées. *Quatrième édition*. Paris, 1881, 1 vol. in-8 de 296 pages.......................... 4 fr.

Question médico-légale de l'identité dans ses rapports avec les vices de conformation des organes sexuels, contenant les souvenirs d'un individu dont le sexe avait été méconnu. 2e *édition*. 1874. 1 vol. in-8 de 176 p............ 3 fr.

Relation médico-légale de l'affaire Armand (de Montpellier), simulation de tentative d'homicide. 1861, in-8, 80 pages................................. 2 fr.

Annales d'hygiène publique et de médecine légale, par MM. ARNOULD, BERTIN, BROUARDEL, L. COLIN, DU CLAUX, DU MESNIL, FOVILLE, GALLARD, CH. GIRARD, HUDELO, JAUMES, LACASSAGNE, G. LAGNEAU, LHOTE, LUTAUD, MORACHE, MOTET, POINCARÉ, RIANT, VIBERT, avec une revue des travaux français et étrangers. Directeur de la rédaction : Dr P. BROUARDEL, professeur de médecine légale à la Faculté de médecine de Paris.

La *troisième série* paraît depuis le 1er janvier 1879, par cahier mensuel de 6 feuilles in-8 (96 pages), avec figures.

Prix de l'abonnement annuel : Paris, 22 fr. — Départements, 24 fr. — Union postale ; 1re série, 22 fr. — 2e série, 27 fr. — Autres pays, 30 fr.

GAVINZEL. **Étude sur la Morgue.** 1882, in-8, 47 p............... 1 fr. 50
GILLETTE. **Remarques sur les blessures** par armes à feu. 1877, in-8.. 3 fr.
GUIBOURT. **Manuel légal des pharmaciens et des élèves en pharmacie,** ou Recueil des lois, arrêtés, règlements et instructions concernant l'enseignement, les études et l'exercice de la pharmacie. 1852. 1 vol. in-12............... 2 fr.
HALMAGRAND. **Considérations médico-légales sur l'avortement.** 1845, in-8... 1 fr. 25
HASSAN. **De l'examen du cadavre en médecine légale.** 1869, 1 vol. gr. in-8, 360 pages... 5 fr.
IMBERT-GOURBEYRE. **Des suites de l'empoisonnement arsenical.** 1881, in-8, 132 pages.. 3 fr.
JAUMES (A.). **De la distinction entre les poils** de l'homme et les poils des animaux, au point de vue médico-légal. 1882, in-8, 172 p............... 3 fr,
LACASSAGNE. **Les tatouages.** Étude anthropologique et médico-légale. 1881. in-8, 116 pages.. 5 fr.
LAUGIER (Maurice). **Du rôle de l'expertise médico-légale dans certains cas d'outrages publics à la pudeur.** 1868, in-8............... 75 c.
LIMAN. **Mort par suffocation, pendaison et strangulation.** 1868, in-8, 14 pages.. 75 c.
LOIR (J.-N.). **De l'état civil des nouveau-nés.** 1850, 1 vol. in-8, 462 p. 6 fr.
MARC. **De la folie considérée dans ses rapports** avec les questions médico-judiciaires. 1840, 2 vol. in-8.................................... 5 fr.
MARCÉ. **Traité de la folie des femmes enceintes, des nouvelles accouchées et des nourrices,** et considérations médico-légales qui se rattachent à ce sujet. 1858, 1 vol. in-8, 400 pages........................... 6 fr.
MARTEL. **De la mort apparente** chez les nouveau-nés. 1874, in-8....... 2 fr.
MORACHE. **La médecine légale :** exercice et enseignement, 1880, in-8, 30 p. 1 fr.
MOTET. **Accès de somnambulisme** spontané et provoqué. Relation médico-légale. 1881, in-8, 16 pages................................... 1 fr.
ORFILA. **Traité de toxicologie.** 4e *édition*, 1852, 2 vol. in-8........... 40 fr.
— Le même. 3e *édition*, 1843. 2 vol. in-8........................... 32 fr.
— **Traité de médecine légale.** 4e *édit.*, 1848, 3 tomes en 4 vol. in-8. 26 fr.
— **Rapports sur les moyens de constater la présence de l'arsenic** dans les empoisonnements par ce toxique. 1841, in-8, 53 pages......... 1 fr. 25
PENARD (Louis). **De l'intervention du médecin légiste** dans les questions d'attentats aux mœurs. 1860, in-8, in-8, 140 pages................... 2 fr. 50
— **Projet de réforme du tarif des frais judiciaires** en matière de médecine légale. 1877. in-8, 20 pages................................. 1 fr.
POILROUX (J.). **Manuel de médecine légale criminelle.** *Deuxième édition.* 1837, 1 vol. in-8 de 465 pages................................ 4 fr.
POLAILLON. **Sur un cas de meurtre.** 1879, in-8.................... 75 c.
ROUCHER (C.). **Sur les empoisonnements** par le phosphore, l'arsenic, l'antimoine et le plomb. 1876, in-8, 32 pages........................ 1 fr. 50
— **Étude sur la présence du plomb** dans le système nerveux et sur la recherche de ce métal dans les cas d'empoisonnement. 1877, in-8, 15 p...... 1 fr.
ROUSSIN (Z.). **Empoisonnement par le vert de Schweinfurth.** 1867, in-8. 31 pages.. 1 fr. 50
Société de médecine légale de France. Statuts, règlement et liste des membres, 1877, in-8, 30 pages....................... 1 fr.
SOUBEIRAN. **Nouveau dictionnaire des falsifications** et des altérations des aliments, des médicaments et de quelques produits employés dans les arts, l'industrie et l'économie domestique ; exposé des moyens scientifiques et pratiques, d'en reconnaître le degré de pureté, l'état de conservation, de constater les fraudes dont ils sont l'objet. 1874, 1 vol. in-8, 640 p. avec 218 fig., cart.. 14 fr.
SOURDET. **Accidents et complications des avortements spontanés, provoqués et criminels** 1876, in-8.............................. 2 fr. 50
TAYLOR (S. A.). **Recherche médico-légale du sang** au moyen de la teinture de gaïac. Traduit de l'anglais par L. PENARD 1870, in-8, 45 pages........... 2 fr.
TOULMOUCHE (A.). **Nouvelle étude médico-légale sur les difficultés d'appréciation de certaines blessures.** In-8, 45 pages............. 2 fr.
— **Infanticide et grossesse cachée ou simulée.** 1861, in-8, 134 p... 3 fr.
— **Rôle du médecin légiste dans les empoisonnements.** 1860, in-8, 38 pages.. 1 fr. 50
TOURDES (G.). **Exposition historique** et appréciation des secours empruntés par la médecine légale à l'obstétricie, 1838, in-8, 94 pages............. 2 fr. 50
VAUTHIER (A.). **Les poisons.** Empoisonnements, contre-poisons, asphyxies, maladies subites, premiers secours. 1880, in-18. 94 pages.................. 1 fr.
VERNOIS (Max.). **Applications de la photographie à la médecine légale.** 1870, in-8, 15 pages, avec 2 photog................................. 1 fr. 25
VILLIERS. **Recherche des poisons** végétaux et animaux. 1882, in-8 130 p. 2 fr. 50

TRAITÉ PRATIQUE DES MALADIES DES FEMMES

HORS L'ÉTAT DE GROSSESSE,
PENDANT LA GROSSESSE ET APRÈS L'ACCOUCHEMENT

PAR

FLEETWOOD CHURCHILL et **A. LEBLOND**
Professeur de gynécologie à Dublin.　|　Médecin de Saint-Lazare.

*3e édition, revue et corrigée et contenant l'exposé des travaux français
et étrangers les plus récents.*

1 vol. in-8 de 1152 pages avec 365 figures........... 18 fr.

Pour conserver à cet ouvrage l'estime et la faveur des praticiens, pour mettre cette
3e édition au courant des progrès de la science et de la pratique, il était nécessaire de
remanier un certain nombre de chapitres, d'écrire quelques chapitres nouveaux, et
de faire dans tous de nombreuses additions. Ce travail de révision complète et de
refonte partielle a été confié à M. le Dr A. Leblond, qui avait déjà donné ses soins
à la publication de la deuxième édition française, et que recommandaient ses précédents travaux sur des questions de gynécologie, son expérience spéciale, ses fonctions
de médecin de Saint-Lazare, et son titre de rédacteur en chef des *Annales de gynécologie.*

TRAITÉ PRATIQUE DE L'ART DES ACCOUCHEMENTS

PAR LES PROFESSEURS

NÆGELÉ　|　**GRENSER**
Professeur à l'Université de Heidelberg.　|　Directeur de la Maternité de Dresde.

Deuxième édition française.
Traduite sur la huitième et dernière édition allemande.
Annotée et mise au courant des derniers progrès de la science.
Par G.-A. AUBENAS
Professeur agrégé à l'ancienne Faculté de médecine de Strasbourg.
Ouvrage précédé d'une Introduction.
Par J.-A. STOLTZ
Doyen de la Faculté de médecine de Nancy.

1 vol. in-8 de 850 pages, avec 1 planche et 227 fig........ 12 fr.

De nombreuses augmentations ont été introduites dans cette seconde édition française : M. Aubenas, par des notes spéciales, a mis le livre de Nægelé et Grenser au
courant de la science contemporaine. L'ouvrage est divisé en deux parties : la première concerne la physiologie et l'hygiène de l'accouchement; la seconde, de beaucoup la plus volumineuse, la pathologie et la thérapeutique obstétricales.
Tel qu'il est, ce traité, essentiellement pratique, forme l'ouvrage le plus utile à
l'étudiant et au praticien.

COURS D'ACCOUCHEMENTS
DONNÉ A LA MATERNITÉ DE LIÈGE
Par le Dr CHARLES

2 vol. gr. in-8 de 1030 pages, avec 285 figures................... 15 fr.

CLINIQUE OBSTÉTRICALE ET GYNÉCOLOGIQUE
Par Sir JAMES y SIMPSON
Professeurs d'accouchements à l'Université d'Édimbourg.

TRADUIT ET ANNOTÉ PAR LE DOCTEUR G. CHANTREUIL
Professeur agrégé à la Faculté de médecine de Paris.

1 vol. gr. in-8 de 820 pages, avec fig................... 12 fr.

Ce livre contient l'ensemble des travaux de Simpson qui par la hardiesse de ses con-
ceptions, par la variété de ses vues, la multiplicité et la valeur de ses écrits a conquis
en Europe une brillante renommée. Nous citerons en particulier un *Programme de
cours d'accouchement,* ses recherches sur la *prolongation de la grossesse,* les *causes
de la pertubation,* les *mouvements réflexes du fœtus,* l'*insertion vicieuse du placenta,*
la *fièvre puerpérale,* le *tétanos puerpéral,* le *thrombose* et l'*embolie,* les *maladies intra-utérines du fœtus,* les *déviations de la matrice,* l'*ovariotomie,* etc.

ENVOI FRANCO CONTRE UN MANDAT POSTAL

GUIDE PRATIQUE DE L'ACCOUCHEUR ET DE LA SAGE-FEMME

Par Lucien PENARD
Professeur d'accouchements à l'École de médecine de Rochefort.

Sixième édition revue et augmentée.
1 vol. in-18 de 700 pages, avec 200 figures. Cartonné... 6 fr.

AMUSSAT. **Mémoire sur l'anatomie pathologique des tumeurs fibreuses de l'utérus.** 1842, in-8, 73 pages (3 fr.)............................. 2 fr.

ARNAL. **Mémoire sur le traitement de quelques affections de la matrice** par l'emploi de l'extrait aqueux de seigle ergoté. 1843, in-8, 155 p... 3 fr.

AUBER. **De la fièvre puerpérale.** 1858, in-8, 107 pages............ 3 fr. 50

BAUCHET. **Anatomie pathologique des kystes de l'ovaire.** 1859, in-4. 5 fr.

BAUDELOCQUE. **De la céphalotripsie.** 1836, in-8, 20 pages........... 1 fr.

BÉCOUR. **Étude sur les injections intra-utérines.** 1881, in-8, 67 p. 2 fr.

BERGERET. **Des fraudes dans l'accomplissement des fonctions génératrices.** *Nouvelle édition*, 1881, 1 vol. in-18 jésus.................... 2 fr. 50

BERTIN (N. Joseph). **De la version,** comme moyen d'extraction du fœtus, après l'écrasement de la base du crâne par le céphalotribe. 1859, in-4, 52 pages. 1 fr. 50

BEURMANN (L. DE). **Recherches sur la mortalité des femmes en couches dans les hôpitaux.** 1879, gr. in-8, 64 pages....................... 2 fr.

BILLET (L.). **De la fièvre puerpérale** et de la réforme des maternités. 1872, in-8, 89 pages .... 2 fr.

BOIVIN. **Origine, nature et traitement de la môle vésiculaire,** ou grossesse hydatique. 1827, in-8, fig. (2 fr. 50).................... 50 c.

BOIVIN et DUGÈS. **Anatomie pathologique de l'utérus et de ses annexes** fondée sur un grand nombre d'observations cliniques. 1866, 1 atlas in-folio de 41 planches, gravées et coloriées, *représentant les principales altérations morbides de la femme,* et servant de complément à tous les traités de maladies des femmes... 45 fr.

BONNET (D.-N.). **Cours d'accouchement.** 1854, in-8, avec 14 planches.. 6 fr.

BOUFFIER. **Maladies des femmes.** Métrite chronique. 1862, in-8, 60 p. 1 fr. 25

BOURDON (E.). **Des anaplasties périnéo-vaginales** dans le traitement des prolapsus de l'utérus, des cystocèles et des rectocèles. 1875, in-8, 143 pages avec 8 planches .... 3 fr.

BOURNEVILLE et BOURGEOIS. **Kyste de l'ovaire** par inclusion fœtale. 1867, gr. in-8, avec 1 planche................................ 1 fr. 25

BRACHET (Léon). **Mycme utérin** délogé par le travail de l'accouchement et opéré avec succès. 1870, in-8, 16 pages........................ 1 fr.

BRESCHET. **Études anatomiques, physiologiques et pathologiques de l'œuf** dans l'espèce humaine et dans quelques-unes des principales familles des animaux vertébrés. 1835, 1 vol. in-4, 144 pages, avec 6 planches........... 5 fr.

BRUNEAU. **Étude sur les éruptions herpétiques** qui se font aux organes génitaux chez la femme. 1880, in-8, 106 pages..................... 2 fr.

CADIAT. **Étude sur l'anatomie normale et les tumeurs du sein** chez la femme. 1876, in-8, 64 p., avec 3 pl. et 20 fig..................... 2 fr. 50

CARPENTIER (A.). **Contribution à l'étude des présentations de la face.** 1876, in-8, 74 pages.................................... 2 fr.

CATERNAULT (St.). **Essai sur la gastrotomie** dans les cas de tumeurs fibreuses péri-utérines. 1866, in-4, 134 pages.................... 3 fr. 50

CELLARD. **De l'éléphantiasis vulvaire chez les Européens.** 1877, gr. in-8, 67 pages .... 1 fr. 50

CHAIGNOT. **Étude sur l'exploration et la sensibilité de l'ovaire** et la douleur ovarique chez la femme enceinte. 1879, in-8, 108 pages......... 2 fr. 50

CHAILLY-HONORÉ. **Traité pratique de l'Art des accouchements.** 6e éd., 1878, 1 vol. in-8 de xx-1036 pages, avec 1 pl. et 282 fig............. 10 fr.

— **De la conversion de la présentation de la face** en présentation du sommet. 1844, gr. in-8, 32 pages .... 1 fr. 50

— **De l'atténuation de la douleur** dans les contractions pathologiques pendant le travail de l'accouchement. 1850, gr. in-8, 8 pages............. 50 c.

CHANTREUIL (G.). **Des dispositions du cordon** (la procidence exceptée) qui peuvent troubler la marche régulière de la grossesse et de l'accouchement. 1875, in-8, 176 pages, avec figures.................................... 4 fr.

CHARPENTIER. **Signes de l'avortement** pendant les premiers mois de la grossesse. Paris, 1877, in-8, 38 pages............................ 1 fr. 25

CHRISTOT. Ovariotomies. Observations et tableau statistique. 1867, in-8, 24 pages.. 1 fr.

CLOQUET (Jules). Mémoire sur la cautérisation méthodiquement appliquée à la guérison des ruptures du périnée et de la cloison recto-vaginale. In-8, 16 pages.. 1 fr.

CORIVEAUD. Hygiène de la jeune fille. 1882, 1 vol. in-18 jésus, 244 p.   2 fr. 50

CORPUT (Van den). Nouveau système de pessaires-leviers dans le traitement des déviations utérines. 1865, in-8, 16 pages...................... 1 fr.

COSTA-DUARTE (J.-R. da). Des fistules génito-urinaires chez la femme. 1865, in-8, 96 pages.. 2 fr.

COSTE (M.). De la myocardite puerpérale comme cause la plus fréquente de mort subite après l'accouchement. 1876, in-8, 74 pages.............. 1 fr. 50

CUYER et KUHFF. Les organes génitaux de l'homme et de la femme. 1879, in-8 avec 2 pl. col. et 56 fig.. 7 fr. 50

DECHAUX. Parallèle de l'hystérie et des maladies du col de l'utérus, suivi de mémoires sur la saignée dans la grossesse, etc. 1873, 1 vol. in-8........... 5 fr.

— **La femme stérile.** 1882. 1 vol. in-18 jésus, 214 pages.......... 2 fr. 50

DEROUBAIX. Traité des fistules uro-génitales de la femme, comprenant les fistules vésico-vaginales, vésicales, cervico-vaginales, urétéro-vaginales et urétérales, cervico-utérines. 1870, 1 vol. in-8, xix-823 p., avec fig............. 12 fr.

DESCHAMPS. Des divers modes de terminaison des grossesses extra-utérines et de leur traitement. 1880, in-8, 128 pages................. 2 fr. 50

DESPEYROUX (Henri). Étude sur les ulcérations du col de la matrice et sur leur traitement. 1867, in-8, 128 pages, avec 1 pl. chromolith......... 3 fr.

DOLÉRIS. La fièvre puerpérale et les organismes inférieurs, pathogénie et thérapeutique des accidents infectieux des suites de couches. 1880, 1 vol. in-8, 334 pages, avec planches.. 6 fr.

DUBAR. Des tubercules de la mamelle. 1881, grand in-8, 116 pages, avec 3 planches.. 3 fr. 50

DUBOIS (P.). Convient-il dans les présentations vicieuses du fœtus de revenir à la version sur la tête ? 1833, in-4, 50 pages.......... 1 fr 50

— **Memoire sur la cause des présentations de la tête** pendant l'accouchement. 1833, in-4, 27 pages... 1 fr.

DUBREUILH. Notice sur la présentation de la face. 1850, in-8, 16 p.   1 fr.

DUGÈS (Ant.). Nouveau forceps à cuillers tournantes. 1833, in-8...   50 c.

DUTERTRE. De l'emploi du chloroforme dans les accouchements naturels. 1882, 1 vol. in-8, 378 pages.................................... 6 fr.

EUSTACHE. Mémoire sur un fœtus dérencéphale. 1879, in-8, 30 pages avec planches... 2 fr.

FAGET. L'art d'apaiser les douleurs de l'enfantement. 1880, in-8, 87 pages... 2 fr.

FERRIER (L.-A.). Des fongosités utérines, des kystes de la muqueuse du corps de la matrice et des polypes fibreux de l'utérus. 1854, in-4, 76 pages avec 3 pl. coloriées.. 1 fr. 50

Fièvre puerpérale (de la), de sa nature et de son traitement. Communications à l'Académie de médecine par MM. Guérard, Depaul, Beau, Piorry, Hervez de Chégoin, Trousseau, P. Dubois, Cruveilhier, Cazeaux, Danyau, Bouillaud, Velpeau, J. Guérin, etc., précédées de l'indication bibliographique des principaux écrits publiés sur la fièvre puerpérale. 1858, in-8, 464 pages..................... 6 fr.

FIOUPE. Lymphatiques utérins. 1876, in-8, 82 pages.............. 2 fr. 50

FOL. Recherches sur la fécondation et le commencement de l'hémogénie. 1879, in-4, 309 p. avec 10 pl.. 25 fr.

GAILLARD. Note sur deux opérations de fistule vésico-vaginale. 1867, in-8, 8 pages... 50 c.

GAIRAL (J.-V.). Des descentes de matrice, de leur guérison radicale par le raccourcissement du vagin. 1872, in-18 jés., 154 p........................ 2 fr.

GALLARD (T.). De l'avortement au point de vue médico-légal. 1878, in-8, 135 pages.. 3 fr.

GALLEZ (L.). Histoire des kystes de l'ovaire, envisagée surtout au point de vue du diagnostic et du traitement. 1873, 1 vol. in-4, 748 p. avec 24 pl.. 12 fr.

GAUTIER (J.). De la fécondation artificielle et de son emploi contre la stérilité chez la femme, 3e édition. 1881, 1 vol. in-18, 80 p., avec fig......... 1 fr. 50

GOURRIER. Les lois de la génération, sexualité et conception. 1875, 1 vol. in-18 jésus, 200 pages... 2 fr.

GROS (Léon). De la compression de l'aorte dans les hémorrhagies graves après l'accouchement. 1875, in-8, 39 pages................................ 1 fr. 25

— **Du prurit général de la grossesse.** Note sur la rétroversion utérine pendant la grossesse. 1869. in-8, 16 pages................................... 75 c.

GROS-FILLAY. Des indications et contre-indications dans le traitement des kystes de l'ovaire. 1874, gr. in-8.................................... 2 fr.

GUERNSEY (H.-N.). **Traité d'obstétrique** et des maladies spéciales aux femmes et aux enfants, basé sur les principes et la pratique de l'homœopathie. 1880, 1 vol. in-8, 664 pages.. 8 fr.

HALMAGRAND. Considérations médico-légales sur l'avortement. 1844. in-8.. 1 fr. 25

HAUSSMANN. Parasites des organes sexuels femelles. 1875, in-8, 198 p., avec 3 pl.. 5 fr.

HUBERT (E.). **Des moyens de réduction du volume du crâne.** 1869, in-4, 197 pages avec pl.. 4 fr.

— **De la version par manœuvres externes,** du mécanisme des présentations naturelles et des présentations vicieuses du fœtus. 1880, in-8, 157 p. 3 fr. 50

HUGUIER (P.-G.). **De l'hystérométrie** et du cathétérisme utérin. De leurs applications au diagnostic et au traitement des maladies de l'utérus et de ses annexes, et de leur emploi en obstétrique. 1865, 1 vol. in-8, 372 pages, avec 4 pl... 6 fr.

— **Mémoire sur les allongements hypertrophiques du col de l'utérus** dans les affections désignées sous les noms de descente, de précipitation de cet organe, et sur leur traitement par la résection ou l'amputation de la totalité du col. 1860, in-4, 230 pages, avec 13 pl... 15 fr.

— **Mémoire sur les maladies des appareils sécréteurs des organes génitaux de la femme.** 1850, in-4, 320 pages, avec 5 pl........... 8 fr.

— **Mémoire sur l'esthiomène** ou dartre rongeante de la région vulvo-anale. 1849, in-4, 100 pages avec 4 pl. lithographiées................................. 5 fr.

IMBERT-GOURBEYRE. De l'albuminurie puerpérale. 1856, in-4, 73 p. 2 fr. 50

— **Des paralysies puerpérales.** 1861, in-4, 80 pages.............. 2 fr. 50

JOBERT (de Lamballe). **Traité des fistules vésico-utérines, vésico-utéro-vaginales, entéro-vaginales, recto-vaginales.** 1852, 1 vol. in-8, avec 10 figures.. 7 fr. 50

JOULIN. Des causes de dystocie appartenant au fœtus, 1863, in-8, 128 p. 3 fr.

— **De la version pelvienne,** de ses avantages et de ses inconvénients et de l'application du forceps dans les cas de rétrécissement. 1867, in-4, 90 p. 3 fr. 50

— **Mémoire sur l'emploi de la force en obstétrique.** 1867, in-8. 1 fr. 50

— **Recherches anatomiques sur la membrane lamineuse,** l'état du chorion et la circulation dans le placenta à terme. 1865, in-8, 20 pages...... 1 fr.

JOUSSET. Essai sur les hémotocèles intra-péritonéales. 1883, gr. in-8, 176 pages... 3 fr.

KELLER. Des grossesses extra-utérines et plus spécialement de leur traitement par la gastrotomie. 1872, in-8, 94 pages..................... 2 fr.

KILIAN. L'élythromochlion, procédé pour relever la matrice. 1846, in-8, 22 p. avec pl.. 1 fr.

KOEBERLÉ. Des maladies ovaires et de l'ovariotomie. 1878, 1 vol. gr. in-8, avec figures... 4 fr. 50

— **De l'hémostase définitive** par compression excessive. 1877-1878, 2 parties, gr. in-8, 120 p. avec figures.. 4 fr. 50

— **Résultats statistiques de l'ovariotomie.** 1868, in-8........... 5 fr.

LABARRAQUE. Étude sur l'hypertrophie générale de la glande mammaire chez la femme. 1875, in-8, 138 pages........................... 5 fr.

LAISSUS. De l'emploi combiné des eaux thermales de Brides et de Salins-Moutiers dans les affections utérines chroniques. 1880, in-8, 62 pages.. 1 fr. 50

LAMBERT (E.). **De la métro-péritonite puerpérale.** 1876, in-8, xix-126 pages... 3 fr.

LAUTH (Gust.). **Études sur les maternités,** causes et prophylaxie de la mortalité, secours à l'hôpital et à domicile. 1866, in-8, 66 pages............ 2 fr.

LAZAREWITCH (J. de). **Coup d'œil sur les changements de formes et de fonctions de l'utérus,** et sur leur traitement. 1862, gr. in-8, 36 p.. 1 fr. 25

LECACHEUR. De l'hydrate de chloral et de son emploi dans les accouchements. 1870, in-8, 78 pages... 2 fr.

LE JUGE. Essai sur quelques modes de traitement des affections de l'utérus. 1858, in-4, 78 pages.. 2 fr.

LEROY D'ÉTIOLLES. Traitement des fistules vésico-vaginales. 1842, in-8.. 1 fr. 25

LEYNSEELE (Ch. Van). **Hygiène de la femme.** 1860-1861, 2 vol. in-12.. 6 fr.

LOBSTEIN. Essai sur la nutrition du fœtus. 1802, in-4, avec 2 pl... 4 fr.

MAILLIOT. Auscultation appliquée à l'étude de la grossesse. 1856, gr. in-8, 95 pages... 2 fr. 50

MARCÉ. Traité de la folie des femmes enceintes, des nouvelles accouchées et des nourrices. 1858, 1 vol. in-8 de 400 pages.............. 6 fr.

MARCHAL. Observations et remarques sur la cure spontanée des polypes utérins. 1843, in-8, 31 pages................................... 1 fr. 25

MARTEL (J.). **De l'accommodation en obstétrique.** 1878, in-8, 151 p.   3 fr. 50
MARTINENQ (J.-F.). **De la fièvre puerpérale.** 1869, in-8, 317 pages...   3 fr.
MARY (G.). **Étude sur une forme d'adénolymphite** péri-utérine. 1877, gr. in-8, 66 pages......   1 fr. 50
MAYER (A.). **Conseils aux femmes sur l'âge de retour,** médecine et hygiène. 1875. 1 vol. in-18 jésus, 256 pages......   3 fr.
— **Des rapports conjugaux,** considérés sous le triple point de vue de la population, de la santé et de la morale publique. *Septième édition.* Paris, 1882, 1 vol. in-18 jésus, XVI-424 pages......   3 fr.
MENVILLE. **Histoire philosophique et médicale de la femme.** *Seconde édition,* 1858, 3 vol. in-8 de 600 pages......   10 fr.
MILLET (Aug.). **Du seigle ergoté** considéré sous les rapports physiologique, obstétrical et de l'hygiène publique. 1854, in-4, 158 pages......   4 fr. 50
MONDOT. **De la stérilité chez la femme.** 1880, 1 vol. in-18 jésus de 400 pages......   5 fr.
MORDRET. **De la mort subite dans l'état puerpéral.** 1858, 1 vol. in-4, 180 pages. ......   4 fr. 50
MORERY. **Fixateur utéro-vaginal.** 1864, in-8, 19 pages......   1 fr.
MUELLER. **De la grossesse utérine** prolongée indéfiniment. 1878, in-4, 173 pages......   3 fr. 50
NORSTROM. **Traitement des maladies des femmes** par le massage. 1876, in-8, 71 pages......   3 fr.
OZANAM. **De la légitimité de l'opération césarienne.** 1862, in-8, 14 pages......   50 c.
PINARD (A.). **Les vices de conformation du bassin.** 1874, in-4, 64 pages, avec 100 pl. représentant 100 bassins de grandeur naturelle.
— **Des contre-indications de la version dans la présentation de l'épaule.** 1873, in-8, 140 pages......   3 fr.
PLANTEAU (H.). **Spermatogénèse et fécondation.** 1880, in-8, 96 p.   3 fr.
POUCHET (F.-A.). **Théorie positive de l'ovulation spontanée** et de la fécondation dans l'espèce humaine et les mammifères, basée sur l'observation de toute la série animale. 1847, 1 vol. in-8, 600 pag., avec atlas in-4 de 20 pl. col.   36 fr.
PUECH. **Des accouchements multiples.** 1874, in-8, 34 p......   1 fr. 50
PUEL (J.-A.). **Des ulcérations du col de la matrice** et de leurs diverses formes. 1854, in-8, 112......   2 fr. 50
RACIBORSKI. **De l'exfoliation physiologique et pathologique de la membrane interne de l'utérus.** 1857, in-8, 80 pages......   2 fr. 50
RICHARD. **Histoire de la génération** chez l'homme et chez la femme, par le Dr David RICHARD. 1875, 1 vol. in-8 de XII-332 p., avec 8 planches gravées en taille-douce et tirées en couleur. Cartonné......   12 fr.
— LE MÊME. 1883, 1 vol. in-18 jésus avec figures......   3 fr. 50
RICHELOT (G.-L.). **Des tumeurs kystiques de la mamelle.** 1878, in-8, 129 pages, avec figures......   3 fr. 50
ROBERT. **Sur le pessaire Grancollot.** 1862, in-8, 8 p......   50 c.
ROBIN (CH.). **Mémoire sur la rétraction, la cicatrisation et l'inflammation des vaisseaux ombilicaux** et sur le système ligamenteux qui leur succède. 1860, in-4, avec 5 planches lithographiées......   3 fr. 50
— **Mémoire sur les modifications de la muqueuse utérine** pendant et après la grossesse. 1860, in-4, avec 5 planches lithographiées......   4 fr. 50
ROCQUE (H.-E.). **Essai sur la physiologie et la pathologie de la ménopause.** 1858, in-4, 54 pages......   2 fr.
ROUBAUD (Félix). **Traité de l'impuissance et de la stérilité** chez l'homme et chez la femme, comprenant l'exposition des moyens recommandés pour y remédier. *Troisième édition.* 1876. 1 vol. in-8 de 804 pages......   8 fr.
SALEMI. **Productions morbides expulsées de l'utérus.** 1829, in-8.   50 c.
SALMON (A.). **De la rétroversion de l'utérus** pendant la grossesse, 1863, in-8, 128 pages......   3 fr.
SERRES (E.). **Des lois de l'embryogénie** ou des règles de formation des animaux et de l'homme. 1844, in-4, 172 pages, avec 9 planches......   12 fr.
— **Principes d'embryogénie,** de zoogénie et de tératogénie. 1859, 1 vol. in-4, 942 pages, avec 26 planches......   16 fr.
SIEBOLD. **Lettres obstétricales.** 1866, 1 vol. in-18, 268 pages......   2 fr. 50
SILBERT (P.). **De la saignée dans la grossesse.** 1857, in-4, 125 p..   2 fr.
SIMON (J.). **Des maladies puerpérales.** 1866, in-8, 184 pages......   3 fr.
SOURDET (Jules). **Accidents et complications des avortements spontanés,** provoqués et criminels. 1876, gr. in-8, 102 pages.
SPENCER WELLS. **Livret pour les cas de tumeurs des ovaires et de l'abdomen,** traduit par le Dr G. BODDAERT. Gand, 1872, in-8, 28 p. avec fig. 1 fr.
STOLTZ. **Histoire d'une opération césarienne** pratiquée avec succès pour la mère et l'enfant. 1836, in-4......   1 fr. 50

TARDIEU (A.). **Étude médico-légale sur l'avortement**, suivie d'une note sur l'obligation de déclarer à l'état civil les fœtus mort-nés et d'observations et recherches pour servir à l'histoire médico-légale des grossesses fausses et simulées. *Quatrième édition*. 1881, 1 vol. in-8. 300 pages...................... 4 fr.
— **Étude médico-légale sur l'infanticide.** *Deuxième édition.* 1880, 1 vol. in-8, avec 3 pl. coloriées...................... 6 fr.
— **Question médico-légale de l'identité** dans ses rapports avec les vices de conformation des organes sexuels, contenant les souveniers et impressions d'un individu dont le sexe avait été méconnu. 2ᵉ *édition*. 1874, 1 vol. in-8, 176 pages. 3 fr.
TARNIER. **De la fièvre puerpérale.** 1858, in-8, 216 pages......... 3 fr. 50
— **Hygiène des hôpitaux des femmes en couches.** Paris, 1864, in-8, 26 pages...................... 1 fr.
— et BROUARDEL. **Inculpation d'avortement.** 1881, in-8, 23 pages. 1 fr.
TARSITANI. **Forceps à double pivot.** 1853. gr. in-8, 60 pages, 4 pl... 2 fr.
TOULMOUCHE (A.). **Études sur l'infanticide et la grossesse** cachée ou simulée. 1862, in-8, 134 pages...................... 3 fr.
TREILLE (J.). **Les tumeurs de l'ovaire** considérées dans leurs rapports avec l'obstétrique. 1873, in-8, 84 pages...................... 2 fr.
TRIPIER (A.). **Lésions de forme et de situation de l'utérus,** leurs rapports avec les affections nerveuses de la femme et leur traitement. *Deuxième édition.* 1874, gr. in-8, 104 pages, avec figures...................... 3 fr.
— **Des applications obstétricales** de l'électricité. 1876, in-8. 16 p.. 1 fr.
VERNEAU (R.). **Le bassin dans les sexes et dans les races.** 1875, in-8, 156 pages, avec 16 planches lithographiées...................... 6 fr.
VIDAL. **Essai sur un traitement méthodique de quelques maladies de la matrice,** injections intra-vaginales et intra-utérines. 1840, in-8... 75 c.
VIDAL SOLARES. **Contributions à l'étude du traitement des tumeurs fibreuses de l'utérus.** 1879, gr. in-8, 83 pages...................... 2 fr. 50
VOISIN (A.). **De l'hématocèle rétro-utérine.** 1859, 1 vol. in-8 ... 4 fr. 50
WEISS. **Des réductions de l'inversion utérine consécutive à la délivrance.** 1873, gr. in-8, 77 pages...................... 1 fr. 50

MANUEL PRATIQUE DES MALADIES DE L'ENFANCE

PAR

A. DESPINE	**C. PICOT**
Professeur de pathologie interne à l'Université de Genève.	Médecin de l'Infirmerie du Prieuré à Genève.

Troisième édition, revue et augmentée.

1 vol. in-18 jésus de 656 pages............... 7 fr.

TRAITÉ PRATIQUE DES MALADIES DES NOUVEAU-NÉS

DES ENFANTS A LA MAMELLE ET DE LA SECONDE ENFANCE

Par le docteur E. BOUCHUT

Professeur agrégé à la Faculté de médecine, médecin de l'hôpital des Enfants-Malades.

Huitième édition, corrigée et considérablement augmentée.

Ouvrage couronné par l'Institut de France.

Paris, 1885, 1 vol. gr. in-8 de 1130 pages, avec 179 figures............... 18 fr.

THÉRAPEUTIQUE
DES MALADIES CHIRURGICALES DES ENFANTS

Par T. HOLMES

Chirurgien de l'hôpital des Enfants-Malades.

OUVRAGE TRADUIT SUR LA SECONDE ÉDITION ET ANNOTÉ SOUS LES YEUX DE L'AUTEUR

Par le docteur O. LARCHER

1 vol. in-8 de 918 pages, avec 330 figures............ 15 fr.

Ouvrage le plus complet, embrassant toutes les affections chirurgicales qui s'observent dans l'enfance et l'indication des procédés opératoires pour y remédier, formant un complément au *Traité des maladies des nouveau-nés* du docteur Bouchut.